UG NX 11.0
快速入门、进阶与精通

（配全程视频教程）

北京兆迪科技有限公司　编著

电子工业出版社.

Publishing House of Electronics Industry

北京·BEIJING

内容简介

本书是全面、系统学习和运用 UG NX 11.0 软件快速入门、进阶与精通的书籍，内容包括 UG NX 11.0 的安装、UG NX 11.0 的软件设置、二维草图的绘制、零件设计、曲面设计、装配设计、模型的测量与分析、工程图设计、钣金设计、渲染、运动仿真与分析、模具设计以及数控加工等模块，书中还配有大量的实际综合应用案例。

本书讲解所使用的模型和应用案例覆盖了汽车、工程机械、电子、航空航天、日用消费品以及玩具等不同行业，具有很强的实用性和广泛的适用性。在内容安排上，书中结合大量的实例对 UG NX 11.0 软件各个模块中一些抽象的概念、命令、功能和应用技巧进行讲解，通俗易懂，化深奥为简易；另外，本书所举范例均为一线实际产品，这样的安排能使读者较快地进入实战状态；在写作方式上，本书紧贴 UG NX 11.0 软件的真实界面进行讲解，使读者能够直观、准确地操作软件，从而提高学习效率。读者在系统学习本书后，能够迅速地运用 UG 软件来完成复杂产品的设计、运动与结构分析和制造等工作。本书附带 1 张多媒体 DVD 教学光盘，制作了与本书全程同步的语音视频文件，含有大量 UG 应用技巧和具有针对性实例的教学视频（全部提供语音教学视频）。光盘中还包含了本书所有的素材文件、练习文件和范例（实例或案例）的源文件。

本书可作为工程技术人员的 UG 完全自学教程和参考书籍，也可供大专院校机械类专业师生教学参考。

未经许可，不得以任何方式复制或抄袭本书之部分或全部内容。
版权所有，侵权必究。

图书在版编目（CIP）数据

UGNX11.0 快速入门、进阶与精通：配全程视频教程 /北京兆迪科技有限公司编著. —北京：电子工业出版社，2017.9

ISBN 978-7-121-32607-3

Ⅰ.①U… Ⅱ.①北… Ⅲ.①计算机辅助设计—应用软件—教材 Ⅳ.①TP391.72

中国版本图书馆 CIP 数据核字（2017）第 213110 号

策划编辑：管晓伟
责任编辑：秦 聪　　特约编辑：李兴 等
印　　刷：北京京科印刷有限公司
装　　订：北京京科印刷有限公司
出版发行：电子工业出版社
　　　　　北京市海淀区万寿路 173 信箱　　邮编：100036
开　　本：787×1092　1/16　印张：32.75　字数：839 千字
版　　次：2017 年 9 月第 1 版
印　　次：2017 年 9 月第 1 次印刷
定　　价：70.00 元（含多媒体 DVD 光盘 1 张）

前　　言

UG 是德国西门子公司推出的一款功能强大的三维 CAD/CAM/CAE 软件系统，其内容涵盖了产品从概念设计、工业造型设计、三维模型设计、分析计算、动态模拟与仿真、工程图输出，到生产加工成产品的全过程，应用范围涉及汽车、机械、航空航天、造船、通用机械、数控加工、医疗、玩具和电子等诸多领域。本书是学习 UG NX 11.0 从入门到精通的教程，其特色如下。

◆ **内容全面。** 涵盖了产品设计的零件创建（含曲面、钣金设计）、产品装配、工程图制作、运动仿真、模具设计和数控编程与加工的全过程。

◆ **前呼后应，浑然一体。** 书中后面的运动仿真、模具设计和数控编程与加工等高级章节中的实例或案例，都在前面的零件设计、曲面设计、钣金设计等章节中详细讲述了它们的三维建模的方法和过程，这样的安排有利于迅速提升读者软件综合应用的能力，使读者更快地进入实战状态，将学到的 UG 技能较快地应用到自己的实际工作中去，这样无疑会极大地提升读者的职业竞争力。

◆ **实例、范例、案例丰富。** 本书对软件中的主要命令和功能，先结合简单的实例进行讲解，然后安排一些较复杂的综合范例或案例，帮助读者深入理解和灵活应用。另外，由于书的纸质容量有限（增加纸张页数势必增加书的定价），随书光盘中存放了大量的应用案例视频（含语音）讲解，这样安排可以进一步迅速提高读者的软件使用能力和技巧，同时提高了本书的性价比。

◆ **讲解详细，条理清晰。** 保证自学的读者能独立学习和运用 UG NX 11.0 软件。

◆ **写法独特。** 采用 UG NX 11.0 中真实的对话框、操控板和按钮等进行讲解，使初学者能够直观、准确地操作软件，从而大大提高学习效率。

◆ **附加值极高。** 本书附带 1 张多媒体 DVD 教学光盘，制作了大量 UG 应用技巧和具有针对性实例的教学视频，并进行了详细的语音视频讲解，可以帮助读者轻松、高效地学习。

本书由北京兆迪科技有限公司编著，参加本书编写工作的人员还有詹路、龙宇、冯元超和侯俊飞等。本书已经过多次审校，但仍不免有疏漏之处，恳请广大读者予以指正。

电子邮箱：bookwellok @163.com　　　　咨询电话：010-82176248，010-82176249。

编　者

读者购书回馈活动：

活动一：本书"随书光盘"中含有该"读者意见反馈卡"的电子文档，请认真填写本反馈卡，并 E-mail 给我们。E-mail: 兆迪科技 zhanygjames@163.com，管晓伟 guanphei@163.com。

活动二：扫一扫右侧二维码，关注兆迪科技官方公众微信（或搜索公众号 zhaodikeji），参与互动，也可进行答疑。

凡参加以上活动，即可获得兆迪科技免费奉送的价值 48 元的在线课程一门，同时有机会获得价值 780 元的精品在线课程。

本 书 导 读

为了能更好地学习本书的知识，请您仔细阅读下面的内容。

【写作软件蓝本】

本书采用的写作蓝本是 UG NX 11.0 版。

【写作计算机操作系统】

本书使用的操作系统为 64 位的 Win 7 操作系统。

【光盘使用说明】

为了使读者方便、高效地学习本书，特将本书中所有的练习文件，素材文件，已完成的实例、范例或案例文件，软件的相关配置文件和视频语音讲解文件等按章节顺序放入随书附带的光盘中，读者在学习过程中可以打开相应的文件进行操作、练习和查看视频。

本书附带多媒体 DVD 助学光盘 1 张，建议读者在学习本书前，先将 DVD 光盘中的所有内容复制到计算机硬盘的 D 盘中。

在光盘的 ug111 目录下共有两个子文件夹。

（1）work 子文件夹：包含本书全部已完成的实例、范例或案例文件。

（2）video 子文件夹：包含本书讲解中所有的视频文件（含语音讲解），学习时，直接双击某个视频文件即可播放。

光盘中带有"ok"扩展名的文件或文件夹表示已完成的实例、范例或案例。

相比于老版本的软件，UG NX 11.0 版在功能、界面和操作上变化极小，经过简单的设置后，几乎与老版本完全一样（书中已介绍设置方法）。因此，对于软件新老版本操作完全相同的内容部分，光盘中仍然使用老版本的视频讲解，对于绝大部分读者而言，并不影响软件的学习。

【本书约定】

◆ 本书中有关鼠标操作的简略表述说明如下。

● 单击：将鼠标指针光标移至某位置处，然后按一下鼠标的左键。

● 双击：将鼠标指针光标移至某位置处，然后连续快速地按两次鼠标的左键。

● 右击：将鼠标指针光标移至某位置处，然后按一下鼠标的右键。

● 单击中键：将鼠标指针光标移至某位置处，然后按一下鼠标的中键。

● 滚动中键：只是滚动鼠标的中键，而不是按中键。

● 选择（选取）某对象：将鼠标指针光标移至某对象上，单击以选取该对象。

- 拖移某对象：将鼠标指针光标移至某对象上，然后按下鼠标的左键不放，同时移动鼠标，将该对象移动到指定的位置后再松开鼠标的左键。

◆ 本书中的操作步骤分为"任务"和"步骤"两个级别，说明如下。

- 对于一般的软件操作，每个操作步骤以 步骤 01 开始。例如，下面是草绘环境中绘制矩形操作步骤的表述。
  - ☑ 步骤 01 单击 □ 按钮。
  - ☑ 步骤 02 在绘图区某位置单击，放置矩形的第一个角点，此时矩形呈"橡皮筋"样变化。
  - ☑ 步骤 03 单击 XY 按钮，再次在绘图区某位置单击，放置矩形的另一个角点。此时，系统即在两个角点间绘制一个矩形，如图 4.7.13 所示。

- 每个"步骤"操作视其复杂程度，其下面可含有多级子操作。例如，步骤 01 下可能包含（1）、（2）、（3）等子操作，（1）子操作下可能包含①、②、③等子操作，①子操作下可能包含 a）、b）、c）等子操作。

- 对于多个任务的操作，则每个"任务"冠以 任务 01 、任务 02 、任务 03 等，每个"任务"操作下则包含"步骤"级别的操作。

- 由于已建议读者将随书光盘中的所有文件复制到计算机硬盘的 D 盘中，所以书中在要求设置工作目录或打开光盘文件时，所述的路径均以"D:"开始。

目　　录

第一篇　UG NX 11.0 快速入门

第二篇　UG NX 11.0 进阶

第三篇　UG NX 11.0 精通

第一篇

UG NX 11.0 快速入门

第 1 章　UG NX 11.0 基础概述

1.1　UG NX 11.0 软件的特点

UG NX 11.0 系统在数字化产品的开发设计领域具有以下几大特点。

◆　创新性用户界面把高端功能与易用性和易学性相结合。

NX 11.0 建立在 NX 5.0 引入的基于角色的用户界面基础之上，并把此方法的覆盖范围扩展到整个应用程序，以确保在核心产品领域里面的一致性。

为了提供一个能够随用户技能水平增长而成长并且保持用户效率的系统，NX 11.0 以可定制的、可移动的弹出工具栏为特征。移动弹出工具栏减少了鼠标移动，并且使用户能够把它们的常用功能集成到由简单操作过程所控制的动作之中。

◆　完整统一的全流程解决方案。

UG 产品开发解决方案完全受益于 Teamcenter 的工程数据和过程管理功能。通过 NX 11.0，进一步扩展了 UG 和 Teamcenter 之间的集成。利用 NX 11.0，能够在 UG 里面查看来自 Teamcenter Product Structure Editor（产品结构编辑器）的更多数据，为用户提供了关于结构以及相关数据更加全面的表示。

UG NX 11.0 系统无缝集成的应用程序能快速传递产品和工艺信息的变更，从概念设计到产品的制造加工，可使用一套统一的方案把产品开发流程中涉及的学科融合到一起。在 CAD 和 CAM 方面，大量吸收了逆向软件 Imageware 的操作方式以及曲面方面的命令；在钣金设计等方面，吸收了 SolidEdge 的先进操作方式；在 CAE 方面，增加了 Ideas 的前后处理程序及 NX Nastran 求解器；同时 UG NX 11.0 可以在 UGS 先进的 PLM（产品周期管理）Teamcenter 的环境管理下，在开发过程中可以随时与系统进行数据交流。

◆ 可管理的开发环境。

UG NX 11.0 系统可以通过 NX Manager 和 Teamcenter 工具把所有的模型数据进行紧密集成，并实施同步管理，进而实现在一个结构化的协同环境中转换产品的开发流程。UG NX 11.0 采用的可管理的开发环境，增强了产品开发应用程序的性能。

Teamcenter 项目支持。利用 NX 11.0，用户能够在创建或保存文件的时候分配项目数据（既可是单一项目，也可以是多个项目）。扩展的 Teamcenter 导航器，使用户能够立即把 Project（项目）分配到多个条目（Item）。可以过滤 Teamcenter 导航器，以便只显示基于 Project 的对象，使用户能够清楚地了解整个设计的内容。

◆ 知识驱动的自动化。

使用 UG NX 11.0 系统，用户可以在产品开发的过程中获取产品及其设计制造过程的信息，并将其重新用到开发过程中，以实现产品开发流程的自动化，最大限度地重复利用知识。

数字化仿真、验证和优化。利用 UG NX 11.0 系统中的数字化仿真、验证和优化工具，可以减少产品的开发费用，实现产品开发的一次成功。用户在产品开发流程的每一个阶段，通过使用数字化仿真技术，核对概念设计与功能要求的差异，以确保产品的质量、性能和可制造性符合设计标准。

◆ 系统的建模能力。

UG NX 11.0 基于系统的建模，允许在产品概念设计阶段快速创建多个设计方案并进行评估，特别是对于复杂的产品，利用这些方案能有效地管理产品零部件之间的关系。在开发过程中还可以创建高级别的系统模板，在系统和部件之间建立关联的设计参数。

1.2 安装 UG NX 11.0 的硬、软件要求及安装过程

1.2.1 安装 UG NX 11.0 的硬、软件要求

1. 硬件要求

UG NX 11.0 软件系统可在工作站（Workstation）或个人计算机（PC）上运行，如果安装在个人计算机上，为了保证软件安全和正常使用，对计算机硬件的要求如下。

◆ CPU 芯片：一般要求奔腾 3 以上，推荐使用英特尔公司生产的"酷睿"系列双核心以上的芯片。

◆ 内存：一般要求为 4GB 以上。如果要装配大型部件或产品，进行结构、运动仿真分析或产生数控加工程序，则建议使用 8GB 以上的内存。

◆ 显卡：一般要求支持 Open_GL 的 3D 显卡，分辨率为 1024×768 像素以上，推荐使用至少 64 位独立显卡，显存 512MB 以上。如果显卡性能太低，打开软件后会

自动退出。

◆ 网卡：以太网卡。

◆ 硬盘：安装 UG NX 11.0 软件系统的基本模块需要 14GB 左右的硬盘空间，考虑到软件启动后虚拟内存及获取联机帮助的需要，建议在硬盘上准备 16GB 以上的空间。

◆ 鼠标：强烈建议使用三键（带滚轮）鼠标，如果使用二键鼠标或不带滚轮的三键鼠标，会极大地影响工作效率。

◆ 显示器：一般要求使用 15 英寸（1 英寸=2.54 厘米）以上显示器。

◆ 键盘：标准键盘。

2. 操作系统要求

◆ 操作系统：UG NX 11.0 不能在 32 位系统上安装，推荐使用 Windows 7 64 位系统；Internet Explorer 要求 IE8 或 IE9；Excel 和 Word 版本要求 2007 版或 2010 版。

◆ 硬盘格式：建议 NTFS 格式，FAT 也可。

◆ 网络协议：TCP/IP 协议。

◆ 显卡驱动程序：分辨率为 1024×768 以上，真彩色。

3. 安装前的计算机设置

为了更好地使用 UG NX 11.0，在软件安装前需要对计算机系统进行设置，主要是操作系统的虚拟内存设置。设置虚拟内存的目的是为软件系统进行几何运算预留临时存储数据的空间。各类操作系统的设置方法基本相同，下面以 Windows 7 操作系统为例说明设置过程。

步骤 01　选择 Windows 的 开始 ➡ 控制面板 ➡ 系统和安全 命令。

步骤 02　在控制面板中单击 系统 图标，然后在弹出的"系统"窗口中单击 高级系统设置 命令。

步骤 03　在"系统属性"对话框中单击 高级 选项卡，在 性能 区域中单击 设置(S) 按钮。

步骤 04　在"性能选项"对话框中单击 高级 选项卡，在 虚拟内存 区域中单击 更改(C) 按钮。

步骤 05　在该对话框中取消选中 □ 自动管理所有驱动器的分页文件大小(A) 复选框，然后选中 ⊙ 自定义大小(C) 单选项；可在 初始大小(MB)(I): 后的文本框中输入虚拟内存的最小值，在 最大值(MB)(X): 后的文本框中输入虚拟内存的最大值。虚拟内存的大小可根据计算机硬盘空间的大小进行设置，但初始大小至少要达到物理内存的 2 倍，最大值可达到物理内存的 4 倍以上。例如，用户计算机的物理内存为 256MB，初始值一般设置为 512MB，最大值可设置为 1024MB；如果装配大型部件或产品，建议将初始值设置为 1024MB，最大值设置为 2048MB。单击 设置(S) 和 确定 按钮后，计算机会提示用户重新启动机器后设置才生效，然后一直单击 确定 按钮。重新启动计算机后，完成设置。

4．查找计算机的名称

下面介绍查找计算机名称的操作。

步骤 01 选择 Windows 的 `开始` ➡ `控制面板(C)` 命令。

步骤 02 在控制面板中单击 **系统** 图标，然后在弹出的"系统"窗口中单击 `高级系统设置` 命令。

步骤 03 在图 1.2.1 所示的"系统属性"对话框中单击 `计算机名` 选项卡，即可看到在 `计算机全名:` 位置显示出当前计算机的名称。

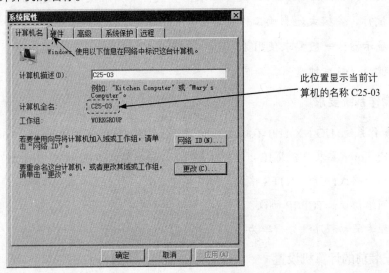

图 1.2.1 "系统属性"对话框

1.2.2 UG NX 11.0 的安装过程

任务 01 在服务器上准备好许可证文件

步骤 01 首先将合法获得的 UG NX 11.0 许可证文件 NX 11.0.lic 复制到计算机中的某个位置，例如 C:\ug1111\NX 11.0.lic。

步骤 02 修改许可证文件并保存，如图 1.2.2 所示。

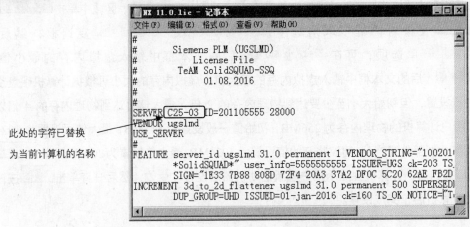

图 1.2.2 修改许可证文件

任务 02 安装许可证管理模块

步骤 01 将 UG NX 11.0 软件（NX 11.0.0.24 版本）安装光盘放入光驱内（如果已经将系统安装文件复制到硬盘上，可双击系统安装目录下的 `Launch.exe` 文件），等待片刻后，会弹出"NX 11.0 Software Installation"对话框，在此对话框中单击 `Install License Server` 按钮；然后在弹出的对话框中接受系统默认的语言 `简体中文 ▼`，单击 `确定` 按钮。

步骤 02 在系统弹出"Siemens PLM License Server v8.2.0.8"对话框（一）中单击 `下一步(N)` 按钮。

步骤 03 等待片刻后，在"Siemens PLM License Server v8.2.0.8"对话框（二）中接受默认的安装路径，然后单击 `下一步(N)` 按钮。

步骤 04 在弹出的"Siemens PLM License Server v8.2.0.8"对话框（三）中单击 `选择(O)...` 按钮，选择许可证路径（即 NX 11.0.lic 的路径），然后单击 `下一步(N)` 按钮。

步骤 05 在弹出的"Siemens PLM License Server v8.2.0.8"对话框（四）中单击 `安装(I)` 按钮。

步骤 06 系统弹出"Siemens PLM License Server v8.2.0.8"对话框（五），并显示安装进度，然后在弹出的"Siemens PLM License Server"对话框中单击 `确定` 按钮；等待片刻后，在"Siemens PLM License Server v8.2.0.8"对话框（六）中单击 `完成(D)` 按钮，完成许可证的安装。

任务 03 安装 UG NX 11.0 软件主体

步骤 01 在"NX 11.0 Software Installation"对话框中单击 `Install NX` 按钮。

步骤 02 在弹出的"Siemens NX 11.0 InstallShield Wizard"对话框中接受系统默认的语言 `中文（简体） ▼`，单击 `确定(O)` 按钮。

步骤 03 数秒后，系统弹出"Siemens NX 11.0 InstallShield Wizard"对话框（一），单击 `下一步(N) >` 按钮。

步骤 04 系统弹出"Siemens NX 11.0 InstallShield Wizard"对话框（二），选中 `● 完整安装(O)` 单选项，采用系统默认的安装类型，单击 `下一步(N) >` 按钮。

步骤 05 系统弹出"Siemens NX 11.0 InstallShield Wizard"对话框（三），接受系统默认的路径，单击 `下一步(N) >` 按钮。

步骤 06 系统弹出图 1.2.3 所示的"Siemens NX 11.0 InstallShield Wizard"对话框（四），确认 `输入服务器名或许可证文件。` 文本框中的"28000@"后面已是当前计算机的名称，单击 `下一步(N) >` 按钮。

步骤 07 系统弹出"Siemens NX 11.0 InstallShield Wizard"对话框（五），选中 `● 简体中文` 单选项，单击 `下一步(N) >` 按钮。

步骤 **08** 系统弹出"Siemens NX 11.0 InstallShield Wizard"对话框（六），单击 安装(I) 按钮。

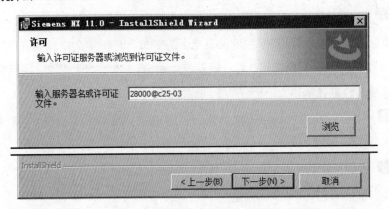

图 1.2.3 "Siemens NX 11.0 InstallShield Wizard"对话框（四）

步骤 **09** 系统弹出"Siemens NX 11.0 InstallShield Wizard"对话框（七），并显示安装进度；等待片刻后，在"Siemens NX 11.0 InstallShield Wizard"对话框（八）中单击 完成(F) 按钮，完成安装；在"NX 11.0 Software Installation"对话框中单击 Exit 按钮，退出 UG NX 11.0 的安装程序。

1.3 UG NX 11.0 的启动

一般来说，有两种方法可启动并进入 UG NX 11.0 软件环境。

方法一：双击 Windows 桌面上的 NX 11.0 软件快捷图标。

如果软件安装完毕后，桌面上没有 NX 11.0 软件快捷图标，请参考下面介绍的方法二启动软件。

方法二：从 Windows 系统"开始"菜单进入 UG NX 11.0，操作方法如下。

步骤 **01** 单击 Windows 桌面左下角的 开始 按钮。

步骤 **02** 选择 所有程序 ➡ Siemens NX 11.0 ➡ NX 11.0 命令，系统进入 UG NX 11.0 软件环境。

1.4 UG NX 11.0 的工作界面

1.4.1 设置界面主题

启动软件后，一般情况下系统默认显示的是图 1.4.1 所示的 "浅色（推荐）"界面主题，由于在该界面主题下软件中的部分字体显示较小，显示得不够清晰，因此本书的写作界面将采用"经典，使用系统字体"界面主题，读者可以按照以下方法设置界面主题。

图 1.4.1　"浅色（推荐）"界面主题

步骤 **01**　单击软件界面左上角的 文件(F) 按钮。

步骤 **02**　选择 首选项(P) ➡ 用户界面(I)... 命令，系统弹出图 1.4.2 所示的"用户界面首选项"对话框。

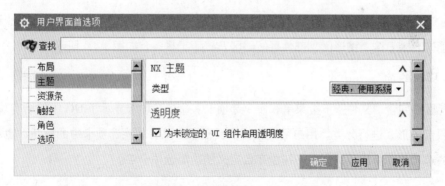

图 1.4.2　"用户界面首选项"对话框

步骤 **03**　在"用户界面首选项"对话框中单击 主题 选项组，在右侧 类型 下拉列表中选择 经典，使用系统字体 选项。

步骤 **04**　在"用户界面首选项"对话框中单击 确定 按钮，完成界面设置，如图 1.4.3 所示。

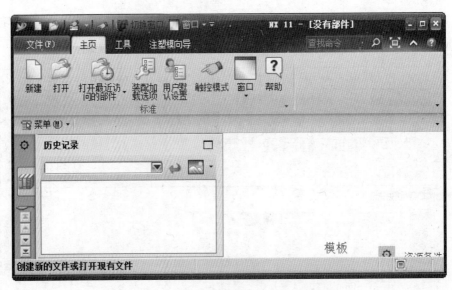

图 1.4.3 "经典，使用系统字体"界面主题

1.4.2 UG NX 11.0 用户界面简介

在学习本节时，请先打开文件 D:\ug111\work\ch01.04\link_base.prt。

 打开文件的具体操作可以查看本章第 1.6.3 小节中的有关内容。

UG NX 11.0 的"经典，使用系统字体"用户界面包括标题栏、下拉菜单区、快速访问工具条、功能区、消息区、图形区、部件导航器区及资源工具条，如图 1.4.4 所示。

1. 功能区

功能区中包含"文件"下拉菜单和命令选项卡。命令选项卡显示了 UG 中的所有功能按钮，并以选项卡的形式进行分类。用户可以根据需要自己定义各功能选项卡中的按钮，也可以自己创建新的选项卡，将常用的命令按钮放在自定义的功能选项卡中。

 用户会看到有些菜单命令和按钮处于非激活状态（呈灰色，即暗色），这是因为它们目前还没有处在发挥功能的环境中，一旦它们进入有关的环境，便会自动激活。

2. 下拉菜单区

下拉菜单区中包含创建、保存、修改模型和设置 UG NX 11.0 环境的所有命令。

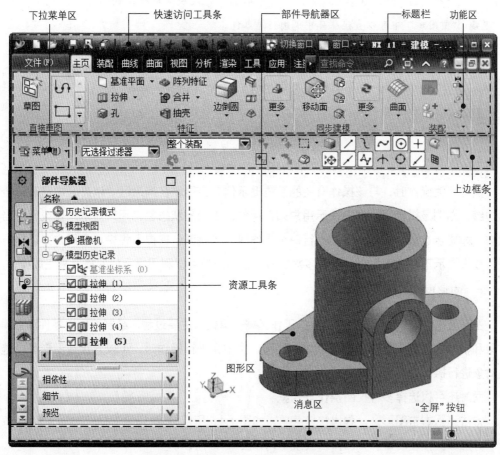

图 1.4.4　UG NX 11.0 中文版用户界面

3. 资源工具条区

资源工具条区包括"装配导航器"、"约束导航器"、"部件导航器"、"重用库"、"视图管理器导航器"和"历史记录"等导航工具。用户通过该工具条可以方便地进行一些操作。对于每一种导航器，都可以直接在其相应的项目上右击，快速地进行各种操作。

资源工具条区主要选项的功能说明如下。

◆ "装配导航器"显示装配的层次关系。

◆ "约束导航器"显示装配的约束关系。

◆ "部件导航器"显示建模的先后顺序和父子关系。父对象（活动零件或组件）显示在模型树的顶部，其子对象（零件或特征）位于父对象之下。在"部件导航器"中右击，从弹出的快捷菜单中选择 时间戳记顺序 命令，则按"模型历史"显示。"模型历史树"中列出了活动文件中的所有零件及特征，并按建模的先后顺序显示模型结构。若打开多个 UG NX 11.0 模型，则"部件导航器"只反映活动模型的内容。

◆ "重用库"中可以直接从库中调用标准零件。

◆ "历史记录"中可以显示曾经打开过的部件。

 本书在编写过程中用 首选项(P) ➡ 用户界面(I)... 命令，将"资源工具条"显示在左侧。

4. 消息区

执行有关操作时，与该操作有关的系统提示信息会显示在消息区。消息区中间有一个可见的边线，左侧是提示栏，用来提示用户如何操作；右侧是状态栏，用来显示系统或图形当前的状态，如显示选取结果信息等。执行每个操作时，系统都会在提示栏中显示用户必须执行的操作，或者提示下一步操作。对于大多数的命令，用户都可以利用提示栏的提示来完成操作。

5. 图形区

图形区是 UG NX 11.0 用户主要的工作区域，建模的主要过程、绘制前后的零件图形、分析结果和模拟仿真过程等都在这个区域内显示。用户在进行操作时，可以直接在图形区中选取相关对象进行操作。

同时还可以选择多种视图操作方式。

方法一：右击图形区，弹出快捷菜单，如图 1.4.5 所示。

方法二：按住右键，弹出挤出式菜单，如图 1.4.6 所示。

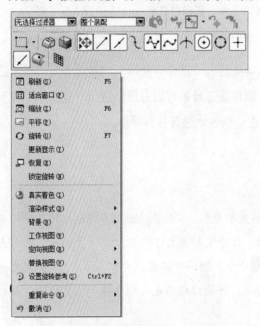

图 1.4.5　快捷菜单

图 1.4.6　挤出式菜单

在 UG NX 11.0 中单击"全屏"按钮 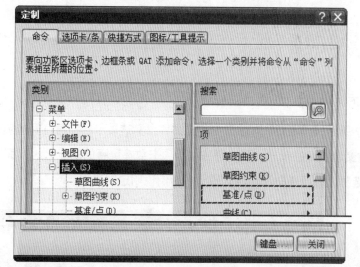，允许用户将可用图形窗口最大化。在最大化窗口模式下再次单击"全屏"按钮，即可切换到普通模式。

1.4.3 选项卡及菜单的定制

进入 UG NX 11.0 系统后，在建模环境下选择下拉菜单 工具(T) ➡ 定制(Z)... 命令，系统弹出如图 1.4.7 所示的"定制"对话框，可对工具条及菜单进行定制。

图 1.4.7 "命令"选项卡

1. 在下拉菜单中定制（添加）命令

在图 1.4.7 所示的"定制"对话框中单击 命令 选项卡，即可打开定制命令的选项卡。通过此选项卡可改变下拉菜单的布局，可以将各类命令添加到下拉菜单中。下面以下拉菜单 插入(S) ➡ 基准/点(D)▶ ➡ 平面(L)... 命令为例说明定制过程。

步骤 01 在图 1.4.7 中的 类别: 列表框中选择按钮的种类 菜单 节点下的 插入(S)，在下拉列表中出现该种类的所有按钮。

步骤 02 右击 基准/点(D)▶ 选项，在系统弹出的快捷菜单中选择 添加或移除按钮▶ ➡ 平面(L)... 命令，如图 1.4.8 所示。

步骤 03 单击 关闭 按钮，完成设置。

步骤 04 选择下拉菜单 插入(S) ➡ 基准/点(D)▶ 选项，可以看到 平面(L)... 命令已被添加。

　　　　"定制"对话框弹出后，可将下拉菜单中的命令添加到工具条中成为按钮，方法是单击下拉菜单中的某个命令，并按住鼠标左键不放，将鼠标指针拖到屏幕的工具条中。

图 1.4.8　快捷菜单

2. 选项卡设置

在图 1.4.9 所示的"定制"对话框中单击 选项卡/条 选项卡，即可打开选项卡定制界面。通过此选项卡可改变选项卡的布局，可以将各类选项卡放在屏幕的功能区。下面以图 1.4.9 所示的 ☑ 逆向工程 复选框（进行逆向设计的选项卡）为例说明定制过程。

图 1.4.9　"选项卡/条"选项卡

步骤 01　选中 ☑ 逆向工程 复选框，此时可看到"逆向工程"选项卡出现在功能区。

步骤 02　单击 关闭 按钮。

步骤 03　添加选项卡命令按钮。单击选项卡右侧的 按钮（图 1.4.10），系统会显示出 ☑ 逆向工程 选项卡中所有的功能区域及其命令按钮，单击任意功能区域或命令按钮都可以将其从选项卡中添加或移除。

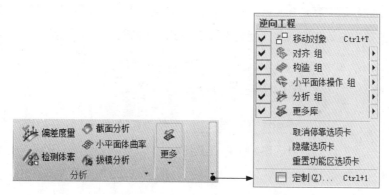

图 1.4.10　"选项卡"命令按钮

3. 快捷方式设置

在"定制"对话框中单击 快捷方式 选项卡，可以对快捷菜单和挤出式菜单中的命令及布局进行设置，如图 1.4.11 所示。

4. 图标和工具提示设置

在"定制"对话框中单击 图标/工具提示 选项卡，可以对菜单的显示、工具条图标大小以及菜单图标大小进行设置，如图 1.4.12 所示。

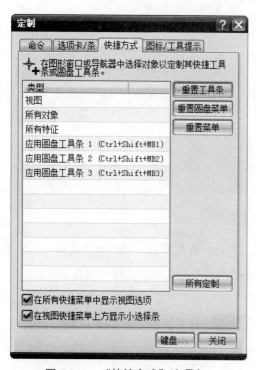

图 1.4.11　"快捷方式"选项卡

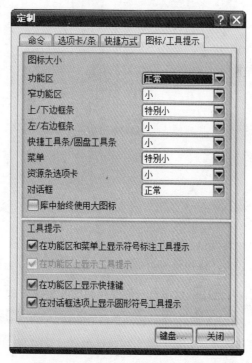

图 1.4.12　"图标/工具提示"选项卡

工具提示是一个消息文本框，用于对鼠标指示的命令和选项进行提示。将鼠标放置在工具条中的按钮或者对话框中的某些选项上，就会出现工具提示，如图 1.4.13 所示。

图 1.4.13　工具提示

1.4.4　角色设置

角色指的是一个专用的 UG NX 工作界面配置，不同角色中的界面主题、图标大小和菜单位置等设置可能都相同。根据不同使用者的需求，系统提供了几种常用的角色配置，如图 1.4.14 所示。本书中的所有案例都是在"CAM 高级功能"角色中制作的，建议读者在学习时使用该角色配置，设置方法如下。

在软件的资源条区单击 🔧 按钮，然后在 📂 内容 区域中单击 🔧 CAM 高级功能 （角色 CAM 高级功能）按钮即可。

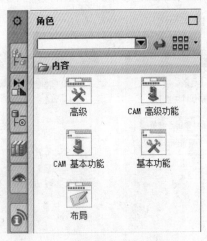

图 1.4.14　系统默认角色配置

读者也可以根据自己的使用习惯和爱好，自己进行界面配置后，将所有设置保存为一个角色文件，这样可以很方便地在本机或其他计算机上调用。自定义角色的操作步骤如下。

步骤 01 根据自己的使用习惯和爱好对软件界面进行自定义设置。

步骤 02 选择下拉菜单 首选项(P) ➡ 用户界面(I)... 命令，系统弹出图 1.4.15 所示的"用户界面首选项"对话框，在对话框的左侧选择 角色 选项

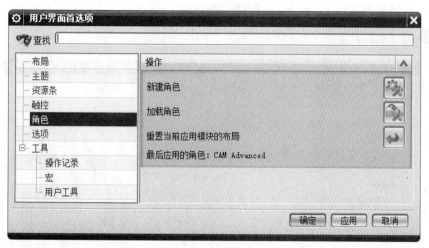

图 1.4.15 "用户界面首选项"对话框

步骤 03 保存角色文件。在"用户界面首选项"对话框中单击"新建角色"按钮 ，系统弹出"新建角色文件"对话框，在 文件名(N): 区域中输入"myrole"，单击 OK 按钮完成角色文件的保存。

　　如果要加载现有的角色文件，在"用户界面首选项"对话框中单击"加载角色"按钮 ，然后在"打开角色文件"对话框选择要加载的角色文件，再单击 OK 按钮即可。

1.5　UG NX 11.0 的鼠标操作

用鼠标可以控制图形区中的模型显示状态。

◆　按住鼠标中键，移动鼠标，可旋转模型。

◆　先按住键盘上的 Shift 键，然后按住鼠标中键，移动鼠标可移动模型。

◆　滚动鼠标中键滚轮，可以缩放模型：向前滚，模型变大；向后滚，模型缩小。

UG NX 11.0 中鼠标中键滚轮对模型的缩放操作可能与早期的版本相反，在早期的版本中可能是"向前滚，模型变小；向后滚，模型变大"，有读者可能已经习惯这种操作方式，如果要更改缩放模型的操作方式，可以采用以下方法。

步骤 01 选择下拉菜单 文件(F) ➡ 实用工具(U) ➡ 用户默认设置(I)... 命令，系统弹出"用户默认设置"对话框，如图 1.5.1 所示。

步骤 02 在对话框左侧单击 基本环境 选项，然后单击 视图操作 选项，在对话框右侧 视图操作 选项

卡 鼠标滚轮滚动 区域的 方向 下拉列表中选择 后退以放大 选项。

步骤 03 单击 确定 按钮，重新启动软件，即可完成操作。

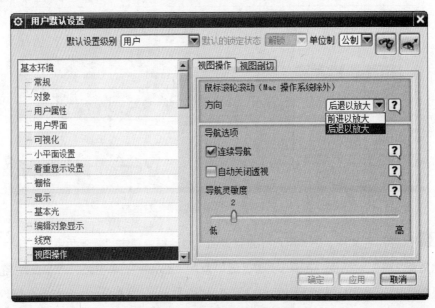

图 1.5.1 "用户默认设置"对话框

 采用以上方法对模型进行缩放和移动操作时，只是改变模型的显示状态，而不能改变模型的真实大小和位置。

1.6 UG NX 11.0 的文件操作

1.6.1 创建工作文件目录

使用 UG NX 11.0 软件时，应该注意文件的目录管理。如果文件管理混乱，会造成系统找不到正确的相关文件，从而严重影响 UG NX 11.0 软件的关联性，同时也会使文件的保存、删除等操作产生混乱，因此应按照操作者的姓名、产品名称（或型号）建立用户文件目录，如本书要求在 E 盘上创建一个名为 ug-course 的文件目录（如果用户的计算机上没有 E 盘，在 C 盘或 D 盘上创建也可）。

1.6.2 新建文件

新建一个部件文件，可以采用以下步骤。

步骤 01 选择下拉菜单 文件(F) ➡ 新建(N) 命令（或单击"新建"按钮 ▢）。

步骤 02 系统弹出图 1.6.1 所示的建立"新建"对话框；在 模板 选项栏中，选取模板类型为 模型，在 名称 文本框中输入文件名称（如 aaa），单击 文件夹 文本框后的"打开"按钮，设置文件存放路径（或者在 文件夹 文本框中输入文件保存路径，或者单击文本框后的"打开"按钮设置文件保存路径）。

步骤 03 单击 确定 按钮，完成新部件的创建。

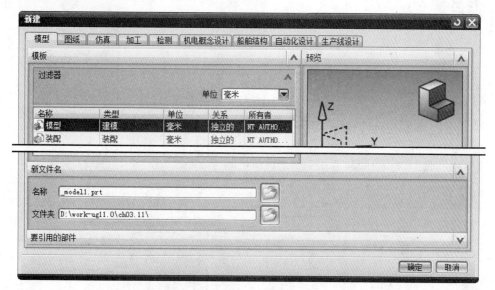

图 1.6.1 "新建"对话框

1.6.3 打开文件

打开一个部件文件，一般采用以下步骤。

步骤 01 选择下拉菜单 文件(F) ➡ 打开(O)... 命令（或单击"打开"按钮），系统弹出图 1.6.2 所示的"打开"对话框。

步骤 02 在对话框的 查找范围(I): 下拉列表中，选择需打开文件所在的目录（如 D:\ug111\work\ch01.06），在 文件名(N): 文本框中输入部件名称（如 link_base），在 文件类型(T): 下拉列表中保持系统默认选项。

步骤 03 单击 OK 按钮，即可打开部件文件。

图 1.6.2 所示"打开"对话框中主要选项的说明如下。

◆ ☑预览 复选框：选中该复选框，将显示选择部件文件的预览图像。利用此功能观看部件文件而不必在 UG NX 11.0 软件中一一打开，这样可以很快地找到所需要的部件文件。"预览"功能仅对存储在 UG NX 11.0 中的部件，在 Windows 平台上有效。如果不想预览，取消选中该复选框即可。

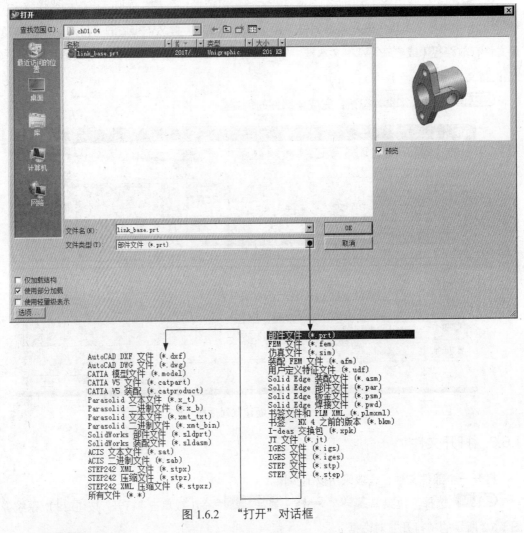

图 1.6.2　"打开"对话框

◆ 文件名(N):文本框: 显示选择的部件文件, 也可以输入一部件文件的路径名, 路径名长度最多为 256 个字符。

◆ 文件类型(T)下拉列表: 用于选择文件的类型。选择了某类型后, 在"打开"对话框的列表框中仅显示该类型的文件, 系统也自动地用显示在此区域中的扩展名存储部件文件。

◆ 选项... : 单击此按钮, 系统弹出"装配加载选项"对话框, 利用该对话框可以对加载方式、加载组件和搜索路径等进行设置。

1.6.4　打开多个文件

在同一进程中, UG NX 11.0 允许同时创建和打开多个部件文件, 可以在几个文件中不断切换并进行操作，这可以很方便地同时创建彼此有关系的零件。单击"快速访问工具栏"中的 ⊞ 切换窗口 按钮，在系统弹出的"更改窗口"对话框中每次选中不同的文件窗口即可互相切换。

1.6.5　保存文件

1. 保存

在 UG NX 11.0 中，选择下拉菜单 文件(F) ➡ ▫ 保存(S) 命令，即可保存文件。

2. 另存为

选择下拉菜单 文件(F) ➡ 另存为(A)... 命令，系统弹出"另存为"对话框，可以利用不同的文件名存储一个已有的部件文件作为备份。

1.6.6　关闭部件

选择下拉菜单 文件(F) ➡ 关闭(C)▶ ➡ 选定的部件(P)... 命令，弹出图 1.6.3 所示的 "关闭部件"对话框，通过此对话框可以关闭选择的一个或多个打开的部件文件，也可以通过单击 关闭所有打开的部件 按钮，关闭系统当前打开的所有部件。此方式关闭部件文件时不存储部件，它仅从工作站的内存中清除部件文件。

图 1.6.3　"关闭部件"对话框

◆ 选择下拉菜单 文件(F) ➡ 关闭(C)▶ 命令，系统弹出图 1.6.4 所示的"关闭"
子菜单。

◆ 对于在旧的 UG NX 版本中保存的部件，在新版本中加载时，系统将其作为
已修改的部件来处理，因为在加载过程中进行了基本的转换，而这个转换
是自动的。这意味着当从先前的版本中加载部件且未曾保存该部件，在关
闭该文件时将得到一条信息，指出该部件已修改，即使根本就没有修改过
文件也是如此。

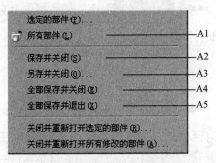

图 1.6.4　"关闭"子菜单

图 1.6.4 所示"关闭"子菜单中相关命令的说明如下。

A1：关闭当前所有的部件。

A2：以当前名称和位置保存并关闭当前显示的部件。

A3：以不同的名称和（或）不同的位置保存当前显示的部件。

A4：以当前名称和位置保存并关闭所有打开的部件。

A5：保存所有修改过的已打开部件（不包括部分加载的部件），然后退出 UG NX 11.0。

1.6.7　导入与导出文件

导入文件是将其他三维软件（如 CATIA、Pro/E）创建的文件或一些中间格式的文件（如 STP
文件、IGS 文件）导入到 UG 中，导出文件是将 UG 文件转换成中间格式文件，以便能使用其他
三维软件打开。如果 UG NX 用户需要和使用其他三维软件进行产品设计的客户进行数据交流，
常常需要导入与导出文件。

在较早的 UG NX 版本中，导入文件需要选择 文件(F) ➡ 导入(M) 命令，然后选择要导入
的文件类型，再选择导入的文件；在 UG NX 11.0 中，可以使用 文件(F) ➡ 打开(O)... 命令，
在 文件类型(T) 下拉列表中选择文件类型后，直接打开要导入的文件。

要注意的是，UG 导入或打开模型其他文件后，模型将是无参数的，也就是说没有建模步骤，

也没有任何尺寸标注，但模型中的尺寸能在软件中量取。个别文件导入 UG 后，还有可能出现颜色丢失、部分表面不完整的现象。

1.6.8 使用中文文件名和文件路径

在较早的 UG NX 版本中，是不允许使用中文的文件名的，打开文件的路径中也不能出现中文字符。但是在 UG NX 11.0 中，已经开始全面支持中文，无需进行任何设置，就可以使用中文文件名和文件路径。

第 **2** 章　二维草图设计

在介绍二维草图设计之前，先介绍一下 UG NX 11.0 软件草图中经常使用的术语。

对象：二维草图中的任何几何元素（如直线、中心线、圆弧、圆、椭圆、样条曲线、点或坐标系等）。

尺寸：对象大小或对象之间位置的量度。

约束：定义对象几何关系或对象间的位置关系。约束定义后，单击"显示草图约束"按钮 ，其约束符号会出现在被约束的对象旁边。例如，在约束两条直线垂直后，再单击"显示草图约束"按钮 ，垂直的直线旁边将分别显示一个垂直约束符号。默认状态下，约束符号显示为白色。

参照：草图中的辅助元素。

过约束：两个或多个约束可能会产生矛盾或多余约束。出现这种情况时，必须删除一个不需要的约束或尺寸以解决过约束。

2.1　进入与退出 UG 草图环境

1. 进入草图环境的操作方法

步骤 **01**　打开 UG NX 11.0 后，选择下拉菜单 文件(F) ➡ 新建(N)... 命令（或单击"新建"按钮 ），系统弹出"新建"对话框，在 模板 选项卡中选取模板类型为 模型 ，在 名称 文本框中输入文件名（例如：modell.prt），在 文件夹 文本框中输入模型的保存目录，然后单击 确定 按钮，进入 UG NX 11.0 建模环境。

步骤 **02**　选择下拉菜单 插入(S) ➡ 在任务环境中绘制草图(V) 命令，系统弹出"创建草图"对话框，采用默认的草图平面，单击该对话框中的 确定 按钮，系统进入草图环境。

2. 选择草图平面

进入草图工作环境以后，在创建新草图之前，一个特别要注意的事项就是要为新草图选择草图平面，也就是要确定新草图在三维空间的放置位置。草图平面是草图所在的某个空间平面，它可以是基准平面，也可以是实体的某个表面。

"创建草图"对话框的作用就是用于选择草图平面，利用"创建草图"对话框选择某个平面作为草图平面，然后单击 确定 按钮予以确认。

"创建草图"对话框的说明如下。

◆ 草图类型 区域。

- 在平面上：选取该选项后，用户可以在绘图区选择任意平面为草图平面（此
选项为系统默认选项）。

- 基于路径：选取该选项后，系统在用户指定的曲线上建立一个与该曲线垂直
的平面作为草图平面。

- 显示快捷方式：选择此项后，在平面上 和 基于路径 两个选项将以按钮形式显示。

◆ 草图 CSYS 区域中包括"平面方法"下拉列表、"参考"下拉列表及"原点方法"下拉列表。

- 自动判断：选取该选项后，用户可以选择基准面或者图形中现有的平面作为草
图平面。

- 新平面：选取该选项后，用户可以通过"平面对话框"按钮 ，创建一个基
准平面作为草图平面。

◆ 参考 下拉列表用于定义参考平面与草图平面的位置关系。

- 水平：选取该选项后，用户可定义参考平面与草图平面的位置关系为水平。

- 竖直：选取该选项后，用户可定义参考平面与草图平面的位置关系为竖直。

3. 退出草图环境的操作方法

草图绘制完成后，单击功能区中的"完成"按钮 完成 ，即可退出草图环境。

4. 直接草图工具

在 UG NX 11.0 中，系统还提供了另一种草图创建的环境——直接草图，进入直接草图环境
的具体操作步骤如下。

步骤 **01** 新建模型文件，进入 UG NX 11.0 建模环境。

步骤 **02** 选择下拉菜单 插入(S) ➡ 草图(H)... 命令（或单击"直接草图"工具栏中的"草
图"按钮 ），系统弹出"创建草图"对话框，选择 XY 平面为草图平面，单击该对话框中的
< 确定 > 按钮，系统进入直接草图环境，此时可以使用屏幕下方的"直接草图"工具栏（图 2.1.1）
绘制草图。

图 2.1.1 "直接草图"工具栏

步骤 **03** 单击工具栏中的"完成草图"按钮 完成草图 ，即可退出直接草图环境。

◆ "直接草图"工具创建的草图,在部件导航器中同样会显示为一个独立的特征,也能作为特征的截面草图使用。此方法本质上与"任务环境中的草图"没有区别,只是实现方式较为"直接"。

◆ 单击"直接草图"工具栏中的"在草图任务环境中打开"按钮 🔡,系统即可进入"任务环境中的草图"环境。

◆ 在三维建模环境下,双击已绘制的草图也能进入直接草图环境。

◆ 为保证内容的一致性,本书中的草图均以"任务环境中的草图"来创建。

2.2 UG 草图新功能简介

在 UG NX 11.0 中绘制草图时,在 主页 功能选项卡 约束 区域中选中 ✔ 🔲 连续自动标注尺寸 选项(图 2.2.1),然后确认 🔲 按钮处于按下状态,系统可自动给绘制的草图添加尺寸标注。如图 2.2.2 所示,在草图环境中任意绘制一个圆,系统会自动添加圆所需要的定型和定位尺寸,使圆全约束。

默认情况下 🔲 按钮是激活的,即绘制的草图系统会自动添加尺寸标注;单击该按钮,使其弹起(即取消激活),这时绘制的草图,系统就不会自动添加尺寸标注了。由于系统自动标注的尺寸比较凌乱,而且当草图比较复杂时,有些标注可能不符合标注要求,所以在绘制草图时,最好是不使用自动标注尺寸功能。在本书的写作中,都没有采用自动标注。

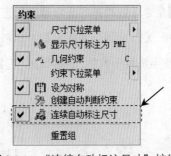

图 2.2.1 "连续自动标注尺寸"按钮

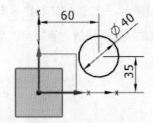

图 2.2.2 自动标注尺寸

2.3 坐标系介绍

UG NX 11.0 中有三种坐标系:绝对坐标系、工作坐标系和基准坐标系。在使用软件的过程中经常要用到坐标系，下面对这三种坐标系作简单的介绍。

1．绝对坐标系（ACS）

绝对坐标系是原点为（0,0,0）的坐标系，他是唯一的、固定不变的，不能修改和调整方位。绝对坐标系的原点不会显示在图形区中，但是在图形区的左下角会显示绝对坐标轴的方位。绝对坐标系可以作为创建点、基准坐标系以及其他操作的绝对位置参照。

2．工作坐标系（WCS）

要显示工作坐标系，单击上边框条右侧的 按钮，在弹出图 2.3.1 所示的"上边框条"工具条中选择 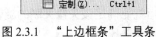 选项。工作坐标系包括坐标原点和坐标轴，如图 2.3.2 所示。它的轴通常是正交的（即相互间为直角），并且遵守右手定则。

图 2.3.1 　"上边框条"工具条

a）俯视图　　　　　　　b）正二测视图

图 2.3.2 　工作坐标系（WCS）

◆ 默认情况下，工作坐标系的初始位置与绝对坐标系一致，在 UG NX 的部件中，工作坐标系也是唯一的，但是它可以通过移动、旋转和定位原点等方式来调整方位，用户可以根据需要进行调整。

◆ 工作坐标系也可以作为创建点、基准坐标系以及其他操作的位置参照。在 UG NX 的矢量列表中，XC、YC 和 ZC 等矢量就是以工作坐标系为参照来进行设定的。

3．基准坐标系（CSYS）

基准坐标系由原点、三个基准轴和三个基准平面组成，如图 2.3.3 所示。新建一个部件文件后，系统会自动创建一个基准坐标系作为建模的参考，该坐标系的位置与绝对坐标系一致，因此，模型中最先创建的草图一般都是选择基准坐标系中的基准平面作为草图平面，其坐标轴也能作为约束和尺寸标注的参考。基准坐标系不是唯一的，我们可以根据建模的需要创建多个基准坐标系。

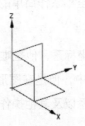

图 2.3.3 基准坐标系（CSYS）

4. 右手定则

◆ 常规的右手定则。

如果坐标系的原点在右手掌，拇指向上延伸的方向对应于某个坐标轴的方向，则可以利用常规的右手定则确定其他坐标轴的方向。例如，假设拇指指向 ZC 轴的正方向，食指伸直的方向对应于 XC 轴的正方向，中指向外延伸的方向则为 YC 轴的正方向。

◆ 旋转的右手定则。

旋转的右手定则用于将矢量和旋转方向关联起来。

当拇指伸直并且与给定的矢量对齐时，则弯曲的其他四指就能确定该矢量关联的旋转方向。反过来，当弯曲手指表示给定的旋转方向时，则伸直的拇指就确定关联的矢量。

例如，如果要确定当前坐标系的旋转逆时针方向，那么拇指就应该与 ZC 轴对齐，并指向其正方向，这时逆时针方向即为四指从 XC 轴正方向向 YC 轴正方向旋转。

2.4 草图参数的预设置

进入草图环境后，选择下拉菜单 首选项(P) ➡ 草图(S)... 命令，弹出如图 2.4.1 所示的"草图首选项"对话框，在该对话框中可以设置草图的显示参数和默认名称前缀等参数。

"草图首选项"对话框 草图设置 和 会话设置 选项卡的主要选项及其功能说明如下。

◆ 尺寸标签 下拉列表：控制草图标注文本的显示方式。

◆ 文本高度 文本框：控制草图尺寸数值的文本高度。在标注尺寸时，可以根据图形大小适当在该文本框中输入数值来调整文本高度，以便于用户观察。

◆ 对齐角 文本框：绘制直线时，如果起点与光标位置连线接近水平或垂直，捕捉功能会自动捕捉到水平或垂直位置。捕捉角是自动捕捉的最大角度。例如，捕捉角为 3，当起点与光标位置连线，与 XC 轴或 YC 轴夹角小于 3° 时，会自动捕捉到水平或垂直位置。

◆ ☑ 显示自由度箭头 复选框：如果选中该复选框，当进行尺寸标注时，在草图曲线端点处用箭头显示自由度，否则不显示。

◆ ☑显示约束符号复选框：如果选中该复选框，当相关几何体很小，则不会显示约束符号。如果要忽略相关几何体的尺寸查看约束，则可以关闭该选项。

◆ ☐保持图层状态复选框：如果选中该复选框，当进入某一草图对象时，该草图所在图层自动设置为当前工作图层，退出时恢复原图层为当前工作图层，否则，退出时保持草图所在图层为当前工作图层。

"草图首选项"对话框中的 部件设置 选项卡包括了曲线、尺寸和参考曲线等的颜色设置，这些设置和用户默认设置中的草图生成器的颜色相同。一般情况下，我们都采用系统默认的颜色设置。

a）"草图设置"选项卡

b）"会话设置"选项卡

图 2.4.1　"草图首选项"对话框

　　在本书所有的案例制作过程中，草图的 尺寸标签 都选择的是 值 选项。尺寸标签的显示"值"与显示"表达式"的区别如图 2.4.2 所示。

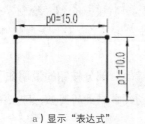

a）显示"表达式"　　　　　　　b）显示"值"

图 2.4.2　尺寸标签显示

2.5 二维草图的绘制

要绘制草图,应先从草图环境的工具条按钮区或 插入(S) ➡ 曲线(C)▶ 下拉菜单中选取一个绘图命令(由于工具条按钮简明而快捷,因此推荐优先使用),然后可通过在图形区选取点来创建对象。在绘制对象的过程中,当移动鼠标指针时,系统会自动确定可添加的约束并将其显示。绘制对象后,用户还可以对其继续添加约束。

在本节中主要介绍利用"草图工具"工具条来创建草图对象。

草图环境中使用鼠标的说明。

◆ 绘制草图时,可以在图形区单击以确定点,单击中键中止当前操作或退出当前命令。

◆ 当不处于草图绘制状态时,单击可选取多个对象;选择对象后,右击将弹出带有最常用草图命令的快捷菜单。

◆ 滚动鼠标中键,可以缩放模型(该功能对所有模块都适用:向前滚,模型变大;向后滚,模型变小(可以参考本书第 1 章的内容进行调整)。

◆ 按住鼠标中键,移动鼠标,可旋转模型(该功能对所有模块都适用)。

◆ 先按住键盘上的 Shift 键,然后按住鼠标中键,移动鼠标可移动模型(该功能对所有模块都适用)。

2.5.1 草图工具按钮简介

进入草图环境后,在"主页"功能选项卡中会出现绘制草图时所需的各种工具按钮,如图 2.5.1 所示。

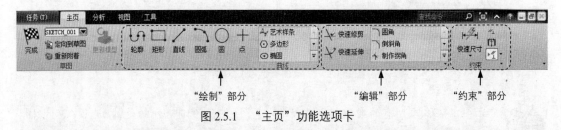

图 2.5.1 "主页"功能选项卡

 ◆ 草图环境"主页"功能选项卡中的按钮根据其功能可分为三大部分,"绘制"部分、"约束"部分和"编辑"部分。本节将重点介绍"绘制"部分的按钮功能,其余部分功能在后面章节中陆续介绍。

图 2.5.1 所示的"主页"功能选项卡中"绘制"和"编辑"部分按钮的说明如下。

⟑ 轮廓:单击该按钮,可以创建一系列相连的直线或线串模式的圆弧,即上一条曲线的终点作为下一条曲线的起点。

☑ **直线**：绘制直线。　　　　　　　　⌐ **圆弧**：绘制圆弧。

○ **圆**：绘制圆。　　　　　　　　　┐ **圆角**：在两曲线间创建圆角。

⌐ **倒斜角**：在两曲线间创建倒斜角。　　□ **矩形**：绘制矩形。

⊙ **多边形**：绘制多边形。

♣ **艺术样条**：通过定义点或者极点来创建样条曲线。

❀ **拟合曲线**：通过已经存在的点创建样条曲线。

⊙ **椭圆**：根据中心点和尺寸创建椭圆。

⊃ **二次曲线**：创建二次曲线。　　　　＋ **点**：绘制点。

⊡ **偏置曲线**：偏置位于草图平面上的曲线链。

⅄ **派生直线**：单击该按钮，则可以从已存在的直线复制得到新的直线。

⊪ **投影曲线**：单击该按钮，则可以沿着草图平面的法向将曲线、边或点（草图外部）投影到草图上。

⅄ **快速修剪**：单击该按钮，则可将一条曲线修剪至任一方向上最近的交点。如果曲线没有交点，可以将其删除。

⅄ **快速延伸**：快速延伸曲线到最近的边界。

✈ **制作拐角**：延伸或修剪两条曲线到一个交点处创建制作拐角。

2.5.2　直线

（步骤 **01**）进入草图环境以后，采用默认的平面（*XY* 平面）为草图平面，单击 确定 按钮。

◆ 进入草图工作环境以后，如果是创建新草图，则首先必须选取草图平面，也就是说要确定新草图在空间的哪个平面上绘制。

◆ 以后在创建新草图时，如果没有特别的说明，则草图平面为默认的 *XY* 平面。

（步骤 **02**）选择命令。选择下拉菜单 插入(S) ➡ 曲线(C)▶ ➡ ☑ 直线(L)... 命令，系统弹出图 2.5.2 所示的"直线"工具条。

图 2.5.2 所示的"直线"工具条的说明如下。

◆ **XY**（坐标模式）：选中该按钮（默认），系统弹出图 2.5.3 所示的动态输入框（一），可以通过输入 *XC* 和 *YC* 的坐标值来精确绘制直线，坐标值以工作坐标系（WCS）为参照。要在动态输入框的选项之间切换，可按 Tab 键。要输入值，可在文本框内输入值，然后按 Enter 键。

◆ ☷（参数模式）：选中该按钮，系统弹出图 2.5.4 所示的动态输入框（二），可以通过输入长度值和角度值来绘制直线。

（步骤 **03**）定义直线的起始点。在系统 选择直线的第一点 的提示下，在图形区中的任意位置单击左键，以确定直线的起始点，此时可看到一条"橡皮筋"线附着在鼠标指针上。

图 2.5.2　"直线"工具条　　图 2.5.3　动态输入框（一）　　图 2.5.4　动态输入框（二）

　　　系统提示 选择直线的第一点 显示在消息区，有关消息区的具体介绍请参见"用户界面简介"的相关内容。

步骤 04 定义直线的终止点。在系统 选择直线的第二点 的提示下，在图形区中的另一位置单击左键，以确定直线的终止点，系统便在两点间创建一条直线（在终点处再次单击，在直线的终点处出现另一条"橡皮筋"线）。

步骤 05 单击中键，结束直线创建。

◆ 直线的精确绘制可以利用动态输入框实现，其他曲线的精确绘制也一样。

◆ "橡皮筋"是指操作过程中的一条临时虚构线段，它始终是当前鼠标光标的中心点与前一个指定点的连线。因为它可以随着光标的移动而拉长或缩短并可绕前一点转动，所以我们形象地称为"橡皮筋"。

◆ 在绘制或编辑草图时，单击"标准"工具条上的 按钮，可撤销上一个操作；单击 按钮（或者选择下拉菜单 编辑(E) ➡ 重做(R) 命令），可以重新执行被撤销的操作。

2.5.3 轮廓线

选择下拉菜单 插入(S) ➡ 曲线(C)▶ ➡ 轮廓(O)... 命令，系统弹出图 2.5.5 所示的"型材"工具条。

图 2.5.5　"轮廓"工具条

绘制轮廓线的说明如下。

◆ 轮廓线与直线的区别在于，轮廓线可以绘制连续的对象，如图 2.5.6 所示。

◆ 绘制时，按下、拖动并释放鼠标左键，直线模式变为圆弧模式，如图 2.5.7 所示。

◆ 利用动态输入框可以绘制精确的轮廓线。

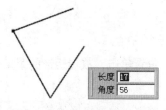

图 2.5.6 绘制连续的对象

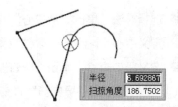

图 2.5.7 用"轮廓"命令绘制弧

2.5.4 矩形

选择下拉菜单 插入(S) ➡ 曲线(C)▶ ➡ □ 矩形(R) 命令，系统弹出图 2.5.8 所示的"矩形"工具条，可以在草图平面上绘制矩形。在绘制草图时，使用该命令可省去绘制四条线段的麻烦。共有三种绘制矩形的方法，下面将分别介绍。

方法一：按两点——通过选取两对角点来创建矩形，其一般操作步骤如下。

步骤 01 选择方法。单击"按 2 点"按钮 ▱。

步骤 02 定义第一个角点。在图形区某位置单击，放置矩形的第一个角点。

步骤 03 定义第二个角点。单击 XY 按钮，再次在图形区另一位置单击，放置矩形的另一个角点。

步骤 04 单击中键，结束矩形的创建，结果如图 2.5.9 所示。

图 2.5.8 "矩形"工具条

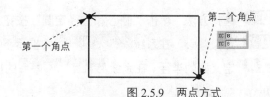

图 2.5.9 两点方式

方法二：通过三点来创建矩形，其一般操作步骤如下。

步骤 01 选择方法。单击"按 3 点"按钮 ▱。

步骤 02 定义第一个顶点。在图形区某位置单击，放置矩形的第一个顶点。

步骤 03 定义第二个顶点。单击 XY 按钮，在图形区另一位置单击，放置矩形的第二个顶点（第一个顶点和第二个顶点之间的距离即矩形的宽度），此时矩形呈"橡皮筋"样变化。

步骤 04 定义第三个顶点。单击 XY 按钮，再次在图形区单击，放置矩形的第三个顶点（第二个顶点和第三个顶点之间的距离即矩形的高度）。

步骤 05 单击中键，结束矩形的创建，结果如图 2.5.10 所示。

方法三：从中心——通过选取中心点、一条边的中点和顶点来创建矩形，其一般操作步骤如下。

步骤 01 选择方法。单击"从中心"按钮 。

步骤 02 定义中心点。在图形区某位置单击，放置矩形的中心点。

步骤 03 定义第二个点。单击 XY 按钮，在图形区另一位置单击，放置矩形的第二个点（一条边的中点），此时矩形呈"橡皮筋"样变化。

步骤 04 定义第三个点。单击 XY 按钮，再次在图形区单击，放置矩形的第三个点。

步骤 05 单击中键，结束矩形的创建，结果如图 2.5.11 所示。

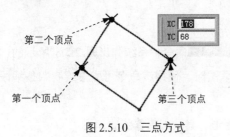

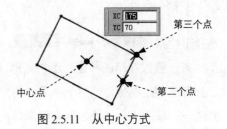

图 2.5.10　三点方式　　　　　　　　图 2.5.11　从中心方式

2.5.5　圆

选择下拉菜单 插入(S) ➡ 曲线(C)▶ ➡ ○ 圆(C) 命令，系统弹出图 2.5.12 所示的"圆"工具条。有以下两种绘制圆的方法。

方法一：中心和半径决定的圆——通过选取中心点和圆上一点来创建圆。其一般操作步骤如下。

步骤 01 选择方法。单击"圆心和直径定圆"按钮 。

步骤 02 定义圆心。在系统 选择圆的中心点 的提示下，在某位置单击，放置圆的中心点。

步骤 03 定义圆的半径。在系统 在圆上选择一个点 的提示下，拖动鼠标至另一位置，单击确定圆的大小。

步骤 04 单击中键，结束圆的创建。

方法二：通过三点的圆——通过确定圆上的三个点来创建圆。

2.5.6　圆弧

选择下拉菜单 插入(S) ➡ 曲线(C)▶ ➡ ↘ 圆弧(A)... 命令，系统弹出图 2.5.13 所示的"圆弧"工具条。有以下两种绘制圆弧的方法。

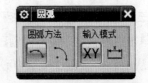

图 2.5.12　"圆"工具条　　　　　　图 2.5.13　"圆弧"工具条

方法一：通过三点的圆弧——确定圆弧的两个端点和弧上的一个附加点来创建一个三点圆弧。其一般操作步骤如下。

步骤 01 选择方法。单击"三点定圆弧"按钮⌒。

步骤 02 定义端点。在系统 **选择圆弧的起点** 的提示下，在图形区中的任意位置单击左键，以确定圆弧的起点；在系统 **选择圆弧的终点** 的提示下，在另一位置单击，放置圆弧的终点。

步骤 03 定义附加点。在系统 **在圆弧上选择一个点** 的提示下，移动鼠标，圆弧呈"橡皮筋"样变化，在图形区另一位置单击，以确定圆弧。

步骤 04 单击中键，完成圆弧的创建。

方法二：用中心和端点确定圆弧。其一般操作步骤如下。

步骤 01 选择方法。单击"中心和端点定圆弧"按钮⌒。

步骤 02 定义圆心。在系统 **选择圆弧的中心点** 的提示下，在图形区中的任意位置单击，以确定圆弧中心点。

步骤 03 定义圆弧的起点。在系统 **选择圆弧的起点** 的提示下，在图形区中的任意位置单击，以确定圆弧的起点。

步骤 04 定义圆弧的终点。在系统 **选择圆弧的终点** 的提示下，在图形区中的任意位置单击，以确定圆弧的终点。

步骤 05 单击中键，结束圆弧的创建。

2.5.7　圆角

选择下拉菜单 插入(S) ➡ 曲线(C)▶ ➡ 圆角(F)...命令，可以在指定两条或三条曲线之间创建一个圆角，系统弹出图 2.5.14 所示的"圆角"工具条。该工具条中包括四个按钮："修剪"按钮⌒、"取消修剪"按钮⌐、"删除第三条曲线"按钮⌐和"创建备选圆角"按钮。

创建圆角的一般操作步骤如下。

步骤 01 选择下拉菜单 插入(S) ➡ 曲线(C)▶ ➡ 圆角(F)...命令，系统弹出"圆角"工具条，在工具条中单击"修剪"按钮⌐。

步骤 02 定义圆角曲线。单击选取图 2.5.15 所示的两条直线。

步骤 03 定义圆角半径。拖动鼠标至适当位置，单击确定圆角的大小（或者在动态输入框中输入圆角半径，以确定圆角的大小）。

步骤 04 单击中键，结束圆角的创建。

◆　如果选中"取消修剪"按钮⌐，则绘制的圆角如图 2.5.16 所示。

◆　如果选中"创建备选圆角"按钮，则可以生成每一种可能的圆角（或按 Page Down 键选择所需的圆角），如图 2.5.17 和图 2.5.18 所示。

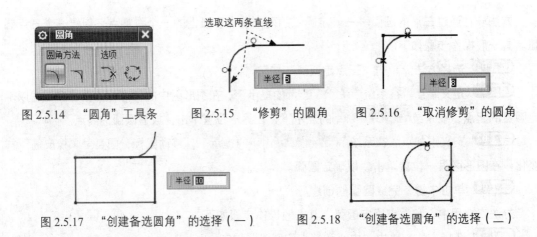

图 2.5.14　"圆角"工具条　　图 2.5.15　"修剪"的圆角　　图 2.5.16　"取消修剪"的圆角

图 2.5.17　"创建备选圆角"的选择（一）　　图 2.5.18　"创建备选圆角"的选择（二）

2.5.8　艺术样条曲线

艺术样条曲线是指利用给定的若干个点拟合出的多项式曲线，样条曲线采用的是近似的拟合方法，但可以很好地满足工程需求，因此得到了较为广泛的应用。下面通过创建图 2.5.19a 所示的曲线来说明创建艺术样条曲线的一般过程。

步骤 01　选择命令。选择下拉菜单 插入(S) ➡ 曲线(C) ➡ 艺术样条(I) 命令，弹出"艺术样条"对话框。

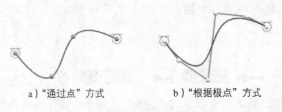

a)"通过点"方式　　　　b)"根据极点"方式

图 2.5.19　创建艺术样条曲线

步骤 02　选择方法。在"艺术样条"对话框 类型 下拉列表中选择 通过点 选项，依次在图 2.5.19a 所示的各点位置单击，系统生成图 2.5.19a 所示的"通过点"方式创建的样条曲线。

　　如果在"艺术样条"对话框 类型 的下拉列表中选择 根据极点 选项，依次在图 2.5.19b 所示的各点位置单击，系统则生成图 2.5.19b 所示的"根据极点"方式创建的样条曲线。

步骤 03　在"艺术样条"对话框中单击 确定 按钮（或单击中键），以完成样条曲线的创建。

2.5.9　派生直线

派生直线的绘制是将现有的参考直线偏置生成另外一条直线，或者通过选择两条参考直线，在这两条直线之间创建角平分线。

选择下拉菜单 插入(S) ➡ 来自曲线集的曲线(F)▶ ➡ ◣ 派生直线(I)... 命令,可绘制派生直线,其一般操作步骤如下。

步骤 01 进入草绘环境后,选择下拉菜单 插入(S) ➡ 来自曲线集的曲线(F)▶ ➡ ◣ 派生直线(I)... 命令。

步骤 02 定义参考直线。单击选取直线为参考。

步骤 03 定义派生直线的位置。拖动鼠标至另一位置单击,以确定派生直线的位置。

步骤 04 单击中键,结束派生直线的创建,结果如图 2.5.20 所示。

◆ 如需要偏置多条直线,可以在上述步骤中,在图形区合适的位置继续单击,然后单击中键完成,结果如图 2.5.21 所示。

◆ 如果选择两条平行线时,系统会在这两条平行线的中点处创建一条直线。可以通过拖动鼠标以确定直线长度,也可以在动态输入框中输入值,如图 2.5.22 所示。

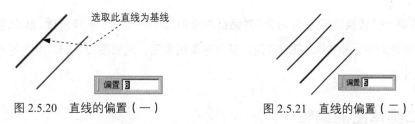

图 2.5.20 直线的偏置(一)　　　　图 2.5.21 直线的偏置(二)

◆ 如果选择两条不平行的直线时(不需要相交),系统将构造一条角平分线。可以通过拖动鼠标以确定直线长度(或在动态输入框中输入一个值),也可以在成角度的两条直线的任意象限放置平分线,如图 2.5.23 所示。

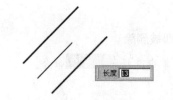

图 2.5.22 派生两平行线中间的直线　　　图 2.5.23 派生角平分线

2.5.10 将草图对象转化为参考线

在为草图对象添加几何约束和尺寸约束的过程中,有些草图对象是作为基准、定位来使用的,或者有些草图对象在创建尺寸时可能引起约束冲突,此时可利用"草图约束"工具条中的"转换至/自参考对象"按钮将草图对象转换为参考线;当然必要时,也可利用该按钮将其激活,即从参考线转化为草图对象。下面以图 2.5.24 为例,说明其操作方法及作用。

步骤 01 打开文件 D:\ug111\work\ch02.06\reference.prt。

步骤 02 进入草图工作环境。在部件导航器中右击 ☑⊡ 草图 (1)，选择 可回滚编辑... 命令。

步骤 03 选择下拉菜单 工具(T) ➡ 约束(T) ➡ 转换至/自参考对象(V) 命令，弹出"转换至/自参考对象"对话框，选中 ⊙ 参考曲线或尺寸 单选项。

步骤 04 根据系统 选择要转换的曲线或尺寸 的提示，选取图 2.5.24a 中的圆，单击 应用 按钮，被选取的对象就转换成参考对象，结果如图 2.5.24b 所示。

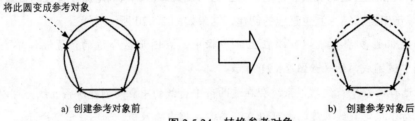

将此圆变成参考对象

a) 创建参考对象前　　　　　　　　　　　　b) 创建参考对象后

图 2.5.24　转换参考对象

步骤 05 在"转换至/自参考对象"对话框中选中 ⊙ 活动曲线或驱动尺寸 单选项，然后选取图 2.5.24b 中创建的参考对象，单击 应用 按钮，参考对象被激活，返回图 2.5.24a 所示的形式，然后单击 取消 按钮。

2.6　二维草图的编辑

2.6.1　删除草图

步骤 01 在图形区单击或框选要删除的对象（框选时要框住整个对象），此时可看到选中的对象变为蓝色。

步骤 02 按一下键盘上的 Delete 键，所选对象即被删除。

◆ 在图形区单击鼠标右键，在弹出的快捷菜单中选择 ✕ 删除(D) 命令。

◆ 选择 编辑(E) 下拉菜单中的 ✕ 删除(D)... 命令。

◆ 按一下键盘上的 Ctrl + D 组合键。

说明　　如要恢复已删除的对象，可用键盘的 Ctrl+Z 组合键来完成。

2.6.2　操纵草图

1．直线的操纵

UG NX 11.0 提供了对象操纵功能，可方便地旋转、拉伸和移动对象。

操纵 1 的操作流程，如图 2.6.1 所示：在图形区，把鼠标指针移到直线端点上，按住左键不放，同时移动鼠标，此时直线以远离鼠标指针的那个端点为圆心转动，达到绘制意图后，松开鼠标左键。

操纵 2 的操作流程，如图 2.6.2 所示：在图形区，把鼠标指针移到直线上，按住左键不放，同时移动鼠标，此时会看到直线随着鼠标移动，达到绘制意图后，松开鼠标左键。

图 2.6.1　操纵 1：直线的转动和拉伸　　　　图 2.6.2　操纵 2：直线的移动

2. 圆的操纵

操纵 1 的操作流程，如图 2.6.3 所示：把鼠标指针移到圆的边线上，按下左键不放，同时移动鼠标，此时会看到圆在变大或缩小，达到绘制意图后，松开鼠标左键。

操纵 2 的操作流程，如图 2.6.4 所示：把鼠标指针移到圆心上，按下左键不放，同时移动鼠标，此时会看到圆随着指针一起移动，达到绘制意图后，松开鼠标左键。

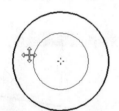
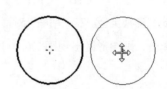

图 2.6.3　操纵 1：圆的缩放　　　　图 2.6.4　操纵 2：圆的移动

3. 圆弧的操纵

操纵 1 的操作流程，如图 2.6.5 所示：把鼠标指针移到圆弧上，按下左键不放，同时移动鼠标，此时会看到圆弧半径变大或变小，达到绘制意图后，松开鼠标左键。

操纵 2 的操作流程，如图 2.6.6 所示：把鼠标指针移到圆弧的某个端点上，按下左键不放，同时移动鼠标，此时会看到圆弧以另一端点为固定点旋转，并且圆弧的包角也在变化，达到绘制意图后，松开鼠标左键。

操纵 3 的操作流程，如图 2.6.7 所示：把鼠标指针移到圆心上，按下左键不放，同时移动鼠标，此时圆弧随着指针一起移动，达到绘制意图后，松开鼠标左键。

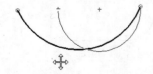

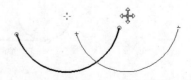

图 2.6.5　操纵 1：改变弧的半径　　图 2.6.6　操纵 2：改变弧的位置　　图 2.6.7　操纵 3：弧的移动

4. 样条曲线的操纵

操纵 1 的操作流程，如图 2.6.8 所示：把鼠标指针移到样条曲线的某个端点或定位点上，按下左键不放，同时移动鼠标，此时样条线拓扑形状（曲率）不断变化，达到绘制意图后，松开鼠标左键。

操纵 2 的操作流程，如图 2.6.9 所示：把鼠标指针移到样条曲线上，按下左键不放，同时移动鼠标，此时样条曲线随着鼠标移动，达到绘制意图后，松开鼠标左键。

图 2.6.8　操纵 1：改变曲线的形状　　　　图 2.6.9　操纵 2：曲线的移动

2.6.3　复制/粘贴

步骤 01 在图形区单击或框选要复制的对象（框选时要框住整个对象）。

步骤 02 先选择下拉菜单 编辑(E) ➡ 复制(C) 命令，然后选择下拉菜单 编辑(E) ➡ 粘贴(P) 命令，系统弹出"粘贴"对话框。

步骤 03 定义变换类型。在"粘贴"对话框的 运动 下拉列表中选择 动态 选项，将复制对象移动到合适的位置单击，则图形区出现图 2.6.10 所示的对象。

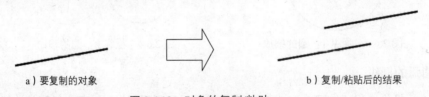

a）要复制的对象　　　　　　　　　　b）复制/粘贴后的结果

图 2.6.10　对象的复制/粘贴

2.6.4　修剪草图

步骤 01 选择命令。选择下拉菜单 编辑(E) ➡ 曲线(V) ➡ 快速修剪(Q) 命令。

步骤 02 定义修剪对象。依次单击图 2.6.11a 所示的需要修剪的部分。

步骤 03 单击中键。完成对象的修剪，结果如图 2.6.11b 所示。

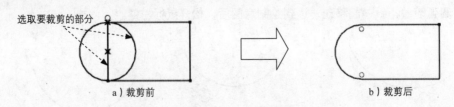

a）裁剪前　　　　　　　　　　　　　　b）裁剪后

图 2.6.11　快速裁剪

2.6.5　延伸草图

步骤 **01**　选择下拉菜单 编辑(E) ➡ 曲线(V)▶ ➡ ✗ 快速延伸(X)... 命令。

步骤 **02**　选取图 2.6.12a 所示的曲线，完成曲线到下一个边界的延伸。

 在延伸时，系统自动选择最近的曲线作为延伸边界。

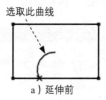 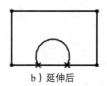

a）延伸前　　　　　　　　　　　　　　　b）延伸后

图 2.6.12　快速延伸

2.6.6　制作拐角

"制作拐角"命令是通过两条曲线延伸或修剪到公共交点来创建拐角的。此命令适用于直线、圆弧、开放式二次曲线和开放式样条等，其中开放式样条仅限修剪。创建"制作拐角"的一般操作步骤如下。

步骤 **01**　选择方法。选择下拉菜单 编辑(E) ➡ 曲线(V)▶ ➡ ✦ 制作拐角(M)... 命令（或单击"制作拐角"按钮 ✦ ）。

步骤 **02**　定义要制作拐角的两条曲线。选取图 2.6.13 所示的两条直线。

步骤 **03**　单击中键，完成制作拐角的创建。

第二条拐角边

第一条拐角边

a）创建前　　　　　　　　　　　　　　　b）创建后

图 2.6.13　创建"制作拐角"特征

2.6.7　镜像草图

镜像操作是将草图对象以一条直线为对称中心，将所选取的对象以这条对称中心为轴进行复制，生成新的草图对象。镜像复制的对象与源对象形成一个整体，并且保持相关性。"镜像"操作在绘制对称图形时是非常有用的。下面以图 2.6.14 所示的实例来说明"镜像"的一般操作步骤。

步骤 01 打开文件 D:\ug111\work \ch02.07\mirror.prt，如图 2.6.14a 所示。

步骤 02 双击草图，单击 按钮，进入草图环境。

步骤 03 选择命令。选择下拉菜单 插入(S) ➡ 来自曲线集的曲线(F)▶ ➡ 镜像曲线(M)... 命令，系统弹出图 2.6.15 所示的"镜像曲线"对话框。

步骤 04 定义镜像对象。在"镜像曲线"对话框中单击"曲线"按钮 ，选取图形区中的所有草图曲线。

步骤 05 定义中心线。单击"镜像曲线"对话框中的"中心线"按钮 ，选取坐标系的 Y 轴作为镜像中心线。

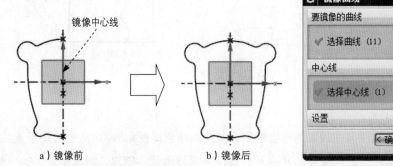

a）镜像前　　　　　　　　b）镜像后

图 2.6.14　镜像操作　　　　　图 2.6.15　"镜像曲线"对话框

步骤 06 单击 < 确定 > 按钮，完成镜像操作，结果如图 2.7.14b 所示。

图 2.6.15 所示"镜像曲线"对话框中各选项的功能说明如下。

◆ （镜像中心线）：用于选择存在的直线或轴为镜像的中心线。选择草图中的直线作为镜像中心线时，所选的直线会变成参考线，暂时失去作用。如果要将其转化为一般草图对象，可用"草图约束"工具条中的"转换至/自参考对象"功能。

◆ （要镜像的曲线）：用于选择一个或多个要镜像的草图对象。在选取镜像中心线后，用户可以在草图中选取要进行"镜像"操作的草图对象。

2.6.8　偏置曲线

"偏置曲线"就是对当前草图中的曲线进行偏移，从而产生与源曲线相关联、形状相似的新的曲线。可偏移的曲线包括基本绘制的曲线、投影曲线、边缘曲线等。创建图 2.6.16 所示的偏置曲线的具体步骤如下。

步骤 01 打开文件 D:\ug111\work ch02.07\offset.prt。

步骤 02 双击草图，单击 按钮，进入草图环境。

步骤 03 选择命令。选择下拉菜单 插入(S) ➡ 来自曲线集的曲线(F)▶ ➡ 偏置曲线(V)... 命令，系统弹出"偏置曲线"对话框。

步骤 04 定义偏置曲线。在图形区选取图 2.6.16a 所示的草图为参照。

步骤 05 定义偏置参数。在 距离 后的文本框中输入偏置距离值 5.0，选中 ☑ 创建尺寸 复选框。

步骤 06 定义端盖选项。在 端盖选项 下拉列表中选择 延伸端盖 选项。

 单击"偏置曲线"对话框中的 ⊠ 按钮改变偏置的方向。

"偏置曲线"对话框 端盖选项 下拉列表中的选项说明如下。

◆ 圆弧帽形体 ：该选项用于偏置曲线在拐角处自动进行圆角过渡（图 2.6.16b）。

◆ 延伸端盖 ：该选项用于偏置曲线在拐角处不会生成圆角（图 2.6.16c）。

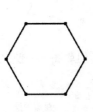

a）参照草图

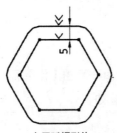

b）圆弧帽形体

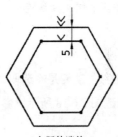

c）延伸端盖

图 2.6.16　偏置曲线的创建

2.6.9　相交

"相交曲线"命令可以通过用户指定的面与草图基准平面相交产生一条曲线。图 2.6.17 所示的相交操作的步骤如下。

步骤 01 打开文件 D:\ug111\work \ch02.07\intersect.prt。

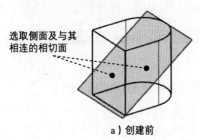

选取侧面及与其相连的相切面

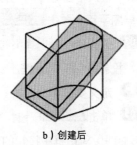

a）创建前

b）创建后

图 2.6.17　相交操作

步骤 02 进入草图环境。选择下拉菜单 插入(S) ➡ 🔲 在任务环境中绘制草图(V)... 命令，系统弹出"创建草图"对话框。选取基准平面为草图平面，单击对话框中的 确定 按钮，进入草图环境。

步骤 03 选择命令。选择下拉菜单 插入(S) ➡ 配方曲线(U) ▶ ➡ 🔲 相交曲线(U)... 命令，系统弹出"相交曲线"对话框。

步骤 04 选取要相交的面。依次选取图 2.6.17a 所示的模型侧面及与其相连的相切面为要相交的面，即产生图 2.6.17b 所示的相交曲线链。

步骤 05 单击"相交曲线"对话框中的 < 确定 > 按钮，完成相交曲线的创建。

"相交曲线"对话框中工具按钮的功能说明如下。

◆ ⬡ （面）：用于选择草图相交的面。

◆ ☑ 忽略孔 选项：当选取的"要相交的面"上有孔特征时，勾选此复选框后，系统会在曲线遇到的第一个孔处停止相交曲线。

◆ □ 连结曲线 选项：用于多个"相交曲线"之间的连结。勾选此复选框后，系统会自动将多个相交曲线连结成一个整体。

2.6.10 投影

"投影曲线"功能是将选取的对象按垂直于草图工作平面的方向投影到草图中，使之成为草图对象。创建图 2.6.18 所示投影曲线的步骤如下。

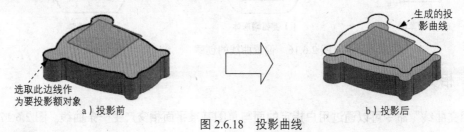

a）投影前   b）投影后

图 2.6.18 投影曲线

步骤 01 打开文件 D:\ug111\work \ch02.07\projection.prt。

步骤 02 进入草图环境。选择下拉菜单 插入(S) ➡ 🔳在任务环境中绘制草图(V)... 命令，选择基准平面为草图平面，单击 确定 按钮。

步骤 03 选择命令。选择下拉菜单 插入(S) ➡ 配方曲线(U) ▶ ➡ 📷 投影曲线(I)... 命令，系统弹出"投影曲线"对话框。

步骤 04 定义要投影的对象。选取图 2.6.18a 所示的边线为要投影的对象。

步骤 05 单击 确定 按钮，完如图 2.6.18b 所示的投影曲线的创建。

"投影曲线"对话框中按钮的功能说明如下。

◆ ⊕ （曲线）：用于选择要投影的对象，默认情况下为按下状态。

◆ ⊥ （点）：单击该按钮后，系统将弹出"点"对话框。

◆ ☑ 关联 复选框：定义投影曲线与投影对象之间的关联性。选中该复选框时，投影曲线与投影对象将存在关联性。即投影对象发生改变时，投影曲线也随之改变。

◆ 输出曲线类型 下拉列表：该下拉列表包括 原始 、 样条段 和 单个样条 三个选项。

2.6.11 编辑定义截面

草图曲线一般可用于拉伸、旋转和扫掠等特征的剖面，如果要改变特征截面的形状，可以通过"编辑定义截面"功能实现。图 2.6.19 所示的编辑定义截面的具体操作步骤如下。

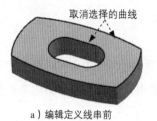 

a）编辑定义线串前　　　　　　　　　　　　　　　　　b）编辑定义线串后

图 2.6.19　编辑定义截面

步骤 01　打开文件 D:\ug111\work \ch02.07\edit_section.prt。

步骤 02　在特征树中右击草图 1，在弹出的快捷菜单中选择 可回滚编辑 命令，进入草图编辑环境。选择下拉菜单 编辑(E) ➡ 编辑定义截面(F)... 命令，系统弹出"编辑定义截面"对话框（如果当前草图中没有曲线经过拉伸、旋转等操作来生成几何体，则系统弹出图 2.6.20 所示"编辑定义截面"对话框中的警告信息）。

　　"编辑定义截面"操作只适合于经过拉伸、旋转生成特征的曲线，如果不符合此要求，此操作就不能实现。

步骤 03　按住 Shift 键，在草图中选取图 2.6.21 所示（曲线以高亮显示）的曲线的任意部分，系统则排除整个草图曲线；再选取图 2.6.21 所示的曲线（此时不用按住 Shift 键）作为新的草图截面，单击对话框中的"替换助理"按钮 。

　　用 Shift+左键选择要移除的对象；用左键选择要添加的对象。

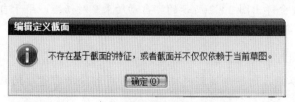 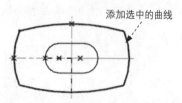

图 2.6.20　"编辑定义截面"对话框　　　　图 2.6.21　添加选中的曲线

步骤 04　单击 确定 按钮，完成草图截面的编辑。单击 完成 按钮，退出草图环境。

步骤 05　更新模型。选择下拉菜单 工具(T) ➡ 更新(U) ▶ ➡ 更新以获取外部更改(E) 命令。

说明   此处如果系统进行自动更新就不需要选择更新命令进行更新。

2.7 二维草图的约束

"草图约束"主要包括"几何约束"和"尺寸约束"两种类型。"几何约束"用来定位草图对象和确定草图对象之间的相互关系,而"尺寸约束"是用来驱动、限制和约束草图几何对象的大小和形状的。

进入草图环境后,屏幕上会出现绘制草图时所需要的"草图工具"工具条,如图 2.7.1 所示。

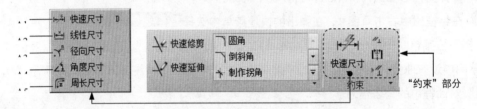

图 2.7.1   "约束"区域

图 2.7.1 所示的"主页"功能选项卡中"约束"部分各按钮的说明如下。

A1: 快速尺寸。通过基于选定的对象和光标的位置自动判断尺寸类型来创建尺寸约束。

A2: 线性尺寸。该按钮用于在所选的两个对象或点位置之间创建线性距离约束。

A3: 径向尺寸。该按钮用于创建圆形对象的半径或直径约束。

A4: 角度尺寸。该按钮用于在所选的两条不平行直线之间创建角度约束。

A5: 周长尺寸。该按钮用于对所选的多个对象进行周长尺寸约束。

(几何约束):用户自己对存在的草图对象指定约束类型。

(设为对称):将两个点或曲线约束为相对于草图上的对称线对称。

(显示草图约束):显示施加到草图上的所有几何约束。

(自动约束):单击该按钮,系统会弹出图 3.8.2 所示的"自动约束"对话框,用于自动地添加约束。

(自动标注尺寸):根据设置的规则在曲线上自动创建尺寸。

(关系浏览器):显示与选定的草图几何图形关联的几何约束,并移除所有这些约束或列出信息。

(转换至/自参考对象):将草图曲线或草图尺寸从活动转换为参考,或者反过来。下游命令(如拉伸)不使用参考曲线,并且参考尺寸不控制草图几何体。

[备选解] （备选解）：备选尺寸或几何约束解算方案。

[自动判断约束和尺寸] （自动判断约束和尺寸）：控制哪些约束或尺寸在曲线构造过程中被自动判断。

[创建自动判断约束] （创建自动判断约束）：在曲线构造过程中启用自动判断约束。

[连续自动标注尺寸] （连续自动标注尺寸）：在曲线构造过程中启用自动标注尺寸。

在草图绘制过程中，读者可以自己设定自动约束的类型，单击"自动约束"按钮[自动约束]，系统弹出"自动约束"对话框，如图 2.7.2 所示，在对话框中可以设定自动约束类型。

图 2.7.2 "自动约束"对话框

图 2.7.2 所示的"自动约束"对话框中所建立的都是几何约束，它们的用法如下。

◆ [水平] （水平）：约束直线为水平直线（即平行于 XC 轴）。

◆ [竖直] （竖直）：约束直线为竖直直线（即平行于 YC 轴）。

◆ [相切] （相切）：约束所选的两个对象相切。

◆ [平行] （平行）：约束两直线互相平行。

◆ [垂直] （垂直）：约束两直线互相垂直。

◆ [共线] （共线）：约束多条直线位于或通过同一直线。

◆ [同心] （同心）：约束多个圆弧或椭圆弧的中心重合。

◆ [等长] （等长）：约束多条直线为同一长度。

- ◆ ⌢ (等半径)：约束多个弧有相同的半径。
- ◆ ▮ (点在曲线上)：约束所选点在曲线上。
- ◆ ◿ (重合)：约束多点重合。

在草图中，被添加完约束对象中的约束符号显示方式见表 2.7.1。

表 2.7.1　约束符号列表

约束名称	约束显示符号
固定/完全固定	⌐
固定长度	↔
水平	→
竖直	↑
固定角度	∠
等半径	⌢
相切	○
同心的	◎
中点	⊢
点在曲线上	✶
垂直的	⌐
平行的	∦
共线	⫽
等长度	=
重合	⌒

在一般绘图过程中，我们习惯于先绘制出对象的大概形状，然后通过添加"几何约束"来定位草图对象和确定草图对象之间的相互关系，再添加"尺寸约束"来驱动、限制和约束草图几何对象的大小和形状。下面先介绍如何添加"几何约束"，再介绍添加"尺寸约束"的具体方法。

2.7.1　添加几何约束

在二维草图中，添加几何约束主要有两种方法：手工添加几何约束和自动产生几何约束。一般在添加几何约束时，要先单击"显示草图约束"按钮，则二维草图中所存在的所有约束都显示在图中。

方法一：手工添加约束。是指对所选对象由用户自己来指定某种约束。在"草图工具"工具条中单击 ⟋⊥ 按钮，系统就进入了几何约束操作状态。此时，在图形区中选择一个或多个草图对象，所选对象在图形区中会加亮显示。同时，可添加的几何约束类型按钮将会出现在图形区的左上角。

根据所选对象的几何关系，在几何约束类型中选择一个或多个约束类型，则系统会添加指定类型的几何约束到所选草图对象上，这些草图对象会因所添加的约束而不能随意移动或旋转。

下面通过图 2.7.3 所示的相切约束来说明创建约束的一般操作步骤。

步骤 01 打开文件 D:\ug111\work \ch02.08\constraint_01.prt。

步骤 02 双击已有草图，在 直接草图▾ 下拉选项 更多▾ 中单击 ⧉ 在草图任务环境中打开 按钮，进入草图工作环境，单击"显示草图约束"按钮 ⟋⊥ 和"几何约束"按钮 ⟋⊥ 。

步骤 03 定义约束类型。在系统弹出如图 2.7.4 所示的"几何约束"对话框中单击 ⊘ 按钮。

步骤 04 定义约束对象。根据系统 **选择要约束的对象** 的提示，选取图 2.7.3a 所示的直线并单击中键，再选取圆。

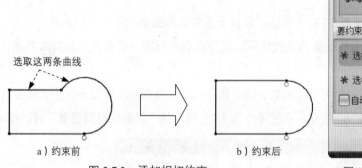

a）约束前　　　　b）约束后

图 2.7.3　添加相切约束

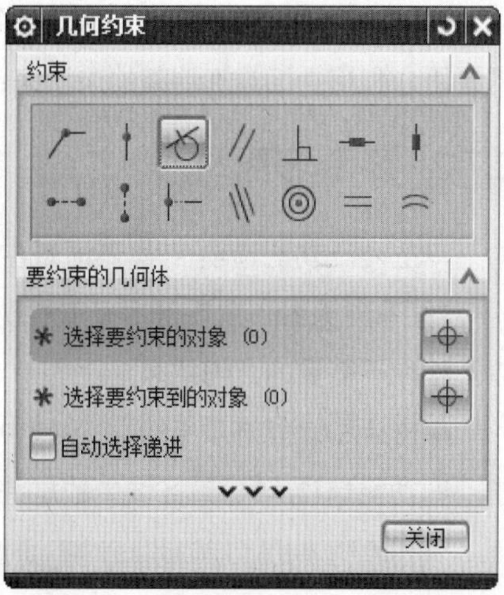

图 2.7.4　"几何约束"对话框

步骤 05 单击 关闭 按钮完成约束的创建，草图中会自动添加约束符号，如图 2.7.3b 所示。

下面通过图 2.7.5 所示的约束来说明创建多个约束的一般操作步骤。

步骤 01 打开文件 D:\ug111\work \ch02.08\constraint_02.prt。

选取这两条直线

a）约束前　　　　　　　　　　　b）约束后

图 2.7.5　添加多个约束

步骤 02 双击已有草图，在 直接草图 ▾ 下拉选项 更多 ▾ 中单击 品 在草图任务环境中打开 按钮，进入草图工作环境，单击"显示草图约束"按钮 ↲ 和"几何约束"按钮 ⊥ 。单击"等长"按钮 ＝，根据系统 选择要约束的对象 的提示，选取如图 2.7.5a 所示的两条直线，则直线之间会添加"相等"约束；单击"平行"按钮 ∥ ，再单击选取两条直线，则直线之间会添加"平行"约束。

步骤 03 单击 关闭 按钮完成创建，草图中会自动添加约束符号。

其他类型约束的创建与以上两个范例的创建过程相似，这里就不再赘述，读者可以自行研究。

方法二：自动产生几何约束。是指系统根据选择的几何约束类型以及草图对象间的关系，自动添加相应约束到草图对象上。一般都利用"自动约束"按钮 ↙ 来让系统自动添加约束。其操作步骤如下。

步骤 01 单击 主页 功能选项卡 约束 区域中的"自动约束"按钮 ↙ ，系统弹出"自动约束"对话框。

步骤 02 在"自动约束"对话框中单击要自动创建的约束的相应按钮，然后单击 确定 按钮。通常用户都选择自动创建所有的约束，这样只需在对话框中单击 全部设置 按钮，则对话框中的约束复选框全部被选中，然后单击 确定 按钮，完成自动创建约束的设置。

这样，在草图中画任意曲线，系统会自动添加相应的约束，而系统没有自动添加的约束就需要用户利用手工添加约束的方法来自己添加。

2.7.2　显示/移除约束

单击 主页 功能选项卡 约束 区域中的 ↲ 按钮，将显示施加到草图上的所有几何约束。

"关系浏览器"主要是用来查看现有的几何约束，设置查看的范围、查看类型和列表方式，以及移除不需要的几何约束。

单击 主页 功能选项卡 约束 区域中的 ↲ 按钮，使所有存在的约束都显示在图形区中，然后单击 主页 功能选项卡 约束 区域中的 ≜ 按钮，系统弹出图 2.7.6 所示的"草图关系浏览器"对话框。

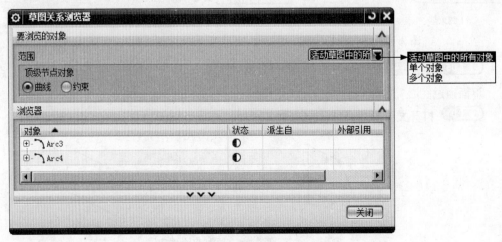

图 2.7.6　"草图关系浏览器"对话框

图 2.7.6 所示的"草图关系浏览器"对话框中各选项用法的说明如下。

◆ 范围 下拉列表：控制在浏览器区域中要列出的约束。它包含 3 个单选项。

● 活动草图中的所有对象 单选项：在浏览器区域中列出当前草图对象中的所有约束。

● 单个对象 单选项：允许每次仅选择一个对象。选择其他对象将自动取消选择以前选定的对象。该浏览器区域显示了与选定对象相关的约束。这是默认设置。

● 多个对象 单选项：可选择多个对象，选择其他对象不会取消选择以前选定的对象，它允许用户选取多个草图对象，在浏览器区域中显示它们所包含的几何约束。

◆ 顶级节点对象 区域：过滤在浏览器区域中显示的类型。用户从中选择要显示的类型即可。在 ⊙曲线 和 ⊙约束 两个单选项中只能选一个，通常默认选择 ⊙曲线 单选项。

2.7.3　约束的备选解

当用户对一个草图对象进行约束操作时，同一约束条件可能存在多种满足约束的情况，"备选解"操作正是针对这种情况的，它可从约束的一种解法转为另一种解法。

在 主页 功能选项卡 约束 区域中没有"备选解"按钮，读者可以在 约束 区域中添加 ⬓ 按钮，也可通过定制的方法在下拉菜单中添加该命令，以下如有添加命令或按钮的情况将不再说明。单击此按钮，则会弹出"备选解"对话框，在系统 选择具有相切约束的线性尺寸或几何体 的提示下选择对象，系统会将所选对象直接转换为同一约束的另一种约束表现形式，然后可以继续对其他操作对象进行约束方式的"备选解"操作；如果没有，则单击 关闭 按钮完成"备选解"操作。

下面用一个具体的实例来说明"备选解"的操作。如图 2.8.7 所示，绘制的是两个相切的圆。我们知道两圆相切有"外切"和"内切"两种情况，如果不想要图中所示的"外切"的图形，就可以通过"备选解"操作，把它们转换为"内切"的形式，具体步骤如下。

步骤 01　打开文件 D:\ug111\work \ch02.08\alternation.prt。

步骤 02　双击草图，在 直接草图 下拉选项 更多 中单击 ⬓ 在草图任务环境中打开 按钮，进入草图工作环境。

步骤 03　选择命令。选择下拉菜单 工具(T) ➡ 约束(T) ➡ ⬓ 备选解(O)... 命令，系统弹出"备选解"对话框。

步骤 04　定义对象。分别选取图 2.8.7 所示的任意一个圆，则实现"备选解"操作，如图 2.7.7 所示。

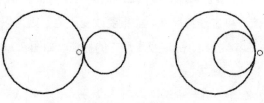

图 2.7.7　备选解

2.7.4 添加尺寸约束

尺寸约束就是在草图上标注尺寸，并设置尺寸标注线的形式与尺寸大小，来驱动、限制和约束草图几何对象。可通过选择下拉菜单 插入(S) ➡ 尺寸(M) 中的命令进行标注。主要包括以下几种标注方式。

1. 标注水平距离

标注水平距离是标注直线或两点之间的水平投影长度。下面通过标注图 2.7.8b 所示的尺寸来说明创建水平距离的一般操作步骤。

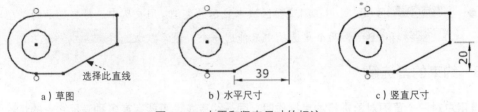

选择此直线

a）草图   b）水平尺寸   c）竖直尺寸

图 2.7.8 水平和竖直尺寸的标注

步骤 01 打开文件 D:\ug111\work \ch02.08\dimension_01.prt。

步骤 02 双击图 2.7.8a 所示的直线，在 直接草图 下拉选项 更多 中单击 品 在草图任务环境中打开 按钮，进入草图工作环境，选择下拉菜单 插入(S) ➡ 尺寸(M) ▶ ➡ 线性(L) 命令。

步骤 03 定义标注尺寸的对象。在系统弹出的"线性尺寸"对话框 测量 区域 方法 的下拉列表中选择 水平 选项，选取图 2.7.8a 所示的直线，则系统生成水平尺寸。

步骤 04 定义尺寸放置的位置。移动鼠标至合适位置，单击放置尺寸。如果要改变直线尺寸，则可以在弹出的动态输入框中输入所需的数值。

步骤 05 单击"线性尺寸"对话框中的 关闭 按钮，完成水平尺寸的标注，图 2.7.8b 所示。

2. 标注竖直距离

标注竖直距离是标注直线或两点之间的垂直投影长度。下面通过标注如图 2.7.8c 所示的尺寸来说明创建竖直距离的步骤。

步骤 01 选择刚标注的水平距离，单击鼠标右键，在弹出的快捷菜单中选择 ✕ 删除(D) 命令，删除该水平距离。

步骤 02 选择下拉菜单 插入(S) ➡ 尺寸(M) ➡ 线性(L) 命令，在"线性尺寸"对话框 测量 区域 方法 的下拉列表中选择 竖直 选项，单击选取图 2.7.8a 所示的直线，则系统生成竖直尺寸。移动鼠标至合适位置，单击放置尺寸。如果要改变距离，则可以在弹出的动态输入框中输入所需的数值。 单击 关闭 按钮，完成竖直尺寸的标注，如图 2.7.8c 所示。

3. 标注平行距离

标注平行距离是标注所选直线两端点之间的平行投影长度。下面通过标注图 2.7.9b 所示的尺寸来说明创建平行距离的步骤。

步骤 01 打开文件 D:\ug111\work \ch02.08\dimension_02.prt。

步骤 02 双击图 2.7.9a 所示的图形，在 直接草图 下拉选项 更多 中单击 在草图任务环境中打开 按钮，进入草图工作环境。选择下拉菜单 插入(S) ➜ 尺寸(M) ➜ 线性(L) 命令，在"线性尺寸"对话框 测量 区域 方法 的下拉列表中选择 点到点 选项，选择两条直线的两个端点，则系统生成平行尺寸。

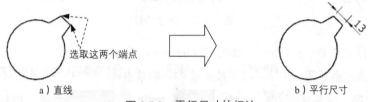

a) 直线   b) 平行尺寸

图 2.7.9 平行尺寸的标注

步骤 03 移动鼠标至合适位置，单击放置尺寸。

步骤 04 单击 关闭 按钮，完成平行尺寸的标注，如图 2.7.9b 所示。

4. 标注垂直距离

标注垂直距离是标注所选点与直线之间的垂直距离。下面通过标注图 2.7.10b 所示的尺寸来说明创建垂直距离的步骤。

a) 直线   b) 垂直尺寸

图 2.7.10 垂直尺寸的标注

步骤 01 打开文件 D:\ug111\work \ch02.08\dimension_03.prt。

步骤 02 双击图 2.8.10a 所示的直线，在 直接草图 下拉选项 更多 中单击 在草图任务环境中打开 按钮，进入草图工作环境，选择下拉菜单 插入(S) ➜ 尺寸(M) ➜ 线性(L) 命令，在"线性尺寸"对话框 测量 区域 方法 的下拉列表中选择 垂直 选项，标注点到直线的距离。先选择图 2.7.10a 所示的轴线然后再选择点，则系统生成垂直尺寸。

步骤 03 移动鼠标至合适位置，单击左键放置尺寸。

步骤 04 单击 关闭 按钮，完成垂直尺寸的标注，如图 2.7.10b 所示。

5. 标注两条直线间的角度

标注两条直线间的角度是标注所选直线之间夹角的大小，且角度有锐角和钝角之分。下面通过标注图 2.7.11b、c 所示的角度来说明标注直线间角度的步骤。

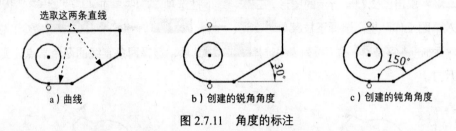

图 2.7.11　角度的标注

步骤 01 打开文件 D:\ug111\work\ch02.08\dimension_04.prt。

步骤 02 双击已有草图，在 直接草图 下拉选项 更多 中单击 ✥ 在草图任务环境中打开 按钮，进入草图工作环境，选择下拉菜单 插入(S) ➡ 尺寸(M) ➡ △ 角度(A)... 命令，选取两条直线（图 2.7.11a），系统生成角度。

步骤 03 移动鼠标至合适位置（移动的位置不同，生成的角度可能是锐角或钝角，如图 2.7.11b、c 所示），单击放置尺寸。

步骤 04 单击 关闭 按钮，完成角度的标注，如图 2.7.11b、c 所示。

6. 标注直径

标注直径是标注所选圆直径的大小。下面通过标注图 2.7.12 b 所示圆的直径来说明标注直径的步骤。

步骤 01 打开文件 D:\ug111\work\ch02.08\dimension_05.prt。

步骤 02 双击已有草图，在 直接草图 下拉选项 更多 中单击 ✥ 在草图任务环境中打开 按钮，进入草图工作环境，选择下拉菜单 插入(S) ➡ 尺寸(M) ➡ ✓ 径向(R)... 命令，然后在"径向尺寸"对话框 测量 区域 方法 的下拉列表中选择 直径 选项，选取图 2.7.12a 所示的圆，则系统生成直径尺寸。

图 2.7.12　直径的标注

步骤 03 移动鼠标至合适位置，单击放置尺寸。

步骤 04 单击 关闭 按钮，完成直径的标注，如图 2.7.12b 所示。

7. 标注半径

标注半径是标注所选圆或圆弧半径的大小。下面通过标注图 2.7.13b 所示圆弧的半径来说明标注半径的步骤。

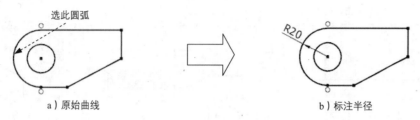

图 2.7.13 半径的标注

步骤 01 打开文件 D:\ug111\work \ch02.08\dimension_06.prt。

步骤 02 双击已有草图，在 直接草图 下拉选项 更多 中单击 品 在草图任务环境中打开 按钮，进入草图工作环境，选择下拉菜单 插入(S) ➡ 尺寸(M) ➡ 径向(R)... 命令，在"径向尺寸"对话框 测量 区域 方法 的下拉列表中选择 径向 选项，然后选择圆弧（图 2.7.13a），系统生成半径尺寸。

步骤 03 移动鼠标至合适位置，单击放置尺寸。如果要改变圆的半径尺寸，则在弹出的动态输入框中输入所需的数值。

步骤 04 单击 关闭 按钮，完成半径的标注，如图 2.7.13b 所示。

2.7.5 尺寸移动

为了使草图的布局更清晰合理，可以移动尺寸文本的位置，操作步骤如下。

步骤 01 将鼠标移至要移动的尺寸处，按住鼠标左键。

步骤 02 左右或上下移动鼠标，可以移动尺寸箭头和文本框的位置。

步骤 03 在合适的位置松开鼠标左键，完成尺寸位置的移动。

2.7.6 修改尺寸值

修改草图的标注尺寸有如下两种方法。

打开文件 D:\ug111\work\ch02.08\edit_dimension.prt，双击已有草图，在 直接草图 下拉选项 更多 中单击 品 在草图任务环境中打开 按钮，进入草图工作环境。

方法一：

步骤 01 双击要修改的尺寸，如图 2.7.14 所示。

步骤 02 系统弹出动态输入框，如图 2.7.15 所示。在动态输入框中输入新的尺寸值，并按鼠标中键，完成尺寸的修改，如图 2.7.16 所示。

方法二：

步骤 01 将鼠标移至要修改的尺寸处右击。

步骤 02 在弹出的快捷菜单中选择 🔧 编辑(E)... 命令。

步骤 03 在弹出的动态输入框中输入新的尺寸值,单击中键完成尺寸的修改。

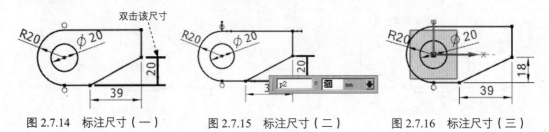

图 2.7.14　标注尺寸(一)　　　图 2.7.15　标注尺寸(二)　　　图 2.7.16　标注尺寸(三)

2.7.7 动画尺寸

动画尺寸就是使草图中指定的尺寸在规定的范围内变化,从而观察其他相应的几何约束变化情形,以此来判断草图设计的合理性,并及时发现错误。但必须注意,在进行动画模拟操作之前,必须在草图对象上进行尺寸的标注和添加必要的几何约束。下面以一个实例来说明动画尺寸的一般操作步骤。

步骤 01 打开文件 D:\ug111\work \ch02.08\cartoon.prt。

步骤 02 双击已有草图,在 直接草图 ▼ 下拉选项 更多 ▼ 中单击 🔧 在草图任务环境中打开 按钮,进入草图工作环境,草图如图 2.7.17 所示。

步骤 03 选择下拉菜单 工具(T) ➡ 约束(T) ➡ 🔧 动画演示尺寸(M)... 命令,系统弹出"动画尺寸"对话框。

步骤 04 根据系统 选择要动画演示的尺寸 的提示,在"动画尺寸"对话框的图形区选择尺寸"39",并分别在 下限 和 上限 文本框中输入数值 35.5 和 42.5,在 步数/循环 文本框中输入循环的步数为 100。

　　　步数/循环 文本框中输入的值越大,动画模拟时尺寸的变化越慢,反之亦然。

步骤 05 选中 ☑ 显示尺寸 复选框,单击 应用 按钮启动动画,同时弹出图 2.7.18 所示的"动画"对话框,此时可以看到所选尺寸的动画模拟效果。

步骤 06 单击 停止(S) 按钮,草图恢复到原来的状态,单击 取消 按钮。

　　　草图动画模拟尺寸显示并不改变草图对象的尺寸,当动画模拟显示结束时,草图又回到原来的显示状态。

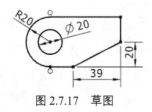

图 2.7.17 草图

图 2.7.18 "动画"对话框

2.8 二维草图管理

在草图绘制完成后，可通过图 2.8.1 所示的 主页 功能选项卡 草图 区域来管理草图。下面简单介绍工具条中各工具按钮的功能。

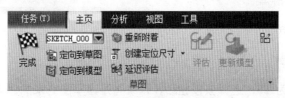

图 2.8.1 "草图"区域

1. 定向视图到草图

"定向视图到草图"按钮为 ，用于使草图平面与屏幕平行，方便草图的绘制。

2. 定向视图到模型

"定向视图到模型"按钮为 ，用于将视图定向到当前的建模视图，即在进入草图环境之前显示视图。

3. 重新附着草图

"重新附着草图"按钮为 ，该按钮有以下三个功能。

◆ 移动草图到不同的平面、基准平面或路径。

◆ 切换原位上的草图到路径上的草图，反之亦然。

◆ 沿着所附着到的路径，更改路径上草图的位置。

目标平面、面或路径必须有比草图更早的时间戳记（即在草图前创建）。对于原位上的草图，重新附着也会显示任意的定位尺寸，并重新定义它们参考的几何体。

4. 创建定位尺寸

利用 创建定位尺寸 中的各下拉选项，可以创建、编辑、删除或重新定义草图定位尺寸，并且相对于已存在几何体（边缘、基准轴和基准平面）定位草图。

单击 创建定位尺寸 ▾ 后的下三角箭头，系统弹出图 2.8.2 所示的"定位尺寸"下拉选项，它们分别为 "创建定位尺寸"按钮 、"编辑定位尺寸"按钮 、"删除定位尺寸"按钮 和"重新定义定位尺寸"按钮 。单击"创建定位尺寸"按钮 ，系统弹出图 2.8.3 所示的"定位"对话框，可以创建草图的定位尺寸。

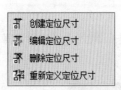

图 2.8.2 　"定位尺寸"下拉选项　　　　图 2.8.3 　"定位"对话框

5．延迟评估

"延迟评估"按钮为 ，选择该按钮后，系统将延迟草图约束的评估（即创建曲线时，系统不显示约束；指定约束时，系统不会更新几何体），直到单击"延迟评估"按钮 后才可查看草图自动更新的情况。

6．更新模型

"更新模型"按钮为 ，用于模型的更新，以反映对草图所做的更改。如果存在要进行的更新，并且退出了草图环境，则系统会自动更新模型。

第3章 零件设计

3.1 体素建模

3.1.1 基本体素的创建

一般而言，长方体、圆柱体、圆锥体和球体四个基本体素特征常常作为零件模型的第一个特征（基础特征）使用，然后在基础特征上通过添加新的特征，得到所需的模型，因此体素特征对零件的设计而言是最基本的特征。下面分别介绍这四种基本体素的创建方法。

1. 创建长方体

进入建模环境后，选择下拉菜单 插入(S) ➡ 设计特征(E)▶ ➡ 长方体(K)... 命令，系统弹出图 3.1.1 所示的"长方体"对话框，在对话框的 类型 列表中可以选择创建长方体的方法。

 如果下拉菜单 插入(S) ➡ 设计特征(E)▶ 中没有 长方体(K)... 命令，则需要定制，具体定制过程请参见"工具条及菜单的定制"的相关内容。在后面的章节中如有类似情况，将不再做具体说明。

下面以图 3.1.2 所示的长方体为例，来说明使用"原点，边长"方法创建长方体的一般过程。

图 3.1.1 "块"对话框

图 3.1.2 长方体特征

步骤 **01** 新建一个三维零件文件，文件名为 cuboid。

步骤 **02** 选择命令。选择下拉菜单 插入(S) ➡ 设计特征(E)▶ ➡ 长方体(K)...命令，系统弹出图 3.1.1 所示的"块"对话框。

步骤 **03** 定义长方体的创建类型。在 类型 选项组中选择 原点和边长 选项。

步骤 **04** 定义长方体的顶点。选择坐标原点为长方体顶点。

步骤 **05** 定义长方体的参数。在 长度(XC) 文本框中输入数值 180，在 宽度(YC) 文本框中输入数值 100，在 高度(ZC) 文本框中输入数值 30。

2. 创建圆柱体

创建圆柱体有"直径、高度"和"高度、圆弧"两种方法，下面以图 3.1.3 所示的圆柱体为例来说明使用"直径、高度"方法创建圆柱体的一般操作过程。

步骤 **01** 新建一个三维零件文件，文件名为 cylinder。

步骤 **02** 选择命令。选择下拉菜单 插入(S) ➡ 设计特征(E)▶ ➡ 圆柱体(C)...命令，系统弹出图 3.1.4 所示的"圆柱"对话框。

步骤 **03** 定义圆柱体的创建方法。在 类型 列表中选取圆柱的创建类型为 轴、直径和高度 。

图 3.1.3 圆柱体

图 3.1.4 "圆柱"对话框

步骤 **04** 定义圆柱体轴。单击"矢量对话框"按钮，系统弹出"矢量"对话框。在对话框列表中选择 ZC 轴 选项，选择系统默认的原点为指定点。

步骤 **05** 定义圆柱体参数。在"圆柱"对话框的 直径 文本框中输入数值 60，在 高度 文本框中输入数值 90。

3. 创建圆锥体

圆锥体的创建方法有五种，下面以图 3.1.5 所示的圆锥体为例，来说明使用"直径、高度"方法创建圆锥体的一般操作过程。

步骤 01 新建一个三维零件文件，文件名为 cone。

步骤 02 选择命令。选择下拉菜单 插入(S) ➡ 设计特征(E)▸ ➡ ▲ 圆锥(O)... 命令，系统弹出图 3.1.6 所示的"圆锥"对话框。

步骤 03 选择圆锥体的创建方法。在 类型 下拉列表中选择 ▲ 直径和高度 选项。

步骤 04 定义圆锥体轴。单击 ↓↓ 按钮，系统弹出"矢量"对话框，在对话框的 类型 下拉列表中选择 ZC 轴 选项，采用系统默认的原点为指定点。

步骤 05 定义圆锥体参数。在 底部直径 文本框中输入数值 100，在 顶部直径 文本框中输入数值 0，在 高度 文本框中输入数值 120。

4. 创建球体

球体特征的创建可以通过"直径、圆心"和"选择圆弧"这两种方法，下面以图 3.1.7 所示的球体为例，来说明使用"直径、圆心"方法创建球体的一般操作过程。

图 3.1.5　圆锥体

图 3.1.6　"圆锥"对话框

图 3.1.7　球体

步骤 01 新建一个三维零件文件，文件名为 sphere。

步骤 02 选择命令。选择下拉菜单 插入(S) ➡ 设计特征(E)▸ ➡ ● 球(S)... 命令，系统弹出"球"对话框。

步骤 **03** 选择球体的创建方法。在 类型 下拉列表中选择 ⊕ 中心点和直径 选项。

步骤 **04** 定义球中心点位置。单击 ╬ 按钮，系统弹出"点"对话框，接受系统默认的坐标原点（0，0，0）为球心。

步骤 **05** 定义球体直径。在 直径 文本框中输入数值 120.0。

3.1.2 体素建模范例

本节以图 3.1.8 所示的实体模型的创建过程为例，来说明在基本体素特征上添加其他特征的一般过程。

步骤 **01** 新建一个三维零件文件，文件名为 pad_base。

步骤 **02** 创建图 3.1.9 所示的基本长方体特征 1。

（1）选择命令。选择下拉菜单 插入(S) ➡ 设计特征(E) ▶ ➡ 长方体(K)... 命令，系统弹出"长方体"对话框。

（2）选择创建长方体的方法。在 类型 下拉列表中选择 原点和边长 选项。

（3）定义长方体参数。在 长度(XC) 文本框中输入数值 180，在 宽度(YC) 文本框中输入数值 120，在 高度(ZC) 文本框中输入数值 25。

（4）单击 确定 按钮，完成长方体特征 1 的创建。

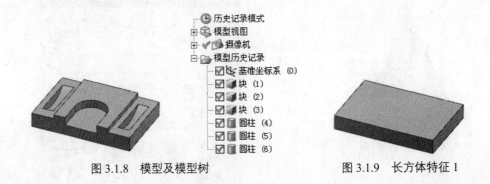

图 3.1.8　模型及模型树　　　　　图 3.1.9　长方体特征 1

步骤 **03** 创建图 3.1.10 所示的长方体特征 2。选 择 下 拉 菜 单 插入(S) ➡ 设计特征(E) ▶ ➡ 长方体(K)... 命令，在 类型 下拉列表中选择 原点和边长 选项，单击 原点 区域中的 ╬ 按钮，在系统弹出的"点"对话框中输入坐标值 40、0、25，然后单击 确定 按钮；在 长度(XC) 文本框中输入数值 100，在 宽度(YC) 文本框中输入数值 120，在 高度(ZC) 文本框中输入数值 7。在 布尔 下拉列表中选择 合并 选项，采用系统默认的求和对象。单击 确定 按钮，完成长方体特征 2 的创建。

步骤 **04** 创建图 3.1.11 所示的长方体特征 3。选 择 下 拉 菜 单 插入(S) ➡ 设计特征(E) ▶ ➡ 长方体(K)... 命令，在 类型 下拉列表中选择 原点和边长 选项，单击 原点 区域中的 ╬ 按钮，在系统弹出的"点"对话框中输入坐标值 60、0、18，然后单击 确定 按钮；在 长度（XC） 文本框中输入数值 60，在 宽度（YC） 文本框中输入数值 40，在 高度（ZC） 文本框中输入数值 14。在 布尔 下拉列表中选择 减去 选项，采用系统默认的求差对象。单击 确定 按钮，完成长方体特征 3 的创建。

图 3.1.10　长方体特征 2

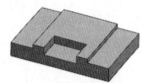

图 3.1.11　长方体特征 3

步骤 05 　添加图 3.1.12 所示的圆柱体特征 1。

（1）选择命令。选择下拉菜单 插入(S) ➡ 设计特征(E)▸ ➡ 圆柱体(C)... 命令，弹出"圆柱"对话框。

（2）选择创建圆柱体的方法。在 类型 下拉列表中选取圆柱体的创建类型为 轴、直径和高度 。

（3）定义圆柱体轴线方向。单击"矢量对话框"按钮，系统弹出"矢量"对话框。在 类型 下拉列表中选择 ZC 轴 选项，单击 确定 按钮，系统返回到"圆柱"对话框。

（4）定义圆柱体底面圆心位置。在"圆柱"对话框中单击"点对话框"按钮，弹出"点"对话框。在该对话框中设置圆心的坐标，在 XC 文本框中输入数值 90，在 YC 文本框中输入数值 40，在 ZC 文本框中输入数值 18。单击 确定 按钮，系统返回到"圆柱"对话框。

（5）定义圆柱体参数。在 直径 文本框中输入数值 60，在 高度 文本框中输入值 14。

（6）对圆柱体和长方体特征进行布尔运算。在 布尔 下拉列表中选择 减去 选项，采用系统默认的求差对象。单击 确定 按钮，完成圆柱体 1 的创建。

步骤 06 　添加图 3.1.13 所示的圆柱体特征 2。选择下拉菜单 插入(S) ➡ 设计特征(E)▸ ➡ 圆柱体(C)... 命令，在 类型 下拉列表中选取圆柱体的创建类型为 轴、直径和高度 。单击"矢量对话框"按钮，在 类型 下拉列表中选择 XC 轴 选项，单击 确定 按钮；在"圆柱"对话框中单击"点"对话框按钮，弹出"点"对话框。在该对话框中设置圆心的坐标，在 XC 文本框中输入数值 10，在 YC 文本框中输入数值 60，在 ZC 文本框中输入数值 70。单击 确定 按钮，在 直径 文本框中输入数值 120，在 高度 文本框中输入值 20。在 布尔 下拉列表中选择 减去 选项，采用系统默认的求差对象。单击 确定 按钮，完成圆柱体 2 的创建。

步骤 07 　参照上一步的操作步骤，确定圆心的坐标为 150、60、70，添加图 3.1.14 所示的圆柱体特征 3。

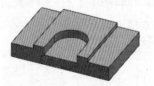
图 3.1.12　圆柱体特征 1

图 3.1.13　圆柱体特征 2

图 3.1.14　圆柱体特征 3

3.2　布尔操作

布尔操作可以对两个或两个以上已经存在的实体进行求和、求差及求交运算（注意：编辑拉伸、旋转、变化的扫掠特征时，用户可以直接进行布尔运算操作），可以将原先存在的多个独立的实体进行运算以产生新的实体。进行布尔运算时，首先选择目标体（即被执行布尔运算的实体，只能选择一个），然后选择工具体（即在目标体上执行操作的实体，可以选择多个），运算完成后工具体成为目标体的一部分，而且如果目标体和工具体具有不同的图层、颜色、线型等特性，产生的新实体具有与目标体相同的特性。如果部件文件中已存有实体，当建立新特征时，新特征可以作为工具体，已存在的实体作为目标体。布尔操作主要包括以下三部分内容。

◆　布尔求和操作。

◆　布尔求差操作。

◆　布尔求交操作。

3.2.1　布尔求和

布尔求和操作用于将工具体和目标体合并成一体。下面以图 3.2.1b 所示的模型为例，来介绍布尔求和操作的一般过程。

步骤 01　打开文件 D:\ug111\work\ch03.02\unite.prt。

步骤 02　选择下拉菜单 插入(S) ➡ 组合(B) ➡ 合并(U)... 命令，系统弹出"求和"对话框。

步骤 03　定义目标体和工具体。依次选取图 3.2.1a 所示的目标体和工具体。

a）求和前　　　　　　　　　　　　b）求和后

图 3.2.1　布尔求和操作

布尔求和操作要求目标体和工具体必须在空间上接触才能进行运算, 否则将提示出错; 图 3.2.1a 所示的工具体共有 5 个。

"求和"对话框中各复选框的功能说明如下。

◆ ☑ 保存工具 复选框: 为求和操作保存工具体。如果需要在一个未修改的状态下保存所选工具体的副本时, 选中该复选框。在编辑"求和"特征时, 取消选中该复选框。

◆ ☑ 保存目标 复选框: 为求和操作保存目标体。如果需要在一个未修改的状态下保存所选目标体的副本时, 选中该复选框。

3.2.2 布尔求差

布尔求差操作用于将工具体从目标体中移除。下面以图 3.2.2b 所示的模型为例, 来介绍布尔求差操作的一般过程。

步骤 01 打开文件 D:\ug111\work\ch03.02\subtract.prt。

步骤 02 选择下拉菜单 插入(S) ➡ 组合(B) ▶ ➡ 🔲 减去(S)... 命令, 系统弹出"求差"对话框。

步骤 03 定义目标体和工具体。依次选取图 3.2.2a 所示的目标体和工具体。

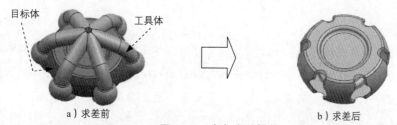

a) 求差前　　　　　　　　　　　　　　　b) 求差后

图 3.2.2　布尔求差操作

3.2.3 布尔求交

布尔求交操作用于创建包含两个不同实体的共有部分。进行布尔求交运算时, 工具体与目标体必须相交。下面以图 3.2.3b 所示的模型为例, 来介绍布尔求交操作的一般过程。

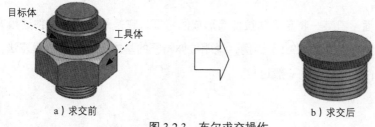

a) 求交前　　　　　　　　　　　　　　　b) 求交后

图 3.2.3　布尔求交操作

步骤 01 打开文件 D:\ug111\work\ch03.02\intersection.prt。

步骤 02 选择下拉菜单 插入(S) ➡ 组合(B) ▶ ➡ 相交(I)... 命令,系统弹出"求交"对话框。

步骤 03 定义目标体和工具体。依次选取图 3.2.3a 所示的目标体和工具体。

3.2.4 布尔出错消息

如果布尔运算的使用不正确,可能出现错误,其出错信息如下。

◆ 在进行实体的求差和求交运算时,所选工具体必须与目标体相交,否则系统会发出警告信息:"工具体完全在目标体外"。

◆ 在进行操作时,如果没有使用复制目标,且没有创建一个或多个特征,则系统会发出警告信息:"仅为选定的(数量)刀具创建了(数量)特征"。

◆ 在进行操作时,如果使用复制目标,且没有创建一个或多个特征,则系统会发出警告信息:"不能创建任何特征"。

◆ 在进行操作时,如果不能创建任何特征,则系统会发出警告信息:"不能创建任何特征"。

◆ 如果在执行一个片体与另一个片体求差操作时,则系统会发出警告信息:"非歧义实体"。

◆ 如果在执行一个片体与另一个片体求交操作时,则系统会发出警告信息:"无法执行布尔运算"。

　　如果创建的是第一个特征,此时不会存在布尔运算,"布尔操作"的列表框为灰色。从创建第二个特征开始,以后加入的特征都可以选择"布尔操作",而且对于一个独立的部件,每一个添加的特征都需要选择"布尔操作",系统默认选中"创建"类型。

3.3 拉伸特征

3.3.1 拉伸特征概述

　　拉伸特征是将截面沿着某一特定方向拉伸而形成的特征,它是最常用的零件建模方法。下面以一个简单实体三维模型(图 3.3.1)为例,说明拉伸特征的基本概念及其创建方法,同时介绍用 UG 软件创建零件三维模型的一般过程。

3.3.2 创建基础拉伸特征

下面以创建图 3.3.2 所示的拉伸特征为例，说明创建拉伸特征的一般步骤。创建前请先新建一个模型文件，并命名为 link_base。

1. 选取拉伸特征命令

选取特征命令一般有如下两种方法。

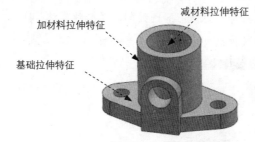

图 3.3.1　实体三维模型

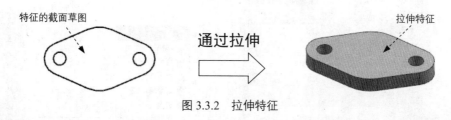

图 3.3.2　拉伸特征

方法一：从下拉菜单中获取特征命令。选择下拉菜单 `插入(S)` ➡ `设计特征(E)▶` ➡ `拉伸(E)...` 命令。

方法二：从工具栏中获取特征命令。本例可以直接单击 `主页` 功能选项卡 `特征` 区域 按钮。

2. 定义拉伸特征的截面草图

定义拉伸特征截面草图的方法有两种：选择已有草图作为截面草图；创建新草图作为截面草图。本例中，介绍定义拉伸特征截面草图的第二种方法，具体定义过程如下。

步骤01　选取新建拉伸命令。选择特征命令后，系统弹出图 3.3.3 所示的"拉伸"对话框，在该对话框中单击 按钮，创建新草图。

步骤02　定义草图平面。

对草图平面的概念和有关选项介绍如下。

◆　草图平面是特征截面或轨迹的绘制平面。

◆　选择的草图平面可以是 *XC-YC* 平面、*YC-ZC* 平面和 *ZC-XC* 平面中的一个，也可以是模型的某个表面。

完成上步操作后，采用默认的平面（*XC-YC* 平面）作为草图平面，单击 `确定` 按钮，进入草图环境。

图 3.3.3 所示的"拉伸"对话框中相关选项的功能说明如下。

◆ ⬚ (曲线)：选择已有的草图或几何体边缘作为拉伸特征的截面。

◆ ⬚ (绘制截面)：创建一个新草图作为拉伸特征的截面。完成草图并退出草图环境后，系统自动选择该草图作为拉伸特征的截面。

◆ ⬚ 下拉列表：用于指定拉伸生成的是片体（即曲面）特征还是实体特征。

◆ ⬚ 下拉列表：如果拉伸之前图形区已经创建了其他实体，则可以在进行拉伸的同时，与这些实体进行布尔操作，包括求和、求差和求交。

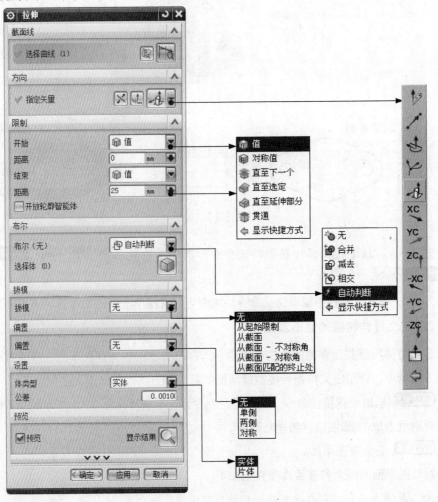

图 3.3.3 "拉伸"对话框

步骤 03 绘制截面草图。

基础拉伸特征的截面草图是图 3.3.4 所示的阴影（着色）部分的边界。绘制特征截面草图图形的一般步骤如下。

（1）设置草图环境，调整草图区。

① 进入草图环境后，若图形被移动至不方便绘制的方位，应单击"草图生成器"工具栏中的"定向视图到草图"按钮 ，调整到正视于草图的方位（即使草图基准面与屏幕平行）。

② 除可以移动和缩放草图区外，如果用户想在三维空间绘制草图或希望看到模型截面图在三维空间的方位，可以旋转草图区，方法是按住中键并移动鼠标，此时可看到图形跟着鼠标旋转。

（2）创建截面草图。下面介绍创建截面草图的一般流程，在以后的章节中，创建截面草图时，可参照这里的内容。

① 绘制截面几何图形的大体轮廓。

> **注意**　绘制草图时，开始没有必要很精确地绘制截面的几何形状、位置和尺寸，只要大概的形状与图 3.3.5 相似就可以。

② 建立几何约束。建立图 3.3.6 所示的点在曲线上、相切、等半径和相等约束。

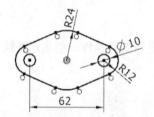
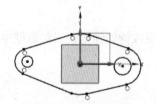
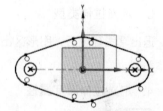

图 3.3.4　基础特征的截面草图　　图 3.3.5　草图截面的初步图形　　图 3.3.6　建立几何约束

③ 建立尺寸约束。单击"草图约束"工具栏中的"快速尺寸"按钮，标注图 3.3.7 所示的四个尺寸，建立尺寸约束。

④ 修改尺寸。将尺寸修改为设计要求的尺寸，如图 3.3.8 所示。其操作提示与注意事项如下。

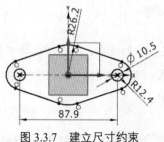
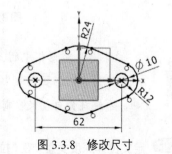

图 3.3.7　建立尺寸约束　　　　　　图 3.3.8　修改尺寸

◆ 尺寸的修改应安排在建立完约束以后进行。

◆ 注意修改尺寸的顺序，先修改对截面外观影响不大的尺寸。

步骤 04 完成草图绘制后，选择下拉菜单 任务(K) ➡ 🔲 完成草图(K) 命令，退出草图环境。

◆ 利用"拉伸"对话框可以创建实体和薄壁两种类型的特征，下面分别介绍。
● 实体类型：创建实体类型时，实体特征的草图截面完全由材料填充，如图 3.3.9 所示。
● 薄壁类型：在"拉伸"对话框 偏置 下拉列表中，通过设置起始值与结束值可以创建拉伸薄壁类型特征（图 3.3.10），起始值与结束值之差的绝对值为薄壁的厚度。

图 3.3.9   实体类型

图 3.3.10   薄壁类型

3. 定义拉伸类型

退出草图环境后，图形区出现拉伸的预览，在对话框中不进行选项操作，创建系统默认的实体类型。

4. 定义拉伸深度属性

步骤 01 定义拉伸方向。拉伸方向采用系统默认的矢量方向（图 3.3.11）。

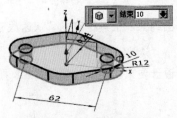

图 3.3.11   定义拉伸方向

"拉伸"对话框中的 选项用于指定拉伸的方向，单击对话框中的 按钮，从系统弹出的下拉列表中选取相应的方式，即可指定拉伸的矢量方向，单击 按钮，系统就会自动使当前的拉伸方向反向。

步骤 02 定义拉伸深度类型。在"拉伸"对话框 开始 和 结束 的下拉列表中均选择 值 选项。

步骤 03 定义拉伸深度值。在 结束 下面的 距离 文本框中输入数值 10。

◆ 限制 区域：包括六种拉伸控制方式。

● 值：在 开始/结束 文本框中输入具体的数值（可以为负值）来确定拉伸的高度，起始值与结束值之差的绝对值为拉伸的高度。

● 对称值：特征将在截面所在平面的两侧进行拉伸，且两侧的拉伸深度值相等。

● 直至下一个：特征拉伸至下一个障碍物的表面处终止。

● 直至选定：特征拉伸到选定的实体、平面、辅助面或曲面为止。

● 直至延伸部分：把特征拉伸到选定的曲面，但是选定面的大小不能与拉伸体完全相交，系统会自动按照面的边界延伸面的大小，然后再切除生成拉伸体。

● 贯通：没指定方向，使其完全贯通所有（图 3.3.12 显示了凸台特征的有效深度选项）。

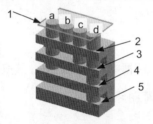

a.值
b.直至下一个
c.直至选定对象
d.贯穿

1.草图基准平面
2.下一个曲面（平面）
3、4、5.模型的其他曲面（平面）

图 3.3.12　拉伸深度选项示意图

◆ 布尔 区域：如果图形区在拉伸之前已经创建了其他实体，则可以在进行拉伸的同时，与这些实体进行布尔操作，包括创建求和、求差和求交。

◆ 拔模 区域：对拉伸体沿拉伸方向进行拔模。角度大于 0°时，沿拉伸方向向内拔模；角度小于0°时，沿拉伸方向向外拔模。

● 从起始限值：该方式将直接从设置的起始位置开始拔模。

● 从截面：该方式用于设置拉伸特征拔模的起始位置为拉伸截面处。

● 从截面 - 不对称角：用于在拉伸截面两侧进行不对称的拔模。

● 起始截面 - 对称角：用于在拉伸截面两侧进行对称的拔模。

● 从截面匹配的终止处：用于在拉伸截面两侧进行拔模，所输入的角度为"结束"侧的拔模角度，且起始面与结束面的大小相同。

◆ 偏置 区域：通过设置起始值与结束值，可以创建拉伸薄壁类型特征，起始值与结束值之差的绝对值为薄壁的厚度。

5．完成拉伸特征的定义

步骤 **01** 特征的所有要素被定义完毕后，预览所创建的特征，以检查各要素的定义是否正确。

 预览时，可按住鼠标中键进行旋转查看，如果所创建的特征不符合设计意图，可选择对话框中的相关选项重新定义。

步骤 **02** 预览后，单击"拉伸"对话框中的 **〈 确定 〉** 按钮，完成特征的创建。

3.3.3 创建其他特征

1．添加加材料拉伸特征

在创建零件的基本特征后，可以增加其他特征。接上一节模型，现在要添加图 3.3.13 所示的加材料拉伸特征 1，操作步骤如下。

步骤 **01** 选择命令。选择下拉菜单 插入 (S) ➡ 设计特征 (E) ▶ ➡ 拉伸 (E)... 命令，系统弹出"拉伸"对话框。

步骤 **02** 创建截面草图。

（1）选取草图基准面。在"拉伸"对话框中单击 按钮，选取图 3.3.14 所示的模型表面作为草图基准面，单击 确定 按钮，进入草图环境。

（2）绘制特征的截面草图。

① 绘制草图轮廓。绘制图 3.3.15 所示的截面草图的大体轮廓。

② 建立约束。建立图 3.3.15 所示的圆心与原点重合的约束，并标注图 3.3.15 所示的尺寸。

③ 完成草图绘制后，单击"草图"工具栏中的 按钮，退出草图环境。

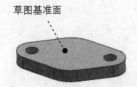
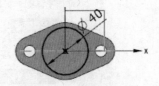

图 3.3.13　加材料拉伸特征 1　　图 3.3.14　选取草图基准面　　图 3.3.15　截面草图

步骤 **03** 定义拉伸属性。

（1）定义拉伸深度方向。单击对话框中的 按钮，可调整深度方向，如果方向正确则不需调整。

（2）定义拉伸深度类型。在"拉伸"对话框的 开始 下拉列表中选择 值 选项。

（3）定义拉伸深度值。在 开始 的 距离 文本框中输入数值 0，在 结束 的 距离 文本框中输入数值 40，其他采用系统默认设置值。在 布尔 区域中选择 合并 选项，采用系统默认的求和对象。

步骤 **04** 单击"拉伸"对话框中的 确定 按钮，完成特征的创建。

 此处进行布尔操作是将基础拉伸特征与加材料拉伸特征合并为一体，如果不进行此操作，基础拉伸特征与加材料拉伸特征将是两个独立的实体。

步骤 **05** 添加图 3.3.16 所示的加材料拉伸特征 2。选择下拉菜单 插入(S) ➡ 设计特征(E)▶ ➡ 拉伸(E)... 命令，选取 XZ 基准平面作为草图基准面，绘制图 3.3.17 所示的截面草图，在"拉伸"对话框的 开始 下拉列表中选择 值 选项，并在其下的 距离 文本框中输入数值 0；在 结束 下拉列表中选择 值 选项，并在其下的 距离 文本框中输入数值 25；在 布尔 区域中选择 合并 选项，采用系统默认的求和对象。单击 确定 按钮，完成特征的创建。

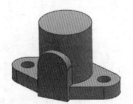

图 3.3.16　添加加材料拉伸特征 2

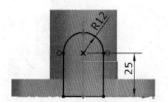

图 3.3.17　截面草图

2. 添加减材料拉伸特征

减材料拉伸特征的创建方法与加材料拉伸基本一致，只不过加材料拉伸是增加实体，而减材料拉伸则是减去实体。现在要添加图 3.3.18 所示的减材料拉伸特征 1，具体操作步骤如下。

步骤 **01** 选择命令。选择下拉菜单 插入(S) ➡ 设计特征(E)▶ ➡ 拉伸(E)... 命令（或单击"特征"工具栏中的 按钮），系统弹出"拉伸"对话框。

步骤 **02** 创建截面草图。

（1）选取草图基准面。在"拉伸"对话框中单击 按钮，然后选取图 3.3.18 所示的模型表面作为草图基准面，单击 确定 按钮，进入草图环境。

（2）绘制特征的截面草图。

① 绘制草图轮廓。绘制图 3.3.19 所示的截面草图的大体轮廓。

② 建立尺寸约束。标注图 3.3.19 所示的尺寸。

③ 完成草图绘制后，选择下拉菜单 任务(K) ➡ 完成草图(K) 命令（或单击工具栏中的 完成草图 按钮）退出草图环境。

步骤 03 定义拉伸属性。

（1）定义拉伸深度方向。单击对话框中的 按钮，反转深度方向。

（2）定义拉伸深度类型和深度值。在"拉伸"对话框的 开始 下拉列表中选择 值 选项，并在其下的 距离 文本框中输入数值 0，在 结束 下拉列表中选择 贯通 选项。在 布尔 下拉列表中选择 减去 选项，进行求差操作。

> **注意** 此处进行布尔操作是将已有实体与减材料拉伸特征合并为一体，如果不进行此操作，已有实体与减材料拉伸特征将是两个独立的实体，系统也不会进行减材料操作。

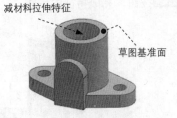

图 3.3.18 减材料拉伸特征 1

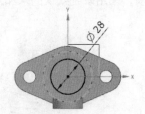

图 3.3.19 截面草图

步骤 04 单击"拉伸"对话框中的 < 确定 > 按钮，完成特征的创建。

步骤 05 添加图 3.3.20 所示的减材料拉伸特征 2。选择下拉菜单 插入(S) ➡ 设计特征(E)▶ ➡ 拉伸(E)... 命令，选取图 3.3.20 所示的平面作为草图基准面，绘制图 3.3.21 所示的截面草图，在"拉伸"对话框的 开始 下拉列表中选择 值 选项，并在其下的 距离 文本框中输入数值 0；在 结束 下拉列表中选择 直至下一个 选项，在 布尔 区域中选择 减去 选项，采用系统默认的求差对象。单击 确定 按钮，完成特征的创建。

步骤 06 选择下拉菜单 文件(F) ➡ 保存(S) 命令，保存模型文件。

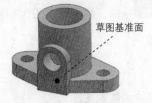

图 3.3.20 减材料拉伸特征 2

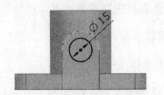

图 3.3.21 截面草图

3.4　UG NX 的部件导航器

部件导航器提供了在工作部件中特征父-子关系的可视化表示，允许在那些特征上执行各种编辑操作。

单击资源板中的 ⌞ː⊙ 按钮，可以打开部件导航器。部件导航器是 UG NX 11.0 资源板中的一个部分，它可以用来组织、选择和控制数据的可见性，以及通过简单浏览来理解数据，也可以在其中更改现存的模型参数以得到所需的形状和定位表达，另外，"制图"和"建模"数据也包括在"部件导航器"中。

"部件导航器"被分隔成四个面板："主面板"、"相依性"面板、"细节"面板以及"预览"面板。构造模型或图样时，数据被填充到这些面板窗口中，使用这些面板导航部件，并执行各种操作。

3.4.1　部件导航器界面

部件导航器"主面板"提供了最全面的部件视图。可以使用它的树状结构（简称"模型树"）查看和访问实体、实体特征和所依附的几何体、视图、图样、表达式、快速检查以及模型中的引用集。打开文件 D:\ug111\work\ch03.04\link_base.prt，参照模型如图 3.4.1 所示，在与之相应的模型树中，圆括号内的时间戳记跟在各特征名称的后面（图 3.4.2）。"部件导航器"主面板有两种模式："时间戳记次序"和"非时间戳记顺序"模式。

（1）在"部件导航器"中右击，在弹出的快捷菜单中选择 ☑ 时间戳记次序 命令，可以在两种模式间进行切换，如图 3.4.3 所示。

（2）在"非时间戳记顺序"模式下，工作部件中的所有特征在模型节点下显示，包括它们的特征和操作，先显示最近创建的特征（按相反的时间戳记次序）；在"时间戳记次序"模式下，工作部件中的所有特征都按它们创建的时间戳记显示为一个节点的线性列表，"时间戳记次序"模式不包括"非时间戳记顺序"模式中可用的所有节点。

部件导航器"相依性"面板可以查看部件中特征几何体的父子关系，可以帮助修改计划对部件的潜在影响。单击"相依性"面板，可以打开和关闭该面板，选择其中一个特征，其界面如图 3.4.4 所示。

部件导航器"细节"面板显示属于当前所选特征的特征和定位参数。如果特征被表达式抑制，则特征抑制也将显示。单击"细节"面板，可以打开和关闭该面板，选择其中一个特征，其界面如图 3.4.5 所示。

图 3.4.1　参照模型

图 3.4.3　"部件导航器"内右击后弹出的菜单

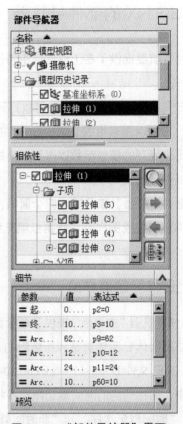

图 3.4.2　"部件导航器"界面

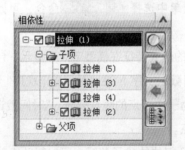

图 3.4.4　部件导航器"相依性"面板

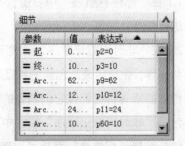

图 3.4.5　部件导航器"细节"面板

　　"细节"面板有三列：参数、值和表达式△。在此仅显示单个特征的参数，可以直接在"细节"面板中编辑相应值：双击要编辑的值进入编辑模式，可以更改表达式的值，按 Enter 键结束编辑。可以通过右击，在弹出的快捷菜单中选择导出至浏览器或导出到电子表格命令，将"细节"面板的内容导出至浏览器或电子表格，并且可以按任意列排序。

　　部件导航器"预览"面板显示可用的预览对象的图像。单击"预览"面板，可以打开和关闭该面板。"预览"面板的性质与上述部件导航器"细节"面板类似，不再赘述。

3.4.2 部件导航器的作用与操作

1. 部件导航器的作用

部件导航器可以用来抑制或释放特征和改变它们的参数或定位尺寸等，部件导航器在所有 UG NX 应用环境中都是有效的，而不只是在建模环境中。可以在建模环境执行特征编辑操作。在部件导航器中，编辑特征可以引起一个在模型上执行的更新。

在部件导航器中使用时间戳记次序，可以按时间序列排列建模所用到的每个步骤，并且可以对其进行参数编辑、定位编辑、显示设置等各种操作。

部件导航器中提供了正等测视图、前视图、右视图等八个模型视图，用于选择当前视图的方向，以方便从各个视角观察模型。

2. 部件导航器的显示操作

部件导航器对识别模型特征是非常有用的。在部件导航器窗口中选择一个特征，该特征将在图形区高亮显示，并在部件导航器窗口中高亮显示其父特征和子特征。反之，在图形区中选择一特征，该特征和它的父、子层级也会在部件导航器窗口中高亮显示。

为了显示部件导航器，可以在图形区左侧的资源条上单击 按钮，系统弹出部件导航器界面。当光标离开部件导航器窗口时，部件导航器窗口立即关闭，以方便图形区的操作。如果需要固定部件导航器窗口的显示，单击 按钮，然后在弹出的菜单中选中 ✔ 销住 选项，则窗口始终固定显示。

如果需要以某个方向观察模型，可以在部件导航器中双击 模型视图 下的选项，可以得到图 3.4.6 中八个方向的视角，当前应用视图后有 "（工作）" 字样。

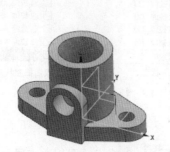

图 3.4.6 "模型视图" 中的选项

3. 在部件导航器中编辑特征

在部件导航器中，有多种方法可以选择和编辑特征，在此列举两种。

方法一：

步骤 01 双击树列表中的特征,打开其编辑对话框。

步骤 02 在创建时的对话框控制中编辑其特征。

方法二:

步骤 01 在树列表中选择一个特征。

步骤 02 右击,选择弹出菜单中的 🎁 编辑参数 (P)... 命令,打开其编辑对话框。

步骤 03 在创建时的对话框控制中编辑其特征。

4. 显示表达式

在部件导航器中会显示"用户表达式"文件夹内定义的表达式,且其名称前会显示表达式的类型(即距离、长度或角度等)。

5. 抑制与取消抑制

通过抑制(Suppressed)功能可使已显示的特征临时从图形区中移去。取消抑制后,该特征显示在图形区中。例如,图 3.4.7a 中的拉伸特征处于抑制的状态,此时其模型树如图 3.4.8a 所示;图 3.4.7b 中的拉伸特征处于取消抑制的状态,此时其模型树如图 3.4.8b 所示。

◆ 选取 抑制 (S) 命令可以使用另外一种方法,即在模型树中选择某个特征后,右击,在弹出的快捷菜单中选择 抑制 (S) 命令。

◆ 在抑制某个特征时,其子特征也将被抑制;在取消抑制某个特征时,其父特征也将被取消抑制。

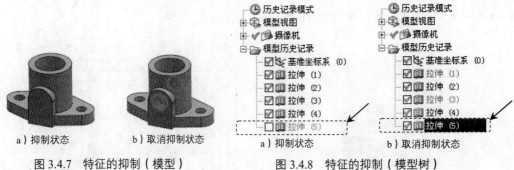

a)抑制状态　　　b)取消抑制状态　　　　　　a)抑制状态　　　　　　b)取消抑制状态

图 3.4.7　特征的抑制(模型)　　　　　　图 3.4.8　特征的抑制(模型树)

6. 特征回放

用户使用下拉菜单 编辑 (E) ➡ 特征 (E) ▶ ➡ 🎿 重播... 命令,可以一次显示一个特征,逐步表示模型的构造过程。

被抑制的特征在回放的过程中是不显示的;如果草图是在特征内部创建的,则在回放过程中不显示,否则草图会显示。

7. 信息获取

信息（Information）下拉菜单提供了获取有关模型信息的选项。

信息窗口显示所选特征的详细信息，包括特征名、特征表达式、特征参数和特征的父子关系等。特征信息的获取方法：在部件导航器中选择特征并右击，然后选择 信息(I) 命令，系统弹出"信息"窗口。

◆ 在"信息"窗口中可以选择 命令将信息以文本格式保存，选择 命令用于将信息列表打印。

◆ 选择 命令用于搜索特定表达式。

8. 细节

在模型树中选择某个特征后，在"细节"面板中会显示该特征的参数、值和表达式，对某个表达式右击，在弹出的快捷菜单中选择 编辑 命令，可以对表达式进行编辑，以便对模型进行修改。例如，在图 3.4.9 所示的"细节"面板中显示的是一个拉伸特征的细节，右击表达式 P3 = 10，选择 编辑 命令，在文本框中输入新值 15 并按 Enter 键，则该拉伸特征会立即变化。

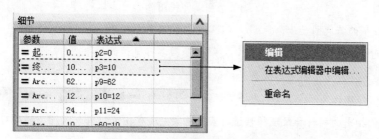

图 3.4.9　"表达式"编辑的操作

3.5　面向对象操作

往往在对模型特征操作时，需要对目标对象进行显示、隐藏、分类和删除等操作，使使用户能更快捷、更容易地达到目的。

3.5.1　对象与模型的显示

模型的显示控制主要通过图 3.5.1 所示的"视图"功能选项卡来实现，也可通过 视图(V) 下拉菜单中的命令来实现。

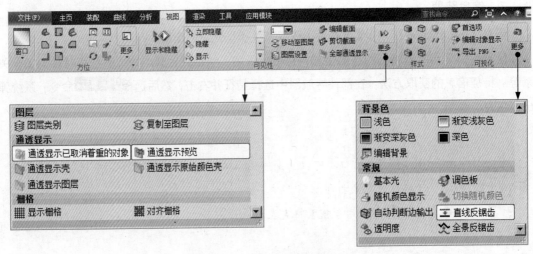

图 3.5.1　"视图"功能选项卡

图 3.5.1 所示的"视图"功能选项卡中部分选项说明如下。

▦ (适合窗口)：调整工作视图的中心和比例以显示所有对象。

🔩：正三轴测图。　　　　　　　　　　🔲：俯视图。

🔩：正等测图。　　　　　　　　　　　▱：左视图。

∟：前视图。　　　　　　　　　　　　◰：右视图。

⌐：后视图。　　　　　　　　　　　　▱：仰视图。

🔲：以带线框的着色图显示。　　　　　🔲：以纯着色图显示。

🔲：不可见边用虚线表示的线框图。　　🔲：隐藏不可见边的线框图。

🔲：可见边和不可见边都用实线表示的线框图。

🔲：艺术外观。在此显示模式下，选择下拉菜单 视图(V) ➡ 可视化(V) ▶ ➡ 🔲 材料/纹理(M)...

命令，可以对它们指定的材料和纹理特性进行实际渲染。没有指定材料或纹理特性的对象，看起来与"着色"渲染样式下所进行的着色相同。

∥：在"面分析"渲染样式下，选定的曲面对象由小平面几何体表示，并渲染小平面以指示曲面分析数据，剩余的曲面对象由边缘几何体表示。

🔲：在"局部着色"渲染样式中，选定曲面对象由小平面几何体表示，这些几何体通过着色和渲染显示，剩余的曲面对象由边缘几何体显示。

🔲 全部通透显示：全部通透显示。

🔲 通透显示壳：使用指定的颜色将已取消着重的着色几何体显示为透明壳。

🔲 通透显示原始颜色壳：将已取消着重的着色几何体显示为透明壳，并保留原始的着色几何体颜色。

🔲 通透显示图层：使用指定的颜色将已取消着重的着色几何体显示为透明图层。

☐ 浅色：浅色背景。　🔲 渐变浅灰色：渐变浅灰色背景。　🔲 渐变深灰色：渐变深灰色背景。

🔲 深色：深色背景。

剪切截面：剪切工作截面。 编辑截面：编辑工作截面。

3.5.2 分类选择

UG NX 11.0 提供了一个分类选择的工具，即根据图 3.5.2 所示的"类选择"对话框，利用选择对象类型和设置过滤器的方法，以达到快速选取对象的目的。选取对象时，可以直接选取对象，也可以利用"类选择"对话框中的对象类型过滤功能，来限制选择对象的范围。选中的对象以高亮方式显示。

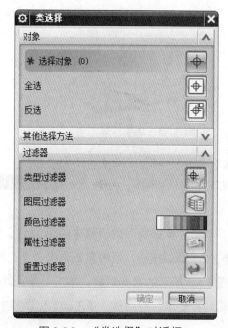

图 3.5.2 "类选择"对话框

 光标短暂停留后，后面出现"…"的提示，则表明在光标位置有多个可供选择的对象。

图 3.5.2 所示"类选择"对话框中各选项功能的说明如下。

◆ 按钮：用于用户选择对象。

◆ 按钮：用于选取图形区中全部选中的所有对象。

◆ 按钮：用于选取图形区中选择类型之外的全部对象。

◆ 根据名称选择 文本框：用于输入预选对象的名称，系统会自动选取对象。

◆ 过滤器 区域：用于设置选取对象的类型。

● 按钮：通过指定对象的类型来选取对象。单击该按钮，系统弹出"根据类型选择"对话框，可以在列表中选择所需的对象类型。

- 按钮：通过指定图层来选取对象。
- ▓▓▓▓▓▓▓▓按钮：根据指定的颜色选取对象。
- 按钮：利用其他形式进行对象选取。单击该按钮，系统弹出"按属性选择"对话框，可以在列表中选择对象所具有的属性，也允许自定义某种对象的属性。
- 按钮：取消之前设置的所有过滤方式，恢复到系统默认的设置。

下面以图 3.5.3 所示选取边线的操作为例，来介绍如何选择对象。

要选取的边线

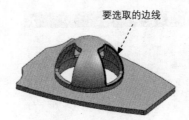

图 3.5.3　选取特征

步骤 **01** 打开文件 D:\ug111\work\ch03.05\kind_select.prt。

步骤 **02** 选择命令。选择下拉菜单 编辑(E) ➡ 👹 对象显示(I)... 命令，系统弹出"类选择"对话框。

步骤 **03** 定义对象类型。单击"类选择"对话框中的 ✛ 按钮，系统弹出"根据类型选择"对话框，选择 曲线 选项，单击 确定 按钮，系统重新弹出"类选择"对话框。

步骤 **04** 在图形区选取图 3.5.3 所示的目标对象，单击 确定 按钮。

步骤 **05** 系统弹出"编辑对象显示"对话框，单击 确定 按钮，完成对象的选取。

 　　　这里主要是介绍对象的选取，编辑对象显示的操作不再赘述。

3.5.3　删除对象

利用 编辑(E) 下拉菜单中的 ✕ 删除(D)... 命令可以删除一个或多个对象。下面以图 3.5.4 所示的模型为例，来说明删除对象的一般操作过程。

步骤 **01** 打开文件 D:\ug111\work\ch03.05\delete.prt。

步骤 **02** 选择命令。选择下拉菜单 编辑(E) ➡ ✕ 删除(D)... 命令，系统弹出"类选择"对话框。

步骤 **03** 定义删除对象。选取图 3.5.4a 所示的特征，单击两次 确定 按钮，完成操作。

a）删除前　　　　　　　　　　　　　　b）删除后

图 3.5.4　删除对象

3.5.4　隐藏与显示对象

对象的隐藏就是通过一些操作，使该对象在零件模型中不显示。下面以图 3.5.5 所示的模型为例，来说明隐藏与显示对象的一般操作过程。

步骤 01 打开文件 D:\ug111\work\ch03.05\hide_show.prt。

步骤 02 选择命令。选择下拉菜单 编辑(E) ➡ 显示和隐藏(H) ▶ 隐藏(H) 命令，系统弹出"类选择"对话框。

步骤 03 定义隐藏对象。单击图 3.5.5a 所示的实体。

　　　　显示被隐藏的对象。选择下拉菜单 编辑(E) ➡ 显示和隐藏(H) ➡ 显示(S)... 命令（或按快捷键 Ctrl+Shift+K），选择要显示的对象，即可将隐藏的对象显示。

a）隐藏前　　　　　　　　　　　　　　b）隐藏后

图 3.5.5　隐藏对象

3.5.5　编辑对象的显示

编辑对象的显示就是修改对象的层、颜色、线型和宽度等。下面以图 3.5.6 所示的模型为例，来说明编辑对象显示的一般过程。

步骤 01 打开文件 D:\ug111\work\ch03.05\display.prt。

步骤 02 选择命令。选择下拉菜单 编辑(E) ➡ 对象显示(J)... 命令，系统弹出"类选择"对话框。

步骤 03 定义需编辑的对象。选取图 3.5.6a 所示的实体，单击 确定 按钮，系统弹出"编辑对象显示"对话框。

a）编辑前　　　　　　　　　　b）编辑后

图 3.5.6　编辑对象显示

步骤 04 修改对象显示属性。在"编辑对象显示"对话框的 颜色 下拉列表中选择 ▢ 选项，在 线型 下拉列表中选择 ┌──────────┐ 选项，在 宽度 下拉列表中选择 ▅▅▅▅▅ 0.18 mm 选项，在 着色显示 区域拖动透明度滑块将其设置为 55，如图 3.5.7 所示。

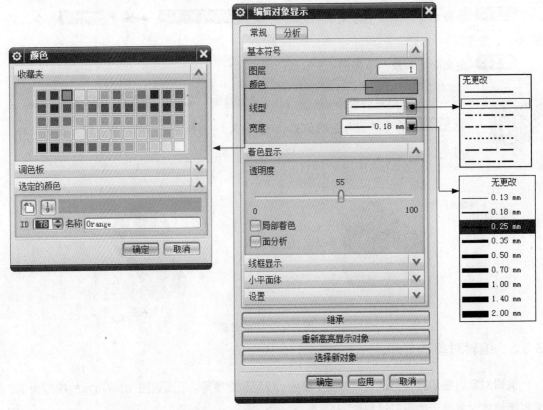

图 3.5.7　"编辑对象显示"对话框

3.5.6　对象的视图布局

视图布局是指在图形区同时显示多个视角的视图，一个视图布局最多允许排列九个视图。用户可以创建系统已有的视图布局，也可以自定义视图布局。

选择下拉菜单 视图(V) ➡ 布局(L)▶命令，弹出布局子菜单，可以对布局进行新建、打开、删除、保存和重新生成等操作。

下面通过图 3.5.8 所示的视图布局，来说明创建视图布局的一般操作过程。

步骤 **01** 打开文件 D:\ug111\work\ch03.05\layout.prt。

步骤 **02** 选择命令。选择下拉菜单 视图(V) ➡ 布局(L)▶ ➡ ⊞ 新建(N)...命令，系统弹出 "新建布局" 对话框，如图 3.5.9 所示。

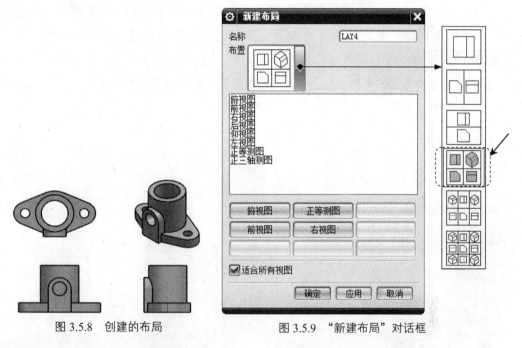

图 3.5.8　创建的布局　　　　　图 3.5.9　"新建布局"对话框

步骤 **03** 设置视图属性。在 名称 文本框中输入新布局的名称 LAY4，在 布置 下拉列表中选择图 3.5.9 所示的布局方式。单击 确定 按钮。

步骤 **04** 保存视图布局。选择下拉菜单 视图(V) ➡ 布局(L)▶ ➡ ⊞ 保存(S)命令，保存当前视图布局。

3.6　UG NX 中图层的操作

所谓图层，就是在空间中选择不同的图层面来存放不同的目标对象。UG NX 中的图层功能类似于设计师在透明覆盖图层上建立模型的方法，一个图层就类似于一个透明的覆盖图层；不同的是，在一个图层上的对象可以是三维空间中的对象。

在一个 UG NX 11.0 部件中，最多可以含有 256 个图层（系统已经把默认基准存放到了 61 层），每个图层上可含任意数量的对象，因此在一个图层上可以含有部件中的所有对象，而部件中的对象也可以分布在任意一个或多个图层中。

在一个部件的所有图层中，只有一个图层是当前工作图层，所有操作只能在工作图层上进行，而其他图层则可以对它们的可见性、可选择性等进行设置和辅助工作。如果要在某图层中创建对象，则应在创建对象前使其成为当前工作图层。

3.6.1　设置图层

UG NX 11.0 提供了 256 个图层供使用，这些图层都必须通过选择 格式(R) 下拉菜单中的 图层设置(S)... 命令来完成所有的设置。图层的应用对于建模工作有很大的帮助。选择 图层设置(S)... 命令后，系统弹出图 3.6.1 所示的"图层设置"对话框，利用该对话框，用户可以根据需要设置图层的名称、分类、属性和状态等，也可以查询图层的信息，还可以进行有关图层的一些编辑操作。

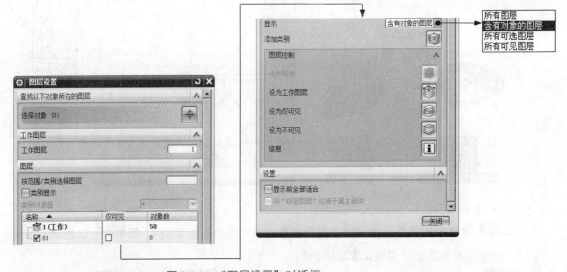

图 3.6.1　"图层设置"对话框

图 3.6.1 所示的"图层设置"对话框中部分选项的功能说明如下。

◆ 工作图层 文本框：在该文本框中输入某图层号并按 Enter 键后，则系统自动将该图层设置为当前的工作图层。

◆ 按范围/类别选择图层 文本框：在该文本框中输入层的种类名称后，系统会自动选取所有属于该种类的图层。

◆ ☑ 类别显示 选项：选中此选项，列表中将按对象的类别进行显示。

◆ 类别过滤器 文本框：文本框主要用于输入已存在的图层种类名称来进行筛选，该文本框中系统默认为"*"，此符号表示所有的图层种类。

◆ 显示 下拉列表：用于控制图层列表框中图层显示的情况。

- **所有图层** 选项：图层列表框中显示所有的图层（1~256 层）。
- **含有对象的图层** 选项：图层列表框中仅显示含有对象的图层。
- **所有可选图层** 选项：图层列表框中仅显示可选择的图层。
- **所有可见图层** 选项：图层列表框中仅显示可见的图层。

> **注意**　当前的工作图层在以上情况下，都会在图层列表框中显示。

- ◆ **按钮：单击此按钮可以添加新的类别层。**
- ◆ **按钮：单击此按钮将被隐藏的图层设置为可选。**
- ◆ **按钮：单击此按钮可将选中的图层作为工作层。**
- ◆ **按钮：单击此按钮可以将选中的图层设置为可见。**
- ◆ **按钮：单击此按钮可以将选中的图层设置为不可见。**
- ◆ **按钮：单击此按钮，系统弹出"信息"窗口，该窗口能够显示此零件模型中所有图层的相关信息，如图层编号、状态和图层种类等。**
- ◆ **☑ 显示前全部适合** 选项：选中此选项，模型将充满整个图形区。

在 UG NX 11.0 系统中，可对相关的图层分类进行管理，以提高操作的效率。例如，可设置 MODELING、DRAFTING 和 ASSEMBLY 等图层组种类，图层组 MODELING 包括 1~20 层，图层组 DRAFTING 包括 21~40 层，图层组 ASSEMBLY 包括 41~60 层。当然可以根据自己的习惯来进行图层组种类的设置。当需要对某一层组中的对象进行操作时，可以很方便地通过层组来实现对其中各图层对象的选择。

图层组的种类设置可以通过选择下拉菜单 **格式(R)** ➡ **图层类别(C)...** 命令来实现。选择该命令后，系统弹出图 3.6.2 所示的"图层类别"对话框，在对话框的 **类别** 文本框中输入新图层名称，单击 **创建/编辑** 按钮。

图 3.6.2 所示的"图层类别"对话框中主要选项的功能说明如下。

- ◆ **过滤** 文本框：用于输入已存在的图层种类名称来进行筛选，该文本框下方的列表框用于显示已存在的图层组种类或筛选后的图层组种类，可在该列表框中直接选取需要进行编辑的图层组种类。
- ◆ **类别** 文本框：用于输入图层组种类的名称，可输入新的种类名称来建立新的图层组种类，或是输入已存在的名称进行该图层组的编辑操作。
- ◆ **创建/编辑** 按钮：用于创建新的图层组或编辑现有的图层组。单击该按钮前，必须要在 **类别** 文本框中输入名称。如果输入的名称已经存在，则可对该图层组进行编辑操作；如果所输入的名称不存在，则创建新的图层组。

图 3.6.2   "图层类别"对话框

◆ [删除] 按钮和 [重命名] 按钮：主要用于图层组种类的编辑操作。[删除] 按钮用于删除所选取的图层组种类；[重命名] 按钮用于对已存在的图层组种类重新命名。

◆ [描述] 文本框：用于输入某图层相应的描述文字，解释该图层的含义。当输入的文字长度超出文本框的规定长度时，系统则会自动进行延长匹配，所以在使用中也可以输入比较长的描述语句。

在进行图层组种类的建立、编辑和更名的操作时，可以按照以下的方式进行。

1. 建立一个新的图层

在"图层类别"对话框的 [类别] 文本框中输入新图层的名称，还可在 [描述] 文本框中输入相应的描述信息，单击 [确定] 按钮，系统继续弹出"图层类别"对话框，从图层列表框中选取新图层包括的层，单击 [添加] 按钮，然后单击 [确定] 按钮，完成操作。

2. 修改所选图层的描述信息

在"图层类别"对话框中选择需修改描述信息的图层，在 [描述] 文本框中输入相应的描述信息，然后单击 [确定] 按钮，系统便可修改所选图层的描述信息。

3. 编辑一个存在图层种类

在"图层类别"对话框的 [类别] 选项组中输入图层名称，或直接在图层组种类列表框中选择要编辑的图层，即可对图层进行编辑。

3.6.2 视图中的可见图层

选择 格式(R) ➡ 视图中可见图层(V)... 命令，可以设置图层的可见与不可见。选择 视图中可见图层(V)... 命令后，系统弹出图 3.6.3 所示的"视图中可见图层"对话框，选取某个视图，单击 确定 按钮，系统继续弹出"视图中可见图层"对话框，单击 可见 按钮或 不可见 按钮，可以设置该图层的可见性。

3.6.3 移动对象至图层

"移动至图层"功能用于把对象从一个图层移出并放置到另一个图层，其一般操作步骤如下。

步骤 01 选择下拉菜单 格式(R) ➡ 移动至图层(M)... 命令，系统弹出"类选择"对话框。

步骤 02 选取目标特征。先选取目标特征，然后单击"类选择"对话框中的 确定 按钮，系统弹出图 3.6.4 所示的"图层移动"对话框。

步骤 03 选择目标图层或输入目标图层的编号，单击 确定 按钮，完成操作。

3.6.4 复制对象至图层

"复制至图层"功能用于把对象从一个图层复制到另一个图层，且源对象依然保留在原来的图层上，其一般操作步骤如下。

步骤 01 选择下拉菜单 格式(R) ➡ 复制至图层(I)... 命令，系统弹出"类选择"对话框。

步骤 02 定义目标特征。先单击目标特征，然后单击 确定 按钮，系统弹出"图层复制"对话框。

步骤 03 定义目标图层。从图层列表框中选择一个目标图层，或在数据输入字段中输入一个图层编号。单击 确定 按钮，完成该操作。

图 3.6.3 "视图中可见图层"对话框

图 3.6.4 "图层移动"对话框

组件、基准轴和基准平面类型不能在图层之间复制，只能移动。

3.6.5 图层的应用实例

通过本章前几节的基本介绍，我们对图层的创建有了大致的了解，下面以图 3.6.5 为例，介绍使用图层工具对模型中的各种特征（草图、基准、曲线和片体）进行隐藏操作。

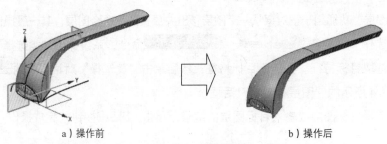

a）操作前　　　　　　　　　　　　　　　b）操作后

图 3.6.5　图层操作

任务 01 创建图层组

步骤 01 打开文件 D:\ug111\work\ch03.06\layer.prt。

步骤 02 选择下拉菜单 格式(R) ━━▶ 图层类别(C)... 命令，系统弹出"图层类别"对话框。

步骤 03 定义图层组名。在对话框的 类别 文本框中输入 sketches。

步骤 04 添加图层。单击 创建/编辑 按钮，选取图层 1～10，单击 添加 按钮，单击对话框中的 确定 按钮。

步骤 05 定义其他图层组。参照 步骤 03 、 步骤 04 添加图层组 datum、图层组 curves 和图层组 surfaces。图层组 datum 包括图层 11～20，图层组 curves 包括图层 21～30，图层组 surfaces 包括图层 31～40，然后单击 确定 按钮。

任务 02 将各对象移至图层组

步骤 01 选择下拉菜单 格式(R) ━━▶ 移动至图层(M)... 命令，系统弹出"类选择"对话框。

步骤 02 选择对象类型。在"类选择"对话框中单击"类型过滤器"按钮，系统弹出"根据类型选择"对话框；选择 草图 选项，单击 确定 按钮，系统重新弹出"类选择"对话框；单击对话框中的"全选"按钮；单击 确定 按钮，系统弹出"图层移动"对话框。

步骤 03 选择图层组。在"图层移动"对话框的列表框中选择 SKETCHES，然后单击 确定 按钮。

步骤 04 参照 步骤 01 ～ 步骤 03 将图形区中的基准平面和基准轴添加到图层组 datum。

步骤 05 参照 步骤 01 ～ 步骤 03 将图形区中的曲线添加到图层组 curves。

步骤 06 参照 步骤 01 ～ 步骤 03 将图形区中的曲面添加到图层组 surfaces。

任务 **03** 设置图层组

步骤 **01** 选择下拉菜单 格式(R) ➡️ 📄 图层设置(S) 命令，系统弹出"图层设置"对话框。

步骤 **02** 设置图层组状态。选中所有新建的图层对象，单击 📚 按钮，将图层组设置为不可见，然后单击 确定 按钮，完成图层的设置。

注意 如果前面的所选对象已不可见，则此步就不需要进行操作。

3.7 旋转特征

3.7.1 概述

旋转特征是将截面绕着一条中心轴线旋转一定的角度而形成的特征（图 3.7.1）。选择下拉菜单 插入(S) ➡️ 设计特征(E)▶ ➡️ 🌐 旋转(R) 命令，系统弹出图 3.7.2 所示的"旋转"对话框。

旋转轴   旋转截面

a）截面和旋转轴

b）回转特征

图 3.7.1 回转特征

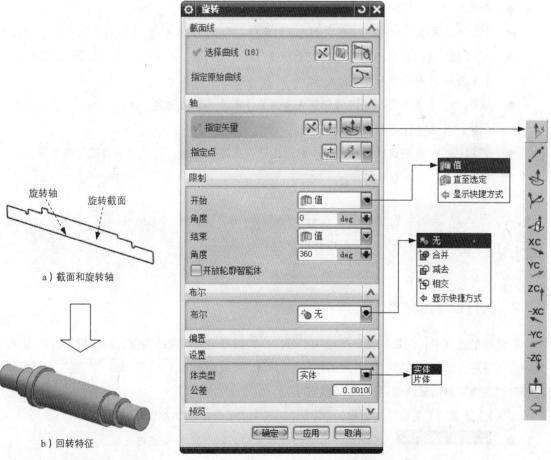

图 3.7.2 "旋转"对话框

图 3.7.2 所示 "旋转" 对话框中各选项的功能说明如下。

◆ (选择截面): 选择已有的草图或几何体边缘作为旋转特征的截面。

◆ (绘制截面): 创建一个新草图作为旋转特征的截面。完成草图并退出草图环境后，系统自动选择该草图作为旋转特征的截面。

◆ 限制 区域: 包含 开始 和 结束 两个下拉列表及两个位于其下的 角度 文本框。

● 开始 下拉列表: 用于设置旋转的类项，角度 文本框用于设置旋转的起始角度，其值的大小是相对于截面所在的平面而言的，其方向以与旋转轴成右手定则的方向为准。在 开始 下拉列表中选择 值 选项，则需设置起始角度和终止角度；在 开始 下拉列表中选择 直至选定 选项，则需选择要开始或停止旋转的面或相对基准平面。

● 结束 下拉列表: 用于设置旋转的类项，角度 文本框设置旋转对象旋转的终止角度，其值的大小也是相对于截面所在的平面而言的，其方向也是以与旋转轴成右手定则为准。

◆ 偏置 区域: 利用该区域可以创建旋转薄壁类型特征。

◆ 预览 复选框: 使用预览可确定创建旋转特征之前参数的正确性。系统默认选中该复选框。

◆ 按钮: 可以选取已有的直线或者轴作为旋转轴矢量，也可以使用 "矢量构造器" 方式构造一个矢量作为旋转轴矢量。

◆ 按钮: 如果用于指定旋转轴的矢量方法，需要单独再选定一点。例如，用于平面法向时，此选项将变为可用。

◆ 布尔 区域: 在创建旋转特征时，如果已经存在其他实体，则可以与其进行布尔操作，包括求和、求差和求交。

在图 3.7.2 所示的 "旋转" 对话框中单击 按钮，系统将弹出 "矢量" 对话框，其应用将在下一节中详细介绍。

3.7.2　矢量构造器介绍

在建模的过程中，矢量构造器的应用十分广泛，如对定义对象的高度方向、投影方向和旋转中心轴等进行设置。单击 "矢量对话框" 按钮，系统弹出图 3.7.3 所示的 "矢量" 对话框，下面对 "矢量" 对话框的使用进行详细的介绍。

图 3.7.3 所示的 "矢量" 对话框的 类型 下拉列表中的部分选项功能说明如下。

◆ 自动判断的矢量: 可以根据选取的对象自动判断所定义矢量的类型。

◆ **两点**：利用空间两点创建一个矢量，矢量方向为由第一点指向第二点。

◆ **与 XC 成一角度**：用于在 *XC-YC* 平面上创建与斜轴成一定角度的矢量。

◆ **曲线/轴矢量**：通过选取曲线上某点的切向矢量来创建一个矢量。

◆ **曲线上矢量**：在曲线上的任一点指定一个与曲线相切的矢量。可按照圆弧长或百分比圆弧长指定位置。

◆ **面/平面法向**：用于创建与实体表面（必须是平面）法线或圆柱面的轴线平行的矢量。

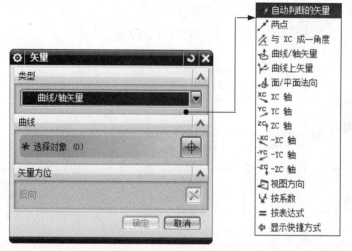

图 3.7.3 "矢量"对话框

◆ **XC 轴**：用于创建与 *XC* 轴平行的矢量。注意这里的"与 *XC* 轴平行的矢量"不是 *XC* 轴。例如，在定义旋转特征的旋转轴时，如果选择此项，只是表示旋转轴的方向与 *XC* 轴平行，并不表示旋转轴就是 *XC* 轴，所以这时要完全定义旋转轴还必须再选取一点定位旋转轴。下面五项与此相同。

◆ **YC 轴**：用于创建与 *YC* 轴平行的矢量。

◆ **ZC 轴**：用于创建与 *ZC* 轴平行的矢量。

◆ **-XC 轴**：用于创建与-*XC* 轴平行的矢量。

◆ **-YC 轴**：用于创建与-*YC* 轴平行的矢量。

◆ **-ZC 轴**：用于创建与-*ZC* 轴平行的矢量。

◆ **视图方向**：指定与当前工作视图平行的矢量。

◆ **按系数**：按系数指定一个矢量。

◆ **按表达式**：使用矢量类型的表达式来指定矢量。

3.7.3 旋转特征的创建

下面以图 3.7.4 所示的旋转特征为例，说明创建旋转特征的一般操作过程。

步骤 01 打开文件 D:\ug111\work\ch03.07\revolve.prt。

步骤 02 选择 插入(S) ➡ 设计特征(E) ➡ 🎯 旋转(R) 命令，系统弹出"旋转"对话框。

步骤 03 定义旋转截面。选取图 3.7.5 所示的曲线为旋转截面。

步骤 04 定义旋转轴。单击 按钮，在系统弹出的"矢量"对话框的 类型 下拉列表中选择 曲线/轴矢量 选项，选取图 3.7.5 所示的直线为旋转轴，单击 确定 按钮。

步骤 05 定义旋转角度的开始值和结束值。在"旋转"对话框 开始 下的 角度 文本框中输入数值 0，在 结束 下的 角度 文本框中输入数值 360。

步骤 06 单击 < 确定 > 按钮，完成旋转特征的创建。

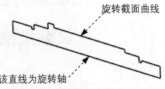

图 3.7.4　模型及模型树　　　　　　　　图 3.7.5　定义旋转截面和旋转轴

3.8　基准特征

3.8.1　基准平面

基准平面也称基准面，是用户在创建特征时的一个参考面，同时也是一个载体。如果在创建一般特征时，模型上没有合适的平面，用户可以创建基准平面作为特征截面的草图平面或参照平面；也可以根据一个基准平面进行标注，此时它就好像是一条边。并且基准平面的大小是可以调整的，以使其看起来更适合零件、特征、曲面、边、轴或半径。UG NX 11.0 中有两种类型的基准平面：相对的和固定的。

相对基准平面：相对基准平面是根据模型中的其他对象而创建的。可使用曲线、面、边缘、点及其他基准作为基准平面的参考对象，可创建跨过多个体的相对基准平面。

固定基准平面：固定基准平面不作为参考，也不受其他几何对象的约束，在用户定义特征中使用除外。可使用任意相对基准平面方法创建固定基准平面，方法是取消选择"基准平面"对话框中的 ☑关联 复选框；还可根据 WCS 和绝对坐标系并通过改变方程式中的系数，使用一些特殊方法创建固定基准平面。

要选择一个基准平面，可以在模型树中单击其名称，也可在图形区中选择它的一条边界。

1. 使用"按某一距离"方法创建基准平面

用"按某一距离"创建基准平面是指创建一个与指定平面平行且相距一定距离的基准平面。下面以图 3.8.1 所示的实例来说明用"按某一距离"创建基准平面的一般过程。

步骤 **01** 打开文件 D:\ug111\work\ch03.08.01\datum_plane_01.prt。

步骤 **02** 选择命令。选择下拉菜单 插入(S) ➡ 基准/点(D) ➡ □ 基准平面(D)... 命令，系统弹出图 3.8.2 所示的"基准平面"对话框。

a）定义参考平面   b）创建基准平面

图 3.8.1　利用"按某一距离"创建基准平面

图 3.8.2　"基准平面"对话框

步骤 **03** 定义创建方式。在 类型 区域的下拉列表中选择 按某一距离 选项，选取图 3.8.1a 所示的基准平面为参照。

步骤 **04** 在弹出的 距离 动态输入框内输入数值 21，单击 按钮，然后单击"基准平面"对话框的 ＜ 确定 ＞ 按钮，完成基准平面的创建，如图 3.8.1b 所示。

图 3.8.2 所示"基准平面"对话框中部分选项及按钮的功能说明如下。

◆ 自动判断：通过选择的对象自动判断约束条件。例如，选取一个表面或基准平面时，系统自动生成一个预览基准平面，可以输入偏置值和数量来创建基准平面。

◆ 按某一距离：通过输入偏置值创建与已知平面（基准平面或零件表面）平行的基准平面。

◆ 成一角度：通过输入角度值创建与已知平面成一角度的基准平面。先选择一个平面或基准平面，然后选择一个与所选面平行的线性曲线或基准轴，以定义旋转轴。

◆ 点和方向：通过定义一个点和一个方向来创建基准平面。定义的点可以是使用点构造器创建的点，也可以是曲线或曲面上的点；定义的方向可以通过选取的对象自动判断，也可以使用矢量构造器来构建。

◆ **曲线上**：创建一个过曲线上的点并在此点与曲线法向方向垂直或相切的基准平面。

◆ **曲线和点**：用此方法创建基准平面的步骤为，先指定一个点，然后指定第二个点或者一条直线、线性边、基准轴或面等。如果选择直线、基准轴、线性曲线或特征的边缘作为第二个对象，则基准平面同时通过这两个对象；如果选择一般平面或基准平面作为第二个对象，则基准平面通过第一个点，且与第二个对象平行；如果选择两个点，则基准平面通过第一个点并垂直于这两个点所定义的方向；如果选择三个点，则基准平面通过这三个点。

◆ **两直线**：通过选择两条现有直线，或直线与线性边、面的法向量或基准轴的组合，创建的基准平面包含第一条直线且平行于第二条直线。如果两条直线共面，则创建的基准平面将同时包含这两条直线。否则，还会有下面两种可能的情况。

● 这两条线不垂直。创建的基准平面包含第二条直线且平行于第一条直线。

● 这两条线垂直。创建的基准平面包含第一条直线且垂直于第二条直线，或是包含第二条直线且垂直于第一条直线（可以使用循环解实现）。

◆ **通过对象**：根据选定的对象平面创建基准平面，对象包括曲线、边缘、面、基准、平面、圆柱、圆锥或旋转面的轴、基准坐标系、坐标系以及球面和旋转曲面。如果选择圆锥面或圆柱面，则在该面的轴线上创建基准平面。

◆ **XC-YC 平面**：沿工作坐标系（WCS）或绝对坐标系（ACS）的 *XC-YC* 轴创建一个固定的基准平面。

◆ **XC-ZC 平面**：沿工作坐标系（WCS）或绝对坐标系（ACS）的 *XC-ZC* 轴创建一个固定的基准平面。

◆ **YC-ZC 平面**：沿工作坐标系（WCS）或绝对坐标系（ACS）的 *YC-ZC* 轴创建一个固定的基准平面。

◆ **视图平面**：创建平行于视图平面并穿过绝对坐标系（ACS）原点的固定基准平面。

◆ **按系数**：通过使用系数 *a*、*b*、*c* 和 *d* 指定一个方程的方式，创建固定基准平面，该基准平面由方程 $ax + by + cz = d$ 确定。

2. 使用"成一角度"创建基准平面

用"成一角度"创建基准平面方法是指选择一指定平面绕一轴旋转一定角度来创建基准平面。下面以图 3.8.3 所示的实例来说明用"成一角度"创建基准平面的一般过程。

步骤 **01** 打开文件 D:\ug111\work\ch03.08.01\datum_plane_02.prt。

步骤 **02** 选择下拉菜单 插入(S) ➡ 基准/点(D) ▶ ➡ 基准平面(D)... 命令，系统弹出"基准平面"对话框。

（步骤 **03**）定义创建方式。在"基准平面"对话框的 类型 下拉列表中选择 成一角度 选项。

选取此面为参考面

创建此基准平面

选取此边为参考轴

a）创建前

b）创建后

图 3.8.3　创建基准平面

（步骤 **04**）定义参考对象。分别选取图 3.8.3a 所示的平面和边线为基准平面的参考平面和参考轴。

（步骤 **05**）定义参数。在弹出的 角度 动态输入框中输入数值 30，单击"基准平面"对话框中的 〈 确定 〉 按钮，完成基准平面的创建。

3. 使用"二等分"创建基准平面

用"二等分"创建基准平面是指创建一个与指定两平面相距相等的基准平面。下面以图 3.8.4 所示的实例来说明用"二等分"创建基准平面的一般过程。

（步骤 **01**）打开文件 D:\ug111\work\ch03.08.01\datum_plane_03.prt。

（步骤 **02**）选择命令。选择下拉菜单 插入(S) ➡ 基准/点(D) ➡ 基准平面(D)... 命令，系统弹出"基准平面"对话框。

（步骤 **03**）定义创建方式。在 类型 下拉列表中选择 二等分 选项，选取图 3.8.4a 所示的平面为参照面。

（步骤 **04**）单击 〈 确定 〉 按钮，完成基准平面的创建，图 3.8.4b 所示。

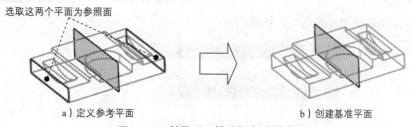

选取这两个平面为参照面

a）定义参考平面

b）创建基准平面

图 3.8.4　利用"二等分"创建基准平面

4. 控制基准平面的显示大小

尽管基准平面实际上是一个无穷大的平面，但在默认情况下，系统根据模型大小对其进行缩放显示。显示的基准平面的大小随零件尺寸而改变。除了那些即时生成的平面以外，其他所有基准平面的大小都可以调整，以适应零件、特征、曲面、边、轴或半径。改变基准平面大小的方法是：双击基准平面，用鼠标拖动基准平面的控制点即可改变其大小（图 3.8.5）。

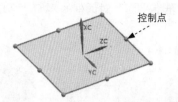

图 3.8.5　控制基准平面的大小

3.8.2　基准轴

基准轴既可以是相对的，也可以是固定的。以创建的基准轴为参考对象，可以创建其他对象，比如基准平面、旋转体或拉伸特征等。

1．使用"两点"创建基准轴

用"两点"创建基准轴是指根据选择的两个点来创建基准轴。下面通过图 3.8.6 所示的实例来说明用"两点"创建基准轴的一般过程。

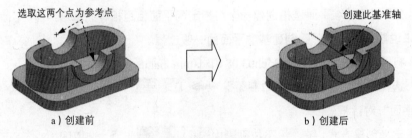

a）创建前　　　　　　　　　　　　b）创建后

图 3.8.6　创建基准轴

步骤 01　打开文件 D:\ug111\work\ch03.08.02\datum_axis01.prt。

步骤 02　选择命令。选择下拉菜单 插入(S) ➡ 基准/点(D)▶ ➡ ↑ 基准轴(A)... 命令，系统弹出图 3.8.7 所示的"基准轴"对话框。

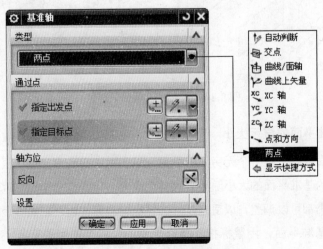

图 3.8.7　"基准轴"对话框

步骤 **03** 定义创建方法。在 类型 下拉列表中选择 两点 选项。

步骤 **04** 定义参考点。选取图 3.8.6a 所示的两点为参考点。

创建的基准轴与选择点的先后顺序有关，可以通过单击"基准轴"对话框中的"反向"按钮 调整其方向。

步骤 **05** 单击 〈 确定 〉 按钮，完成基准轴的创建。

图 3.8.7 所示"基准轴"对话框中有关选项功能的说明如下。

◆ 自动判断 ：根据所选的对象自动判断基准轴类型。

◆ 交点 ：通过两个平面相交，在相交处产生的基准轴。

◆ 曲线/面轴 ：创建一个起点在选择曲线上的基准轴。

◆ 曲线上矢量 ：通过选择曲线上一点并确定与曲线的方位关系（法向垂直或相切或与某一对象平行或垂直等）而创建的基准轴。

◆ XC 轴 ：通过沿 *XC* 轴创建固定基准轴。

◆ YC 轴 ：通过沿 *YC* 轴创建固定基准轴。

◆ ZC 轴 ：通过沿 *ZC* 轴创建固定基准轴。

◆ 点和方向 ：通过定义一个点和一个矢量方向来创建基准轴。通过曲线、边或曲面上的一点，可以创建一条平行于线性几何体或基准轴、面轴，或垂直于一个曲面的基准轴。

◆ 两点 ：通过定义轴通过的两点来创建基准轴。第一点为基点，第二点定义了从第一点到第二点的方向。

2. 使用"曲线/面轴"创建基准轴

用"曲线/面轴"可以创建一个与选定的曲线/面的轴共线的基准轴，下面通过图 3.8.8 所示的实例来说明用"曲线/面轴"创建基准轴的一般过程。

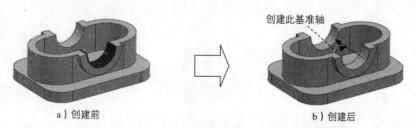

a）创建前   b）创建后

图 3.8.8 利用"曲线/面轴"创建基准轴

步骤 **01** 打开文件 D:\ug111\work\ch03.08.02\datum_axis02.prt。

步骤 **02** 选择命令。选择下拉菜单 插入(S) ➡ 基准/点(D) ➡ ↑ 基准轴(A)... 命令，系统弹出"基准轴"对话框。

步骤 03 定义创建方法。在 类型 下拉列表中选择 曲线/面轴 选项，选取图 3.8.8a 所示的曲面为参考对象；调整基准轴的方向使其与 *YC* 轴正方向同向。

步骤 04 单击 < 确定 > 按钮，完成基准轴的创建。

3.8.3 基准点

基准点用来为网格生成加载点、在绘图中连接基准目标和注释、创建坐标系及管道特征轨迹，也可以在基准点处放置轴、基准平面、孔和轴肩。

默认情况下，UG NX 11.0 将一个基准点显示为加号"+"，其名称显示为 point（*n*），其中 *n* 是基准点的编号。要选取一个基准点，可选择基准点自身或其名称。

1. 使用坐标值创建点

无论用哪种方式创建点，得到的点都有其唯一的坐标值与之相对应，只是不同方式的操作步骤和简便程度不同。在可以通过其他方式方便快捷地创建点时就没有必要再通过给定点的坐标值来创建。仅推荐读者在确定点的坐标值时使用此方式。

本节将创建如下几个点：坐标值分别是（20.0，10.0，50.0）、（100.0，30.0，10.0）、（-20.0，10.0，100.0）和（60.0，100.0，50.0），操作步骤如下。

步骤 01 打开文件 D:\ug111\work\ch03.08.03\point_01.prt。

步骤 02 选择命令。选择下拉菜单 插入(S) ➡ 基准/点(D)▶ ➡ ┼ 点(P) 命令，系统弹出"点"对话框。

步骤 03 在"点"对话框的 X 、 Y 、 Z 文本框中输入相应的坐标值，单击 < 确定 > 按钮，完成四个点的创建，结果如图 3.8.9 所示。

2. 在曲线上创建点

用位置的参数值在曲线或边上创建点，该位置参数值确定从一个顶点开始沿曲线的长度。下面通过图 3.8.10b 所示的实例来说明用"点在曲线/边上"创建点的一般过程。

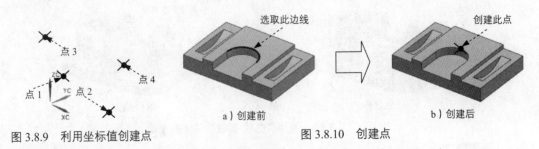

图 3.8.9 利用坐标值创建点　　　　　　　　图 3.8.10 创建点

步骤 01 打开文件 D:\ug111\work\ch03.08.03\point_02.prt。

步骤 **02** 选择命令。选择下拉菜单 插入(S) ➡️ 基准/点(D) ➡️ ✛ 点(P)... 命令，系统弹出"点"对话框。

步骤 **03** 定义点的类型。在"基准点"对话框 类型 区域的下拉列表中选择 曲线/边上的点 选项。

步骤 **04** 定义参考曲线。选取图 3.8.10a 所示的边线为参考曲线。

步骤 **05** 定义点的位置。在对话框 曲线上的位置 区域的 位置 中选择 弧长百分比 并在 弧长百分比 中输入数值 50。

步骤 **06** 单击 < 确定 > 按钮，完成点的创建。

说明　"点"对话框 设置 区域中的 ☑ 关联 复选框控制所创建的点与所选取的参考曲线是否参数相关联。选中此选项则创建的点与参考曲线参数相关，取消此选项的选取则创建的点与参考曲线不参数相关联。以下如不作具体说明，都为接受系统默认，即选中 ☑ 关联 选项。

3. 过中心点创建点

过中心点创建点是指在一条弧、一个圆或一个椭圆图元的中心处创建点。下面以一个范例来说明过中心点创建点的一般过程。如图 3.8.11b 所示，现需要在模型表面孔的圆心处创建一个点，操作步骤如下。

步骤 **01** 打开文件 D:\ug111\work\ch03.08.03\point_03.prt。

步骤 **02** 选择下拉菜单 插入(S) ➡️ 基准/点(D)▶ ➡️ ✛ 点(P)... 命令，系统弹出"点"对话框。

步骤 **03** 在对话框 类型 区域的下拉列表中选择 圆弧中心/椭圆中心/球心 选项，选取图 3.8.11a 所示的模型边线，单击 < 确定 > 按钮，完成点的创建，如图 3.8.11b 所示。

3.8.4. 创建点集

"创建点集"是指在现有的几何体上创建一系列的点，它可以是曲线上的点，也可以是曲面上的点。

a）创建前

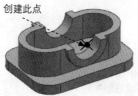
b）创建后

图 3.8.11　过中心创建点

1. 曲线上的点

下面以图 3.8.12 所示的范例来说明创建点集的一般过程，操作步骤如下。

步骤 01 打开文件 D:\ug111\work\ch03.08.04\point_set_01.prt。

步骤 02 选择命令。选择下拉菜单 插入(S) ➞ 基准/点(D)▶ ➞ 点集(S)... 命令，系统弹出"点集"对话框。

步骤 03 定义点集的类型。选择"点集"对话框 类型 区域中的 曲线点 选项，在对话框 子类型 下的 曲线点产生方法 的下拉列表中选择 等弧长 选项。

步骤 04 在图形区中选取图 3.8.12a 所示的曲线。

步骤 05 设置参数。在 点数 文本框中输入数值 10，其余选项接受系统默认的设置值，单击 < 确定 > 按钮，完成点的创建。隐藏源曲线后的结果如图 3.8.12b 所示。

a）创建前　　　　　　　　　　　　　　　b）创建后

图 3.8.12　创建点集

2. 面上的点

面上的点是指在现有的面上创建点集。下面以一个范例来说明用"面上的点"创建点集的一般过程，如图 3.8.13 所示。其操作步骤如下。

步骤 01 打开文件 D:\ug111\work\ch03.08.05\point_set_02.prt。

步骤 02 选择下拉菜单 插入(S) ➞ 基准/点(D)▶ ➞ 点集(S)... 命令，系统弹出"点集"对话框，选择"点集"对话框 类型 区域中的 面的点 选项。

步骤 03 选取图 3.8.13a 所示的曲面，在 U 文本框中输入数值 8.0，在 V 文本框中输入数值 8.0，其余选项保持系统默认的设置。

步骤 04 单击 < 确定 > 按钮，完成点的创建，如图 3.8.13b 所示。

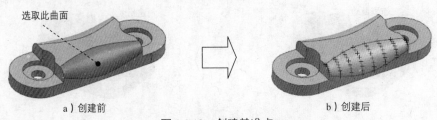

选取此曲面

a）创建前　　　　　　　　　　　　　　　b）创建后

图 3.8.13　创建基准点

3.8.5 基准坐标系

坐标系是可以增加到零件和装配件中的参照特征，它可用于：

◆ 计算质量属性。

◆ 装配元件。

◆ 为"有限元分析（FEA）"放置约束。

◆ 为刀具轨迹提供制造操作参照。

◆ 用于定位其他特征的参照（坐标系、基准点、平面、轴线和输入的几何等）。

在 UG NX 11.0 系统中，可以使用下列三种形式的坐标系。

◆ 绝对坐标系（ACS）：系统默认的坐标系，其坐标原点不会变化，在新建文件时系统会自动产生绝对坐标系。

◆ 工作坐标系（WCS）：系统提供给用户的坐标系，用户可根据需要移动它的位置来设置自己的工作坐标系。

◆ 基准坐标系（CSYS）：该坐标系常用于模具设计和数控加工等操作。

1. 使用三个点创建坐标系

根据所选的三个点来定义坐标系，X 轴是从第一点到第二点的矢量，Y 轴是第一点到第三点的矢量，原点是第一点。下面以一个范例来说明用三点创建坐标系的一般过程，其操作步骤如下。

步骤 01 打开文件 D:\ug111\work\ch03.08.06\csys_create_01.prt。

步骤 02 选择命令。选择下拉菜单 插入(S) ➡ 基准/点(D)▶ ➡ ⬛ 基准 CSYS 命令，系统弹出图 3.8.14 所示的"基准 CSYS"对话框。

图 3.8.14 "基准 CSYS"对话框

步骤 03 在"基准 CSYS"对话框的 **类型** 下拉列表中选择 **原点,X点,Y点** 选项，选取图 3.8.15a 所示的三点，其中 X 轴是从第一点到第二点的矢量；Y 轴是从第一点到第三点的矢量；原点是第一点。

步骤 04 单击 **< 确定 >** 按钮，完成基准坐标系的创建，如图 3.8.15b 所示。

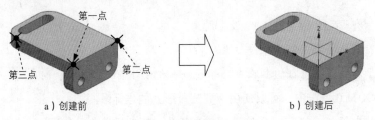

a）创建前   b）创建后

图 3.8.15　创建基准坐标系

图 3.8.14 所示"**基准 CSYS**"对话框中部分选项功能的说明如下。

◆ **动态**：选择该选项，读者可以手动将 CSYS 移到所需的任何位置和方向。

◆ **自动判断**：创建一个与所选对象相关的 CSYS，或通过 x、y 和 z 分量的增量来创建 CSYS。实际所使用的方法是基于所选择的对象和选项。要选择当前的 CSYS，可选择自动判断的方法。

◆ **原点,X点,Y点**：根据选择的三个点或创建三个点来创建 CSYS。要想指定三个点，可以使用点方法选项或使用相同功能的菜单，打开"点构造器"对话框。X 轴是从第一点到第二点的矢量；Y 轴是从第一点到第三点的矢量；原点是第一点。

◆ **X轴,Y轴,原点**：根据所选择或定义的一点和两个矢量来创建 CSYS。选择的两个矢量作为坐标系的 X 轴和 Y 轴；选择的点作为坐标系的原点。

◆ **Z轴,X轴,原点**：根据所选择或定义的一点和两个矢量来创建 CSYS。选择的两个矢量作为坐标系的 Z 轴和 X 轴；选择的点作为坐标系的原点。

◆ **Z轴,Y轴,原点**：根据所选择或定义的一点和两个矢量来创建 CSYS。选择的两个矢量作为坐标系的 Z 轴和 Y 轴；选择的点作为坐标系的原点。

◆ **平面,X轴,点**：根据所选择的一个平面、X 轴和原点来创建 CSYS。其中选择的平面为 Z 轴平面，选取的 X 轴方向即为 CSYS 中 X 轴方向，选取的原点为 CSYS 的原点。

◆ **平面,Y轴,点**：根据所选择的一个平面、Y 轴和原点来创建 CSYS。其中选择的平面为 Z 轴平面，选取的 Y 轴方向即为 CSYS 中 Y 轴方向，选取的原点为 CSYS 的原点。

◆ **三平面**：根据所选择的三个平面来创建 CSYS。X 轴是第一个"基准平面/平的面"的法线；Y 轴是第二个"基准平面/平的面"的法线；原点是这三个基准平面/平的面的交点。

◆ 　绝对 CSYS：指定模型空间坐标系作为坐标系。X 轴和 Y 轴是"绝对 CSYS"的 X 轴和 Y 轴，原点为"绝对 CSYS"的原点。

◆ 　当前视图的 CSYS：将当前视图的坐标系设置为坐标系。X 轴平行于视图底部；Y 轴平行于视图的侧面；原点为视图的原点（图形屏幕中间）。如果通过名称来选择，CSYS 将不可见或在不可选择的层中。

◆ 　偏置 CSYS：根据所选择的现有基准 CSYS 的 x、y 和 z 的增量来创建 CSYS。

◆ 　比例因子：使用此选项更改基准 CSYS 的显示尺寸。每个基准 CSYS 都可具有不同的显示尺寸。显示大小由比例因子参数控制，1 为基本尺寸。如果指定比例因子为 0.5，则得到的基准 CSYS 将是正常大小的一半；如果指定比例因子为 2，则得到的基准 CSYS 将是正常比例大小的两倍。

 　在建模过程中，经常需要对工作坐标系进行操作，以便于建模。选择下拉菜单 格式(R) ➡ WCS ▶ ➡ 定向(N)...命令，系统弹出图 3.8.16 所示的"CSYS"对话框，对所建的工作坐标系进行操作。该对话框的上部为创建坐标系的各种方式的按钮，其他选项为涉及的参数。其创建的操作步骤和创建基准坐标系一致。

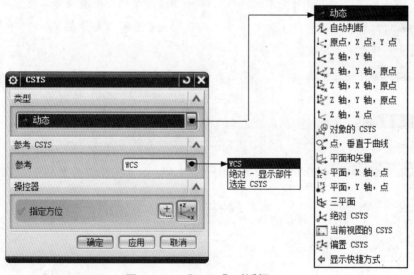

图 3.8.16 　"CSYS"对话框

图 3.8.16 所示"CSYS"对话框的 类型 下拉列表中部分选项说明如下。

◆ 　X 轴，Y 轴：通过两个矢量来创建一个坐标系。坐标系的原点为第一矢量与第二矢量的交点，XC-YC 平面为第一矢量与第二矢量所确定的平面，X 轴正向为第一矢量方向，从第一矢量至第二矢量按右手螺旋法则确定 Z 轴的正向。

◆ **Z 轴，X 点**：通过选择或创建一个矢量和一个点来创建一个坐标系。Z 轴正向为矢量的方向，X 轴正向为沿点和矢量的垂线指向定义点的方向，Y 轴正向由从 Z 轴至 X 轴按右手螺旋法则确定，原点为三个矢量的交点。

◆ **对象的 CSYS**：用选择的平面曲线、平面或工程图来创建坐标系，XC-YC 平面为对象所在的平面。

◆ **点，垂直于曲线**：利用所选曲线的切线和一个点的方法来创建一个坐标系。原点为切点，曲线切线的方向即为 Z 轴矢量，X 轴正向为沿点到切线的垂线指向点的方向，Y 轴正向由从 Z 轴至 X 轴矢量按右手螺旋法则确定。

◆ **平面和矢量**：通过选择一个平面、选择或创建一个矢量来创建一个坐标系。X 轴正向为面的法线方向，Y 轴为矢量在平面上的投影，原点为矢量与平面的交点。

◆ **自动判断**：通过选择的对象或输入坐标分量值来创建一个坐标系。

◆ **原点，X 点，Y 点**：通过三个点来创建一个坐标系。这三点依次是原点、X 轴方向上的点和 Y 轴方向上的点。第一点到第二点的矢量方向为 X 轴正向，Z 轴正向由第二点到第三点按右手法则来确定。

◆ **X 轴，Y 轴，原点**：创建一点作为坐标系原点，再选取或创建两个矢量来创建坐标系。X 轴正向平行于第一矢量方向，XC-YC 平面平行于第一矢量与第二矢量所在平面，Z 轴正向由从第一矢量在 XC-YC 平面上的投影矢量至第二矢量在 XC-YC 平面上的投影矢量，按右手法则确定。

◆ **三平面**：通过依次选择三个平面来创建一个坐标系。三个平面的交点为坐标系的原点，第一个平面的法向为 X 轴，第一个平面与第二个平面的交线为 Z 轴。

◆ **绝对 CSYS**：在绝对坐标系原点（0，0，0）处创建一个坐标系，即与绝对坐标系重合的新坐标系。

◆ **当前视图的 CSYS**：用当前视图来创建一个坐标系。当前视图的平面即为 XC-YC 平面。

"CSYS" 对话框中的一些选项与"基准 CSYS"对话框中的相同，此处不再赘述。

2. 使用三个平面创建坐标系

用三个平面创建坐标系是指选择三个平面（模型的表面或基准面），其交点成为坐标原点，选定的第一个平面的法向定义一个轴的方向，第二个平面的法向定义另一轴的大致方向，系统会自动按右手定则确定第三轴。

如图 3.8.17b 所示，现需要在三个垂直平面（平面 1、平面 2 和平面 3）的交点上创建一个坐标系，操作步骤如下。

a）创建前　　　　　　　　　　b）创建后

图 3.8.17　创建基准坐标系

步骤 01 打开文件 D:\ug111\work\ch03.08.06\csys_create_02.prt。

步骤 02 选择下拉菜单 插入(S) ➡ 基准/点(D)▸ ➡ 基准 CSYS... 命令，系统弹出"基准 CSYS"对话框。

步骤 03 在对话框 类型 区域的下拉列表中选择 三平面 选项。选取图 3.8.17a 所示的三个平面为基准坐标系的参考平面，其中 X 轴是平面 1 的法向矢量，Y 轴是平面 2 的法向矢量，原点为三个平面的交点。

步骤 04 单击 < 确定 > 按钮，完成基准坐标系的创建（图 3.8.17b）。

3. 创建绝对坐标系

在绝对坐标系的原点处可以定义一个新的坐标系，X 轴和 Y 轴分别是绝对坐标系的 X 轴和 Y 轴，原点为绝对坐标系的原点。在 UG NX 11.0 中创建绝对坐标系时可以选择下拉菜单 插入(S) ➡ 基准/点(D)▸ ➡ 基准 CSYS... 命令，在系统弹出的"基准 CSYS"对话框 类型 区域的下拉列表中选择 绝对 CSYS 选项，然后单击 < 确定 > 按钮即可。

4. 创建当前视图坐标系

在当前视图中可以创建一个新的坐标系，X 轴平行于视图底部；Y 轴平行于视图的侧面；原点为视图的原点，即图形屏幕的中间位置。当前视图的创建方法也是选择下拉菜单 插入(S) ➡ 基准/点(D)▸ ➡ 基准 CSYS... 命令，在系统弹出的"基准 CSYS"对话框 类型 区域的下拉列表中选择 当前视图的 CSYS 选项，然后单击 < 确定 > 按钮即可。

3.9　边倒圆特征

如图 3.9.1 所示，使用"边倒圆"（倒圆角）命令可以使多个面共享的边缘变光滑。既可以创建圆角的边倒圆（对凸边缘则去除材料），也可以创建倒圆角的边倒圆（对凹边缘则添加材料）。下面说明边倒圆的一般创建过程。

1. 创建等半径边倒圆

下面以图 3.9.1 所示的模型为例，来说明创建等半径边倒圆的一般操作过程。

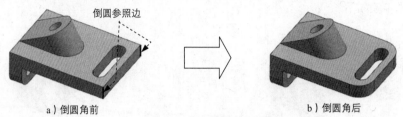

图 3.9.1 "边倒圆"模型

步骤 01 打开文件 D:\ug111\work\ch03.09\round_01.prt。

步骤 02 选择命令。选择下拉菜单 插入(S) ➡ 细节特征(L) ➡ 边倒圆(E)...命令，系统弹出"边倒圆"对话框。

步骤 03 定义圆角形状。在对话框的 形状 下拉列表中选择 圆形 选项。

步骤 04 定义圆角参照和参数。选择图 3.9.1a 所示的边线为倒圆角参照，输入半径值 10。

步骤 05 单击 〈 确定 〉 按钮，完成边倒圆特征的创建。

"边倒圆"对话框中有关按钮的说明如下。

◆ 🔲 （边）：该按钮用于创建一个恒定半径的圆角，恒定半径的圆角是最简单的、也是最容易生成的圆角。

◆ 形状 下拉列表：用于定义倒圆角的形状，包括以下两个形状。

　● 圆形：选择此选项，倒圆角的截面形状为圆形。

　● 二次曲线：选择此选项，倒圆角的截面形状为二次曲线。

◆ 变半径：通过定义边缘上的点，然后输入各点位置的圆角半径值，沿边缘的长度改变圆角半径。在改变圆角半径时，必须至少已指定了一个半径恒定的边缘，才能使用该选项对它添加可变半径点。

◆ 拐角倒角：添加回切点到一倒圆拐角，通过调整每一个回切点到顶点的距离，对拐角应用其他的变形。

◆ 拐角突然停止：通过添加突然停止点，可以在非边缘端点处停止倒圆，进行局部边缘段倒圆。

2. 创建变半径边倒圆

下面以图 3.9.2 所示的模型为例，来说明创建变半径边倒圆的一般操作过程。

步骤 01 打开文件 D:\ug111\work\ch03.09\round_02.prt。

步骤 02 选择命令。选择下拉菜单 插入(S) ➡ 细节特征(L) ➡ 边倒圆(E)...命令，系统弹出"边倒圆"对话框。

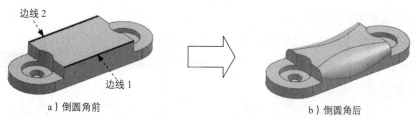

a）倒圆角前   b）倒圆角后

图 3.9.2   变半径边倒圆

步骤 03 定义倒圆对象。单击图 3.9.2a 所示的倒圆参照边线 1。

步骤 04 定义变半径点。在图 3.9.3 所示的"边倒圆"对话框中单击 变半径 下方的 指定半径点 区域，单击边线 1 上任意一点，在动态文本框的 弧长百分比 文本框中输入数值 0。在弹出的动态输入框中输入半径值 5。

步骤 05 定义其余变半径点。其圆角半径值为 5，弧长百分比值为 100；圆角半径值为 12，弧长百分比值为 50，结果如图 3.9.4 所示。

图 3.9.3   "边倒圆"对话框

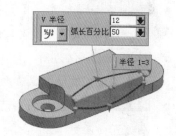

图 3.9.4   定义其余变半径点

步骤 06 参照 **步骤 02**~**步骤 05** 的操作步骤，创建边线 2 的变半径边倒圆。

步骤 07 单击 ‹ 确定 › 按钮，完成可变半径倒圆特征的创建。

3.10   倒斜角特征

构建特征不能单独生成，而只能在其他特征上生成，孔特征、倒斜角特征和圆角特征等都是典型的构建特征。使用"倒斜角"命令可以在两个面之间创建用户需要的倒角。下面以图 3.10.1

所示的实例来说明创建倒斜角的一般过程。

步骤 **01** 打开文件 D:\ug111\work\ch03.10\chamfer.prt。

步骤 **02** 选择命令。选择下拉菜单 插入(S) ➡ 细节特征(L) ➡ 🟦 倒斜角(M)... 命令，系统弹出"倒斜角"对话框。

a）倒斜角前　　　　　　　　　　　　　　b）倒斜角后

图 3.10.1　创建倒斜角

步骤 **03** 选取倒角参照。选取图 3.10.1a 所示的边线为倒角参照边。

步骤 **04** 选择倒斜角方式。在对话框的 横截面 下拉列表中选择 对称 选项。

步骤 **05** 定义倒角参数。在对话框中输入偏置值 5。

步骤 **06** 单击 < 确定 > 按钮，完成倒斜角特征的创建。

"倒斜角"对话框中部分选项的说明如下。

◆ 横截面：该下拉列表用于定义横截面的形状。

● 对称 选项：用于创建沿两个表面偏置值相同的斜角。

● 非对称 选项：用于创建指定不同偏置值的斜角，对于不对称偏置可利用 🔀 按钮反转倒角偏置顺序从边缘一侧到另一侧。

● 偏置和角度 选项：用于创建由偏置值和角度决定的斜角。

◆ 偏置方式：该下拉列表用于定义偏置面的方式。

● 沿面偏置边：仅为简单形状生成精确的倒斜角，从倒斜角的边开始，沿着面测量偏置值，这将定义新倒斜角面的边。

● 偏置面并修剪 选项：倒角的面很复杂时，此选项可延伸用于修剪原始曲面的每个偏置曲面。

3.11　抽壳特征

使用"抽壳"命令可以利用指定的壁厚值来抽空一实体，或绕实体建立一壳体。可以指定不同表面的厚度，也可以移除单个面。

1．面抽壳操作

下面以图 3.11.1 所示的模型为例，来说明面抽壳的一般操作过程。

步骤 **01** 打开文件 D:\ug111\work\ch03.11\shell_01.prt。

步骤**02** 选择命令。选择下拉菜单 插入(S) ➡ 偏置/缩放(O)▶ ➡ 抽壳(H)... 命令，系统弹出"抽壳"对话框。

步骤**03** 定义抽壳方式。在对话框的 类型 下拉列表中选择 移除面，然后抽壳 选项。

表面 1

表面 2

a）抽壳前   b）抽壳后

图 3.11.1   创建面抽壳

步骤**04** 定义抽壳参数。选取图 3.11.1a 所示的模型表面 1 为要抽壳面，在 厚度 文本框中输入数值 1。然后单击 备选厚度 区域中的 按钮，选择图 3.11.1a 所示的模型表面 2，在 厚度 1 文本框中输入数值 6。

步骤**05** 单击 ＜ 确定 ＞ 按钮，完成抽壳操作。

2. 体抽壳操作

下面以图 3.11.2 所示的模型为例，说明体抽壳的一般操作过程。

步骤**01** 打开文件 D:\ug111\work\ch03.11\shell_02.prt。

步骤**02** 选择命令。选择下拉菜单 插入(S) ➡ 偏置/缩放(O)▶ ➡ 抽壳(H)... 命令，系统弹出"抽壳"对话框。

a）抽壳前   b）抽壳后

图 3.11.2   创建体抽壳

步骤**03** 定义抽壳方式。在对话框的 类型 下拉列表中选择 对所有面抽壳 选项。

步骤**04** 定义抽壳参数。选择整个实体为要抽壳的体，在 厚度 文本框中输入厚度值 2。

步骤**05** 单击 ＜ 确定 ＞ 按钮，完成抽壳操作。

3.12 孔特征

在 UG NX 11.0 中，可以创建以下三种类型的孔特征（Hole）。

◆ 简单孔：具有圆截面的切口，它始于放置曲面并延伸到指定的终止曲面或用户定义的深度。创建时要指定"直径""深度"和"尖端尖角"。

◆ 埋头孔：该选项允许用户创建指定"孔直径""孔深度""尖角""埋头直径"和"埋头深度"的埋头孔。

◆ 沉头孔：该选项允许用户创建指定"孔直径""孔深度""尖角""沉头直径"和"沉头深度"的沉头孔。

下面以图 3.12.1 所示的模型为例，说明创建螺纹孔特征的一般操作过程。

(步骤 01) 打开文件 D:\ug111\work\ch03.12\hole.prt。

(步骤 02) 选择命令。选择下拉菜单 插入(I) ➡ 设计特征(E)▶ ➡ 孔(H)... 命令，系统弹出"孔"对话框。

(步骤 03) 定义孔的类型。在"孔"对话框的 类型 下拉列表中选择 螺纹孔 选项。

(步骤 04) 定义孔的放置位置。确认"选择条"工具条中的 ⊙ 按钮被按下，选取图 3.12.2 所示的圆弧边线为孔的放置参照。

(步骤 05) 输入孔参数。在对话框的 螺纹尺寸 区域 大小 下拉列表中选择 M4 x 0.7 选项，在 深度类型 下拉列表中选择 全长 选项，在 深度限制 下拉列表中选择 直至下一个 选项，取消选择 起始倒斜角 和 终止倒斜角 区域中的 □ 启用 复选框，其他参数采用默认设置值。

(步骤 06) 单击 < 确定 > 按钮，完成螺纹孔特征的创建。

图 3.12.3 所示"孔"对话框中部分选项的功能说明如下。

◆ 类型 下拉列表。

● 常规孔：创建指定尺寸的简单孔、沉头孔、埋头孔或锥孔特征等，常规孔可以是盲孔、通孔或指定深度条件的孔。

● 钻形孔：根据 ANSI 或 ISO 标准创建简单钻形孔特征。

● 螺钉间隙孔：创建简单、沉头或埋头通孔，它们是为具体应用而设计的，如螺钉间隙孔。

● 螺纹孔：创建螺纹孔，其尺寸标注由标准、螺纹尺寸和径向进给等参数控制。

● 孔系列：创建起始、中间和结束孔尺寸一致的多形状、多目标体的对齐孔。

◆ 位置 下拉列表。

● 按钮：单击此按钮，打开"创建草图"对话框，并通过指定放置面和方位来创建中心点。

● 按钮：可使用现有的点来指定孔的中心。可以是"选择条"工具条中提供的选择意图下的现有点或点特征。

◆ 孔方向 下拉列表：此下拉列表用于指定将创建的孔的方向，有 垂直于面 和 沿矢量 两个选项。

-  **垂直于面** 选项：沿着与公差范围内每个指定点最近的面法向的反向定义孔的方向。

- **沿矢量** 选项：沿指定的矢量定义孔方向。

图 3.12.1 创建孔特征

图 3.12.1 创建孔特征

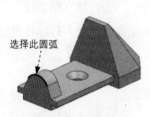

选择此圆弧

图 3.12.2 选取放置面

图 3.12.3 "孔"对话框

◆ **大小** 文本框：此文本框用于控制螺纹孔直径的大小，可直接从下拉列表中选择。

◆ **深度限制** 下拉列表：此下拉列表用于控制孔深度类型，包括 **值** 、 **直至选定** 、 **直至下一个** 和 **贯通体** 四个选项。

- **值** 选项：给定孔的具体深度值。

- **直至选定** 选项：创建一个深度为直至选定对象的孔。

- ● 直至下一个选项：对孔进行扩展，直至孔到达下一个面。
- ● 贯通体选项：创建一个通孔，贯通所有特征。
- ◆ 布尔下拉列表：此下拉列表用于指定创建孔特征的布尔操作，包括 无和 减去两个
  选项。
- ● 无选项：创建孔特征的实体表示，而不是将其从工作部件中减去。
- ● 减去选项：从工作部件或其组件的目标体减去工具体。

3.13 螺纹特征

在 UG NX 11.0 中，可以创建两种类型的螺纹。

- ◆ 符号螺纹：以虚线圆的形式显示在要攻螺纹的一个或几个面上。符号螺纹可使用外部
  螺纹表文件（可以根据特殊螺纹要求来定制这些文件），以确定其参数。
- ◆ 详细螺纹：比符号螺纹看起来更真实，但由于其几何形状的复杂性，创建和更新都需
  要较长的时间。详细螺纹是完全关联的，如果特征被修改，则螺纹也相应更新。可以
  选择生成部分关联的符号螺纹，或指定固定的长度。部分关联是指如果螺纹被修改，
  则特征也将更新（但反过来则不行）。

　　　　详细螺纹每次只能创建一个，符号螺纹则可以创建多组，而且创建时需要的
时间较少。

在产品设计时，当需要制作产品的工程图时，应选择符号螺纹；如果不需要制作产品的工
程图，而是需要反映产品的真实结构（如产品的广告图、效果图），则选择详细螺纹。
下面以图 3.13.1b 所示的模型为例，说明创建螺纹特征（详细螺纹）的一般操作过程。

a）添加螺纹前　　　　　　　　　　　　　　　　b）添加螺纹后

图 3.13.1　添加螺纹特征

步骤 01　打开文件 D:\ug111\work\ch03.13\thread.prt。

步骤 02　选择命令。选择下拉菜单 插入(I) ➡ 设计特征(E) ➡ 螺纹(T) 命令，系统
弹出"螺纹"对话框。

步骤 03 定义螺纹的类型。在"螺纹"对话框中选中 ⊙ 详细 单选项。

步骤 04 定义螺纹的放置。选取图 3.13.2 所示的柱面为螺纹放置面,选取图 3.13.3 所示的端面为螺纹的起始面,在弹出的对话框中单击 螺纹轴反向 按钮。

图 3.13.2 选取放置面

选取此柱面为放置面

图 3.13.3 选取起始面

选取此端面为起始面

步骤 05 定义螺纹参数。在"螺纹"对话框中设置图 3.13.4 所示的螺纹参数。

步骤 06 单击 确定 按钮,完成螺纹特征的创建。

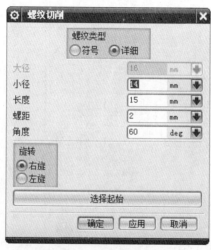

图 3.13.4 定义螺纹参数

3.14 拔模特征

使用"拔模"命令可以使面相对于指定的拔模方向成一定的角度。拔模通常用于对模型、部件、模具或冲模的竖直面添加斜度,以便借助拔模面将部件或模型与其模具或冲模分开。用户可以为拔模操作选择一个或多个面,但它们必须都是同一实体的一部分。下面分别以面拔模和边拔模为例介绍拔模过程。

1. 面拔模

下面以图 3.14.1 所示的模型为例,来说明面拔模的一般操作过程。

步骤 01 打开文件 D:\ug111\work\ch03.14\draft_01.prt。

步骤 02 选择命令。选择下拉菜单 插入(S) ➡ 细节特征(L) ➡ 拔模(T)... 命令,系统弹出图 3.14.2 所示的"拔模"对话框。

步骤 03 选择拔模方式。在对话框的 类型 下拉菜单中选取 面 选项。

步骤 04 指定开模（拔模）方向。单击 按钮下的子按钮 ZC↑，选取 ZC 正向作为拔模方向。

a）拔模前   b）拔模后

图 3.14.1 创建面拔模

步骤 05 定义拔模固定平面。选取图 3.14.3 所示的表面作为拔模固定平面。

图 3.14.2 "拔模"对话框

步骤 06 定义拔模面。选取图 3.14.4 所示的表面作为要拔模的面。

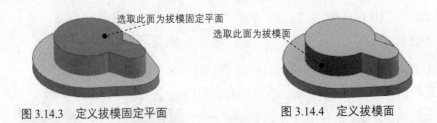

选取此面为拔模固定平面

选取此面为拔模面

图 3.14.3 定义拔模固定平面   图 3.14.4 定义拔模面

步骤 07 定义拔模角。系统将弹出设置拔模角的动态文本框，输入拔模角度值 20（也可拖动拔模手柄至需要的拔模角度）。

步骤 08 单击 〈 确定 〉 按钮，完成拔模操作。

图 3.14.2 所示"拔模"对话框中有关选项的说明如下。

◆ 类型 区域：该区域用于定义拔模类型。

- 面：选择该选项，在静止平面上实体的横截面通过拔模操作维持不变。
- 边：选择该选项，使整个面在回转过程中保持通过部件的横截面是平的。
- 与面相切：在拔模操作之后，拔模的面仍与相邻的面相切。此时，固定边未被固定，而是移动的，以保持与选定面之间的相切约束。
- 分型边：在整个面回转过程中保留通过该部件中平的横截面，并且根据需要在分型边缘创建凸出部分。

◆ ↗ （自动判断的矢量）：单击该按钮，可以从所有的 NX 矢量创建选项中进行选择。

◆ ⬜ （固定面）：单击该按钮，允许通过选择的平面、基准平面或与拔模方向垂直的平面所通过的一点来选择该面。此选择步骤仅可用于从固定平面拔模和拔模到分型边缘这两种拔模类型。

◆ ⬛ （要拔模的面）：单击该按钮，允许选择要拔模的面。此选择步骤仅在创建从固定平面拔模类型时可用。

◆ ↗ （反向）：单击该按钮，将显示的方向矢量反向。

2. 边拔模

下面以图 3.14.5 所示的模型为例，来说明边拔模的一般操作过程。

a）拔模前　　　　　　　　　　　　　　　b）拔模后

图 3.14.5　创建边拔模

步骤 01 打开文件 D:\ug111\work\ch03.14\draft_02.prt。

步骤 02 选择下拉菜单 插入(S) ➡ 细节特征(L) ➡ 拔模(T)... 命令，系统弹出"拔模"对话框。

步骤 03 选择拔模类型。在对话框的 类型 下拉菜单中选取 边 选项。

步骤 04 指定开模（拔模）方向。单击 ↗ 按钮下的子按钮 ⬆ZC 。

步骤 05 定义拔模边缘。选取图 3.14.6 所示的边线作为要拔模的边缘线。

步骤 06 定义拔模角。系统弹出设置拔模角的动态文本框，在动态文本框内输入拔模角度值 20（也可拖动拔模手柄至需要的拔模角度），如图 3.14.7 所示。

步骤 07 单击 < 确定 > 按钮，完成拔模操作。

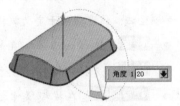

图 3.14.6　选择拔模边缘线　　　　　　图 3.14.7　输入拔模角

3.15　扫掠特征

扫掠特征是用规定的方法沿一条空间的路径移动一条曲线而产生的体。移动曲线称为截面线串，其路径称为引导线串。下面以图 3.15.1 所示的模型为例，说明创建扫掠特征的一般操作过程。

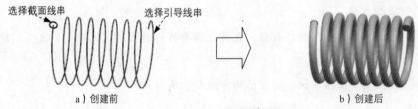

a）创建前　　　　　　　　　　　　　　b）创建后

图 3.15.1　创建扫掠特征

步骤 01 打开文件 D:\ug111\work\ch03.15\sweep.prt。

步骤 02 选择命令。选择下拉菜单 插入(S) ➡ 扫掠(W) ➡ ◆ 扫掠(S)··· 命令，系统弹出"扫掠"对话框。

步骤 03 定义截面线串。在对话框的 截面 中选取图 3.15.1a 所示的截面线串。

步骤 04 定义引导线串。单击 引导线（最多 3 条）区域中的 * 选择曲线 (0) 按钮，然后选取图 3.15.1a 所示的引导线串。

步骤 05 单击 < 确定 > 按钮，完成扫掠特征操作。

3.16　三角形加强筋

用户可以使用"三角形加强筋"命令沿着两个面集的交叉曲线来添加三角形加强筋（肋）特征。要创建三角形加强筋特征，首先必须指定两个相交的面集，面集可以是单个面，也可以是多个面；其次要指定三角形加强筋的基本定位点，可以是沿着交叉曲线的点，也可以是交叉曲线和平面相交处的点。下面以图 3.16.1 所示的模型为例，说明创建三角形加强筋的一般操作过程。

步骤 01 打开文件 D:\ug111\work\ch03.16\heatedly.prt。

a）创建前　　　　　　　　　　　　　　　　　b）创建后

图 3.16.1　创建三角形加强筋特征

步骤 02 选择下拉菜单 插入(I) ➡ 设计特征(E)▶ ➡ 三角形加强筋(D)... 命令，系统弹出图 3.16.2 所示的"三角形加强筋"对话框。

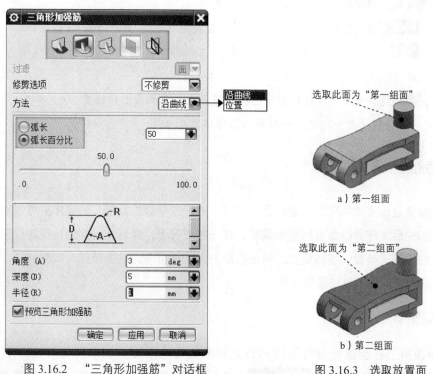

图 3.16.2　"三角形加强筋"对话框　　　　　图 3.16.3　选取放置面

步骤 03 定义面集 1。选取放置三角形加强筋的第一组面，如图 3.16.3 所示。

步骤 04 定义面集 2。单击"第二组"按钮 （图 3.16.2），选取放置三角形加强筋的第二组面。

步骤 05 在 方法 选项组中选择 沿曲线 方式。

步骤 06 定义放置位置。接受系统默认的放置位置（放在正中间）。

步骤 07 输入参数。在尺寸选项组的文本框中分别输入角度数值 3、深度数值 5、半径数值 1，此时系统出现加强筋的预览。

步骤 08 单击 确定 按钮，完成三角形加强筋特征的创建。

图 3.16.2 所示"三角形加强筋"对话框中主要选项的说明如下。

◆ 选择步骤：用于选择操作步骤。

● (第一组)：用于选择第一组面。可以为面集选择一个或多个面。

● (第二组)：用于选择第二组面。可以为面集选择一个或多个面。

● (位置曲线)：用于在有多条可能的曲线时选择其中一条位置曲线。

● (位置平面)：用于选择相对于平面或基准平面的三角形加强筋特征的位置。

● (方位平面)：用于对三角形加强筋特征的方位选择平面。

◆ 方法 区域：用于定义三角形加强筋的位置。

● 沿曲线 ：在交叉曲线的任意位置交互式地定义三角形加强筋基点。

● 位置 ：定义一个可选方式，以查找三角形加强筋的位置，即可以输入坐标或单击位置平面、方位平面。

◆ ⊙ 弧长百分比 单选项：该选项用于选择加强筋在交叉曲线上的位置。

◆ "尺寸"区域：用于指定三角形加强筋特征的尺寸。

3.17 特征的编辑与操作

特征的编辑是在完成特征的创建以后，对其中的一些参数进行修改的操作。可以对特征的尺寸、位置和先后次序等参数进行重新编辑，在一般情况下，保留其与别的特征建立起来的关联性质。它包括编辑参数、编辑定位、特征移动、特征重排序、替换特征、抑制特征、取消抑制特征、去除特征参数以及特征回放等。

3.17.1 编辑参数

编辑参数用于在创建特征时使用的方式和参数值的基础上编辑特征。选择下拉菜单 编辑(E) ➡ 特征(F) ▶ ➡ 编辑参数(P)... 命令，在系统弹出的"编辑参数"对话框中选取需要编辑的特征或在已绘图形中选择需要编辑的特征，系统会根据用户所选择的特征弹出不同的对话框来完成对该特征的编辑。下面以一个范例来说明编辑参数的操作过程，如图 3.17.1 所示。

步骤 01 打开文件 D:\ug111\work\ch03.17\edit_parametric.prt。

步骤 02 选择下拉菜单 编辑(E) ➡ 特征(F)▶ ➡ 编辑参数(P)... 命令,系统弹出图 3.17.2 所示的"编辑参数"对话框。

步骤 03 定义编辑对象。在"编辑参数"对话框中选择第一个简单孔特征为编辑对象,单击 确定 按钮,系统弹出"孔"对话框。

步骤 04 编辑特征参数。在"孔"对话框 形状和尺寸 区域 直径 文本框中输入数值 40,并按 Enter 键。

步骤 05 依次单击"孔"对话框和"编辑参数"对话框中的 确定 按钮,完成编辑参数的操作。

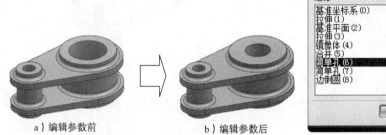

a)编辑参数前   b)编辑参数后

图 3.17.1 编辑参数

图 3.17.2 "编辑参数"对话框

3.17.2 编辑位置

编辑位置命令用于对目标特征重新定义位置,包括修改、添加和删除定位尺寸。下面以一个范例来说明特征编辑定位的过程,如图 3.17.3 所示。

选择此孔

a)编辑定位前   b)编辑定位后

图 3.17.3 编辑位置

步骤 01 打开文件 D:\ug111\work\ch03.17\edit_position.prt。

步骤 02 选择命令。选择下拉菜单 编辑(E) ➡ 特征(F)▶ ➡ 编辑位置(O)... 命令,系统弹出"编辑位置"对话框。

步骤 03 定义编辑对象。在模型上选取图 3.17.3a 所示的孔特征,单击 确定 按钮。

步骤 04 编辑特征参数。单击 编辑尺寸值 按钮,系统弹出"编辑表达式"对话框,将文本框中数值"10"改为数值"12.5",单击三次 确定 按钮,完成编辑特征的定位。

3.17.3 特征移动

特征移动用于把无关联的特征移到需要的位置。下面以一个范例来说明特征移动的操作步骤，如图 3.17.4 所示。

步骤 01 打开文件 D:\ug111\work\ch03.17\move.prt。

步骤 02 选择命令。选择下拉菜单 编辑(E) ➡ 特征(F)▶ ➡ 移动(M)... 命令，系统弹出"移动特征"对话框。

a）特征移动前　　　　　　　　　　　　b）特征移动后

图 3.17.4　移动特征

步骤 03 定义移动对象。在"移动特征"对话框中选取基准坐标系为移动对象，单击 确定 按钮。

步骤 04 编辑移动参数。在"移动特征"对话框 DXC 文本框中输入数值 0，在 DYC 文本框中输入数值 60，在 DZC 文本框中输入数值 0，单击 确定 按钮，完成特征的移动操作。

3.17.4 特征重排序

特征重排序可以改变特征应用于模型的次序，即将重定位特征移至选定的参考特征之前或之后。对具有关联性的特征重排序以后，与其关联特征也被重新排序。下面以一个范例来说明特征重排序的操作，如图 3.17.5 所示。

步骤 01 打开文件 D:\ug111\work\ch03.17\readjust.prt。

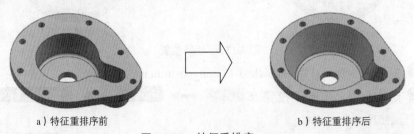

a）特征重排序前　　　　　　　　　　　　b）特征重排序后

图 3.17.5　特征重排序

步骤 02 选择命令。选择下拉菜单 编辑(E) ➡ 特征(F)▶ ➡ 重排序(R)... 命令，系统弹出图 3.17.6 所示的"特征重排序"对话框。

步骤 03 定义排序参考对象和方式。在对话框的 过滤器 列表框中选取 壳(3) 选项为参考特征

（或在图形区选择特征），在 选择方法 区域中选中 ⊙ 之前 单选项。

步骤 04 定义重排序特征。在 重定位特征 列表框中将会出现位于该特征后面的所有特征，在列表框中选取 拔模(4) 选项为需要重排序的特征。

步骤 05 单击 确定 按钮，完成特征的重排序。

图 3.17.6　"特征重排序"对话框

3.17.5　特征的抑制与取消抑制

特征的抑制操作可以从目标特征中移除一个或多个特征，当抑制相互关联的特征时，关联的特征也将被抑制。当取消抑制后，特征及与之关联的特征将显示在图形区。下面以一个范例来说明应用抑制特征和取消抑制操作的过程，如图 3.17.7 所示。

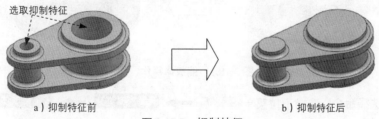

a）抑制特征前　　　　　　　　　　　　　　b）抑制特征后

图 3.17.7　抑制特征

步骤 01 打开文件 D:\ug111\work\ch03.17\repress.prt。

步骤 02 抑制特征。选择下拉菜单 编辑(E) ➡ 特征(F) ▶ ➡ 抑制(S)... 命令，系统弹出图 3.17.8 所示的"抑制特征"对话框；选取图 3.17.7a 所示的特征为抑制对象，单击 确定 按钮，完成抑制特征的操作，如图 3.17.7b 所示。

步骤 03 取消抑制特征。选择下拉菜单 编辑(E) ➡ 特征(F) ▶ ➡ 取消抑制(U)... 命令，系统弹出图 3.17.9 所示的"取消抑制特征"对话框；在对话框中选取需要取消抑制的特征，单

击 确定 按钮，完成取消抑制特征的操作，模型恢复到初始状态。

图 3.17.8　"抑制特征"对话框　　　　图 3.17.9　"取消抑制特征"对话框

3.18　缩放体

使用"缩放体"命令可以在"工作坐标系"（WCS）中按比例缩放实体和片体。可以使用均匀比例，也可以在 XC、YC 和 ZC 方向上独立地调整比例。比例类型有均匀、轴对称和通用比例。下面以图 3.18.1 所示的模型为例，说明使用"缩放"命令的一般操作过程。

步骤 01　打开文件 D:\ug111\work\ch03.18\scale.prt。

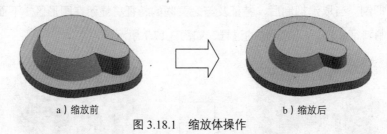

a）缩放前　　　　　　　　　　　　b）缩放后

图 3.18.1　缩放体操作

步骤 02　选择命令。选择下拉菜单 插入(S) ➡ 偏置/缩放(O)▶ ➡ 缩放体(S)...命令，系统弹出图 3.18.2 所示的"缩放体"对话框。

步骤 03　选择类型。在 类型 选项组中选择 均匀 选项。

步骤 04　选取缩放体对象。选择图 3.18.3 所示的实体。

步骤 05　定义参考点。单击 + 按钮，选取图 3.18.4 所示点为参考点。

步骤 06　定义缩放比例。在 均匀 文本框中输入比例因子 0.8。

步骤 07　单击 应用 按钮，完成缩放体操作。

图 3.18.2 所示"缩放体"对话框中有关选项的说明如下。

◆　类型 下拉列表：用于定义缩放体的方式，一共有以下几种。

- ▢ 均匀：在所有方向上均匀地按比例缩放。
- ▢ 轴对称：以指定的比例因子（或乘数）沿指定的轴对称缩放。
- ▢ 常规：在 X、Y 和 Z 三个方向上以不同的比例因子缩放。
◆ ▢（选择体）：允许用户为比例操作选择一个或多个实体或片体。所有的三个"类型"方法都要求此步骤。

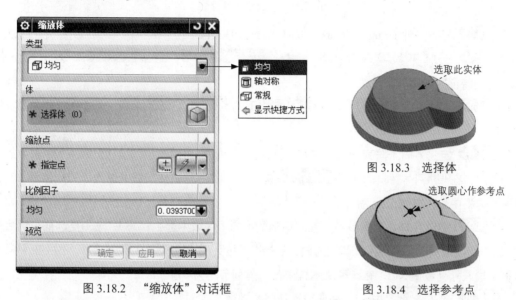

图 3.18.2　"缩放体"对话框

图 3.18.3　选择体

图 3.18.4　选择参考点

3.19　关联复制

模型的关联复制主要包括 ▧ 抽取几何特征(E)... 和 ▧ 阵列特征(A)... 两种，这两种方式都是对已有的模型特征进行操作，可以创建与已有模型特征相关联的目标特征，从而减少许多重复的操作，节约大量的时间。

3.19.1　阵列特征

"阵列特征"操作是对模型特征的关联复制，类似于副本。可以生成一个或者多个特征组，而且对于一个特征来说，其所有的实例都是相互关联的，可以通过编辑原特征的参数来改变其所有的实例。阵列特征功能可以定义线性阵列、圆形阵列和多边形阵列、螺旋式阵列、沿曲线阵列、常规阵列和参考阵列等。

1. 线性阵列

线性阵列功能可以把一个或者多个所选的模型特征生成实例的线性阵列。下面以一个范例来说明创建线性阵列的过程，如图 3.19.1 所示。

a) 线性阵列前   b) 线性阵列后

图 3.19.1   创建线性阵列

步骤 01 打开文件 D:\ug111\work\ch03.19\array_01.prt。

步骤 02 选择下拉菜单 插入(S) ➡ 关联复制(A)▶ ➡ 阵列特征(A)... 命令，系统弹出 "阵列特征" 对话框。

步骤 03 定义关联复制的对象。在 阵列定义 下的 布局 中选择 线性 ，选取孔特征为要复制的特征。

步骤 04 定义方向 1 阵列参数。在对话框的 方向 1 区域中单击 ↗· 按钮，选择 XC 轴为第一阵列方向，在 间距 下拉列表中选择 数量和间隔 选项，然后在 数量 文本框中输入阵列数量为 2，在 节距 文本框中输入阵列节距为 72。

步骤 05 定义方向 2 阵列参数。在对话框的 方向 1 区域中选中 ☑ 使用方向 2 复选框，然后单击 ↗· 按钮，选择 YC 轴为第二阵列方向；在 间距 下拉列表中选择 数量和间隔 选项，然后在 数量 文本框中输入阵列数量为 2，在 节距 文本框中输入阵列节距为 47。

步骤 06 单击 确定 按钮，完成线性阵列的创建。

"阵列特征" 对话框中有关选项的说明如下。

◆ 布局 下拉列表：用于定义阵列类型。

● 线性 选项：选中此选项，可以根据指定的一个或两个线性方向进行阵列。

● 圆形 选项：选中此选项，可以绕着一根指定的旋转轴进行环形阵列，阵列实例绕着旋转轴圆周分布。

● 多边形 选项：选中此选项，可以沿着一个正多边形进行阵列。

● 螺旋 选项：选中此选项，可以沿着螺旋路径进行阵列。

● 沿 选项：选中此选项，可以沿着一条曲线路径进行阵列。

● 常规 选项：选中此选项，可以根据空间的点或由坐标系定义的位置点进行阵列。

● 参考 选项：选中此选项，可以参考模型中已有的阵列方式进行阵列。

● 螺旋线 选项：选中此选项，可以沿着螺旋线路径进行阵列。

◆ 间距 下拉列表：用于定义各阵列方向的数量和间距。

● 数量和间隔 选项：选中此选项，通过输入阵列的数量和每两个实例的中心距离进行阵列。

- **数量和跨距**选项：选中此选项，通过输入阵列的数量和每两个实例的间距进行阵列。
- **节距和跨距**选项：选中此选项，通过输入阵列的数量和每两个实例的中心距离及间距进行阵列。
- **列表**选项：选中此选项，通过定义的阵列表格进行阵列。

2. 圆形阵列

圆形阵列功能可以把一个或者多个所选的模型特征生成实例的圆周阵列。下面以一个范例来说明创建圆形实例阵列的过程，如图 3.19.2 所示。

a）圆形阵列前　　　　　　　　　　　　　　b）圆形阵列后

图 3.19.2　创建圆形阵列

步骤 01 打开文件 D:\ug111\work\ch03.19\array_02.prt。

步骤 02 选择下拉菜单 **插入(S)** ➡ **关联复制(A)▸** ➡ **阵列特征(A)** 命令，弹出"阵列特征"对话框。

步骤 03 选取阵列的对象。在特征树中选取 ☑ **特征分组 (14) "aaa"** 为要阵列的特征。

步骤 04 定义阵列方法。在对话框的 **布局** 下拉列表中选择 **圆形** 选项。

步骤 05 定义旋转轴和中心点。在对话框的 **旋转轴** 区域中单击 ***指定矢量** 后面的 **ZC** 按钮，选择 ZC 轴为旋转轴；然后选取图 3.19.2b 所示边线圆心为指定点。

步骤 06 定义阵列参数。在对话框 **角度方向** 区域的 **间距** 下拉列表中选择 **数量和跨距** 选项，然后在 **数量** 文本框中输入阵列数量为 3，在 **跨角** 文本框中输入阵列角度为 360。

步骤 07 单击 **确定** 按钮，完成圆形阵列的创建。

3.19.2　抽取几何特征

抽取几何特征是用来创建所选取特征的关联副本。抽取几何特征操作的对象包括面、面区域和体。如果抽取一个面或一个区域，则创建一个片体；如果抽取一个体，则新体的类型将与原先的体相同（实体或片体）。当更改原来的特征时，可以决定抽取后得到的特征是否需要更新。在零件设计中，常会用到抽取模型特征的功能，它可以充分地利用已有的模型，大大地提高工作效率。下面以几个实例来说明如何使用抽取几何特征功能。

1. 抽取面特征

下面以图 3.19.3 所示的实例为例介绍抽取面的一般操作过程。

步骤 01 打开文件 D:\ug111\work\ch03.19\extracted_01.prt。

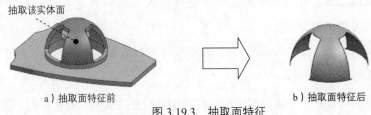

a）抽取面特征前   b）抽取面特征后

图 3.19.3 抽取面特征

步骤 02 选择命令。选择下拉菜单 插入 (S) ➡ 关联复制(A)▶ ➡ 🔷抽取几何特征(E)... 命令，系统弹出图 3.19.4 所示的"抽取几何特征"对话框。

图 3.19.4 "抽取几何特征"对话框

步骤 03 定义抽取类型。在 类型 下拉列表中选择 🔷面 选项。

步骤 04 选取抽取对象。选取图 3.19.3a 所示的实体表面为抽取对象。

步骤 05 在对话框中选中 ☑隐藏原先的 复选框。单击 确定 按钮，完成抽取面操作。

图 3.19.4 所示的"抽取几何特征"对话框中部分选项功能的说明如下。

◆ 🔷面：用于从实体或片体模型中抽取曲面特征，能生成三种类型的曲面。

◆ 🔷面区域：抽取区域曲面时，是通过定义种子曲面和边界曲面来创建片体，创建的片体是从种子面开始向四周延伸到边界面的所有曲面构成的片体（其中包括种子曲面，但不包括边界曲面）。

◆ █ **体**：用于生成与整个所选特征相关联的实体。

◆ **与原先相同**：从模型中抽取的曲面特征保留原来的曲面类型。

◆ **三次多项式**：用于将模型的选中面抽取为三次多项式 B 曲面类型。

◆ **一般 B 曲面**：用于将模型的选中面抽取为一般的 B 曲面类型。

2. 抽取面区域特征

抽取面区域特征用于创建一个片体，该片体是一组和种子面相关的且被边界面限制的面。

用户根据系统提示选取种子面和边界面后，系统会自动选取从种子面开始向四周延伸直到边界面的所有曲面（包括种子面，但不包括边界面）。

抽取面区域特征的具体操作在后面的"曲面的复制"中有详细的介绍，在此就不再赘述。

3. 抽取体特征

抽取体特征可以创建整个体的关联副本，并将各种特征添加到抽取体特征上，而不在原先的体上出现。当更改原先的体时，还可以决定"抽取体"特征是否更新。

步骤01 打开文件 D:\ug111\work\ch03.19\extracted_01.prt。

步骤02 选择命令。选择下拉菜单 插入(S) ➡ 关联复制(A)▶ ➡ █ 抽取几何特征(E)... 命令，系统弹出"抽取几何特征"对话框。

步骤03 定义抽取类型。在 类型 下拉列表中选择 █ 体 选项。

步骤04 定义抽取对象。选取图 3.19.5 所示的实体为抽取对象。

步骤05 在对话框中选中 ☑ 隐藏原先的 复选框。单击 确定 按钮，完成抽取体的操作。

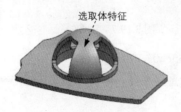

选取体特征

图 3.19.5　选取特征体

3.19.3　复合曲线

复合曲线用来复制实体上的边线和要抽取的曲线。下面以图 3.19.6 所示的模型为例，说明使用复合曲线的一般操作过程。

步骤01 打开文件 D:\ug111\work\ch03.19\rectangular.prt。

步骤02 选取命令。选择下拉菜单 插入(S) ➡ 关联复制(A)▶ ➡ █ 抽取几何特征(E)... 命令，系统弹出"抽取几何特征"对话框。

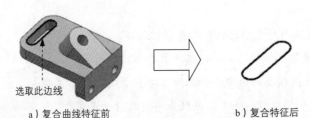

选取此边线

a）复合曲线特征前 b）复合特征后

图 3.19.6 复合曲线特征

步骤 03 定义复合曲线对象。在 类型 下拉列表中选择 复合曲线 选项。选取图 3.19.6a 所示模型边线为复合曲线对象。

步骤 04 单击 〈 确定 〉 按钮，完成复合曲线特征的创建。

步骤 05 查看复合曲线。隐藏其他特征，只显示所复合的曲线。

3.19.4 镜像特征

镜像特征功能可以将所选的特征相对于一个平面或基准平面（称为镜像中心平面）进行镜像，从而得到所选特征的一个副本。使用此命令时，镜像平面可以是模型的任意表面，也可以是基准平面。下面以图 3.19.7 所示的实例为例来说明创建镜像特征的一般过程。

选取镜像对象

a）镜像特征前 b）镜像特征后

图 3.19.7 镜像特征

步骤 01 打开文件 D:\ug111\work\ch03.19\mirror.prt。

步骤 02 选择命令。选择下拉菜单 插入(S) ➡ 关联复制(A)▶ ➡ 镜像特征(M)... 命令，系统弹出"镜像特征"对话框。

步骤 03 定义镜像对象。选取图 3.19.7a 所示的特征组为要镜像的特征。

步骤 04 定义镜像基准面。选取 YZ 基准平面为镜像平面。

步骤 05 单击 确定 按钮，完成镜像特征的创建。

3.19.5 镜像体

镜像体特征命令可以以基准平面为对称面镜像部件中的整个体，其镜像基准面只能是基准平面。下面以一个范例来说明创建镜像体特征的一般过程，如图 3.19.8 所示。

步骤 01 打开文件 D:\ug111\work\ch03.19\mirror_body.prt。

步骤 02 选择命令。选择下拉菜单 插入(S) ➡ 关联复制(A) ➡ ⚡ 抽取几何特征(E)...命令，系统弹出"抽取几何特征"对话框。

选取镜像对象

a）镜像体前
b）镜像体后

图 3.19.8　镜像体

步骤 03 定义镜像对象。在 类型 下拉列表中选择 ⚡ 镜像体 选项。选取图 3.19.8a 所示的实体为要镜像的体对象。

步骤 04 定义镜像基准面。选取 XY 基准平面为镜像平面。

步骤 05 单击 确定 按钮，完成镜像体的创建。

3.19.6　阵列几何特征

用户可以通过使用"阵列几何特征"命令创建对象的副本，其可以复制几何体、面、边、曲线、点、基准平面和基准轴。可以在线性、圆形和不规则图样中以及沿相切连续截面创建副本。通过它，可以轻松地复制几何体和基准，并保持引用与其原始体之间的关联性。当图样关联时，编辑父对象可以重新放置引用。下面以一个范例来说明创建阵列几何特征的一般过程，如图 3.19.9 所示。

选取此实体

a）"引用几何"前
b）"引用几何"后

图 3.19.9　"阵列几何特征"特征

步骤 01 打开文件 D:\ug111\work\ch03.19\adduction_geometry.prt。

步骤 02 选择下拉菜单 插入(S) ➡ 关联复制(A) ➡ 阵列几何特征(T)...命令，系统弹出图 3.19.10 所示的"阵列几何特征"对话框。

步骤 03 定义阵列几何特征对象。选取图 3.19.9a 所示的实体为要引用的几何体。

步骤 04 定义类型。在"阵列几何特征"对话框 阵列定义 区域 布局 的下拉列表中选择 圆形 选项。

步骤 05 定义旋转轴和中心点。在对话框的 旋转轴 区域中单击 * 指定矢量 后面的 ZC! 按钮，选择 ZC 轴为旋转轴；然后选取图 3.19.11 所示边线圆心为指定点。

步骤 06 定义阵列几何特征参数。在 角度方向 区域 间距 的下拉列表中选择 数里和间隔 选项，在 数里 文本框中输入值 6，在 节距角 文本框中输入值 60。

步骤 07 单击对话框中的 <确定> 按钮，完成阵列几何特征的操作。

图 3.19.10 "阵列几何特征"对话框

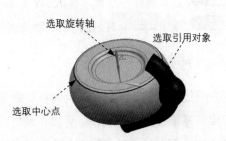

图 3.19.11 定义旋转轴和引用对象

3.20 变换操作

"变换"命令允许用户进行平移、旋转、比例缩放或复制等操作，但是不能用于变换视图、布局、图样或当前的工作坐标系。通过变换生成的特征与源特征不相关联。

3.20.1 比例变换

比例变换用于对所选对象进行成比例的放大或缩小。下面以一个范例来说明比例变换的操作步骤，如图 3.20.1 所示。

a）比例变换前   b）比例变换后

图 3.20.1 比例变换

步骤 01 打开文件 D:\ug111\work\ch03.20\zoom.prt。

步骤 02 选择下拉菜单 编辑(E) ➡ ⟋变换(M)... 命令，系统弹出图 3.20.2 所示的"变换"对话框（一），在图形区选取图 3.20.1a 所示的实体后，单击 确定 按钮，系统弹出如图 3.20.3 所示的"变换"对话框（二）。

步骤 03 根据系统 选择选项 的提示，单击 比例 按钮，系统弹出"点"对话框。

步骤 04 以系统默认的点作为参考点，单击 确定 按钮，此时"变换"对话框图 3.20.4 所示。

图 3.20.2 "变换"对话框（一）

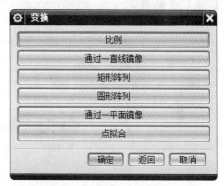

图 3.20.3 "变换"对话框（二）

图 3.20.3 所示的"变换"对话框（二）中按钮的功能说明如下。

◆ 比例 按钮：通过指定参考点和缩放类型及缩放比例值来缩放对象。

◆ 通过一直线镜像 按钮：通过指定一直线为镜像中心线来复制选择的特征。

◆ 矩形阵列 按钮：对选定的对象进行矩形阵列操作。

◆ 圆形阵列 按钮：对选定的对象进行圆形阵列操作。

◆ 通过一平面镜像 按钮：通过指定一平面为镜像中心线来复制选择的特征。

◆ 点拟合 按钮：将对象从引用集变换到目标点集。

步骤 05 定义比例参数。在 比例 文本框中输入数值 0.5，单击 确定 按钮，此时"变换"对话框如图 3.20.5 所示。

图 3.20.4 所示的"变换"对话框（三）中各选项的功能说明如下。

◆ 比例 文本框：在此文本框中输入要缩放的比例值。

◆ 非均匀比例 按钮：此按钮用于对模型的非均匀比例缩放设置。单击此按钮，系统弹出图 3.20.6 所示的"变换"对话框（五），对话框中的 XC-比例、

YC-比例和ZC-比例文本框中分别输入各自方向上要缩放的比例值。

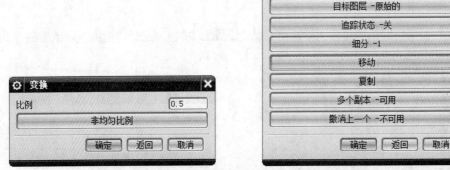

图 3.20.4 "变换"对话框（三）　　　　图 3.20.5 "变换"对话框（四）

图 3.20.6 "变换"对话框（五）

图 3.20.5 所示的"变换"对话框（四）中按钮的功能说明如下。

◆ **重新选择对象** 按钮：用于通过"类选择"工具条来重新选择对象。

◆ **变换类型 -比例** 按钮：用于修改变换的方法。

◆ **目标图层 -原始的** 按钮：用于在完成变换以后，选择生成的对象所在的图层。

◆ **追踪状态 -关** 按钮：用于设置跟踪变换的过程，但是对于原对象是实体、片体或边界时不可用。

◆ **细分 -1** 按钮：用于把变换的距离、角度分割成相等的等份。

◆ **移动** 按钮：用于移动对象的位置。

◆ **复制** 按钮：用于复制对象。

◆ **多个副本 -可用** 按钮：用于复制多个对象。

◆ **撤消上一个 -不可用** 按钮：用于取消刚建立的变换。

步骤 06 根据系统**选择操作**的提示，单击 **移动** 按钮，系统弹出图 3.20.7 所示的"变换"对话框(六)。

图 3.20.7 "变换"对话框（六）

步骤 07 单击 移除参数 按钮，系统返回到"变换"对话框（四）。单击 取消 按钮，关闭"变换"对话框（四），完成比例变换的操作。

3.20.2 通过一直线镜像

用直线作镜像是将所选模型相对于选定的一条直线（镜像中心线）进行镜像。下面以一个范例来说明用直线作镜像的操作步骤，如图 3.20.8 所示。

步骤 01 打开文件 D:\ug111\work\ch03.20\mirror.prt。

步骤 02 选择命令。选择下拉菜单 编辑(E) ➡ 变换(M) 命令，在图形区选取图 3.20.8a 所示的实体，单击 确定 按钮，系统弹出的"变换"对话框，如图 3.20.3 所示。

a）镜像前　　　　　　　　　　　（b）镜像后

选择这条直线

图 3.20.8 用直线作镜像

步骤 03 定义镜像中心线。在"变换"对话框中单击 通过一直线镜像 按钮，系统弹出"变换"对话框（七），如图 3.20.9 所示。单击 现有的直线 按钮，系统弹出"变换"对话框（八），如图 3.20.10 所示。选取图 3.20.8a 所示的直线，系统弹出"变换"对话框（四）。

图 3.20.9 "变换"对话框（七）

图 3.20.10 "变换"对话框（八）

图 3.20.9 所示的"变换"对话框（七）中各按钮的功能说明如下。

◆ 两点 按钮：选中两个点，这两点之间的连线即为参考线。

◆ 现有的直线 按钮：选取已有的一条直线作为参考线。

◆ 点和矢量 按钮：选取一点，再指定一个矢量，将通过给定的点的矢量作为参考线。

步骤 04 根据系统 选择操作 的提示，单击 复制 按钮，完成通过一直线作镜像的操作。

步骤 05 单击 取消 按钮。

3.20.3 矩形阵列

矩形阵列主要用于将选中的对象从指定的原点开始，沿所给方向生成一个等间距的矩形阵列。下面以一个范例来说明使用变换命令中的矩形阵列的操作步骤，如图 3.20.11 所示。

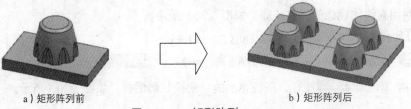

a）矩形阵列前　　　　　　　　　　　　　　b）矩形阵列后

图 3.20.11　矩形阵列

步骤 01 打开文件 D:\ug111\work\ch03.20\rectange_array.prt。

步骤 02 选择下拉菜单 编辑(E) ➡ 变换(M)... 命令，系统弹出"变换"对话框，选取整个模型，单击 确定 按钮，系统弹出"变换"对话框（二）。

步骤 03 根据系统 选择选项 的提示，在"变换"对话框中单击 矩形阵列 按钮，系统弹出"点"对话框。

步骤 04 采用系统默认的坐标原点为矩形阵列的参考点和原点，系统弹出图 3.20.12 所示的"变换"对话框（九）。

步骤 05 定义阵列参数。在"变换"对话框（九）中输入变换参数（图 3.20.12），单击 确定 按钮。

步骤 06 单击 复制 按钮，完成矩形阵列操作。

步骤 07 单击 取消 按钮。

图 3.20.12　"变换"对话框（九）

图 3.20.12 所示的"变换"对话框（九）中各文本框的功能说明如下。

- ◆ DXC 文本框：表示沿 *XC* 方向上的间距。
- ◆ DYC 文本框：表示沿 *YC* 方向上的间距。
- ◆ 阵列角度 文本框：生成矩形阵列所指定的角度。
- ◆ 列(X) 文本框：表示在 *XC* 方向上特征的个数。
- ◆ 行(Y) 文本框：表示在 *YC* 方向上特征的个数。

3.20.4 圆形阵列

圆形阵列用于将选中的对象从指定的原点开始，绕阵列的中心生成一个等角度间距的圆形阵列。下面以一个范例来说明使用变换命令中的圆形阵列的操作步骤，如图 3.20.13 所示。

a）圆形阵列前　　　　　　　　　　　　　　b）圆形阵列后

图 3.20.13　圆形阵列

步骤 01　打开文件 D:\ug111\work\ch03.20\round_array.prt。

步骤 02　选择下拉菜单 编辑(E) ➡️ 🔧 变换(M)... 命令，系统弹出"变换"对话框，选取整个模型，单击 确定 按钮，系统弹出"变换"对话框（二）。

步骤 03　根据系统 选择选项 提示，在"变换"对话框（二）中单击 圆形阵列 按钮，系统弹出"点"对话框。

步骤 04　在"点"对话框中设置圆形阵列参考点的坐标值为（0，0，0），阵列原点的坐标值为（0，0，0），单击 确定 按钮，系统弹出图 3.20.14 所示的"变换"对话框（十）。

图 3.20.14　"变换"对话框（十）

步骤 05　定义阵列参数。在"变换"对话框（十）中输入所需参数（图 3.20.14），单击 确定 按钮。

步骤 06　根据系统 选择操作 的提示，单击 复制 按钮，完成圆形阵列操作。

步骤 07 单击 取消 按钮。

图 3.20.14 所示"变换"对话框（十）中各文本框的功能说明如下。

- ◆ 半径 文本框：用于设置圆形阵列的半径。
- ◆ 起始角 文本框：用于设置圆形阵列的起始角度。
- ◆ 角度增量 文本框：用于设置圆形阵列中角度的增量。
- ◆ 数量 文本框：用于设置圆形阵列中特征的个数。

3.21 模型的测量与分析

3.21.1 测量距离

下面以一个简单的模型为例，来说明测量距离的方法以及相应的操作过程。

步骤 01 打开文件 D:\ug111\work\ch03.21\distance.prt。

步骤 02 选择命令。选择下拉菜单 分析(L) ➡ 测量距离(D)... 命令，系统弹出图 3.21.1 所示的"测量距离"对话框。

步骤 03 测量面到面的距离。

（1）定义测量类型。在对话框的 类型 下拉列表中选择 距离 选项。

（2）定义测量几何对象。选取图 3.21.2a 所示的模型表面 1，再选取模型表面 2，测量结果如图 3.21.2b 所示。

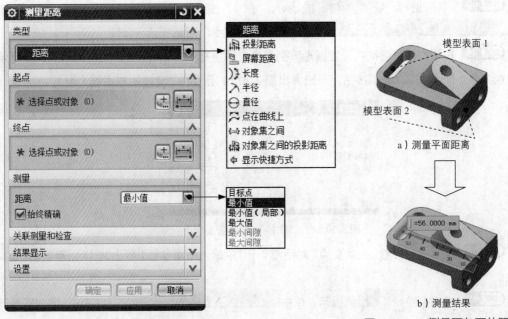

图 3.21.1 "测量距离"对话框

图 3.21.2 测量面与面的距离

步骤 04 测量点到面的距离（图 3.21.3）。操作方法参见 **步骤 03**，先选取点 1，后选取模型表面。

 注意 选取要测量的几何对象的先后顺序不同，测量结果也不相同。

步骤 05 测量点到线的距离（图 3.21.4）。操作方法参见 **步骤 03**，先选取点 1，后选取边线。

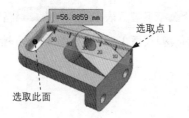

图 3.21.3　点到面的距离

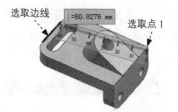

图 3.21.4　点到线的距离

步骤 06 测量线到线的距离（图 3.21.5）。操作方法参见步 **步骤 03**，先选取边线 1，后选取边线 2。

步骤 07 测量点到点的距离（图 3.21.6）。操作方法参见步 **步骤 03**，先选取点 1，后选取点 2。

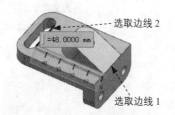

图 3.21.5　线到线的距离

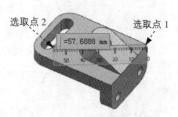

图 3.21.6　点到点的距离

步骤 08 测量点与点的投影距离（投影参照为平面）。

（1）定义测量类型。在"测量距离"对话框的 类型 下拉列表中选择 投影距离 选项。

（2）定义投影表面。选取图 3.21.7a 中的模型表面 1。

（3）定义测量几何对象。先选取图 3.21.7a 所示的模型点 1，然后选取图 3.21.7a 所示的模型点 2，测量结果如图 3.21.7b 所示。

a）投影前

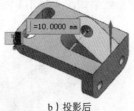

b）投影后

图 3.21.7　测量点与点的投影距离

3.21.2 测量角度

下面以一个简单的模型为例，来说明测量角度的方法以及相应的操作过程。

步骤 01 打开文件 D:\ug111\work\ch03.21\angle.prt。

步骤 02 选择命令。选择下拉菜单 分析(L) ➡ 测量角度(A)... 命令，系统弹出图 3.21.8 所示的"测量角度"对话框。

步骤 03 测量面与面间的角度。

（1）定义测量类型。在"测量角度"对话框的 类型 下拉列表中选择 按对象 选项。

（2）定义测量几何对象。选取图 3.21.9a 所示的模型表面 1，再选取图 3.21.9a 所示的模型表面 2，测量结果如图 3.21.9b 所示。

图 3.21.8　"测量角度"对话框

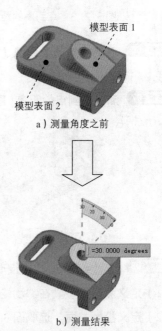

a）测量角度之前

b）测量结果

图 3.21.9　测量面与面间的角度

步骤 04 测量线与面间的角度。选取图 3.21.10a 所示的边线 1，再选取图 3.21.10a 所示的模型表面 1，测量结果如图 3.21.10b 所示。

a）测量角度之前　　　　　　　　　　　b）测量结果

图 3.21.10　测量线与面间的角度

选取线的位置不同，即线上标示的箭头方向不同，所显示的角度值可能也会不同，两个方向的角度值之和为180°。

步骤 05 测量线与线间的角度。选取图 3.21.11a 所示的边线 1，再选取图 3.21.11a 所示的边线 2，测量结果如图 3.21.11b 所示。

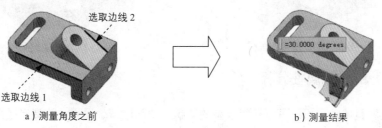

a）测量角度之前 　　　　　b）测量结果

图 3.21.11　测量线与线间的角度

3.21.3　测量曲线长度

下面以一个简单的模型为例，说明测量曲线长度的方法以及相应的操作过程。

步骤 01 打开文件 D:\ug111\work\ch03.21\curve.prt。

步骤 02 选择命令。选择下拉菜单 分析(L) ➡ 测量长度(L)... 命令，系统弹出"测量长度"对话框。

步骤 03 定义要测量的曲线。选取图 3.21.12a 所示的曲线 1，系统显示这条曲线的长度结果，如图 3.21.12b 所示。

a）测量前 　　　　　b）测量后

图 3.21.12　测量曲线长度

3.21.4　测量面积及周长

下面以一个简单的模型为例，说明测量面积及周长的方法以及相应的操作过程。

步骤 01 打开文件 D:\ug111\work\ch03.21\area.prt。

步骤 02 选择命令。选择下拉菜单 分析(L) ➡ 测量面(E)... 命令，系统弹出"测量面"对话框。

步骤 03 测量模型表面面积。选取图 3.21.13 所示的模型表面 1，系统显示这个曲面的面积结果。

步骤 04 测量曲面的周长。在图 3.21.13 显示的结果中，选择 面积 下拉列表中的 周长 选项，测量周长的结果如图 3.21.14 所示。

模型表面 1

面积 ▼ =450.1464 mm^2

图 3.21.13　测量面积

周长 ▼ =131.5899 mm

图 3.21.14　测量周长

3.21.5　模型的质量属性分析

通过模型质量属性分析，可以获得模型的体积、曲面区域、质量、旋转半径和重量等数据。下面以一个模型为例，简要说明其操作过程。

步骤 01 打开文件 D:\ug111\work\ch03.21\mass.prt。

步骤 02 选择命令。选择下拉菜单 分析(L) ➡️ 测量体(B)... 命令，系统弹出"测量体"对话框。

步骤 03 选取图 3.21.15a 所示的模型实体 1，体积分析结果如图 3.21.15b 所示。

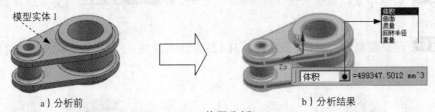

模型实体 1

a）分析前

体积
曲面
质量
回转半径
重量

体积 ● =499347.5012 mm^3

b）分析结果

图 3.21.15　体积分析

步骤 04 选择 体积 ▼ 下拉列表中的 曲面 选项，系统显示该模型的曲面区域的面积。

步骤 05 选择 体积 ▼ 下拉列表中的 质量 选项，系统显示该模型的质量。

步骤 06 选择 体积 ▼ 下拉列表中的 回转半径 选项，系统显示该模型的旋转半径。

步骤 07 选择 体积 ▼ 下拉列表中的 重量 选项，系统显示该模型的重量。

第 4 章 装 配 设 计

　　一个产品（组件）往往是由多个部件组合（装配）而成的，装配模块用来建立部件间的相对位置关系，从而形成复杂的装配体。部件间位置关系的确定主要通过添加约束实现。

　　一般的 CAD/CAM 软件包括两种装配模式：多组件装配和虚拟装配。多组件装配是一种简单的装配，其原理是将每个组件的信息复制到装配体中，然后将每个组件放到对应的位置。虚拟装配是建立各组件的链接，装配体与组件是一种引用关系。

　　相对于多组件装配，虚拟装配有明显的优点。

◆　虚拟装配中的装配体是引用各组件的信息，而不是复制其本身，因此改动组件时，相应的装配体也自动更新；这样当对组件进行变动时，就不需要对与之相关的装配体进行修改，同时也避免了修改过程中可能出现的错误，提高了效率。

◆　虚拟装配中，各组件通过链接应用到装配体中，比复制节省了存储空间。

◆　控制部件可以通过引用集的引用，下层部件不需要在装配体中显示，简化了组件的引用，提高了显示速度。

　　UG NX 11.0 的装配模块具有下面一些特点。

◆　利用装配导航器可以清晰地查询、修改和删除组件以及约束。

◆　提供了强大的爆炸图工具，可以方便地生成装配体的爆炸图。

◆　提供了很强的虚拟装配功能，有效地提高了工作效率。提供了方便的组件定位方法，可以快捷地设置组件间的位置关系。系统提供了八种约束方式，通过对组件添加多个约束，可以准确地把组件装配到位。

相关术语和概念

　　装配：是指在装配过程中建立部件之间的相对位置关系，由部件和子装配组成。

　　组件：在装配中按特定位置和方向使用的部件。组件可以是独立的部件，也可以是由其他较低级别的组件组成的子装配。装配中的每个组件仅包含一个指向其主几何体的指针，在修改组件的几何体时，装配体将随之发生变化。

　　部件：任何 prt 文件都可以作为部件添加到装配文件中。

　　工作部件：可以在装配模式下编辑的部件。在装配状态下，一般不能对组件直接进行修改，要修改组件，需要将该组件设为工作部件。部件被编辑后，所作修改的变化会反映到所有引用该部件的组件。

子装配：子装配是在高一级装配中被用做组件的装配，子装配也可以拥有自己的子装配。子装配是相对于引用它的高一级装配来说的，任何一个装配部件可在更高级装配中用做子装配。

引用集：定义在每个组件中的附加信息，其内容包括了该组件在装配时显示的信息。每个部件可以有多个引用集，供用户在装配时选用。

4.1 装配环境中的下拉菜单及选项卡

装配环境中的下拉菜单中包含了进行装配操作的所有命令，而装配选项卡包含了进行装配操作的常用按钮。选项卡中的按钮都能在下拉菜单中找到与其对应的命令，这些按钮是进行装配的主要工具。

新建任意一个文件（如 work.prt）；在 应用模块 功能选项卡中确认 设计 区域 按钮处于按下状态，然后单击 装配 功能选项卡，如图 4.1.1 所示。如果没有显示，用户可以在功能选项卡空白的地方右击，在系统弹出的快捷菜单中选中 ✔ 装配 选项，即可调出"装配"功能选项卡。

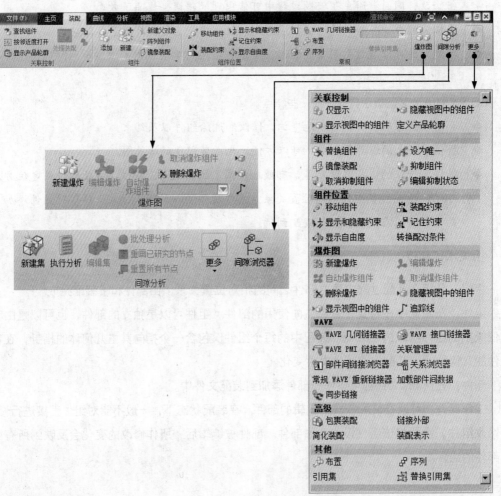

图 4.1.1 "装配"功能选项卡

图 4.1.1 所示 "装配"工具条中各选项的说明如下。

查找组件：该选项用于查找组件。单击该按钮，系统弹出图 4.1.2 所示的"查找组件"对话框，利用该对话框中的 **按名称**、**根据状态**、**根据属性**、**从列表** 和 **按大小** 五个选项卡可以查找组件。

按邻近度打开：该选项用于按相邻度打开一个范围内的所有关闭组件。选择此选项，系统弹出"类选择"对话框，选择某一组件后，单击 **确定** 按钮，系统弹出图 4.1.3 所示的"按邻近度打开"对话框。用户在"按邻近度打开"对话框中可以拖动滑块设定范围，主对话框中会显示该范围的图形，应用后会打开该范围内的所有关闭组件。

显示产品轮廓：该按钮用于显示产品轮廓。单击此按钮，显示当前定义的产品轮廓。如果在选择显示产品轮廓选项时没有现有的产品轮廓，系统会弹出一条消息"选择是否创建新的产品轮廓"。

图 4.1.2 "查找组件"对话框

图 4.1.3 "按邻近度打开"对话框

⬚：该选项用于加入现有的组件。在装配中经常会用到此选项，其功能是向装配体中添加已存在的组件，添加的组件可以是未载入系统中的部件文件，也可以是已载入系统中的组件。用户可以选择在添加组件的同时定位组件，设定与其他组件的装配约束，也可以不设定装配约束。

⬚：该选项用于创建新的组件，并将其添加到装配中。

阵列组件：该选项用于创建组件阵列。

镜像装配：该选项用于镜像装配。对于含有很多组件的对称装配，此命令是很有用的，只需要装配一侧的组件，然后进行镜像即可。可以对整个装配进行镜像，也可以选择个别组件进行镜像，还可指定要从镜像的装配中排除的组件。

抑制组件：该选项用于抑制组件。抑制组件将组件及其子项从显示中移去，但不删除被抑制的组件，它们仍存在于数据库中。

编辑抑制状态：该选项用于编辑抑制状态。选择一个或多个组件，选择此选项，系统弹出

"抑制"对话框,其中可以定义所选组件的抑制状态。对于装配有多个布置或选定组件有多个控制父组件,则还可以对所选的不同布置或父组件定义不同的抑制状态。

[移动组件]:该选项用于移动组件。

[装配约束]:该选项用于在装配体中添加装配约束,使各零部件装配到合适的位置。

[显示和隐藏约束]:该按钮用于显示和隐藏约束及使用其关系的组件。

[布置]:该按钮用于编辑排列。单击此按钮,系统弹出"编辑布置"对话框,可以定义装配布置来为部件中的一个或多个组件指定备选位置,并将这些备选位置和部件保存在一起。

[按钮]:该按钮用于调出"爆炸视图"工具条,然后可以进行创建爆炸图、编辑爆炸图以及删除爆炸图等操作。

[序列]:该按钮用于查看和更改创建装配的序列。单击此按钮,系统弹出"序列导航器"和"装配序列"工具条。

[按钮]:该按钮用于定义其他部件可以引用的几何体和表达式、设置引用规则,并列出引用工作部件的部件。

[WAVE 几何链接器]:该按钮用于 WAVE 几何链接器。允许在工作部件中创建关联的或非关联的几何体。

[WAVE PMI 链接器]:将 PMI 从一个部件复制到另一个部件,或从一个部件复制到装配中。

[按钮]:该按钮用于提供有关部件间链接的图形信息。

[按钮]:该按钮用于快速分析组件间的干涉,包括软干涉、硬干涉和接触干涉。如果干涉存在,单击此按钮,系统会弹出干涉检查报告。在干涉检查报告中,用户可以选择某一干涉,隔离与之无关的组件。

4.2 装配导航器介绍

为了便于用户管理装配组件,UG NX 11.0 提供了装配导航器功能。装配导航器在一个单独的对话框中以图形的方式显示出部件的装配结构,并提供了在装配中操控组件的快捷方法。可以使用装配导航器选择组件进行各种操作,以及执行装配管理功能,如更改工作部件、更改显示部件、隐藏和不隐藏组件等。

装配导航器将装配结构显示为对象的树形图。每个组件都显示为装配树结构中的一个节点。

4.2.1 装配导航器概述

打开文件 D:\ug111\work\ch04.02\general.prt;单击用户界面资源工具条区中的"装配导航器"选项卡 [图标],显示"装配导航器"窗口。在装配导航器的第一栏,可以方便地查看和编辑装配体和各组件的信息。

1. 装配导航器的按钮

装配导航器的模型树中各部件名称前后有很多图标，不同的图标表示不同的信息。

◆ ☑：选中此复选标记，表示组件至少已部分打开且未隐藏。

◆ ☑：取消此复选标记，表示组件至少已部分打开，但不可见。不可见的原因可能是由于被隐藏、在不可见的层上或在排除引用集中。单击该复选框，系统将完全显示该组件及其子项，图标变成☑。

◆ □：此复选标记表示组件关闭，在装配体中将看不到该组件，该组件的图标将变为 ⬚（当该组件为非装配或子装配时）或 ⬚（当该组件为子装配时）。单击该复选框，系统将完全或部分加载组件及其子项，组件在装配体中显示，该图标变成☑。

◆ ⬚：此标记表示组件被抑制。不能通过单击该图标编辑组件状态，如果要消除抑制状态，可右击，从弹出的快捷菜单中选择 🔲 **抑制...** 命令，然后进行相应操作。

◆ ⬛：此标记表示该组件是装配体。

◆ ⬜：此标记表示装配体中的单个模型。

2. 装配导航器的操作

◆ 装配导航器窗口的操作。

● 显示模式控制：通过单击左上角的 按钮，然后在弹出的快捷菜单中选中或取消选中 选项，可以使装配导航器对话框在浮动和固定之间切换。

● 列设置：装配导航器默认的设置只显示几列信息，大多数都被隐藏了。在装配导航器空白区域右键单击，在快捷菜单中选择**列**▶，系统会展开所有列选项供用户选择。

◆ 组件操作。

● 选择组件：单击组件的节点，可以选择单个组件。按住 Ctrl 键可以在装配导航器中选择多个组件。如果要选择的组件是相邻的，可以按住 Shift 键单击选择第一个组件和最后一个组件，则这中间的组件全部被选中。

● 拖放组件：可在按住鼠标左键的同时选择装配导航器中的一个或多个组件，将它们拖到新位置。松开鼠标左键，目标组件将成为包含该组件的装配体，其按钮也将变为⬛。

● 将组件设为工作组件：双击某一组件，可以将该组件设为工作组件，装配体中的非工作组件将变为浅蓝色，此时可以对工作组件进行编辑（这与在图形区域双击某一组件的效果是一样的）。要取消工作组件状态，只需在根节点处双击即可。

4.2.2 预览面板和相依性面板

1. 预览面板

在"装配导航器"窗口中单击"预览"标题栏，可展开或折叠面板。选择装配导航器中的组件，可以在预览面板中查看该组件的预览。添加新组件时，如果该组件已加载到系统中，预览面板也会显示该组件的预览。

2. 相依性面板

在"装配导航器"窗口中单击"相依性"标题栏，可展开或折叠面板。选择装配导航器中的组件，可以在相依性面板中查看该组件的相关性关系。

在相依性面板中，每个装配组件下都有两个文件夹：子级和父级。以选中组件为基础组件，定位其他组件时所建立的约束和配对对象属于子级；以其他组件为基础组件，定位选中的组件时所建立的约束和配对对象属于父级。单击"局部放大图"按钮 🔍 ，系统详细列出了其中所有的约束条件和配对对象。

4.3 装配约束

配对条件用于在装配中定位组件，可以指定一个部件相对于装配体中另一个部件（或特征）的放置方式和位置。例如，可以指定一个螺栓的圆柱面与一个螺母的内圆柱面共轴。UG NX 11.0 中配对条件的类型包括配对、对齐和中心等。每个组件都有惟一的配对条件，这个配对条件由一个或多个约束组成。每个约束都会限制组件在装配体中的一个或几个自由度，从而确定组件的位置。用户可以在添加组件的过程中添加配对条件，也可以在添加完成后添加约束。如果组件的自由度被全部限制，则称为完全约束；如果组件的自由度没有被全部限制，则称为欠约束。

4.3.1 "装配约束"对话框

在 UG NX 11.0 中，配对条件是通过"装配约束"对话框中的操作来实现的，下面对"装配约束"对话框进行介绍。

打 开 文 件 D:\ug111\work\ch04.03.01\glass_fix_asm.prt， 选 择 下 拉 菜 单 `装配(A)` ➡ `组件位置(P) ▶` ➡ `装配约束(N)...` 命令，系统弹出图 4.3.1 所示的"装配约束"对话框。

"装配约束"对话框中主要包括三个区域："类型"区域、"要约束的几何体"区域和"设置"区域。

图 4.3.1 所示"装配约束"对话框的 `约束类型` 区域中各约束类型的说明如下。

◆ `▶◀` ：该约束用于两个组件，使其彼此接触或对齐。当选择该选项后，`要约束的几何体` 区域的 `方位` 下拉列表中出现 4 个选项。

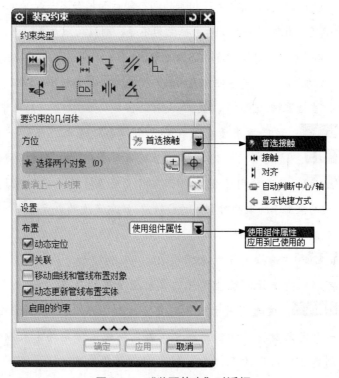

图 4.3.1 "装配约束"对话框

- **首选接触**：若选择该选项，则当接触和对齐解都可能时，显示接触约束（在大多数模型中，接触约束比对齐约束更常用）；当接触约束过度约束装配时，将显示对齐约束。
- **接触**：若选择该选项，则约束对象的曲面法向在相反方向上。
- **对齐**：若选择该选项，则约束对象的曲面法向在相同方向上。
- **自动判断中心/轴**：该选项主要用于定义两圆柱面、两圆锥面或圆柱面与圆锥面同轴约束。
- ◆ ：该约束用于定义两个组件的圆形边界或椭圆边界的中心重合，并使边界的面共面。
- ◆ ：该约束用于设定两个接触对象间的最小 3D 距离。选择该选项并选定接触对象后，**距离**区域的**距离**文本框被激活，可以直接输入数值。
- ◆ ：该约束用于将组件固定在其当前位置，一般用在第一个装配元件上。
- ◆ ：该约束用于使两个目标对象的矢量方向平行。
- ◆ ：该约束用于使两个目标对象的矢量方向垂直。
- ◆ ：该约束用于使两个目标对象的边线或轴线重合。

◆ ▨：该约束用于定义将半径相等的两个圆柱面拟合在一起。此约束对确定孔中销或螺栓的位置很有用。如果以后半径变为不等，则该约束无效。

◆ ▥：该约束用于组件"焊接"在一起。

◆ ⫴：该约束用于使一对对象之间的一个或两个对象居中，或使一对对象沿另一个对象居中。当选取该选项时，要约束的几何体区域的子类型下拉列表中出现 3 个选项：

● 1对2：该选项用于定义在后 2 个所选对象之间使第一个所选对象居中。

● 2对1：该选项用于定义将 2 个所选对象沿第三个所选对象居中。

● 2对2：该选项用于定义将 2 个所选对象在两个其他所选对象之间居中。

◆ ▨：该约束用于约束两对象间的旋转角。选取角度约束后，要约束的几何体区域的子类型下拉列表中出现 2 个选项：

● 3D 角：该选项用于约束需要"源"几何体和"目标"几何体。不指定旋转轴；可以任意选择满足指定几何体之间角度的位置。

● 方向角度：该选项用于约束需要"源"几何体和"目标"几何体，还特别需要一个定义旋转轴的预先约束，否则创建定位角约束失败。为此，希望尽可能创建 3D 角度约束，而不创建方向角度约束。

4.3.2 "对齐"约束

"对齐"约束可使两个装配部件中的两个平面（图 4.3.2a）重合并且朝向相同方向，如图 4.3.2b 所示；同样，"对齐约束"也可以使其他对象对齐（相应的模型在 D:\ug111\work\ch04.03.02 中可以找到）。

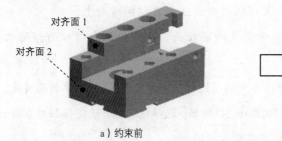

a）约束前　　　　　　　　　　　　　　　　　　　　b）约束后

图 4.3.2　　"对齐"约束

4.3.3 "距离"约束

"距离"约束可使两个装配部件中的两个平面保持一定的距离，可以直接输入距离值，如图 4.3.3 所示（相应的模型在 D:\ug111\work\ch04.03.03 中可以找到，距离值为 10）。

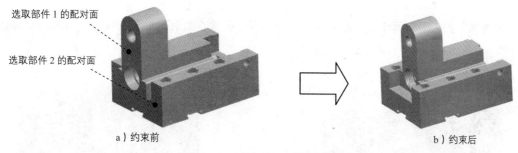

选取部件 1 的配对面

选取部件 2 的配对面

a）约束前

b）约束后

图 4.3.3 "距离"约束

4.3.4 "角度"约束

"角度"约束可使两个装配部件中的两个平面或实体以固定角度约束，如图 4.3.4 所示（相应的模型在 D:\ug111\work\ch04.03.04 中可以找到，角度为 0°）。

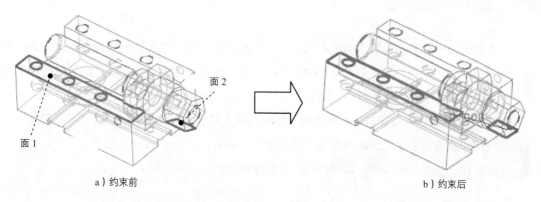

面 2

面 1

a）约束前

b）约束后

图 4.3.4 "角度"约束

4.3.5 "平行"约束

"平行"约束可使两个装配部件中的两个平面进行平行约束，如图 4.3.5 所示（相应的模型在 D:\ug111\work\ch04.03.05 中可以找到）。

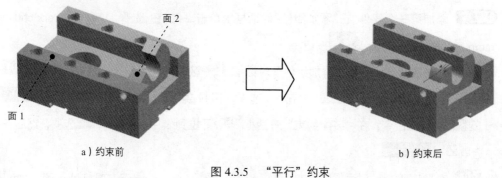

面 2

面 1

a）约束前

b）约束后

图 4.3.5 "平行"约束

4.3.6 "垂直"约束

"垂直"约束可使两个装配部件中的两个平面进行垂直约束，如图 4.3.6 所示（相应的模型在 D:\ug111\work\ch04.03.06 中可以找到）。

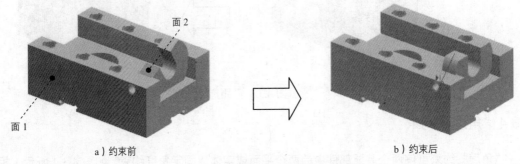

面 2

面 1

a）约束前   b）约束后

图 4.3.6 "垂直"约束

4.4 装配一般过程

部件的装配一般有两种基本方式：自底向上装配和自顶向下装配。如果首先设计好全部部件，然后将部件作为组件添加到装配体中，则称之为自底向上装配；如果首先设计好装配体模型，然后在装配体中创建组件模型，最后生成部件模型，则称之为自顶向下装配。

UG NX 11.0 提供了自底向上和自顶向下装配功能，并且两种方法可以混合使用。自底向上装配是一种常用的装配模式，本书主要介绍自底向上装配。

下面以两个轴类部件为例，说明自底向上创建装配体的一般过程。

4.4.1 添加第一个部件

步骤 01 新建文件，单击 ▭ ➡ 🗂装配，在 名称 后面的文本框中输入 glass_fix_asm，在 文件夹 后面的文本框中输入 D:\ug111\work\ch04.04，单击 确定 按钮。系统弹出图 4.4.1 所示的"添加组件"对话框。

步骤 02 添加第一个部件。在"添加组件"对话框中单击 按钮，选择 D:\ug111\work\ch04.04\top_cramp.prt，然后单击 OK 按钮。

步骤 03 定义放置定位。在"添加组件"对话框 放置 区域的 定位 下拉列表中选取 绝对原点 选项，单击对话框中的 确定 按钮；选择下拉菜单 装配(A) ➡ 组件位置(P) ▶ ➡ 🔳装配约束(N) 命令，在"装配约束"对话框 类型 下拉列表中选择 固定 选项，然后在模型树中选取 ☑🔳top_cramp。

步骤 04 在"装配约束"对话框中单击 确定 按钮，模型 top_cramp 被添加到 glass_fix_asm 中。

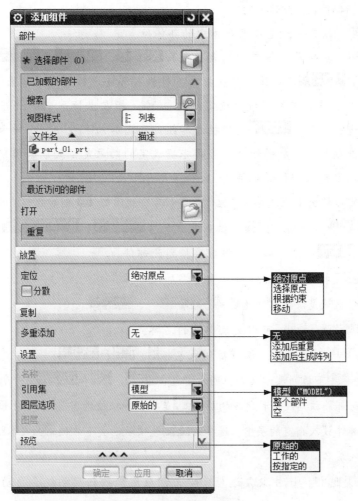

图 4.4.1 "添加组件"对话框

在"添加组件"对话框中，系统提供了两种添加方式：一种是按照 步骤**02** 中的方法，可以选择没有载入 UG NX 系统中的文件，由用户从硬盘中选择；另一种方式是选择载入的部件，在对话框中列出了所有已载入的部件，可以直接选取。下面对"添加组件"对话框中的各选项进行说明。

◆ 部件 区域中是已经选取的部件、最近访问的部件和选择的部件。

● 已加载的部件：此文本框中的部件是已经加载到此软件中的部件。

● 最近访问的部件：此文本框中的部件是在装配模式下此软件最近访问过的部件。

● 🖱️：可以从硬盘中选取要装配的部件。

● 重复：是指把同一零件（部件）多次装配到装配体中。

● 数量：在此文本框中输入重复装配部件的个数。

◆ 放置 : 指部件在装配体中的定位。

● 定位 : 指部件放置在装配体中的具体位置。

● 定位 下拉列表: 该下拉列表中包含 绝对原点 、 选择原点 、 根据约束 和 移动 四个选项。 绝对原点 是指在绝对坐标系下对载入部件进行定位, 如果需要添加约束, 可以在添加组件完成后设定; 选择原点 是指在坐标系中给出一定点位置对部件进行定位; 根据约束 是指把添加组件和添加约束放在一个命令中进行, 选择该选项后, 新加的组件会直接根据设定的约束定位到装配体中; 移动 是指重新指定载入部件的位置。

◆ 复制 : 可以将选中的部件在装配体中复制多个相同部件或创建此部件的阵列特征。

● 多重添加 下拉列表: 该下拉列表中包含 添加后重复 和 添加后创建阵列 选项。 添加后创建阵列 是指添加此部件后再排列此部件。

添加后重复 是指添加此部件后再重复添加此部件。

◆ 设置 : 此区域是设置部件的 名称 、 引用集 、 图层选项 。

● 名称 文本框中: 可以更改部件的名称。

● 引用集 下拉列表: 该下拉列表包括 空 、 模型 和 整个部件 。

● 图层选项 下拉列表: 该下拉列表中包含 原始的 、 工作 和 按指定的 三个选项。 原始的 是指将新部件放到设计时所在的层; 工作 是将新部件放到当前工作层; 按指定的 是指将载入部件放入指定的层中, 选择 按指定的 选项后, 其下方的 图层 文本框被激活, 可以输入层名。

◆ ☑预览 复选框: 选中此复选框, 单击 "应用" 按钮后系统会自动弹出选中部件的预览对话框。

4.4.2　添加第二个部件

步骤 01　添加第二个部件。选择下拉菜单 装配(A) ➡ 组件(C) ▶ ➡ 添加组件(A) 命令, 在弹出的 "添加组件" 对话框中单击 按钮, 选择 D:\ug111\work\ch04.04/down_cramp.prt, 然后单击 OK 按钮。

步骤 02　定义放置定位。在 "添加组件" 对话框 放置 区域的 定位 下拉列表中选取 根据约束 选项, 选中 预览 区域的 ☑ 预览 复选框, 单击 应用 按钮。此时系统弹出 "装配约束" 对话框和 "组件预览" 窗口。

　　在 "组件预览" 窗口中可单独对要装入的部件进行缩放、旋转和平移, 这样就可以将要装配的部件调整到方便选取装配约束参照的位置。

步骤 **03**　添加"接触"约束。在"装配约束"对话框 约束类型 区域中选择 ◀◀▶ 选项，在 要约束的几何体 区域的 方位 下拉列表中选择 ▶ 首选接触 选项；在"组件预览"窗口中选取图 4.4.2 所示的平面 1，然后在主窗口中选取图 4.4.2 所示的平面 2。单击 应用 按钮，结果图 4.4.3 所示。

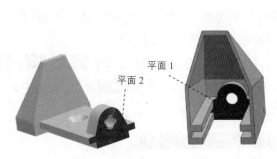

图 4.4.2　选取接触面　　　　　　　　图 4.4.3　约束结果

步骤 **04**　添加"对齐"约束。在"装配约束"对话框 要约束的几何体 区域的 方位 下拉列表中选择 对齐 选项，然后在"组件预览"窗口中选取图 4.4.4 所示的平面 1，在主窗口中选取平面 2。单击 应用 按钮，结果图 4.4.5 所示。

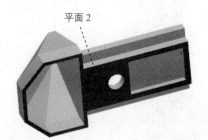

图 4.4.4　选择对齐面　　　　　　　　图 4.4.5　约束结果

步骤 **05**　添加"接触"约束。在"装配约束"对话框 约束类型 区域中选择 ◀◀▶ 选项，在 要约束的几何体 区域的 方位 下拉列表中选择 接触 选项；在"组件预览"窗口中选取图 4.4.6 所示的平面 1，然后在主窗口中选取图 4.4.6 所示的平面 2。单击 应用 按钮，结果如图 4.4.7 所示。

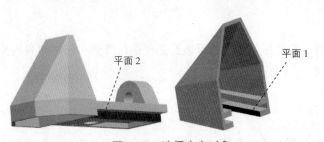

图 4.4.6　选择中心对象　　　　　　　图 4.4.7　约束结果

4.5　引用集

在虚拟装配时，一般并不希望将每个组件的所有信息都引用到装配体中，通常只需要部件的实体图形，而很多部件还包含了基准平面、基准轴和草图等其他不需要的信息，这些信息会占用很大的内存空间，也会给装配带来不必要的麻烦。因此，UG NX 11.0 允许用户根据需要选取一部分几何对象作为该组件的代表参加装配，这就是引用集的作用。

用户创建的每个组件都包含了默认的引用集，默认的引用集有三种：模型 、空 和 整个部件 。此外，用户可以修改和创建引用集，选择 格式(R) 下拉菜单中的 引用集(R)... 命令，弹出图 4.5.1 所示的"引用集"对话框，其中提供了对引用集进行创建、删除和编辑的功能。

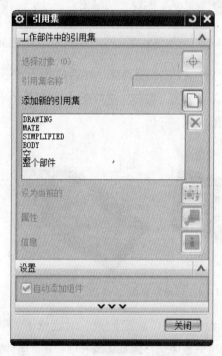

图 4.5.1　"引用集"对话框

4.6　创建组件阵列

与零件模型中的特征阵列一样，在装配体中，也可以对部件进行阵列。部件阵列的类型主要包括"参照"阵列、"线性"阵列和"圆周"阵列。

4.6.1　参考阵列

如图 4.6.1 所示，部件的"参考"阵列是以装配体中某一零件中的特征阵列为参照来进行部件的阵列。图 4.6.1b 中的 4 个螺钉阵列，是参照装配体中部件 1 上的 4 个阵列孔来进行创建的。

所以在创建"参考"之前，应提前在装配体的某个零件中创建某一特征的阵列，该特征阵列将作为部件阵列的参照。

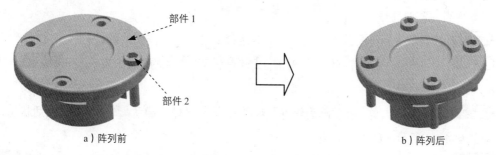

a）阵列前　　　　　　　　　　　　　　　　b）阵列后

图 4.6.1　部件阵列

下面以图 4.6.1 所示为例说明"参考"阵列的一般操作过程。

步骤 01　打开文件 D:\ug111\work\ch04.06.01\refer_pattern.prt。

步骤 02　选择命令。选择下拉菜单 装配(A) ➡ 组件(C) ▶ ➡ 阵列组件(P)...命令，系统弹出"阵列组件"对话框。

步骤 03　选择要进行阵列的部件。在图形区选取部件 2 作为阵列对象。

步骤 04　定义阵列类型。在"阵列组件"对话框 阵列定义 区域 布局 的下拉列表中选择 参考 选项，单击 确定 按钮，系统自动创建图 4.6.1b 所示的部件阵列。

 　如果修改阵列中的某一个部件，系统会自动修改阵列中的每一个部件。

4.6.2　线性阵列

部件的"线性"阵列是使用装配中的约束尺寸创建阵列，所以只有使用像"接触""对齐"和"偏距"这样的约束类型才能创建部件的"线性"阵列。下面以图 4.6.2 为例，来说明尺寸阵列的一般操作过程。

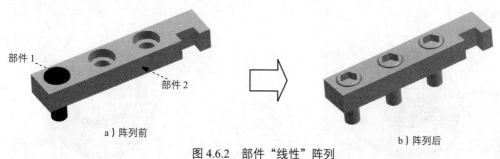

a）阵列前　　　　　　　　　　　　　　　　b）阵列后

图 4.6.2　部件"线性"阵列

步骤 **01** 打开文件 D:\ug111\work\ch04.06.02\line_pattern.prt。

步骤 **02** 选择命令。选择下拉菜单 装配(A) ➡ 组件(C) ▶ ➡ 阵列组件(F) 命令，系统弹出"阵列组件"对话框。

步骤 **03** 选择要进行阵列的部件。在图形区选择部件 1 为要阵列的部件。

步骤 **04** 阵列部件。在"阵列组件"对话框 阵列定义 区域 布局 的下拉列表中选择 线性 选项，图 4.6.3 所示。

步骤 **05** 定义阵列方向。在"阵列组件"对话框 方向 1 区域中确认 *指定矢量 处于激活状态，然后选取如图 4.6.4 所示的部件 2 的边。

步骤 **06** 设置阵列参数。在"阵列组件"对话框的 方向 1 区域的 间距 下拉列表中选择 数量和节距，在 数量 文本框中输入值 3.0，在 节距 文本框中输入值 25.0。

步骤 **07** 单击 确定 按钮，完成部件的阵列。

图 4.6.3　"阵列组件"对话框

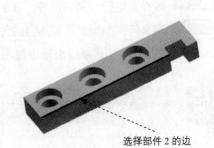

选择部件 2 的边

图 4.6.4　定义方向

4.6.3　圆形阵列

部件的"圆形"阵列是使用装配中的中心对齐约束创建阵列，所以只有使用像"中心"这样的约束类型才能创建部件的"圆形"阵列。下面以图 4.6.5 为例，来说明"圆形"阵列的一般操作过程。

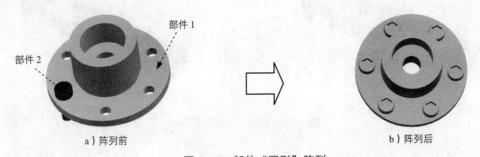

部件 1

部件 2

a）阵列前

b）阵列后

图 4.6.5　部件"圆形"阵列

步骤 01 打开文件 D:\ug111\work\ch04.06.03\circle_pattern.prt。

步骤 02 选择命令。选择下拉菜单 装配(A) ➡ 组件(C) ▶ ➡ 阵列组件(P)... 命令，系统弹出"阵列组件"对话框。

步骤 03 选择要进行阵列的部件。在图形区选择部件 2 为要阵列的部件。

步骤 04 定义阵列方式。在"阵列组件"对话框 阵列定义 区域 布局 的下拉列表中选择 圆形 选项，图 4.6.6 所示。

步骤 05 定义阵列方向。在"阵列组件"对话框 旋转轴 区域中确认 * 指定矢量 处于激活状态，然后选取如图 4.6.7 所示的部件 1 的边。

步骤 06 设置阵列参数。在"阵列组件"对话框 角度方向 区域的 间距 下拉列表中选择 数量和节距，在 数量 文本框中输入值 6.0，在 节距角 文本框中输入值 60.0。

步骤 07 单击 确定 按钮，完成部件"圆形"阵列的创建。

图 4.6.6　"阵列组件"对话框

选择部件 1 的边

图 4.6.7　定义轴

4.7　编辑装配体中的部件

装配体完成后，可以对该装配体中的任何部件（包括零件和子装配件）进行特征建模、修改尺寸等编辑操作。编辑装配体中部件的一般操作过程如下。

步骤 01 打开文件 D:\ug111\work\ch04.07\edit_asm.prt。

　　定义工作部件。如图 4.7.1 所示，工作组件 link_flange.prt 为要编辑的组件(如果编辑的部件不是固定在绝对原点上，则双击该组件，将该组件设为工作组件)。

步骤 02 选择命令。在模型树中双击 ☑ 旋转 (1)。

步骤 03 定义编辑参数。将"旋转 1"截面草图中的尺寸"64"改为"35"。

a) 编辑前   b) 编辑后

图 4.7.1　编辑装配体中的部件

4.8　爆炸图

爆炸图是指在同一幅图里，把装配体的组件拆分开，使各组件之间分开一定的距离，以便观察装配体中的每个组件，清楚地反映装配体的结构。UG 具有强大的爆炸图功能，用户可以方便地建立、编辑和删除一个或多个爆炸图。

4.8.1　爆炸图工具条介绍

在 装配 功能选项卡中单击 爆炸图 ▾ 区域，系统弹出"爆炸图"工具栏，如图 4.8.1 所示。利用该工具栏，用户可以方便地创建、编辑爆炸图，便于在爆炸图与无爆炸图之间切换。

图 4.8.1　"爆炸图"工具栏

图 4.8.1 所示的"爆炸图"工具栏中的各选项功能说明如下。

: 该按钮用于创建爆炸图。如果当前显示的不是一个爆炸图，单击此按钮，系统弹出"新建爆炸"对话框，输入爆炸图名称后单击 确定 按钮，系统创建一个爆炸图；如果当前显示的是一个爆炸图，单击此按钮，弹出的"创建爆炸图"对话框会询问是否将当前爆炸图复制到新的爆炸图里。

: 该按钮用于编辑爆炸图中组件的位置。单击此按钮，系统弹出"编辑爆炸"对话框，用户可以指定组件，然后自由移动该组件，或者设定移动的方式和距离。

: 该按钮用于自动爆炸组件。利用此按钮可以指定一个或多个组件，使其按照设定的距离自动爆炸。单击此按钮，系统弹出"类选择"对话框，选择组件后单击 确定 按钮，提示用户指定组件间距，自动爆炸将按照默认的方向和设定的距离生成爆炸图。

取消爆炸组件：该按钮用于不爆炸组件。此命令和自动爆炸组件刚好相反，操作也基本相同，只是不需要指定数值。

删除爆炸：该按钮用于删除爆炸图。单击该按钮，系统会列出当前装配体的所有爆炸图，选择需要删除的爆炸图后单击 **确定** 按钮，即可删除。

Explosion 2 ▼：该下拉列表显示了爆炸图名称，可以在其中选择某个名称。用户利用此下拉列表，可以方便地在各爆炸图以及无爆炸图状态之间切换。

：该按钮用于隐藏组件。单击此按钮，系统弹出"类选择"对话框，选择需要隐藏的组件并执行后，该组件被隐藏。

：该按钮用于显示组件，此命令与隐藏组件刚好相反。如果图中有被隐藏的组件，单击此按钮后，系统会列出所有隐藏的组件，用户选择后，单击 **确定** 按钮即可恢复组件显示。

：该按钮用于创建跟踪线，该命令可以使组件沿着设定的引导线爆炸。

4.8.2 爆炸图的创建与删除

1. 创建爆炸图

步骤 01 打开文件 D:\ug111\work\ch04.08.02\explosion.prt。

步骤 02 选择命令。选择下拉菜单 **装配(A)** ➡ **爆炸图(X)** ➡ **新建爆炸(N)...** 命令，系统弹出图 4.8.2 所示的"新建爆炸图"对话框。

步骤 03 创建爆炸图。在 **名称** 文本框处可以输入爆炸图名称，接受系统默认的名称 Explosion1，然后单击 **确定** 按钮，完成爆炸图的创建。

创建爆炸图后，视图切换到刚刚建立的爆炸图，"爆炸图"工具条中的以下项目被激活："编辑爆炸图"按钮、"自动爆炸组件"按钮、"取消爆炸组件"按钮和"工作视图爆炸"下拉列表 **Explosion 1 ▼**。

2. 删除爆炸图

步骤 01 在"工作视图爆炸"下拉列表 **Explosion 1 ▼** 中选择 **（无爆炸）** 选项。

步骤 02 选择下拉菜单 **装配(A)** ➡ **爆炸图(X)** ➡ **删除爆炸图(D)...** 命令，系统会列出所有爆炸视图，选择要删除的视图，单击 **确定** 按钮。

关于创建与删除爆炸图的说明如下。

◆ 如果用户在一个已存在的爆炸视图下创建新的爆炸视图，系统会弹出图 4.8.3 所示的提示消息，提示用户是否将已存在的爆炸图复制到新建的爆炸图，单击 **是(Y)** 按钮后，新建立的爆炸图和原爆炸图完全一样；如果希望建立新的爆炸图，可以切换到无爆炸视图，然后进行创建即可。

◆ 可以按照上面方法建立多个爆炸图。

◆ 要删除爆炸图，可以选择下拉菜单 装配(A) ➡ 爆炸图(X) ➡ ✖ 删除爆炸图(D)... 命令，系统会弹出图 4.8.4 所示的"爆炸图"对话框。选择要删除的爆炸图，单击 确定 按钮即可。如果所要删除的爆炸图正在当前视图中显示，系统会弹出图 4.8.5 所示的"删除爆炸图"对话框，提示爆炸图不能删除。

图 4.8.2 "新建爆炸图"对话框（一）

图 4.8.3 "新建爆炸图"对话框（二）

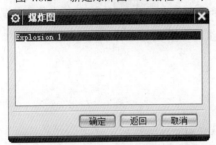

图 4.8.4 "爆炸图"对话框

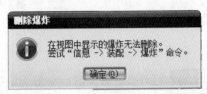

图 4.8.5 "删除爆炸图"对话框

4.8.3　编辑爆炸图

爆炸图创建完成，创建的结果是产生了一个待编辑的爆炸图，在主窗口中的图形并没有发生变化，此时爆炸图编辑工具被激活，可以进行编辑爆炸图。

1. 自动爆炸

自动爆炸只需要用户输入很少的内容，就能快速生成爆炸图（图 4.8.6）。

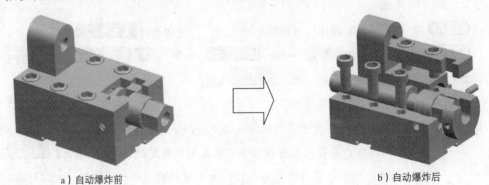

a）自动爆炸前　　　　　　　　　　　　　　　b）自动爆炸后

图 4.8.6　自动爆炸

步骤 **01** 打开文件 D:\ug111\work\ch04.08.03.01\auto_explosion.prt，按照上一节步骤创建爆炸

视图。

步骤 02 选择命令。选择下拉菜单 装配(A) ➡ 爆炸图(X) ➡ 自动爆炸组件(A)... 命令，弹出"类选择"对话框。

步骤 03 选择爆炸组件。选择图中所有组件，单击 确定 按钮，系统弹出"自动爆炸组件"对话框。

步骤 04 在 距离 文本框中输入数值 20，单击 确定 按钮，系统会立即生成该组件的爆炸图，如图 4.8.6b 所示。

关于自动爆炸组件的说明如下。

◆ 自动爆炸组件可以同时选择多个对象，如果将整个装配体选中，可以直接获得整个装配体的爆炸图。

◆ "取消爆炸组件"的功能刚好与"自动爆炸组件"相反，因此可以将两个功能放在一起。选择下拉菜单 装配(A) ➡ 爆炸图(X) ➡ 取消爆炸组件(U) 命令，弹出"类选择"窗口。选择要爆炸的组件后单击 确定 按钮，选中的组件自动回到爆炸前的位置。

2. 编辑爆炸图

自动爆炸并不能总是得到满意的效果，因此系统提供了编辑爆炸功能。

步骤 01 打开文件 D:\ug111\work\ch04.08.03\02\edit_explosion.prt。

步骤 02 选择下拉菜单 装配(A) ➡ 爆炸图(X) ➡ 编辑爆炸(E)... 命令。

步骤 03 选择要移动的组件。在弹出的"编辑爆炸图"对话框中选中 ⊙ 选择对象 单选项，选取图 4.8.7 所示的夹具模型。

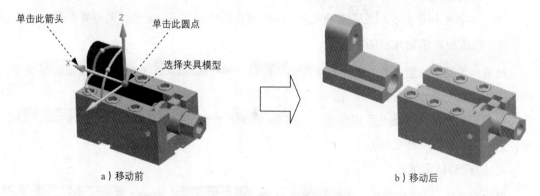

a）移动前　　　　　　　　　　　　　　　b）移动后

图 4.8.7　编辑夹具位置

步骤 04 移动组件。选中 ⊙ 移动对象 单选项，显示移动手柄，如图 4.8.7a 所示；单击手柄上的箭头（图 4.8.7），对话框中的 距离 文本框被激活，供用户选择沿该方向的移动距离；单击手柄上沿轴套轴线方向的箭头，在 距离 文本框中输入距离值 90；在"编辑爆炸图"对话框中单击

确定 按钮，结果如图 4.8.7b 所示。

 单击图 4.8.7 所示两箭头间的圆点时，对话框中的 角度 文本框被激活，供用户输入角度值，旋转的方向沿第三个手柄，符合右手定则。也可以直接用左键按住箭头或圆点，移动鼠标实现手工拖动。

步骤 05 编辑其他组件的位置。参照 步骤 04，编辑其他零件的位置，结果如图 4.8.8 所示。

图 4.8.8 编辑其他零件位置

关于编辑爆炸图的说明如下。

◆ 选中 ⊙ 移动对象 单选项后， 按钮被激活。单击 按钮，手柄被移动到 WCS 位置。

◆ 单击手柄箭头或圆点后， ☑ 对齐增量 复选框被激活，该选项用于设置手工拖动的最小距离，可以在文本框中输入数值。例如，设置为 10mm，则拖动时会跳跃式移动，每次跳跃的距离为 10mm，单击 取消爆炸 按钮，选中的组件移动到没有爆炸的位置。

◆ 单击手柄箭头后， 选项被激活，可以直接将选中手柄方向指定为某矢量方向。

3. 隐藏和显示爆炸视图

如果当前视图为爆炸图，选择下拉菜单 装配(A) ➡ 爆炸图(X) ➡ 隐藏爆炸(H) 命令，则视图切换到无爆炸视图。

要显示隐藏的爆炸图，可以选择下拉菜单 装配(A) ➡ 爆炸图(X) ➡ 显示爆炸(S) 命令，则视图切换到爆炸视图。

4. 隐藏和显示组件

要隐藏组件，可以选择下拉菜单 装配(A) ➡ 关联控制(O) ➡ 隐藏视图中的组件(H) 命令，系统弹出"隐藏视图中的组件"对话框，选择要隐藏的组件后单击 确定 按钮，选中组件被隐藏。

要显示被隐藏的组件，可以选择下拉菜单 装配(A) ➡ 关联控制(O) ➡ 显示视图中的组件(M)... 命令，系统弹出"选择要显示的隐藏组件"对话框，在对话框中列出了所有隐藏的组件供用户选择。

4.9 简化装配

4.9.1 简化装配概述

对于比较复杂的装配体，可以使用"简化装配"功能将其简化。被简化后，实体的内部细节被删除，但保留复杂的外部特征。当装配体只需要精确的外部表示时，可以将装配体进行简化，简化后可以减少所需的数据，从而缩短加载和刷新装配体的时间。

内部细节是指对该装配体的内部组件有意义，而对装配体与其他实体关联时没有意义的对象；外部细节则相反。简化装配主要就是区分内部细节和外部细节，然后省略掉内部细节的过程，在这个过程中，装配体被合并成一个实体。

4.9.2 简化装配操作

本节以图 4.9.1 所示的装配体为例，说明简化装配的操作过程。

步骤 **01** 打开文件 D:\ug111\work\ch04.09\predigest_asm.prt。

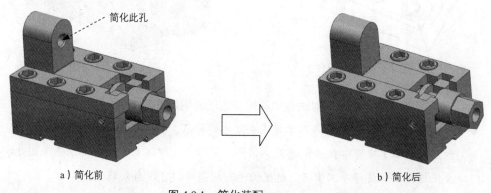

a）简化前　　　　　　　　　　　　　　　　b）简化后

图 4.9.1　简化装配

步骤 **02** 选择命令。选择下拉菜单 装配(A) ➡ 高级(E) ➡ 简化装配(M)... 命令，系统弹出"简化装配"对话框；单击 下一步 > 按钮，系统弹出"简化装配"对话框（一），对话框的左侧显示操作步骤，右侧有三个单选项和两个复选框，供用户设置简化项。

步骤 **03** 选取装配体中的所有组件，单击 下一步 > 按钮，系统弹出图 4.9.2 所示的"简化装配"对话框（二）。

步骤 **04** 合并组件。单击"简化装配"对话框中的"全部合并"按钮 ；选择图 4.9.3 所示的组件（图中高亮显示部分，共 9 个）；单击 下一步 > 按钮，将选取的组件合并在一起，可以看到选取组件之间的交线消失，如图 4.9.4 所示。

图 4.9.2　"简化装配"对话框（二）

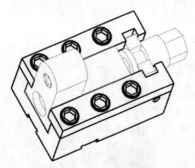
图 4.9.3　选取组件

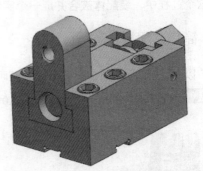
图 4.9.4　选取的组件合并后

图 4.9.2 所示的"简化装配"对话框中的相关选项说明如下。

◆ 覆盖体 区域包含五个按钮，用于填充要简化的特征。有些孔在"修复边界"步骤（向导的后面步骤）中可以被自动填充，但并不是所有几何体都能被自动填充，因此有时需要用这些按钮进行手工填充。这里由于形状简单，可以自动填充。

◆ "合并全部"按钮 🖳 可以用来合并（或除去）模型上的实体，执行此命令时，系统会重复显示该步骤，供用户继续填充或合并。

步骤 05　单击 下一步 > 按钮，选取图 4.9.5 所示外部面（用户也可以选择除要填充的内部细节之外的任何一个面）。

　　　　　在执行"修复边界"步骤时，应该先将所有部件合并成一个实体，如果仍有部件未被合并，则该步骤会将其隐藏。

步骤 06　单击 下一步 > 按钮，选取图 4.9.6 所示的边缘（通过选择一边缘将内部细节与外部细节隔离开）。

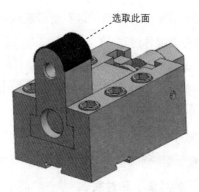

选取此面

图 4.9.5 选取外部面

步骤 07 选择裂纹检查选项。单击 下一步 > 按钮，选中 ⊙ 裂隙检查 单选项。

步骤 08 选择内部面。单击 下一步 > 按钮，选择要删除的内部细节，选取图 4.9.7 所示的螺纹孔的内表面和两个倒角面。

步骤 09 查看裂纹检查结果。单击 下一步 > 按钮；可以通过选中 高亮显示 区域中的 ⊙ 内部面 单选项，查看在主对话框中的隔离情况。

步骤 10 单击 下一步 > 按钮，查看外部面。再单击 下一步 > 按钮，孔特征被移除。

选取此两条边

选取此三个面

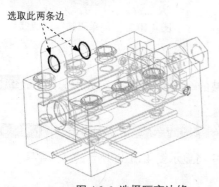

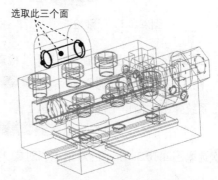

图 4.9.6 选择隔离边缘

图 4.9.7 选择内部面

步骤 11 单击 完成 按钮，完成操作。

内部细节与外部细节是用户根据需要确定的，不是由对象在集合体中的位置确定的。读者在本例中可以尝试将孔设为外部面，将轴的外表面设为内部面，结果会将轴和轴套移除，留下孔特征形成的圆柱体。

4.10 装配干涉检查

在产品设计过程中，当产品中的各个零部件组装完成后，设计人员往往比较关心产品中各零部件间的干涉问题：有无干涉？哪些零件间有干涉？干涉量是多大？下面通过一个简单的装配体模型为例，说明干涉检查的一般操作过程。

步骤 01 打开文件 D:\ug111\work\ch04.10/intervene.prt。

步骤 02 在装配模块中，选择下拉菜单 分析(L) ➡ 简单干涉(I)... 命令，系统弹出"简单干涉"对话框。

步骤 03 "创建干涉体"简单干涉检查。

（1）在"简单干涉"对话框 干涉检查结果 区域的 结果对象 下拉列表中选择 干涉体 选项。

（2）依次选取图 4.10.1 所示的对象 1 和对象 2，单击"简单干涉"对话框中的 应用 按钮，系统弹出图 4.10.2 所示的"简单干涉"对话框。

（3）单击"简单干涉"对话框的 确定(O) 按钮，完成"创建干涉体"简单干涉检查。

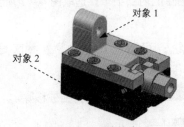

图 4.10.1　干涉检查

图 4.10.2　"简单干涉"对话框

步骤 04 "高亮显示面"简单干涉检查。

（1）在"简单干涉"对话框 干涉检查结果 区域的 结果对象 下拉列表中选择 高亮显示的面对 选项，系统弹出"简单干涉"对话框。

（2）在"简单干涉"对话框 干涉检查结果 区域的 要高亮显示的面 下拉列表中选择 仅第一对 选项，依次选取图 4.10.3a 所示的对象 1 和对象 2。模型中将显示图 4.10.3b 所示的干涉平面。

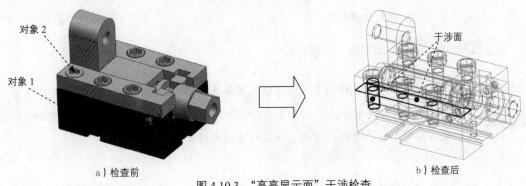

a）检查前　　　　　　　　　　　　　　　　　　b）检查后

图 4.10.3　"高亮显示面"干涉检查

（3）在"简单干涉"对话框 干涉检查结果 区域的 要高亮显示的面 下拉列表中选择 在所有对之间循环 选

项，系统将显示 显示下一对 按钮，单击 显示下一对 按钮，模型中将依次显示所有干涉平面。

（4）单击"简单干涉"对话框中的 取消 按钮，完成"高亮显示面"简单干涉检查操作。

第 **5** 章 工程图设计

5.1 UG NX 工程图概述

5.1.1 UG NX 工程图特点

使用 UG NX 11.0 的制图环境可以创建三维模型的工程图，且图样与模型相关联。因此，图样能够反映模型在设计阶段中的更改，可以使图样与装配模型或单个零部件保持同步。其主要特点如下。

◆ 用户界面直观、易用、简洁，可以快速方便地创建图样。

◆ "在图纸上"工作的画图板模式。此方法类似于制图人员在画图板上绘图。应用此方法可以极大地提高工作效率。

◆ 支持新的装配体系结构和并行工程。制图人员可以在设计人员对模型进行处理的同时，制作图样。

◆ 可以快速地将视图放置到图纸上，系统会自动正交对齐视图。

◆ 具有创建与自动隐藏线和剖面线完全关联的横剖面视图的功能。

◆ 具有从图形窗口编辑大多数制图对象（如尺寸、符号等）的功能。用户可以创建制图对象，并立即对其进行修改。

◆ 图样视图的自动隐藏线渲染。

◆ 在制图过程中，系统的反馈信息可减少许多返工和编辑工作。

◆ 使用对图样进行更新的用户控件，能有效地提高工作效率。

5.1.2 工程图环境中的下拉菜单与选项卡

新建一个文件后，有三种方法进入工程图环境，分别介绍如下：

方法一： 在 应用模块 功能选项卡 设计 区域单击 制图 按钮，如图 5.1.1 所示。

方法二： 利用 Ctrl+Shift+ D 组合键。

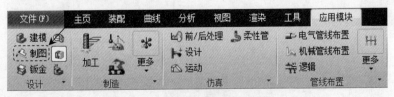

图 5.1.1 进入工程图环境的几种方法

进入工程图环境以后，下拉菜单将会发生一些变化，系统为用户提供了一个方便、快捷的操作界面。下面对工程图环境中较为常用的下拉菜单和选项卡进行介绍。

1. 下拉菜单

（1） 首选项 (P) 下拉菜单。该菜单主要用于在创建工程图之前对制图环境进行设置，如图 5.1.2 所示。

（2） 插入 (S) 下拉菜单，如图 5.1.3 所示。

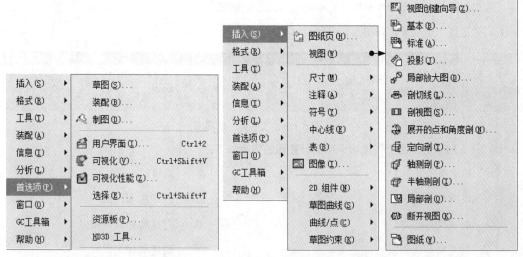

图 5.1.2 "首选项"下拉菜单　　　　　图 5.1.3 "插入"下拉菜单

（3） 编辑 (E) 下拉菜单，如图 5.1.4 所示。

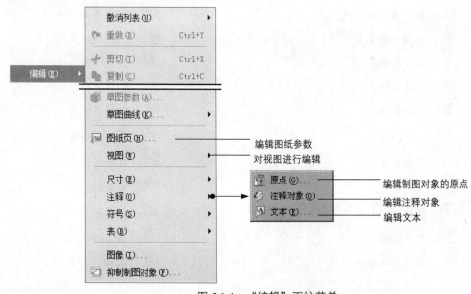

图 5.1.4 "编辑"下拉菜单

2. 选项卡

进入工程图环境以后，系统会自动增加许多与工程图操作有关的选项卡。下面对工程图环境中较为常用的选项卡分别进行介绍。

说明：

- 选择下拉菜单 工具(T) ➡ 定制(Z)... 命令，在弹出的"定制"对话框的 选项卡/条 选项卡中进行设置，可以显示或隐藏相关的选项卡。

- 选项卡中没有显示的按钮，可以通过下面的方法将它们显示出来：单击右下角的 ▾ 按钮，在其下方弹出菜单中将所需要的选项组选中即可。

（1）"主页"选项卡，如图 5.1.5 所示。

图 5.1.5   "主页"选项卡

图 5.1.5 所示的"主页"选项卡中部分按钮的说明如下：

: 新建图纸页。		: 编辑图纸页。	
: 视图创建向导。		: 创建基本视图。	
: 创建投影视图。		: 创建局部放大图。	
: 创建断开视图。		: 创建剖切线。	
: 创建剖视图。		: 创建展开的点和角度剖视图。	
: 创建定向剖视图。		: 创建轴测剖视图。	
: 创建半轴测剖视图。		: 创建局部剖视图。	
: 创建快速尺寸。		: 创建线性尺寸。	
: 创建径向尺寸。		: 创建坐标参数。	
: 创建注释。		: 创建特征控制框。	
: 创建基准。		: 创建基准目标。	
: 符号标注。		: 表面粗糙度符号。	
: 焊接符号。		: 目标点符号。	
: 相交符号。		: 中心标记。	
: 图像。		: 剖面线。	
: 表格注释。		: 零件明细表。	
: 自动符号标注。		: 编辑设置。	

 ：隐藏视图中的组件。　　　　　　　　 ：显示视图中的组件。

 ：视图中的剖切。

5.1.3 部件导航器

在 UG NX 11.0 中，部件导航器（也可以称为图样导航器）如图 5.1.6 所示，可用于编辑、查询和删除图样（包括在当前部件中的成员视图），模型树包括零件的图纸页、成员视图、剖面线和表格。在工程图环境中，有以下几种方式可以编辑图样或者图样上的视图：

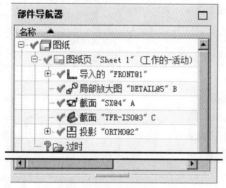

图 5.1.6　部件导航器

◆　修改视图的显示样式。在模型树中双击某个视图，在系统弹出的"设置"对话框中进行编辑。

◆　修改视图所在的图纸页。在模型树中选择视图，并拖至另一张图纸页。

◆　打开某一图纸页。在模型树中双击该图纸页即可。

在部件导航器的模型树结构中提供了图、图片和视图节点，下面针对不同对象分别进行介绍。

（1）在部件导航器中的 图纸 节点上右击，系统弹出图 5.1.7 所示的快捷菜单（一）。

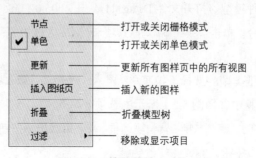

图 5.1.7　快捷菜单（一）

（2）在部件导航器中的 图纸页 节点上右击，系统弹出图 5.1.8 所示的快捷菜单（二）。

（3）在部件导航器中的 导入的 节点上右击，系统弹出图 5.1.9 所示的快捷菜单（三）。

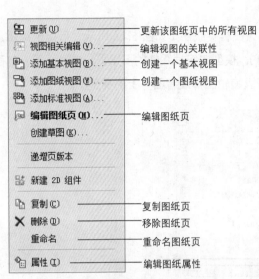

图 5.1.8 快捷菜单（二）　　　　　　　　图 5.1.9 快捷菜单（三）

5.2　工程图图样管理

UG NX 11.0 工程图环境中的图样管理包括工程图样的创建、打开、删除和编辑；下面主要对新建和编辑工程图进行简要介绍。

5.2.1　新建工程图

步骤 01　打开零件模型。打开文件 D:\ug111\work\ch05.02\link_base.prt。

步骤 02　选择命令。单击 应用模块 功能选项卡 设计 区域中的 制图 按钮，系统进入工程图环境。

步骤 03　选择图纸类型。选择下拉菜单 插入(S) ➡ 图纸页(H)... 命令，系统弹出"图纸页"对话框，在对话框中选择图 5.2.1 所示的选项。

步骤 04　取消选中 □ 始终启动视图创建 复选框，单击 确定 按钮，，系统弹出"视图创建向导"对话框，单击 取消 按钮，完成图样的创建。

　　　在步骤中，单击 确定 按钮之前每单击一次 应用 按钮都会新建一张图样。

图 5.2.1 所示"图纸页"对话框中的选项和按钮说明如下。

◆ 图纸页名称 文本框：指定新图样的名称，可以在该文本框中输入图样名；图样名最多可以包含 30 个字符；不允许在名称中使用空格，并且所有名称都自动转换为大写。默认的图纸名是 SHT1。

◆ 大小 下拉列表：用于选择图样大小，系统提供了 A4、A3、A2、A1 和 A0 五种型号的图纸。

◆ 比例：为添加到图样中的所有视图设定比例。

◆ 单位：指定 ○英寸 或 ⊙毫米 单位。

◆ 投影：指定第一象限角投影 或第三象限角投影 ；按照国标，应选择 ⊙毫米 和第一象限角投影 。

5.2.2 编辑图纸页

新建一张图样；在部件导航器中选择图样并右击，在系统弹出的快捷菜单中选择 编辑图纸页 (D)... 命令，系统弹出图 5.2.2 所示的"图纸页"对话框，利用该对话框可以编辑已存图样的参数。

图 5.2.1 "图纸页"对话框（一）

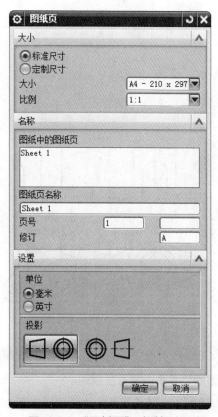

图 5.2.2 "图纸页"对话框（二）

5.3 视图的创建与编辑

视图是按照三维模型的投影关系生成的，主要用来表达部件模型的外部结构及形状。在 NX 10.0 中，视图分为基本视图、局部放大图、剖视图、半剖视图、旋转剖视图、其他剖视图和局部剖视图。下面分别以具体的实例来说明各种视图的创建方法。

5.3.1 基本视图

基本视图是基于 3D 几何模型的视图，它可以独立放置在图纸页中，也可以成为其他视图类型的父视图。下面创建图 5.3.1 所示的基本视图，操作过程如下。

步骤 01 打开文件 D:\ug111\work\ch05.03.01\link_base.prt。

步骤 02 插入图纸页。单击 应用模块 功能选项卡 设计 区域中的 制图 按钮，选择下拉菜单 插入(S) ➡ 图纸页 (H)... 命令，系统弹出"图纸页"对话框，在对话框中选择图 5.3.2 所示的选项，然后单击 确定 按钮，系统弹出图 5.3.3 所示的"基本视图"对话框。

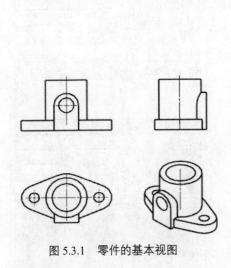

图 5.3.1 零件的基本视图

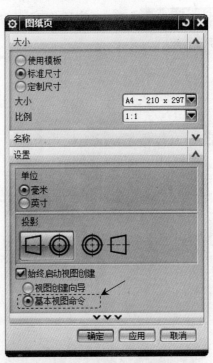

图 5.3.2 "图纸页"对话框

步骤 03 创建主视图。在对话框 模型视图 区域的 要使用的模型视图 下拉列表中选择 前视图 选项，在合适的位置单击放置主视图。

步骤 04 创建俯视图和左视图。在图 5.3.4 所示的位置单击以生成俯视图和左视图。

步骤 **05** 创建轴测图。选择下拉菜单 插入(S) ➡ 视图(W) ➡ 基本(B)... 命令，系统弹出"基本视图"对话框。在"基本视图"对话框 模型视图 区域的 要使用的模型视图 下拉列表中选择 正等测图 选项，在合适的位置单击放置轴测图，结果如图 5.3.4 所示。

图 5.3.3 所示的"基本视图"对话框中的各选项说明如下。

◆ 部件 区域：该区域用于加载部件、显示已加载部件和最近访问的部件。

◆ 视图原点 区域：该区域主要用于定义视图在图形区的摆放位置，如水平、垂直、鼠标在图形区的点击位置或系统的自动判断等。

◆ 模型视图 区域：该区域用于定义视图的方向，如仰视图、前视图和右视图等；单击该区域的"定向视图工具"按钮，系统弹出"定向视图工具"对话框，通过该对话框，可以创建自定义的视图方向。

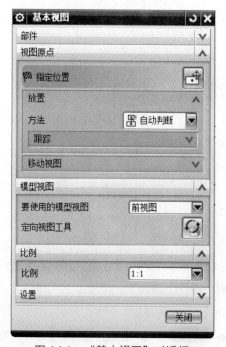

图 5.3.3 "基本视图"对话框

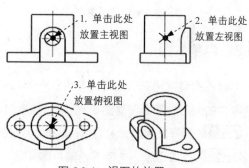

1. 单击此处放置主视图
2. 单击此处放置左视图
3. 单击此处放置俯视图

图 5.3.4 视图的放置

◆ 比例 区域：用于在添加视图之前，为基本视图指定一个特定的比例。默认的视图比例值等于图样比例。

◆ 设置 区域：该区域主要用于完成视图样式的设置，单击该区域的 A̲ 按钮，系统弹出"设置"对话框。

5.3.2 全剖视图

剖视图通常用来表达零件的内部结构和形状，在 UG NX 中可以使用简单/阶梯剖视图命令创建工程图中常见的全剖视图和阶梯剖视图。下面创建图 5.3.5 所示的全剖视图，操作过程如下。

（步骤 01） 打开文件 D:\ug111\work\ch05.03.02\all_cut_view.prt。

（步骤 02） 选择命令。选择下拉菜单 插入(S) ➡ 视图(W) ➡ 剖视图(S)... 命令（或单击"剖视图"按钮 ），系统弹出"剖视图"对话框。

（步骤 03） 定义剖切类型。在 截面线 区域的 方法 下拉列表中选择 简单剖/阶梯剖 选项。

（步骤 04） 选择剖切位置。确认"捕捉方式"工具条中的 按钮被按下，选取图 5.3.6 所示的圆，系统自动捕捉圆心位置。

　　　　　　　　　　系统自动选择距剖切位置最近的视图作为创建全剖视图的父视图。

（步骤 05） 放置剖视图。在系统 指定放置视图的位置 的提示下，在图 5.3.6 所示的位置单击放置剖视图，然后按 Esc 键结束，完成全剖视图的创建。

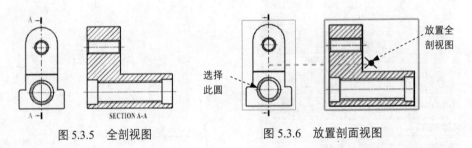

图 5.3.5　全剖视图　　　　　　　　图 5.3.6　放置剖面视图

5.3.3　半剖视图

半剖视图通常用来表达对称零件，一半剖视图表达了零件的内部结构，另一半视图则可以表达零件的外形。下面创建图 5.3.7 所示的半剖视图，操作过程如下。

（步骤 01） 打开文件 D:\ug111\work\ch05.03.03\half_cut_view.prt。

（步骤 02） 选择命令。选择下拉菜单 插入(S) ➡ 视图(W) ➡ 剖视图(S)... 命令，系统弹出"半剖视图"对话框。

（步骤 03） 定义剖切类型。在 截面线 区域的 方法 下拉列表中选择 半剖 选项。

（步骤 04） 选择剖切位置。确认"捕捉方式"工具条中的 按钮被按下，选取图 5.3.7 所示的圆弧和边线的中点，系统自动捕捉圆心位置。

（步骤 05） 放置半剖视图。移动鼠标到合适的位置单击，完成视图的放置。

5.3.4　旋转剖视图

旋转剖视图是采用相交的剖切面来剖开零件，然后将被剖切面剖开的结构等旋转到同一个平面上进行投影的剖视图。下面创建图 5.3.8 所示的旋转剖视图，操作过程如下。

步骤01 打开文件 D:\ug111\work\ch05.03.04\revolved_cut_view.prt。

步骤02 选择命令。选择下拉菜单 插入(S) ➡ 视图(W) ➡ 剖视图(S)... 命令，系统弹出"旋转剖视图"对话框。

步骤03 定义剖切类型。在 截面线 区域的 方法 下拉列表中选择 旋转 选项。

步骤04 选择剖切位置。单击选中"捕捉方式"工具条中的 ⊙ 按钮，选取图 5.3.8 中的 1 所指示的圆弧；然后选取图 5.3.8 中 2 所指示的圆弧，再选取图 5.3.8 中 3 指示的圆弧。

步骤05 放置剖视图。在系统 指定放置视图的位置 的提示下，单击如图 5.3.8 所示的位置 4，完成视图的放置。

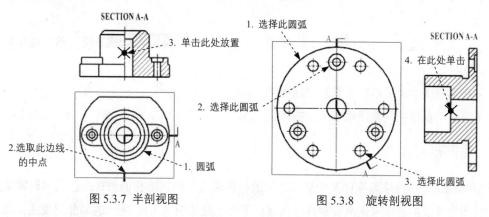

图 5.3.7 半剖视图　　　图 5.3.8 旋转剖视图

5.3.5 阶梯剖视图

阶梯剖视图也是一种全剖视图，只是阶梯剖的剖切平面一般是一组平行的平面，在工程图中，其剖切线为一条连续垂直的折线。下面创建图 5.3.9 所示的阶梯剖视图，操作过程如下。

步骤01 打开文件 D:\ug111\work\ch05.03.05\stepped_cut_view.prt。

步骤02 绘制剖面线。

（1）选择下拉菜单 插入(S) ➡ 视图(W) ➡ 剖切线(L)... 命令，系统弹出"截面线"对话框，自动进入草图环境。

　　　如果当前图样中不止一个视图，则需要先选择父视图才能进入草图环境。

（2）绘制图 5.3.10 所示的剖切线。

（3）退出草图环境，系统返回到"截面线"对话框，在该对话框的 方法 下拉列表中选择 简单剖/阶梯剖 选项，然后单击 ✕ 按钮，单击 确定 按钮完成剖切线的创建。

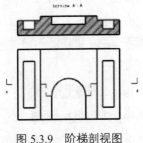

图 5.3.9　阶梯剖视图

图 5.3.10　绘制剖切线

步骤 03 创建阶梯剖视图。

（1）选择下拉菜单 插入(S) ➡ 视图(W) ➡ 剖视图(S)... 命令，系统弹出"剖视图"对话框。

（2）定义剖切类型。在 截面线 区域的 定义 下拉列表中选择 选择现有的 选项，然后选择前面绘制的剖切线。

（3）在原视图的上方单击放置阶梯剖视图。

（4）单击"剖视图"对话框中的 关闭 按钮。

5.3.6　局部剖视图

局部剖视图是通过移除零件某个局部区域的材料来查看内部结构的剖视图，创建时需要提前绘制封闭或开放的曲线来定义要剖开的区域。下面创建如图 5.3.11 所示的局部剖视图，操作过程如下。

步骤 01 打开文件 D:\ug111\work\ch05.03.06\break_cut_view.prt。

步骤 02 绘制局部剖视图的边界。

（1）在主视图的边界上右击，在系统弹出的快捷菜单中选择 活动草图视图 命令，此时将激活主视图为草图视图。

（2）单击 布局 功能选项卡，然后在 草图 区域单击"艺术样条"按钮 ，系统弹出"艺术样条"对话框，选择 通过点 类型，绘制图 5.3.12 所示的样条曲线，单击对话框中的 〈确定〉 按钮。

（3）单击 完成草图 按钮，完成草图绘制。

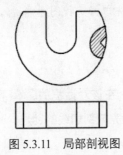

图 5.3.11　局部剖视图

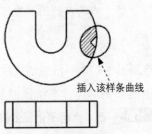

插入该样条曲线

图 5.3.12　绘制曲线

步骤 **03** 选择命令。选择下拉菜单 插入(S) ➡ 视图(W) ➡ 🖼 局部剖(O)... 命令，系统弹出"局部剖"对话框（图 5.3.13）。

步骤 **04** 创建局部剖视图。

（1）选择生成局部剖的视图。在绘图区选取主视图。

（2）定义基点。单击"捕捉方式"工具条中的 ／ 按钮，选取图 5.3.14 所示的基点。

图 5.3.13 "局部剖"对话框

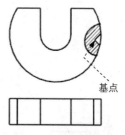

图 5.3.14 选取基点

　　　选择基点时，先将前视图的视图样式改为隐藏线可见的形式，操作完成后再将其隐藏。具体操作参见视频。

（3）定义拉出的矢量方向。接受系统的默认方向。

（4）选择剖切线。单击"局部剖"对话框中的"选择曲线"按钮 🖳；选择样条曲线为剖切线；单击 应用 按钮；再单击 取消 按钮，完成局部剖视图的创建。

5.3.7　局部放大视图

局部放大图是将现有视图的某个部位单独放大并建立一个新的视图，以便显示零件结构和便于标注尺寸。下面创建图 5.3.15 所示的局部放大图，操作过程如下。

步骤 **01** 打开文件 D:\ug111\work\ch05.03.07\magnify_view.prt。

步骤 **02** 选择命令。选择下拉菜单 插入(S) ➡ 视图(W) ➡ 局部放大图(D)... 命令，系统弹出图 5.3.16 所示的"局部放大图"对话框。

步骤 **03** 选择边界类型。在"局部放大图"对话框的 类型 下拉列表中选择 圆形 选项（图 5.3.16）。

步骤 **04** 绘制放大区域的边界（图 5.3.17）。

步骤 **05** 指定放大图比例。在"局部放大图"对话框 缩放 区域的 比例 下拉列表中选择 比率 选项，输入 5:1。

步骤 06 定义父视图上的标签。在对话框 父项上的标签 区域的 标签 下拉列表中选择 标签 选项。

步骤 07 放置视图。选择合适的位置（图 5.3.17）单击以放置放大图，然后单击 关闭 按钮。

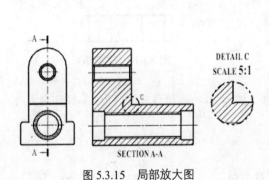

图 5.3.15 局部放大图

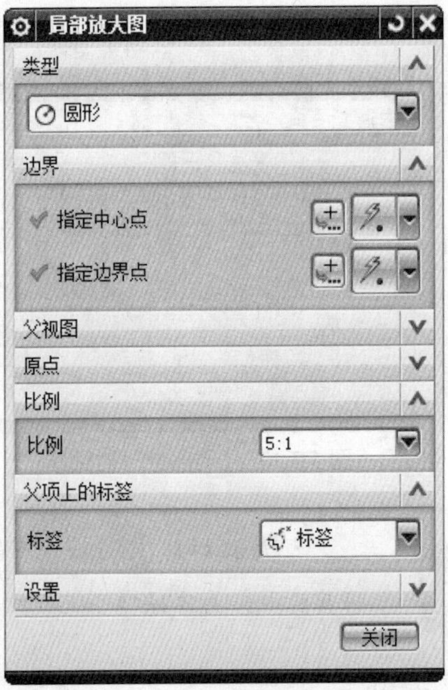

图 5.3.16 "局部放大图" 对话框

图 5.3.16 所示的 "局部放大图" 对话框的各选项说明如下。

◆ **类型**区域：该区域用于定义绘制局部放大图边界的类型，包括 "圆形" "按拐角绘制矩形" 和 "按中心和拐角绘制矩形"。

◆ **边界**区域：该区域用于定义创建局部放大图的边界位置。

◆ **父项上的标签**区域：该区域用于定义父视图边界上的标签类型，包括 "无" "圆" "注释"、"标签" "内嵌" 和 "边界"。

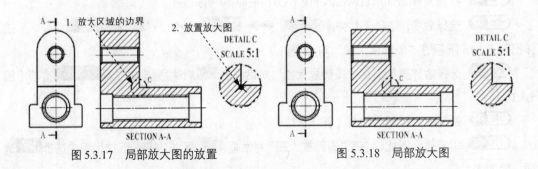

图 5.3.17 局部放大图的放置

图 5.3.18 局部放大图

5.3.8 视图的显示与更新

1. 视图的显示

在"图纸"工具条中单击 按钮（该按钮默认不显示在工具条中，需要手动添加），系统会在模型的三维图形和二维工程图之间进行切换。

2. 视图的更新

选择下拉菜单 编辑(E) ➡ 视图(W) ➡ 更新(U)... 命令，可更新图形区中的视图。选择该命令后，系统弹出图 5.3.19 所示的"更新视图"对话框。

图 5.3.19 "更新视图"对话框

图 5.3.19 所示"更新视图"对话框的按钮及选项说明如下。

◆ ☐ 显示图纸中的所有视图：列出当前存在于部件文件中所有图样页面上的所有视图，当该复选框被选中时，部件文件中的所有视图都在该对话框中可见并可供选择。如果取消选中该复选框，则只能选择当前显示的图样上的视图。

◆ 选择所有过时视图 ：用于选择工程图中的过期视图。单击 应用 按钮之后，这些视图将进行更新。

◆ 选择所有过时自动更新视图 ：用于选择工程图中的所有过期视图并自动更新。

5.3.9 视图的对齐

UG NX 11.0 提供了比较方便的视图对齐功能。将鼠标移至视图的边界上并按住左键，然后移动，系统会自动判断用户的意图，显示可能的对齐方式，当移动到合适的位置时，松开鼠标左键即可。但是如果这种方法不能满足要求的话，用户还可以利用 视图对齐 命令来对齐视图。下面以图 5.3.20 为例，来说明利用该命令对齐视图的一般过程。

步骤 01 打开文件 D:\ug111\work\ch05.03.09\align.prt。

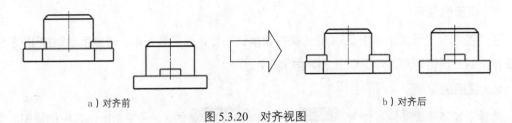

a）对齐前　　　　　　　　　　　　　　　　　　b）对齐后

图 5.3.20　对齐视图

步骤 02 选择命令。选择下拉菜单 编辑(E) ➡ 视图(W) ➡ 对齐(I)... 命令，系统弹出图 5.3.21 所示的"视图对齐"对话框。

步骤 03 选择要对齐的视图。选择图 5.3.22 所示的视图为要对齐的视图。

步骤 04 定义对齐方式。在"视图对齐"对话框的 方法 下拉列表中选择 水平 选项。

步骤 05 选择对齐视图。选择主视图为对齐视图。

步骤 06 单击对话框中的 确定 按钮，完成视图的对齐。

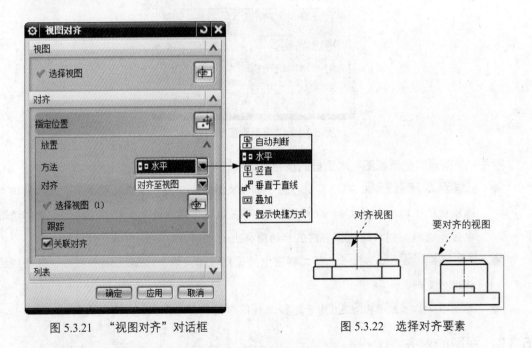

图 5.3.21　"视图对齐"对话框　　　　　　图 5.3.22　选择对齐要素

图 5.3.21 所示"视图对齐"对话框中的选项及按钮说明如下。

◆ 自动判断：自动判断两个视图可能的对齐方式。

◆ 水平：将选定的视图水平对齐。

◆ 竖直：将选定的视图垂直对齐。

◆ 垂直于直线：将选定视图与指定的参考线垂直对齐。

◆ 叠加：同时水平和垂直对齐视图，以便使它们重叠在一起。

◆ 模型点 ▼：用来设置视图的对齐位置。

● 模型点：通过选择一个静止点和一个需要对齐的视图来对齐视图。

● 对齐至视图：通过选择两个视图的中心来对齐视图。

● 点到点：通过选择两个视图中的点来对齐视图。

5.3.10 视图的编辑

1. 编辑整个视图

在视图的边框上右击，从弹出的快捷菜单中选择 设置(S)... 命令，系统弹出图 5.3.23 所示的"设置"对话框，使用该对话框可以改变视图的显示。"设置"对话框和"制图首选项"对话框基本一致，在此不作具体介绍。

图 5.3.23 "设置"对话框

2. 视图细节的编辑

类型 1：编辑剖切线

下面以图 5.3.24 为例，来说明编辑剖切线的一般过程。

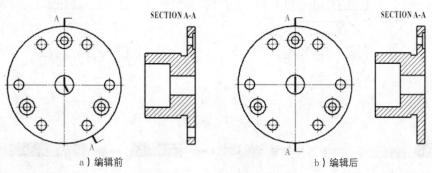

a）编辑前 　　　　　　　　　　　　　　　　b）编辑后

图 5.3.24 编辑剖切线

步骤 01 打开文件 D:\ug111\work\ch05.03.10\edit_section01.prt。

步骤 02 选择命令。在视图中双击要编辑的剖切线（或者双击剖切箭头），系统弹出"剖视图"对话框。

步骤 03 单击激活 截面线段 区域中的 指定支线 2 位置 (2)，然后选取图 5.3.25 所示的圆的象限点。

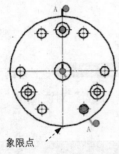

图 5.3.25 定义支线 2 位置

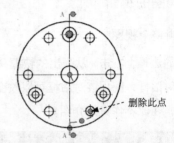

图 5.3.26 删除原有控制点

步骤 04 在主视图中选中图 5.3.26 所示的点右击，选择 删除 命令将其删除。

步骤 05 单击 关闭 按钮，完成剖切线的定义。

步骤 06 更新视图。选择下拉菜单 编辑(E) ➡ 视图(W) ➡ 更新(U)... 命令，系统弹出"更新视图"对话框，单击"选择所有过时视图"按钮 ，选择全部视图，再单击 确定 按钮，完成剖切线的编辑。

类型 2：定义剖切阴影线

在工程图环境中，用户可以选择现有剖切线或自定义的剖切线为剖切阴影线来填充剖面。与产生剖视图的结果不同，填充剖面不会产生新的视图。下面以图 5.3.27 为例，来说明定义剖切阴影线的一般操作过程。

步骤 01 打开文件 D:\ug111\work\ch05.03.10\edit_section02.prt。

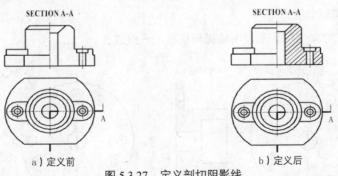

a）定义前　　　　　　　　b）定义后

图 5.3.27 定义剖切阴影线

步骤 02 选择命令。选择下拉菜单 插入(S) ➡ 注释(A) ➡ 剖面线(Q)... 命令，弹出

图 5.3.28 所示的"剖面线"对话框，在该对话框 边界 – 区域的 选择模式 下拉列表中选择 边界曲线 选项。

步骤 **03** 定义剖面线边界。依次选取图 5.3.29 所示的曲线为剖面线边界。

步骤 **04** 定义剖面线样式。剖面线样式设置图 5.3.28 所示。

步骤 **05** 单击 确定 按钮，完成剖面线的定义。

图 5.3.28 所示"剖面线"对话框的按钮及选项说明如下。

◆ 边界曲线 选项：若选择该选项，则在创建剖面线时是通过在图形上选取一个封闭的边界曲线来得到的。

◆ 区域中的点 选项：若选择该选项，则在创建剖面线时，只需要在一个封闭的边界曲线内部点击一下，系统自动选取此封闭边界作为创建剖面线的边界。

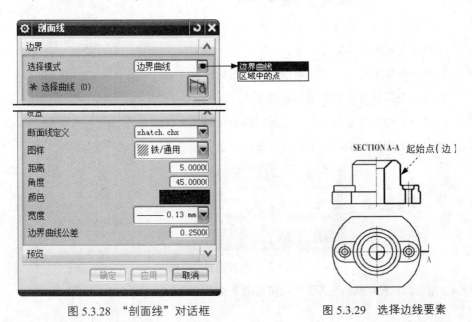

图 5.3.28 "剖面线"对话框　　　　图 5.3.29 选择边线要素

5.4 工程图标注

5.4.1 尺寸标注

尺寸标注是工程图中一个重要的环节，本节将介绍尺寸标注的方法及注意事项。选择下拉菜单 插入(S) ➡ 尺寸(M)▶ 命令，系统弹出"尺寸"菜单，或者通过图 5.4.1 所示的 主页 功能选项卡 尺寸 区域的命令按钮进行尺寸标注。在标注的任一尺寸上右击，在弹出的快捷菜单中选择 编辑... 命令，系统会弹出图 5.4.2 所示的"尺寸编辑"界面。

图 5.4.1 "主页"功能选项卡"尺寸"区域

图 5.4.1 所示的"主页"功能选项卡"尺寸"区域的按钮说明如下：

: 允许用户使用系统功能创建尺寸，以便根据用户选取的对象以及光标位置自动判断尺寸类型创建一个尺寸。

: 在两个对象或点位置之间创建线性尺寸。

: 创建圆形对象的半径或直径尺寸。

: 在两条不平行的直线之间创建一个角度尺寸。

: 在倒斜角曲线上创建倒斜角尺寸。

: 创建一个厚度尺寸，测量两条曲线之间的距离。

: 创建一个弧长尺寸来测量圆弧周长。

: 创建周长约束以控制选定直线和圆弧的集体长度。

: 创建一个坐标尺寸，测量从公共点沿一条坐标基线到某一位置的距离。

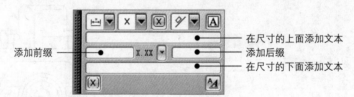

添加前缀

在尺寸的上面添加文本
添加后缀
在尺寸的下面添加文本

图 5.4.2 "尺寸编辑"界面

图 5.4.2 所示的"尺寸编辑"界面的按钮及选项说明如下：

: 用于设置尺寸类型。

: 用于设置尺寸精度。

: 检测尺寸。

: 用于设置尺寸文本位置。

: 单击该按钮，系统弹出"附加文本"对话框，用于添加注释文本。

: 用于设置尺寸精度。

: 用于设置参考尺寸。

: 单击该按钮，系统弹出"设置"对话框，用于设置尺寸显示和放置等参数。

下面以图 5.4.3 为例，来介绍创建尺寸标注的一般操作过程。

步骤 01 打开文件 D:\ug111\work\ch05.04\dimension.prt。

步骤**02** 标注竖直尺寸。选择下拉菜单 插入(S) ➡ 尺寸(M)▶ ➡ 凸 线性命令，系统弹出图 5.4.4 所示的"线性尺寸"对话框。

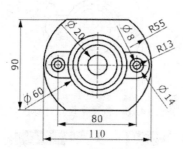

图 5.4.3　尺寸标注的创建

图 5.4.4　"线性尺寸"对话框

步骤**03** 在 测量 区域 方法 下拉列表中选择 竖直 选项，单击"捕捉方式"工具条中的 ✓ 按钮，选取图 5.4.5 所示的边线 1 和边线 2，系统自动显示活动尺寸，单击合适的位置放置尺寸；然后单击 关闭 按钮，结果如图 5.4.6 所示。

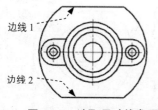

图 5.4.5　选取尺寸线参照

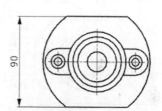

图 5.4.6　创建竖直尺寸标注

步骤**04** 标注水平尺寸。选择下拉菜单 插入(S) ➡ 尺寸(M)▶ ➡ 凸 线性命令，系统弹出"线性尺寸"对话框。

步骤**05** 在 测量 区域 方法 下拉列表中选择 水平 选项，单击"捕捉方式"工具条中的 ⊙ 按钮，选取图 5.4.7 所示的圆 1 和圆 2，系统自动显示活动尺寸，单击合适的位置放置尺寸；然后选取图 5.4.7 所示的边线 1 和边线 2，系统自动显示活动尺寸，单击合适的位置放置尺寸，结果如图 5.4.8 所示。

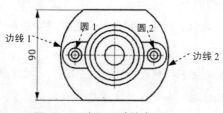

图 5.4.7　选取尺寸线参照

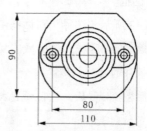

图 5.4.8　创建水平尺寸标注

步骤 06 标注半径尺寸。选择下拉菜单 插入(S) ➡ 尺寸(M) ▶ ➡ 径向(R)... 命令，系统弹出"径向尺寸"对话框。

步骤 07 在 测量 区域 方法 下拉列表中选择 径向 选项，分别选取图 5.4.9 所示的圆弧，单击合适的位置放置半径尺寸，结果如图 5.4.10 所示。

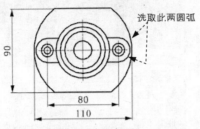

图 5.4.9　选取尺寸线参照

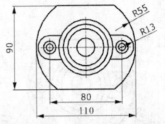

图 5.4.10　创建半径尺寸标注

步骤 08 标注直径尺寸。选择下拉菜单 插入(S) ➡ 尺寸(M) ▶ ➡ 径向(R)... 命令，系统弹出"径向尺寸"对话框。

步骤 09 在 测量 区域 方法 下拉列表中选择 直径 选项，选取图 5.4.11 所示的圆，单击合适的位置放置直径尺寸，结果如图 5.4.12 所示。

步骤 10 选取其他图元创建尺寸标注，使其完全约束，结果如图 5.4.3 所示。

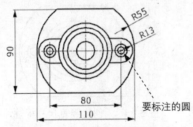

图 5.4.11　选取尺寸线参照

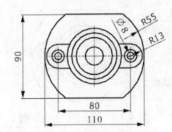

图 5.4.12　创建直径尺寸标注

5.4.2　注释编辑器

制图环境中的形位公差和文本注释都是通过注释编辑器来标注的，因此，在这里先介绍一下注释编辑器的用法。

选择下拉菜单 插入(S) ➡ 注释(A) ➡ A 注释(N)... 命令，系统弹出图 5.4.13 所示的"注释"对话框。

图 5.4.13 所示"注释"对话框中各选项的说明如下。

◆ 编辑文本 区域：该区域（"编辑文本"工具栏）用于编辑注释，其主要功能和 Word 等软件的功能相似。

◆ 格式设置 区域：该区域包括"文本字体设置下拉列表 alien ▼"、"文本大小设置下拉列表 0.25 ▼"、"编辑文本按钮"和"多行文本输入区"。

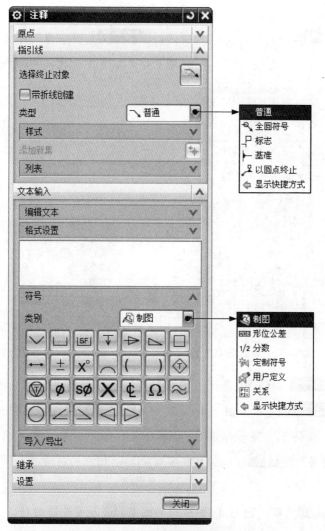

图 5.4.13　"注释"对话框（一）

◆ 符号 区域：该区域的 类别 下拉列表中主要包括"制图""形位公差""分数""定制符号""用户定义"和"关系"几个选项。

● 制图 选项：使用图 5.4.13 所示的 制图 选项可以将制图符号的控制字符输入到编辑窗口。

● 形位公差 选项：图 5.4.14 所示的 形位公差 选项可以将形位公差符号的控制字符输入到编辑窗口和检查形位公差符号的语法。形位公差窗格的上面有四个按钮，它们位于一排。这些按钮用于输入下列形位公差符号的控制字符——"插入单特征控制框""插入复合特征控制框""开始下一个框"和"插入框分隔线"。这些按钮的下面是各种公差特征符号按钮、材料条件按钮和其他形位公差符号按钮。

● 分数 选项：图 5.4.15 所示的 分数 选项分为上部文本和下部文本，通过更改分数类型，可以分别在上部文本和下部文本中插入不同的分数类型。

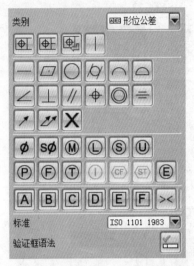

图 5.4.14 "注释"对话框（二）

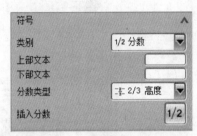

图 5.4.15 "注释"对话框（三）

● 定制符号 选项：选择此选项后，可以在符号库中选取用户自定义的符号。

● 用户定义 选项：图 5.4.16 所示为 用户定义 选项。该选项的 符号库 下拉列表中提供了"显示部件""当前目录"和"实用工具目录"选项。单击"插入符号"按钮 后，在文本窗口中显示相应的符号代码，符号文本将显示在预览区域中。

● 关系 选项：图 5.4.17 所示的 关系 选项包括四种。 ，插入表达式，以在文本中显示表达式的值； ，插入对象属性，以显示对象的字符串属性值； ，插入部件属性，以在文本中显示部件属性值； ，插入图纸页区域，以显示图纸页的属性值。

图 5.4.16 "注释"对话框（四）

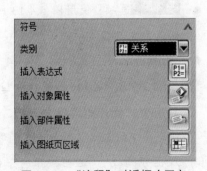

图 5.4.17 "注释"对话框（五）

5.4.3　表面粗糙度标注

下面介绍标注表面粗糙度的一般操作过程。

步骤 **01**　打开文件 D:\ug111\work\ch05.04\surface_finish_symbol.prt。

步骤 **02**　选择命令。选择下拉菜单 插入(S) ➡ 注释(A) ➡ 表面粗糙度符号(S)... 命令，系统弹出"表面粗糙度符号"对话框。

步骤 **03**　在"表面粗糙度"对话框中，设置图 5.4.18 所示的表面粗糙度参数。

步骤 **04**　标注表面粗糙度符号。具体过程如图 5.4.19 所示。

步骤 **05**　标注其他表面粗糙度符号。完成后的效果如图 5.4.20 所示。

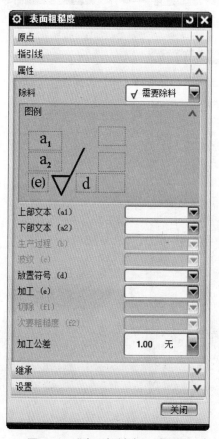

图 5.4.18 "表面粗糙度"对话框

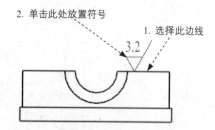

图 5.4.19　表面粗糙度的创建步骤

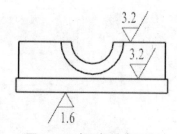

图 5.4.20　表面粗糙度标注

图 5.4.18 所示"表面粗糙度"对话框中的部分按钮及选项说明如下。

◆　原点 区域：用于设置原点位置和表面粗糙度符号的对齐方式。

◆　指引线 区域：用于创建带指引线的表面粗糙度符号，单击该区域中的 ✓ 选择终止对象 按钮，可以选择指示位置。

◆　属性 区域：用于设置表面粗糙度符号的类型和值属性。UG NX 11.0 提供了九种类型的表面粗糙度符号。要创建表面粗糙度，首先要选择相应的类型，选择的符号类型将显示在"图例"区域中。

◆ 设置 区域：用于设置表面粗糙度符号的文本样式、旋转角度、圆括号及反转文本。

5.4.4 符号标注

符号标注是一种由规则图形和文本组成的符号，在创建工程图中也是必要的。下面来介绍创建符号标注的一般操作过程。

步骤 01 打开文件 D:\ug111\work\ch05.04\id_symbol\id_symbol.prt。

步骤 02 选择命令。选择下拉菜单 插入(S) ➡ 注释(A) ➡ 符号标注(B)... 命令，系统弹出"符号标注"对话框，如图 5.4.21 所示。

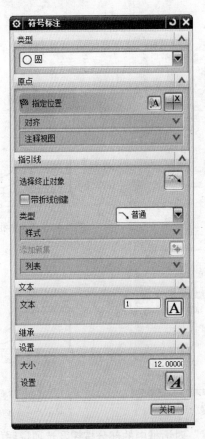

图 5.4.21　"符号标注"对话框

步骤 03 设置符号标注的参数（图 5.4.21）。

步骤 04 指定指引线。单击工具栏中的 按钮，选取图 5.4.22 所示的边线为引线的放置点。

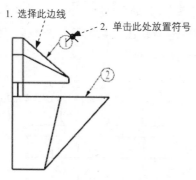

图 5.4.22 符号标注的创建

步骤 05 放置符号标注。选取图 5.4.22 所示的位置为符号标注放置位置，单击 关闭 按钮。

步骤 06 参照上一步的操作步骤放置其余符号标注。结果如图 5.4.22 所示。

5.4.5 基准特征标注

利用基准符号命令可以创建用户所需的各种基准符号。下面介绍创建基准符号的一般操作过程。

步骤 01 打开文件 D:\ug111\work\ch05.04\benchmark.prt。

步骤 02 选择命令。选择下拉菜单 插入(S) ➡ 注释(A) ➡ 基准特征符号(R) 命令，系统弹出"基准特征符号"对话框，如图 5.4.23 所示。

图 5.4.23 "基准特征符号"对话框

步骤 **03** 在"基准特征符号"对话框 基准标识符 下的 字母 文本框中输入字母 A。

步骤 **04** 放置基准特征符号。选取图 5.4.24 所示的边线，然后单击此曲线并拖动，放置基准特征符号到图 5.4.24 所示的位置。

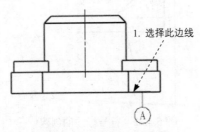

1. 选择此边线

图 5.4.24 创建基准特征符号

步骤 **05** 单击 关闭 按钮，完成基准特征符号的创建。

5.4.6 形位公差标注

利用特征控制框命令可以创建用户所需的各种形位公差符号。下面介绍创建公差符号的一般操作过程。

步骤 **01** 打开文件 D:\ug111\work\ch05.04\geometric_tolerance.prt。

步骤 **02** 选择命令。选择下拉菜单 插入(S) ➡ 注释(A) ➡ ← 特征控制框(E) 命令，系统弹出"特征控制框"对话框，如图 5.4.25 所示。

图 5.4.25 "特征控制框"对话框

步骤 03 设置公差符号的参数。在 特征 区域的下拉列表中选择 平行度 选项，在 公差 区域的文本框中输入数值 0.02，在 第一基准参考 区域的第一个下拉列表中选择第一基准参考字母为 A。

步骤 04 指定指引线。在 指引线 中单击 按钮，选取图 5.4.26 所示的边线为引线的放置点，选择适当的位置在图纸中单击，单击 关闭 按钮，完成公差符号的创建。

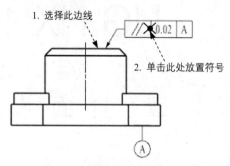

图 5.4.26 创建公差符号

第二篇

UG NX 11.0 进阶

第 6 章 曲 面 设 计

6.1 曲线线框设计

曲线是曲面的基础，是曲面造型设计中必须用到的基础元素，并且曲线质量的好坏直接影响到曲面质量的好坏。因此，了解和掌握曲线的创建方法，是学习曲面设计的基本要求。利用 UG 的曲线功能可以建立多种曲线，其中基本曲线包括点及点集、直线、圆及圆弧、倒圆角、倒斜角等，特殊曲线包括样条、二次曲线、螺旋线和规律曲线等。

6.1.1 基本空间曲线

UG 基本曲线的创建包括直线、圆弧、圆等规则曲线的创建，以及曲线的倒圆角等操作。下面一一对其进行介绍。

1. 直线

选择下拉菜单 插入(S) ➡ 曲线(C) ➡ ╱ 直线(L)... 命令，弹出图 6.1.1 所示的"直线"对话框。通过该对话框可以创建多种类型的直线，创建的直线类型取决于在该对话框的 起点选项 下拉列表中和 终点选项 下拉列表中选择不同选项的组合类型。

方法一：点—相切

直线的创建只要确定两个端点的约束，就可以快速完成。下面通过图 6.1.2 所示的例子来说明创建"点—相切"直线的一般过程。

步骤 01 打开文件 D:\ug111\work\ch06.01.01\line_01.prt。

步骤 02 选择下拉菜单 插入(S) ➡ 曲线(C) ➡ ╱ 直线(L)... 命令，系统弹出"直线"对话框。

在不打开"直线"对话框的情况下，要迅速创建简单的关联或非关联的直线，可以选择下拉菜单 插入(S) ➡ 曲线(C) ➡ 直线和圆弧(A) ▶ 命令下的相关子命令。

图 6.1.1　　"直线"对话框

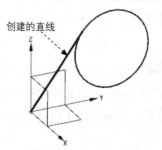

图 6.1.2　　创建的直线

步骤 **03** 定义起点。在对话框 起点 区域的 起点选项 下拉列表中选择 点 选项，此时系统将在鼠标处弹出动态文本输入框，在 XC 、 YC 、 ZC 文本框中分别输入数值 0、0、0，并分别按 Enter 键确认，并在绘图区域单击左键确认。

 　　按 F3 键可以将动态文本输入框隐藏，之后按一次将"直线"对话框隐藏，再按一次则显示"直线"对话框和动态文本输入框。

步骤 **04** 设置终点选项。在"直线"对话框 终点或方向 区域的 终点选项 下拉列表中选择 相切 选项（或者在图形区右击，在弹出的快捷菜单中选择 ✔ 相切 命令）。

步骤 **05** 定义终点。在图形中选取图 6.1.2 所示的曲线，单击"直线"对话框中的 ＜ 确定 ＞ 按钮完成直线的创建。

方法二：点—点

使用 ╱ 直线(点-点)(P)... 命令绘制直线时，用户可以在系统弹出的动态输入框中输入起始点和终点相对于原点的坐标值来完成直线的创建。下面以创建图 6.1.3 所示的直线为例，说明利用"直线（点—点）"命令创建直线的一般过程。

a）创建前　　　　　　　　　　　　　　b）创建后

图 6.1.3　直线的创建

步骤 01　打开文件 D:\ug111\work\ch06.01.01\line_02.prt。

步骤 02　选 择 下 拉 菜 单 插入(S) ➡ 曲线(C) ➡ 直线和圆弧(A) ▶ ➡
✓ 直线(点-点)(P)... 命令，系统弹出"直线（点—点）"对话框和动态文本框（一）。

步骤 03　在动态文本框（一）中输入直线起始点的坐标值（0，38，0），分别按 Enter 键确
认（图 6.1.4），并在图形区域中单击左键确认；系统弹出动态文本框（二）。

步骤 04　在动态文本框（二）中输入直线终点的坐标值（73，0，0），并在图形区中单击左
键确认（图 6.1.5），同时完成此直线的创建。

步骤 05　按鼠标中键（或键盘上的 Esc 键），退出"直线（点—点）"命令。

图 6.1.4　动态文本框（一）　　　　　　　　图 6.1.5　动态文本框（二）

2. 圆弧/圆

选择下拉菜单 插入(S) ➡ 曲线(C) ➡ 圆弧/圆(C)... 命令，系统弹出图 6.1.6 所示的"圆
弧/圆"对话框。通过该对话框可以创建多种类型的圆弧或圆，创建的圆弧或圆的类型取决于对
圆弧或圆相关的点的不同约束。

方法一：三点画圆弧

下面通过图 6.1.7 所示的例子来介绍利用"相切—相切—相切"方式创建圆的一般过程。

步骤 01　打开文件 D:\ug111\work\ch06.01.01\circul_01.prt。

步骤 02　选择下拉菜单 插入(S) ➡ 曲线(C) ➡ 圆弧/圆(C)... 命令，系统弹出"圆弧/
圆"对话框。

步骤 03　设置类型。在"圆弧/圆"对话框 类型 区域的下拉列表中选择 三点画圆弧 选项。

步骤 04　选择起点参照。在 起点 区域的 起点选项 下拉列表中选择 相切 选项（或者在图形区
右击，在弹出的快捷菜单中选择 ✓ 相切 命令）；然后选取图 6.1.8 所示的曲线 1。

步骤 05　选择端点参照。在 端点 区域的 终点选项 下拉列表中选择 相切 选项，然后选取图
6.1.9 所示的曲线 2。

步骤 **06** 选择中点参照。在 中点 区域的 中点选项 下拉列表中选择 相切 选项，然后选取图 6.1.10 所示的曲线 3。

图 6.1.6 "圆弧/圆"对话框

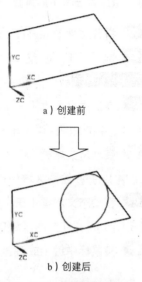

a）创建前

b）创建后

图 6.1.7 圆弧/圆的创建

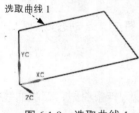

图 6.1.8 选取曲线 1

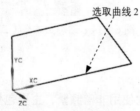

图 6.1.9 选取曲线 2

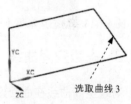

图 6.1.10 选取曲线 3

步骤 **07** 设置圆周类型。选中对话框 限制 区域的 ☑整圆 复选框。

步骤 **08** 单击 设置 区域的"备选解"按钮 ↻，得到所需要的结果，单击 〈 确定 〉 按钮，完成圆弧的创建，如图 6.1.11 所示。

方法二：点一点一点

使用"圆弧（点一点一点）"命令绘制圆弧时，用户可以分别在系统弹出的动态文本框中输入三个点的坐标值来完成圆弧的创建。下面通过创建图 6.1.12b 所示的圆弧来说明使用"圆弧（点一点一点）"命令创建圆弧的一般过程。

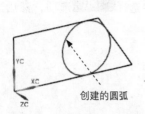

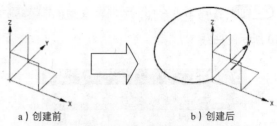

a）创建前　　　　　b）创建后

图 6.1.11　创建完成的圆弧　　　　　　　图 6.1.12　圆弧的创建

步骤 01　打开文件 D:\ug111\work\ch06.01.01\circul_02.prt。

步骤 02　选择下拉菜单 插入(S) ➡ 曲线(C) ➡ 直线和圆弧(A) ➡ 圆弧(点-点-点)(Q)... 命令，系统弹出"圆弧（点—点—点）"对话框和动态文本框（一）。

步骤 03　在动态文本框（一）中输入圆弧起始点的坐标值（0，0，0），分别按 Enter 键确认（图 6.1.13），并在绘图区域中单击左键确认；系统弹出动态文本框（二）。

步骤 04　在动态文本框（二）中输入圆弧终点的坐标值（20，30，10），分别按 Enter 键确认（图 6.1.14），并在绘图区域中单击左键确认；系统弹出动态文本框（三）。

步骤 05　在动态文本框（三）中输入圆弧中点的坐标值（-100，135，30），分别按 Enter 键确认（图 6.1.15），并在绘图区域中单击左键确认，完成此圆弧的创建。

步骤 06　按鼠标中键（或键盘上的 Esc 键），退出"圆弧（点—点—点）"命令。

图 6.1.13　动态文本框（一）　　图 6.1.14　动态文本框（二）　　图 6.1.15　动态文本框（三）

6.1.2　高级空间曲线

高级空间曲线在曲面建模中的使用非常频繁，主要包括螺旋线、样条曲线、二次曲线、规律曲线和文本曲线等。下面分别对其进行介绍。

1. 样条曲线

样条曲线的创建方法有四种：根据极点、通过点、拟合和垂直于平面。下面对"根据极点"和"通过点"两种方法进行说明。通过下面的两个例子可以观察出两种方法创建的样条曲线的形状区别。

方法一：根据极点

"根据极点"是指样条曲线不通过极点，其形状由极点形成的多边形控制。用户可以对曲线类型、曲线阶次等相关参数进行编辑。下面通过创建图 6.1.16 所示的样条曲线，来说明使用"根据极点"命令创建样条曲线的一般过程。

步骤 01 打开文件 D:\ug111\work\ch06.01.02\spline_01.prt。

步骤 02 选择命令。选择下拉菜单 插入(S) ➡ 曲线(C) ➡ 艺术样条(I)... 命令，系统弹出"艺术样条"对话框。

步骤 03 定义曲线类型。在 类型 区域的下拉列表中选择 根据极点 选项。

步骤 04 定义点捕捉类型。确认"现有点"按钮 ✛ 处于激活状态。

步骤 05 定义极点。依次选择图 6.1.17 所示的点（点 1、点 2、点 3、点 4、点 5 和点 6，点的顺序不同，生成的曲线形状也不同，如图 6.1.18 所示），单击 确定 按钮；系统弹出"指定点"对话框。

步骤 06 单击 ＜ 确定 ＞ 按钮，完成样条曲线的创建。

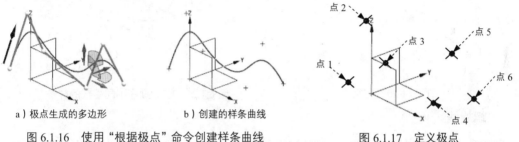

a）极点生成的多边形   b）创建的样条曲线
图 6.1.16 使用"根据极点"命令创建样条曲线

图 6.1.17 定义极点

说明

在本例中点的组合顺序还有多种，在此仅以一种情况说明选点顺序对样条曲线形状的影响。本例中的极点是通过现有点选取的，同样也可通过输入点的坐标值来确定点的位置。

方法二：通过点

样条曲线的形状除了可以通过极点来控制外，还可以通过样条曲线所通过的点（即样条曲线的定义点）来更精确地控制。下面通过创建图 6.1.19 所示的样条曲线来说明利用"通过点"命令创建样条曲线的一般步骤。

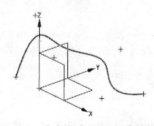

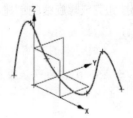

图 6.1.18 选点顺序不同生成的样条   图 6.1.19 使用"通过点"命令创建样条曲线

步骤 01 打开文件 D:\ug111\work\ch06.01.02\spline_02.prt。

步骤 02 选择命令。选择下拉菜单 插入(S) ➡ 曲线(C) ➡ 艺术样条(I)... 命令，系统弹出"艺术样条"对话框。

(步骤 03) 定义曲线类型。在对话框中的 类型 下拉列表中选择 通过点 选项。

(步骤 04) 定义点捕捉类型。确认"现有点"按钮 ✚ 处于激活状态。

(步骤 05) 定义点。依次选择图 6.1.20 所示的点（点 1、点 2、点 3、点 4、点 5 和点 6，点的顺序不同，生成的曲线形状也不同，如图 6.1.21 所示），单击 确定 按钮；系统弹出"指定点"对话框。

(步骤 06) 单击 〈 确定 〉 按钮，完成样条曲线的创建。

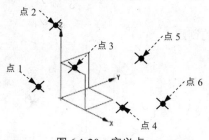

图 6.1.20　定义点

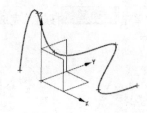

图 6.1.21　选点顺序不同生成的样条

2. 螺旋线

在建模或者造型过程中，螺旋线经常被用到。UG NX 11.0 通过定义转数、螺距、半径方式、旋转方向和方位等参数来生成螺旋线。创建螺旋线的方法有两种：沿矢量方法和沿脊线方法。下面分别对这两种方式进行介绍。

方法一：沿矢量

图 6.1.22 所示螺旋线的一般创建过程如下。

(步骤 01) 打开文件 D:\ug111\work\ch06.01.02\helix_01.prt。

(步骤 02) 选择命令。选择下拉菜单 插入(S) ➞ 曲线(C) ➞ 🔩 螺旋线(X)... 命令，系统弹出"螺旋线"对话框。

(步骤 03) 设置参数。在"螺旋线"对话框中输入图 6.1.23 所示的参数，其他采用默认设置，单击 确定 按钮完成螺旋线的创建。

　　　　因为本例中使用当前的 WCS 作为螺旋线的方位，使用当前的 *XC*=0、*YC*=0 和 *ZC*=0 作为默认原点，所以在此没有定义方位和原点的操作。

图 6.1.23 所示"螺旋线"对话框的部分选项说明如下。

◆ 类型：该下拉列表中用于选择创建螺旋线的类型。其中包括 沿矢量 和 🔩 沿脊线 两种类型。

● 沿矢量：使用沿某一矢量方向的方式构造螺旋线。

● 🔩 沿脊线：使用沿脊线的方式构造螺旋线。

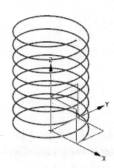

图 6.1.22 螺旋线　　　　　　　　图 6.1.23 "螺旋线"对话框

◆ 方位 区域: 定义螺旋线的轴线方向及起始中心位置点。

◆ 大小 区域: 用于定义螺旋线的半径或直径的大小及其变化规律。

◆ 螺距 区域: 用于定义螺旋线的螺距。

◆ 长度 区域: 用于确定螺旋线长度方法的类型。其中包括 限制 和 圈数 两种类型。

　● 限制: 选择该选项后, 需要定义螺旋线的起始限制和终止限制长度。

　● 圈数: 选择该选项后, 需要在 圈数 文本框中输入螺旋线的圈数。

◆ 旋转方向 下拉列表: 用于定义螺旋线的旋转方向。

　● 右手: 选择该选项, 创建的螺旋线是右旋的。

　● 左手: 选择该选项, 创建的螺旋线是左旋的。

方法二: 沿脊线

图 6.1.24 所示的沿脊线方式创建的螺旋线的一般步骤如下。

步骤01 打开文件 D:\ug111\work\ch06.01.02\helix_02.prt。

步骤02 选择下拉菜单 插入(S) ➡ 曲线(C) ➡ 螺旋线(X)... 命令, 系统弹出"螺旋线"对话框。

步骤03 定义螺旋线半径。在对话框 大小 区域选中 ⦿ 半径 单选项, 在其下方的 规律类型 下拉列表中选择 三次 选项。然后在 起始值 文本框中输入值 3, 在 终止值 文本框中输入值 1。

步骤04 定义螺旋线螺距和圈数。螺旋线螺距和圈数的参数如图 6.1.25 所示。

图 6.1.24 使用规律曲线创建的螺旋线　　图 6.1.25 "螺旋线"对话框

步骤 05 单击 **确定** 按钮，完成螺旋线的创建。

　　使用其他规律函数创建螺旋线的方法和上面介绍的例子大体相同，只是有的命令在操作过程中需要选定参照对象（图 6.1.26 和图 6.1.27），在此不再赘述。

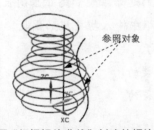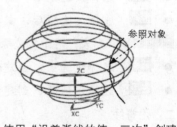

图 6.1.26 使用"根据规律曲线"创建的螺旋线　　图 6.1.27 使用"沿着脊线的值—三次"创建的螺旋线

3. 文本曲线

使用 **A** 命令，可将本地 Windows 字体库的 True Type 字体中的"文本"生成 NX 曲线。无论何时需要文本，都可以将此功能作为部件模型中的一个设计元素使用。在"文本"对话框中，允许用户选择 Windows 字体库中的任何字体，指定字符属性（粗体、斜体、类型、字母）；在"文本"对话框字段中输入文本字符串，并立即在 NX 部件模型内将字符串转换为几何体。

文本将跟踪所选 True Type 字体的形状，并使用线条和样条生成文本字符串的字符外形，可以在平面、曲线或曲面上放置生成的几何体。下面通过创建图 6.1.28 所示的文本曲线来说明创建文本曲线的一般步骤。

步骤 01 打开文件 D：\ug111\ch06.01.02\text_line.prt。

步骤 02 选择下拉菜单 插入(S) ➡ 曲线(C) ➡ A 文本(T)... 命令，系统弹出"文本"对话框（图 6.1.29 ）。

步骤 03 定义类型和参考对象。在 类型 区域的下拉列表中选择 曲线上 选项；选取曲线为文本放置曲线。

步骤 04 定义文本参数。在对话框 文本属性 区域的文本框中输入文本字符串"UG NX 快速入门、进阶与精通"；在 线型 下拉列表中选择 仿宋 选项；在 文本框 区域 偏置 文本框中输入值 10，在 长度 文本框中输入值 198，在 高度 文本框中输入值 20，其他参数均采用默认设置。

图 6.1.28　创建的文本曲线

图 6.1.29　"文本"对话框

步骤 05 单击对话框中的 < 确定 > 按钮，完成文本曲线的创建。

图 6.1.29 所示"文本"对话框中的部分选项说明如下。

◆ 类型：该区域的下拉列表中包括 平面的 、 面上 和 曲线上 三个选项，用于定义文本的放置类型。

- 平面的：该选项用于在平面上创建文本。
- 曲线上：该选项用于沿曲线创建文本。
- 面上：该选项用于在一个或多个相连面上创建文本。

6.1.3 派生曲线

派生的曲线是指利用现有的曲线，通过不同的方式而创建的新曲线。在 UG NX 11.0 中，主要是通过在 插入(S) 下拉菜单的 派生曲线(U) 子菜单中选择相应的命令来进行操作。下面分别对镜像、偏置、在面上偏置和投影等方法进行介绍。

1.镜像

曲线的镜像是指利用一个平面或基准平面（称为镜像中心平面）将源曲线进行复制，从而得到一个与源曲线关联或非关联的曲线。下面通过图 6.1.30b 所示的例子来说明创建镜像曲线的一般操作过程。

步骤 01 打开文件 D:\ug111\work\ch06.01.03\mirror_curves.prt。

步骤 02 选择下拉菜单 插入(S) ➡ 派生曲线(U) ➡ 镜像(M)... 命令，系统弹出"镜像曲线"对话框。

步骤 03 定义镜像曲线。在图形区选取图 6.1.31 所示的曲线，单击鼠标中键确认。

步骤 04 选取镜像平面。在对话框的 平面 下拉列表中选择 现有平面 选项，然后选择 YZ 基准平面为镜像平面。

步骤 05 单击 确定 按钮，完成镜像曲线的创建。

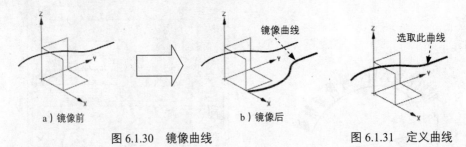

a）镜像前   b）镜像后

图 6.1.30 镜像曲线   图 6.1.31 定义曲线

2. 偏置

偏置曲线是通过移动选中的曲线对象来创建新的曲线。使用下拉菜单 插入(S) ➡ 派生曲线(U) ➡ 偏置(O)... 命令可以偏置由直线、圆弧、二次曲线、样条及边缘组成的线串。曲线可以在选中曲线所定义的平面内偏置，也可以使用 拔模 方法偏置到一个平行平面上，或

者沿着使用 <u>3D 轴向</u> 方法时指定的矢量进行偏置。下面对"拔模"和"3D 轴向"两种偏置方法分别进行介绍。

方式一：拔模偏置

下面通过图 6.1.32 所示的例子来说明用"拔模"方式创建偏置曲线的一般操作过程。

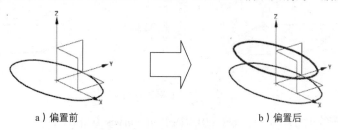

a）偏置前   b）偏置后

图 6.1.32 偏置曲线的创建

步骤 01 打开文件 D：\ug111\ch06.01.03\offset_curves_01.prt。

步骤 02 选择下拉菜单 插入(S) ➡ 派生曲线(U) ➡ 偏置(O)... 命令，系统弹出图 6.1.33 所示的"偏置曲线"对话框。

步骤 03 定义类型和参考对象。在对话框偏置 类型 区域的下拉列表中选择 拔模 选项；选取曲线为偏置对象。

步骤 04 在对话框 偏置 区域的 高度 文本框中输入数值-20；在 角度 文本框中输入数值 10；在 副本数 文本框中输入数值 1。

步骤 05 在对话框中单击 确定 按钮完成偏置曲线的创建。

 可以单击对话框中的 ⤬ 按钮改变偏置的方向。

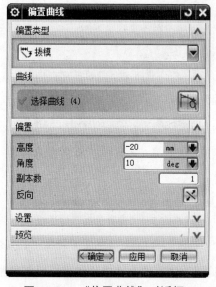

图 6.1.33 "偏置曲线"对话框

方式二：3D 轴向偏置

下面通过图 6.1.34 所示的例子来说明用"3D 轴向"方式创建偏置曲线的一般操作过程。

a）偏置前   b）偏置后

图 6.1.34 偏置曲线的创建

步骤 01 打开文件 D：\ug111\ch06.01.03\offset_curves_02.prt。

步骤 02 选择下拉菜单 插入(S) ➡ 派生曲线(U) ➡ 偏置(O)...命令，系统弹出图 6.1.35 示的"偏置曲线"对话框。

步骤 03 定义类型和参考对象。在对话框偏置 类型 区域的下拉列表中选择 3D 轴向 选项；选取曲线为偏置对象。

步骤 04 在对话框 偏置 区域的 距离 文本框中输入数值 30；在 ✓ 指定方向 (1) 下拉列表中选择 ZC↑ 选项，定义 ZC 轴为偏置方向。

步骤 05 在对话框中单击 确定 按钮完成偏置曲线的创建。

可以单击对话框中的 按钮改变偏置的方向，以获得用户想要的方向。

图 6.1.35 "偏置曲线"对话框

3. 在面上偏置曲线

"在面上偏置"是指通过偏置片体上的曲线或片体边界而创建曲线的方法。下面通过创建

图 6.1.36 所示的曲线来说明在"在面上偏置"的一般操作过程。

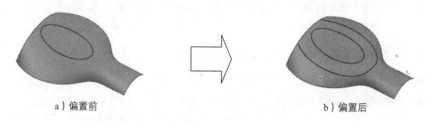

a）偏置前　　　　　　　　　　　　　　b）偏置后

图 6.1.36　创建在面上偏置曲线

步骤 **01**　打开文件 D:\ug111\work\ch06.01.03\offset_surface.prt。

步骤 **02**　选 择 下 拉 菜 单 插入(S) ➡ 派生曲线(U) ➡ 在面上偏置 命令，系统弹出图 6.1.37 所示的"在面上偏置曲线"对话框。

步骤 **03**　选择面上的曲线为偏置对象；在对话框 曲线 区域的 截面线1:偏置1 文本框中输入偏置值 13，在 面或平面 区域选取图 6.1.36a 所示的曲面为参照。

步骤 **04**　在 修剪和延伸偏置曲线 区域选中 ☑ 修剪至面的边 和 ☑ 延伸至面的边 两个复选框，单击 ＜确定＞ 按钮，完成曲线的偏置。

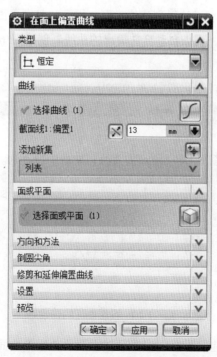

图 6.1.37　"在面上偏置曲线"对话框

图 6.1.37 所示的"在面上偏置曲线"对话框中部分选项的功能说明如下。

◆ 修剪和延伸偏置曲线 区域：此区域包括 ☑ 修剪到面的边 、 ☑ 延伸至面的边 、 ☑ 在截面内修剪至彼此 和

☑ 在截面内延伸至彼此 四个复选框。

- ☑ 在截面内修剪至彼此 ：对于偏置的曲线相互之间进行修剪。
- ☑ 在截面内延伸至彼此 ：对于偏置的曲线相互之间进行延伸
- ☑ 修剪到面的边 ：对于偏置曲线裁剪到边缘。
- ☑ 延伸至面的边 ：对于偏置曲线延伸到曲面边缘。
- ☑ 移除偏置曲线内的自相交 ：将偏置曲线中出现自相交的部分移除。

如图 6.1.38 和图 6.1.39 所示分别是取消 ☐ 修剪至面的边 和 ☐ 延伸至面的边 复选框得到的曲线。

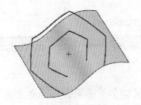 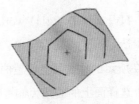

图 6.1.38　取消选中"修剪到面的边"　　　　图 6.1.39　取消选中"延伸至面的边"
　　　　　 复选框得到的曲线　　　　　　　　　　　　 复选框得到的曲线

4. 投影

投影可以将曲线、边缘和点映射到片体、面、平面和基准平面上。投影曲线在孔或面边缘处都要进行修剪，投影之后，可以自动合并输出的曲线。创建图 6.1.40 所示的投影曲线的一般操作过程如下。

步骤 01　打开文件 D:\ug111\work\ch06.01.03\project.prt。

步骤 02　选择下拉菜单 插入(S) ➡ 派生曲线(U) ➡ 投影(P)... 命令，系统弹出"投影曲线"对话框（图 6.1.41）。

步骤 03　在图形区选取图 6.1.40a 所示的曲线，单击中键确认。

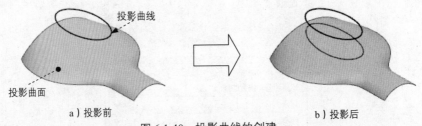

a）投影前　　　　　　　　　　　　　　　　　　　b）投影后

图 6.1.40　投影曲线的创建

步骤 04　定义投影面。选取图 6.1.40a 所示的曲面作为投影曲面，然后在对话框 投影方向 区域的 方向 下拉列表中选择 沿矢量 选项，在 ✔ 指定矢量 的下拉列表中选择 ZC↑ 选项。

步骤 05　在"投影曲线"对话框中单击 〈 确定 〉 按钮，完成投影曲线的创建。

图 6.1.41　"投影曲线"对话框（一）

图 6.1.41 所示"投影曲线"对话框的 投影方向 下拉列表中部分选项的说明如下。

◆ 沿面的法向 ：此方式是沿所选投影面的法向，向投影面投影曲线。

◆ 朝向点 ：此方式用于从原定义曲线朝着一个点，向选取的投影面投影曲线。

◆ 沿矢量 ：此方式用于沿设定的矢量方向，向选取的投影面投影曲线。

◆ 朝向直线 ：此方式用于从原定义曲线朝着一条现有曲线，向选取的投影面投影曲线。

◆ 与矢量成角度 ：此方式用于沿与设定矢量方向成一角度的方向，向选取的投影面投影曲线。

5. 组合投影

组合投影曲线是将两条不同的曲线沿着指定的方向进行投影和组合，而得到的第三条曲线。两条曲线的投影必须相交。在创建过程中，可以指定新曲线是否与输入曲线关联，以及对输入曲线作保留、隐藏等方式的处理。创建图 6.1.42 所示的组合投影曲线的一般过程如下。

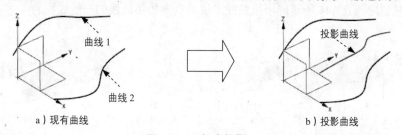

a）现有曲线　　　　　　　　　　　　　　b）投影曲线

图 6.1.42　组合投影

步骤 01　打开文件 D:\ug111\work\ch06.01.03\com_project.prt。

步骤 02　选择下拉菜单 插入(S) ➡ 派生曲线(U) ➡ 𝒳 组合投影(C)... 命令，系统弹出"组合投影"对话框，如图 6.1.43 所示。

(步骤 03) 在图形区选取图 6.1.42a 所示的曲线 1 作为第一曲线串，单击鼠标中键确认。

(步骤 04) 选取图 6.1.42a 所示的曲线 2 作为第二曲线串。

图 6.1.43 "组合投影"对话框

(步骤 05) 定义投影矢量。在投影方向 1 和投影方向 2 的下拉列表中选择 垂直于曲线平面 选项。

(步骤 06) 单击 确定 按钮，完成组合投影曲线的创建。

6. 桥接

桥接(B)... 命令可以创建位于两曲线上用户定义点之间的连接曲线。输入曲线可以是片体或实体的边缘。生成的桥接曲线可以在两曲线确定的面上，或者在自行选择的约束曲面上。

下面通过创建图 6.1.44 所示的桥接曲线来说明创建桥接曲线的一般过程。

选取曲线 2

选取曲线 1

a）桥接前

b）桥接后

图 6.1.44 创建桥接曲线

(步骤 01) 打开文件 D:\ug111\work\ch06.01.03\bridge_curve.prt。

步骤 02 选择下拉菜单 插入(S) ➡ 派生曲线(U) ➡ 🖾 桥接(B) 命令，系统弹出"桥接曲线"对话框，如图 6.1.45 所示。

步骤 03 定义桥接曲线。在图形区依次选取图 6.1.44a 所示的曲线 1 和曲线 2。

步骤 04 完成曲线桥接的操作。在 形状控制 区域 开始 文本框中输入值 0.7，在 结束 文本框中输入值 0.8，其他采用系统默认参数设置值；单击 〈 确定 〉 按钮，完成桥接曲线的操作。

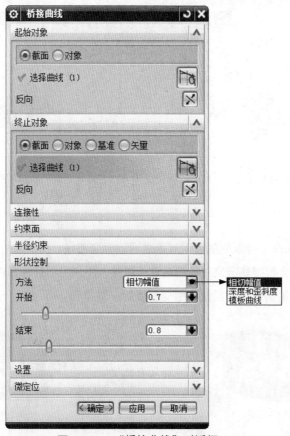

图 6.1.45　"桥接曲线"对话框

　　　通过在 形状控制 区域的 开始 、 结束 文本框中输入数值或拖动相对应的滑块，可以调整桥接曲线端点的位置，图形区中显示的图形也会随之改变。

图 6.1.45 所示"桥接曲线"对话框中"形状控制"区域的部分选项说明如下。

◆ 相切幅值：用户通过使用滑块推拉第一条曲线及第二条曲线的一个或两个端点，或在文本框中键入数值来调整桥接曲线。滑块范围表示相切的百分比。初始值在 0.0~3.0 之间变化。如果在一个文本框中输入大于 3.0 的数值，则几何体将作相应的调整，并且相应的滑块将增大范围以包含这个较大的数值。

◆ 深度和歪斜度：该滑块用于控制曲线曲率影响桥接的程度。在选中两条曲线后，可以通过移动滑块来更新深度和歪斜度。歪斜 滑块的值为曲率影响程度的百分比；深度 滑块控制最大曲率的位置。滑块的值是沿着桥接从曲线 1 到曲线 2 之间的距离数值。

◆ 模板曲线：所创建的桥接曲线部分将继承参考曲线的特性（如斜率、形状等）。

说明：此例中创建的桥接曲线可以约束在选定的曲面上。其操作步骤要增加，即在"桥接曲线"对话框 约束面 区域中单击 按钮，选取图 6.1.46a 所示的曲面为约束面。结果如图 6.1.46b 所示。

a）桥接前　　　　　　　　　　　　　　b）桥接后

图 6.1.46　添加约束面的桥接曲线

7. 相交曲线

利用 相交(I)... 命令可以创建两组对象之间的相交曲线。相交曲线可以是关联的或不关联的，关联的相交曲线会根据其定义对象的更改而更新。用户可以选择多个对象来创建相交曲线。下面以图 6.1.47 所示的例子来介绍创建相交曲线的一般过程。

a）创建前　　　　　　　　　　　　　　b）创建后

图 6.1.47　相交曲线的创建

步骤 01 打开文件 D:\ug111\work\ch06.01.04\inter_curve.prt。

步骤 02 选择下拉菜单 插入(S) ➡ 派生曲线(U) ➡ 相交(I)... 命令，系统弹出"相交曲线"对话框。

步骤 03 定义相交曲面。在图形区选取图 6.1.47a 所示的曲面 1，单击中键确认，然后选取曲面 2，其他选项均采用默认设置值。

步骤 04 单击"相交曲线"对话框中的 < 确定 > 按钮，完成相交曲线的创建。

8. 截面曲线

使用 截面(N)... 命令可在指定平面与体、面、平面和（或）曲线之间创建相关或不相关的相交曲线。平面与曲线相交可以创建一个或多个点。下面以图 6.1.48 所示的例子来介绍创建截面曲线的一般过程。

步骤 01 打开文件 D:\ug111\work\ch06.01.04\plane_curve.prt。

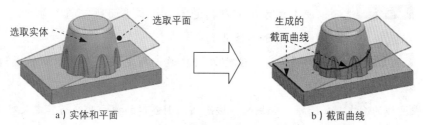

图 6.1.48 创建截面曲线

步骤 02 选择下拉菜单 插入(S) ➡ 派生曲线(U) ➡ 截面(N)... 命令，系统弹出"截面曲线"对话框，如图 6.1.49 所示。

步骤 03 在图形区选取图 6.1.48a 所示的实体，单击中键。

步骤 04 在对话框 剖切平面 区域中单击 * 指定平面 按钮，选取图 6.1.48a 所示的基准平面，其他选项均采用默认设置。

步骤 05 单击"截面曲线"对话框中的 确定 按钮，完成截面曲线的创建。

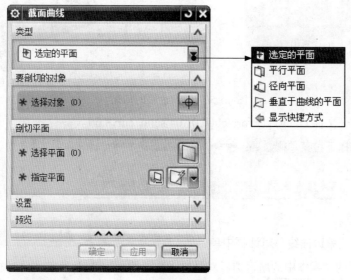

图 6.1.49 "截面曲线"对话框

图 6.1.49 所示"截面曲线"对话框中的部分选项的说明如下。

◆ 类型 区域：该区域的下拉列表中包括 选定的平面 选项、 平行平面 选项、 径向平面 选项和 垂直于曲线的平面 选项，用于设置创建截面曲线的类型。

● 选定的平面 选项：该方法可以通过选定的单个平面或基准平面来创建截面曲

线。

- ● **平行平面** 选项：使用该方法可以通过指定平行平面集的基本平面、步长值和起始及终止距离来创建截面曲线。

- ● **径向平面** 选项：使用该方法可以指定定义基本平面所需的矢量和点、步长值以及径向平面集的起始角和终止角。

- ● **垂直于曲线的平面** 选项：该方法允许用户通过指定多个垂直于曲线或边缘的剖截平面来创建截面曲线。

- ◆ **设置** 区域的 ☑ **关联** 复选框：如果选中该选项，则创建的截面曲线与其定义对象和平面相关联。

9. 抽取曲线

使用 **抽取 (E)...** 命令可以通过一个或多个现有体的边或面创建直线、圆弧、二次曲线和样条曲线，而体不发生变化。大多数抽取曲线是非关联的，但也可选择创建相关的等斜度曲线或阴影外形曲线。

下面以图 6.1.50 所示的例子来介绍利用"边曲线"创建抽取曲线的一般过程。

选取此实体特征

创建的曲线

a）特征体   b）创建的抽取曲线

图 6.1.50　抽取曲线的创建

步骤 01 打开文件 D:\ug111\work\ch06.01.04\solid_curve.prt。

步骤 02 选择下拉菜单 **插入 (S)** ➡ **派生曲线 (U)** ➡ **抽取 (E)...** 命令，系统弹出"抽取曲线"对话框。

步骤 03 单击 **边曲线** 按钮，弹出图 6.1.51 所示的"单边曲线"对话框。

步骤 04 在"单边曲线"对话框中单击 **实体上所有的** 按钮，弹出图 6.1.52 所示的"实体中的所有边"对话框，选取图 6.1.50a 所示的实体特征。

步骤 05 单击两次 **确定** 按钮，完成抽取曲线的创建。单击 **取消** 按钮退出对话框。

图 6.1.51 所示"单边曲线"对话框中各按钮的说明如下。

- ◆ **面上所有的** ：所选表面的所有边。
- ◆ **实体上所有的** ：所选实体的所有边。
- ◆ **所有名为** ：所有命名相似的曲线。

◆  **边成链**：所选链的起始边与结束边按某一方向连接而成的曲线。

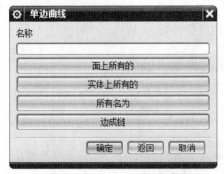

图 6.1.51　"单边曲线"对话框　　　　　　　图 6.1.52　"实体中的所有边"对话框

6.1.4　曲线曲率分析

曲线质量的好坏对由该曲线产生的曲面、模型等的质量有重大的影响。曲率梳依附曲线存在，最直观地反映了曲线的连续特性。曲率梳是指系统用梳状图形的方式来显示样条曲线上各点的曲率变化情况。显示曲线的曲率梳后，能方便地检测曲率的不连续性、突变和拐点，在多数情况下这些是不希望存在的。显示曲率梳后，在对曲线进行编辑时，可以很直观地调整曲线的曲率，直到得出满意的结果为止。

下面以图 6.1.53 所示的曲线为例，说明显示样条曲线曲率梳的操作过程。

步骤 01　打开文件 D:\ug111\work\ch06.01.04\curve_analysis.prt。

步骤 02　选取如图 6.1.55 所示的曲线。

步骤 03　选择下拉菜单 **分析(L)** ➡ **曲线(C)▶** ➡ **显示曲率梳(C)** 命令，在绘图区显示图 6.1.54 所示的曲率梳。

选取该曲线

图 6.1.53　样条曲线　　　　　　　　图 6.1.54　显示曲率梳

说明　再次选择下拉菜单 **分析(L)** ➡ **曲线(C)▶** ➡ **显示曲率梳(C)** 命令，则绘图区中不再显示曲率梳。

步骤 **04** 选择下拉菜单 分析(L) ➡ 曲线(C)▶ ➡ 曲线分析(U)... 命令,系统弹出图 6.1.55 所示的"曲线分析"对话框。

步骤 **05** 在图中输入数值,如图 6.1.55 所示。

步骤 **06** 在对话框中单击 确定 按钮,完成曲率梳分析。

图 6.1.55 "曲线分析"对话框

6.2 简单曲面

UG NX 11.0 具有强大的曲面功能,能方便地对曲面进行修改、编辑。本节主要介绍一些简单曲面的创建,主要内容包括曲面网格显示、有界平面的创建、拉伸/旋转曲面的创建、偏置曲面的创建以及曲面的抽取。

6.2.1 显示曲面网格

曲面的显示样式除了常用的着色、线框等还可以用网格线的形式显示出来。与其他显示样式相同,网格显示仅仅是对特征的显示,而对特征没有丝毫的修改或变动。下面以图 6.2.1 所示的模型为例，来说明曲面网格显示的一般操作过程。

步骤 01 打开文件 D:\ug111\work\ch06.02\static_wireframe.prt。

步骤 02 调整视图显示。在图形区右击，在弹出的快捷菜单中选择 渲染样式(D) ➡ 🔲 静态线框(W) 命令，图形区中的模型变成线框状态。

a）选取曲面   b）网格显示

图 6.2.1 曲面网格显示

> 模型在"着色"状态下是不显示网格线的，网格线只在"静态线框""面分析"和"局部着色"三种状态下才可以显示出来。

步骤 03 选择命令。选择下拉菜单 编辑(E) ➡ 🔲 对象显示(J)... 命令，弹出"类选择"对话框。

步骤 04 选取网格显示的对象。在图形区选取图 6.2.1a 所示的曲面，单击"类选择"对话框中的 确定 按钮，系统弹出"编辑对象显示"对话框。

步骤 05 定义参数。在"编辑对象显示"对话框 线框显示 区域的 U 和 V 文本框中分别输入值 20，其他参数采用默认设置值。

步骤 06 单击"编辑对象显示"对话框中的 确定 按钮，完成曲面网格显示的设置。

6.2.2 拉伸和旋转曲面

拉伸曲面和旋转曲面的创建方法与相应的实体特征相同，只是要求生成特征的类型不同。下面对这两种方法作简单介绍。

1. 创建拉伸曲面

拉伸曲面是将截面草图沿着某一方向拉伸而形成的曲面（拉伸方向多为草图平面的法线方向）。下面以图 6.2.2 所示的模型为例，来说明创建拉伸曲面特征的一般操作过程。

a）特征截面   b）拉伸曲面

图 6.2.2 拉伸曲面

步骤 01 打开文件 D:\ug111\work\ch06.02\extrude_surf.prt。

步骤 02 选择下拉菜单 插入(S) ➡ 设计特征(E) ➡ 📖 拉伸(E)... 命令，系统弹出 "拉伸" 对话框。

步骤 03 定义拉伸截面。在图形区选取图 6.2.2a 所示的曲线串为特征截面。

步骤 04 确定拉伸开始值和终点值。在 "拉伸" 对话框 限制 区域的 开始 下拉列表中选择 值 选项，并在其下的 距离 文本框中输入数值 0；在 限制 区域的 终点 下拉列表中选择 值 选项，并在其下的 距离 文本框中输入数值 25。

步骤 05 定义拉伸特征的体类型。在对话框 设置 区域的 体类型 下拉列表中选择 片体 选项，其他选用默认设置。

步骤 06 单击 "拉伸" 对话框中的 < 确定 > 按钮，完成拉伸曲面的创建。

 在设置拉伸方向时可以与草图平面成一定的角度，如图 6.2.3b 所示。

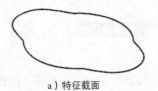

a）特征截面   b）拉伸曲面

图 6.2.3 拉伸曲面

2. 创建旋转曲面

图 6.2.4 所示的旋转曲面特征的创建过程如下。

步骤 01 打开文件 D:\ug111\work\ch06.02\rotate_surf.prt。

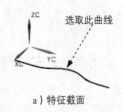

a）特征截面   b）旋转曲面

图 6.2.4 旋转曲面

步骤 02 选择 插入(S) ➡ 设计特征(E) ➡ 🍶 旋转(R)... 命令，系统弹出 "旋转" 对话框。

步骤 03 定义旋转截面。在图形区选取图 6.2.4a 所示的曲线为旋转截面。

步骤 04 定义旋转轴。在图形区选择 YC 轴为旋转轴，选取坐标系原点为指定点。

 在定义旋转轴时，如选择系统的基准轴，则不再需要选取定义点，而可以直接创建旋转特征。

步骤 **05** 定义旋转角度。在限制区域开始的下拉列表中选择值选项，并在其下的角度文本框中输入数值 0；在结束下拉列表中选择值选项，并在其下的角度文本框中输入数值 180。

步骤 **06** 定义旋转特征的体类型。在对话框设置区域的体类型下拉列表中选择片体选项，其他选用默认参数设置值。

步骤 **07** 单击"旋转"对话框中的 〈 确定 〉按钮，完成旋转曲面的创建。

6.2.3 有界平面

使用"有界平面"命令可以创建平整曲面。利用拉伸也可以创建曲面，但拉伸创建的是有深度参数的二维或三维曲面，而有界平面创建的是没有深度参数的二维曲面。下面以图 6.2.5a 所示的模型为例，来说明创建有界平面的一般操作过程。

步骤 **01** 打开文件 D:\ug111\work\ch06.02\ambit_surf.prt。

步骤 **02** 选择命令。选择下拉菜单 插入(S) ➡ 曲面(R) ➡ 有界平面(B) 命令，系统弹出"有界平面"对话框。

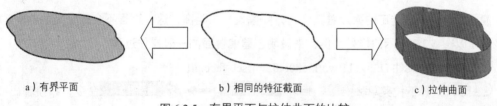

a）有界平面   b）相同的特征截面   c）拉伸曲面

图 6.2.5 有界平面与拉伸曲面的比较

步骤 **03** 在图形区选取图 6.2.5b 所示的曲线串，在"有界平面"对话框中单击 〈 确定 〉按钮，完成有界曲面的创建。

在创建"有界平面"时，所选取的曲线串必须由同一个平面作为载体，即"有界平面"的边界线要求共面，否则不能创建曲面。

6.2.4 偏置曲面

曲面的偏置用于创建一个或多个现有面的偏置曲面，从而得到新的曲面。下面分别对创建偏置曲面和偏置面进行介绍。

1. 创建偏置曲面

下面以图 6.2.6 所示的偏置曲面为例，来说明其一般创建过程。

步骤 **01** 打开文件 D:\ug111\work\ch06.02\offset_surface.prt。

步骤 **02** 选择下拉菜单 插入(S) ➡ 偏置/缩放(O) ➡ 偏置曲面(O)... 命令，系统弹出"偏置曲面"对话框。

步骤 **03** 在图形区选取图 6.2.7 所示的曲面，系统弹出 偏置 1 文本框，同时图形区中出现曲面的偏置方向。此时"偏置曲面"对话框中的"反向"按钮 被激活。

a）偏置前　　　　　　　　　b）偏置后　　　　　　　　　　　曲面 1

图 6.2.6　偏置曲面的创建　　　　　　　　　　　图 6.2.7　偏置方向（一）

步骤 **04** 定义偏置方向。单击"偏置曲面"对话框中的"反向"按钮 ，结果如图 6.2.8 所示。

步骤 **05** 定义偏置的距离。在弹出的 偏置 1 文本框中输入偏置距离值 10，单击鼠标中键确认。在"偏置曲面"对话框中单击 〈 确定 〉 按钮，完成偏置曲面的创建。

2. 偏置面

偏置面是将用户选定的面沿着其法向方向偏置一段距离，这一过程不会产生新的曲面。

下面以图 6.2.9 所示的模型为例，来说明创建偏置面的一般操作过程。

步骤 **01** 打开文件 D:\ug111\work\ch06.02\offset_face.prt。

步骤 **02** 选择下拉菜单 插入(S) ➡ 偏置/缩放(O) ➡ 偏置面(F)... 命令，系统弹出"偏置面"对话框。

步骤 **03** 在图形区选取图 6.2.9a 所示的曲面，然后在"偏置面"对话框的 偏置 文本框中输入数值 13，单击 确定 按钮，完成曲面的偏置操作。

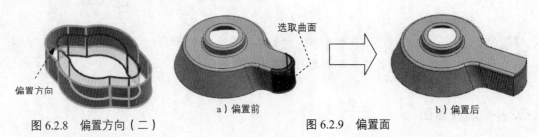

偏置方向　　　　　　　　　　　　　　　　　　　选取曲面

　　　　　　　　　　　　a）偏置前　　　　　　　　　　　　　　　　　b）偏置后

图 6.2.8　偏置方向（二）　　　　　　　　图 6.2.9　偏置面

6.2.5　抽取曲面

曲面的抽取即从一个实体或片体抽取曲面来创建片体。曲面的抽取就是复制曲面的过程。抽取独立曲面时，只需单击此面即可；抽取区域曲面时，是通过定义种子曲面和边界曲面来创建片体，创建的片体是从种子面开始向四周延伸到边界曲面的所有曲面构成的片体（其中包括种子曲面，但不包括边界曲面），这种方法在加工中定义切削区域时特别重要。下面分别介绍抽取独立曲面和抽取区域曲面。

1. 抽取独立曲面

下面以图 6.2.10 所示的模型为例,来说明创建抽取独立曲面一般操作过程(图 6.2.10b 中实体模型已隐藏)。

步骤 01 打开文件 D:\ug111\work\ch06.02\extracted_region_01.prt。

步骤 02 选择下拉菜单 插入(S) ➡ 关联复制(A)▶ ➡ 抽取几何特征(E)... 命令,系统弹出"抽取几何特征"对话框。

步骤 03 定义抽取类型。在对话框 类型 区域的下拉列表中选择 面 选项。

步骤 04 定义选取类型。在对话框 面 区域的 面选项 下拉列表中选择 单个面 选项。

步骤 05 选取图 6.2.11 所示的曲面。

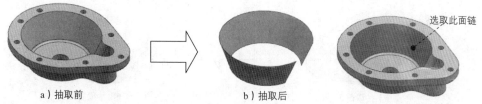

a)抽取前　　　　　　　　　　　　b)抽取后

选取此面链

图 6.2.10　抽取独立曲面　　　　　　　　图 6.2.11　选取曲面

步骤 06 在对话框 设置 区域中选中 ☑ 隐藏原先的 复选框,其他参数采用默认的设置值。单击 确定 按钮,完成对选中曲面的抽取。

"抽取几何特征"对话框中部分选项的说明如下。

◆ 类型 下拉列表:用于选择生成曲面的类型。

  ● 面:该选项用于从实体模型中抽取曲面特征。

  ● 面区域:该选项用于从实体模型中抽取一组曲面,这组曲面和种子面相关联,且被边界面所制约。

  ● 体:该选项用于生成与整个所选特征相关联的实体。

◆ 面选项 下拉列表:用于选择生成曲面的类型。

  ● 单个面:该选项用于从模型中选取单独面进行抽取(可以是多个单独面)。

  ● 面与相邻面:该选项定义一个面,从而选中与它相连的面进行抽取。

  ● 车身面:该选项定义抽取对象为选取体的表面。

◆ □不带孔抽取:该复选框用于表示是否删除选择曲面中的破孔(即未连接面)。

◆ □固定于当前时间戳记:该复选框用于改变特征编辑过程中,是否影响在此之前发生的特征抽取。

◆ ☑使用父部件的显示属性:选中该复选框,则父特征显示该抽取特征,子特征也显示,父特征隐藏该抽取特征,子特征也隐藏。

◆ ☐ 隐藏原先的：该复选框用于在生成抽取特征的时候，是否隐藏原来的实体。

◆ 曲面类型下拉列表：用于选择生成曲面的类型。

● 与原先相同：该选项用于将从模型中抽取的曲面特征保留为原来的曲面类型。

● 三次多项式：该选项用于将模型的选中面抽取为三次多项式自由曲面类型。

● 一般 B 曲面：该选项用于将模型的选中面抽取为一般的自由曲面类型。

2. 抽取区域曲面

抽取区域曲面就是通过定义种子曲面和边界曲面来选择曲面，这种方法将选取从种子曲面开始向四周延伸，直到边界曲面的所有曲面（其中包括种子曲面，但不包括边界曲面）。下面以图 6.2.12 所示的模型为例，来说明创建抽取区域曲面的一般操作过程（图 6.2.12b 中的实体模型已隐藏）。

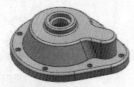

a）抽取前　　　　　　　　　　　　　　b）抽取后

图 6.2.12　抽取区域曲面

步骤 01　打开文件 D:\ug111\work\ch06.02\extracted_region02.prt。

步骤 02　选择下拉菜单 插入(S) ➡ 关联复制(A)▶ ➡ 🦴 抽取几何特征(E)... 命令，系统弹出"抽取几何特征"对话框。

步骤 03　定义抽取类型。在"抽取几何特征"对话框 类型 区域的下拉列表中选择 🔲 面区域 选项。

步骤 04　定义种子面。在图形区选取图 6.2.13 所示的曲面作为种子面。

步骤 05　定义边界曲面。选取图 6.2.14 所示的边界面。

步骤 06　在"抽取几何特征"对话框 设置 区域中选中 ☑ 隐藏原先的 复选框，其他参数采用默认设置值。单击 确定 按钮，完成对区域特征的抽取。

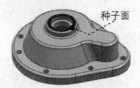

图 6.2.13　选取种子面　　　　　　　　图 6.2.14　选取边界曲面

"抽取几何特征"对话框中部分选项的说明如下。

◆ 区域选项 区域：包括 ☐ 遍历内部边 复选框和 ☐ 使用相切边角度 复选框。

☐ 遍历内部边：该选项用于控制所选区域的内部结构的组成面是否属于选择区域。

☐ 使用相切边角度：如果选中该选项，则系统根据沿种子面的相邻面邻接边缘的法向矢量的相对角度，确定"曲面区域"中要包括的面。该功能主要用在 Manufacturing 模块中。

6.3 自由曲面

自由曲面的创建是 UG 建模模块的重要组成部分。本节将学习 UG 中常用且较重要的曲面创建方法，其中包括网格曲面、扫掠曲面、桥接曲面、艺术曲面、截面体曲面、N 边曲面和弯边曲面。

6.3.1 网格曲面

在创建曲面的方法中网格曲面较为重要，尤其是四边面的创建。在四边面的创建中网格曲面能够很好地控制面的连续性并且容易避免收敛点的生成，从而保证面的质量较高。这在后续的产品设计中尤为重要。下面分别介绍几种网格面的创建方法。

1. 直纹面

直纹面可以理解为通过一系列直线连接两组线串而形成的一张曲面。在创建直纹面时只能使用两组线串，这两组线串可以是封闭的，也可以不封闭。下面以图 6.3.1 为例，来说明创建直纹面的一般操作过程。

步骤 **01** 打开文件 D:\ug111\work\ch06.03\ruled_surf.prt。

a）选取曲线串   b）创建的直纹面

图 6.3.1 直纹面的创建

步骤 **02** 选择命令。选择下拉菜单 插入(S) ➡ 网格曲面(M)▶ ➡ 直纹(R)...命令，系统弹出"直纹面"对话框。

步骤 **03** 选取截面线串 1。在图形区中选取图 6.3.1a 所示的曲线串 1，单击中键确认。

步骤 **04** 选取截面线串 2。在图形区中选取图 6.3.1a 所示的曲线串 2，单击中键确认。

步骤 **05** 设置对齐方式。在"直纹面"对话框 对齐 区域的 对齐 下拉列表中选择 根据点 选项，然后拖动各个对应点（具体操作参见视频）。

步骤 **06** 在"直纹面"对话框 设置 区域的 体类型 下拉列表中选择 片体 选项。

步骤 **07** 在"直纹面"对话框中单击 < 确定 > 按钮，完成直纹面的创建。

2. 通过曲线组

使用 [通过曲线组(T)...] 命令可以通过同一方向上的一组曲线轮廓线创建曲面（当轮廓线封闭时，生成的则为实体）。曲线轮廓线称为截面线串，截面线串可由单个对象或多个对象组成，每个对象都可以是曲线、实体边等。图 6.3.2 所示通过曲线创建曲面的过程如下。

a）截面特征　　　　　　　　　　　　　　　b）创建的曲面

图 6.3.2　通过曲线创建曲面

步骤 01　打开文件 D:\ug111\work\ch06.03\through_curves.prt。

步骤 02　选择命令。选择下拉菜单 [插入(S)] ➡ [网格曲面(M)▶] ➡ [通过曲线组(T)...] 命令，系统弹出图 6.3.3 所示的"通过曲线组"对话框。

步骤 03　定义截面线串。在图形区中依次选取图 6.3.4 所示的曲线串 1、曲线串 2 和曲线串 3，并分别单击中键确认。

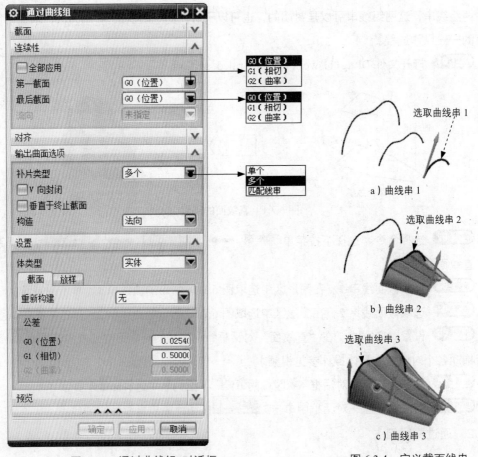

图 6.3.3 "通过曲线组"对话框　　　　　　　　图 6.3.4　定义截面线串

选取截面线串后，图形区显示的箭头矢量应该处于截面线串的同侧（图
6.3.4c），否则生成的片体将被扭曲。后面介绍的通过曲线网格创建曲面也有类似
问题。

步骤 **04** 设置参数。在"通过曲线组"对话框 对齐 区域中选中 ☑ 保留形状 复选框，其他均采
用默认设置值，单击 < 确定 > 按钮完成曲面的创建。

图 6.3.3 所示"通过曲线组"对话框中的部分选项说明如下。

◆ 截面 区域中的 列表 区域：用于显示被选取的截面线串。

◆ 连续性 区域下拉列表用于对所生成曲面的起始端和终止端定义约束条件。

● G0（位置）：生成的曲面与指定面点连续。

● G1（相切）：生成的曲面与指定面相切连续。

● G2（曲率）：生成的曲面与指定面曲率连续。

● 对齐 下拉列表：该下拉列表中的选项与"直纹面"命令中的相似，除了包括 参数、
圆弧长、根据点、距离、角度 和 脊线 六种对齐方法外，还有一个 根据分段 选项，该
选项中包含段数最多的截面曲线，按照每一段曲面的长度比例划分其余的截
面曲线，并建立连接对应点。

◆ 次数 文本框：该文本框用于设置生成曲面的 V 向阶次。当选取了截面线串后，在 列表 区
域中选择一组截面线串，系统弹出图 6.3.5 所示的"通过曲线组"对话框。

图 6.3.5　"通过曲线组"对话框的激活按钮

图 6.3.5 所示"通过曲线组"对话框中的部分按钮说明如下。

◆ ✗（移除）：单击该按钮，选中的截面线串被删除。

◆ ⬆（上移）：单击该按钮，选中的截面线串移至上一个截面线串的上级。

◆　 ⬇ （下移）：单击该按钮，选中的截面线串移至下一个截面线串的下级。

3. 通过曲线网格

使用"通过曲线网格"命令可以用沿着不同方向的两组线串创建曲面。一组同方向的线串定义为主曲线，另外一组和主线串不在同一平面的线串定义为交叉线串，定义的主曲线与交叉线串必须在设定的公差范围内相交。这种创建曲面的方法定义了两个方向的控制曲线，可以很好地控制曲面的形状，因此它也是最常用的创建曲面的方法之一。下面以图 6.3.6 为例说明通过曲线网格创建曲面的一般过程。

图 6.3.6　通过曲线网格创建曲面

步骤 01　打开文件 D:\ug111\work\ch06.03\through_curves_mesh.prt。

步骤 02　选择下拉菜单 插入(S) ➡ 网格曲面(M) ➡ 通过曲线网格(M) 命令，系统弹出图 6.3.7 所示的"通过曲线网格"对话框。

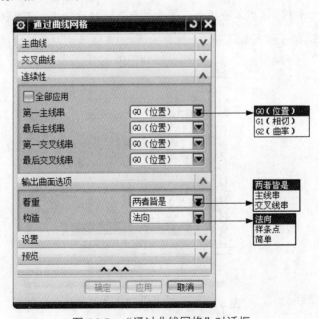

图 6.3.7　"通过曲线网格"对话框

步骤 03　定义主线串。在图形区中依次选取图 6.3.6a 所示的曲线串 1、曲线串 2 和曲线串 3 为主线串，并分别单击中键确认。

步骤 04 定义交叉线串。在图形区中依次选取图 6.3.6a 所示的曲线串 4、曲线串 5 和曲线串 6 为交叉线串，分别单击中键确认。

步骤 05 单击 〈 确定 〉 按钮完成 "通过曲线网格" 曲面的创建。

图 6.3.7 所示 "通过曲线网格" 对话框的部分选项说明如下。

◆ 着重 下拉列表：该下拉列表用于控制系统在生成曲面的时候更强调主线串还是交叉线串，或者两者有同样效果。

● 两者皆是：系统在生成曲面的时候，主线串和交叉线串有同样效果。

● 主线串：系统在生成曲面的时候，更强调主线串。

● 交叉线串：系统在生成曲面的时候，交叉线串更有影响。

◆ 构造 下拉列表。

● 法向：使用标准方法构造曲面，该方法比其他方法建立的曲面有更多的补片数。

● 样条点：利用输入曲线的定义点和该点的斜率值来构造曲面。要求每条线串都要使用单根 B 样条曲线，并且有相同的定义点，该方法可以减少补片数，简化曲面。

● 简单：用最少的补片数构造尽可能简单的曲面。

6.3.2 一般扫掠曲面

一般扫掠曲面就是用规定的方式沿一条（或多条）空间路径（引导线串）移动轮廓线（截面线串）而生成的曲面。

截面线串可以由单个或多个对象组成，每个对象可以是曲线、边缘或实体面，每组截面线串内的对象的数量可以不同。截面线串的数量可以是 1～150 之间的任意数值。

引导线串在扫掠过程中控制着扫掠体的方向和比例。在创建扫掠体时，必须提供一条、两条或三条引导线串。提供一条引导线不能完全控制剖面大小和方向变化的趋势，需要进一步指定截面变化的方法；提供两条引导线时，可以确定截面线沿引导线扫掠的方向趋势，但是尺寸可以改变，还需要设置截面比例变化；提供三条引导线时，完全确定了截面线被扫掠时的方位和尺寸变化，无需另外指定方向和比例就可以直接生成曲面。

下面介绍扫掠曲面特征的一般创建过程。

1. 选取一组引导线的方式进行扫掠

下面通过创建图 6.3.8a 所示的曲面，来说明用选取一组引导线方式进行扫掠的一般操作过程。

步骤 01 打开文件 D:\ug111\work\ch06.03\sweep_surf_01.prt。

步骤 02 选择下拉菜单 插入(S) ➡ 扫掠(W) ➡ ◆ 扫掠(S)... 命令,系统弹出图 6.3.9 所示的 "扫掠" 对话框。

步骤 03 定义截面线串。 在图形区选取图 6.3.8a 所示的曲线 1 作为截面线串,单击中键确认,再次单击中键完成截面线串的选取。

步骤 04 定义引导线串。选取图 6.3.8b 所示的曲线 2 作为引导线串,单击中键确认。

步骤 05 完成扫掠曲面的创建。对话框的其他设置采用系统默认设置值,单击对话框中的 〈确定〉 按钮,完成曲面的创建。

图 6.3.9 所示 "扫掠" 对话框中各个选项的说明如下。

◆ 截面选项 区域的 截面位置 下拉列表: 包括 沿引导线任何位置 和 引导线末端 两个选项,用于定义截面的位置。

● 沿引导线任何位置 选项: 截面位置可以在引导线的任意位置。

● 引导线末端 选项: 截面位置位于引导线末端。

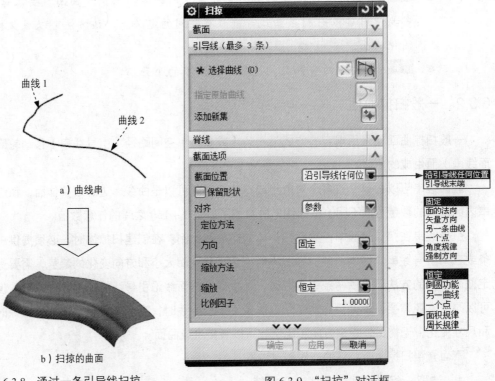

a) 曲线串

b) 扫掠的曲面

图 6.3.8 通过一条引导线扫掠

图 6.3.9 "扫掠" 对话框

◆ 在扫掠时,截面线串的方向无法惟一确定,所以需要通过添加约束来确定。"扫掠" 对话框 定位方法 区域的 方向 下拉列表的各选项即用来设置不同约束,下面是对此下拉列表各选项的说明。

- 固定：在截面线串沿着引导线串移动时，保持固定的方向，并且结果是简单平行的或平移的扫掠。
- 面的法向：局部坐标系的第二个轴与一个或多个沿着引导线串每一点指定公有基面的法向向量一致，这样约束截面线串保持和基面的固定联系。
- 矢量方向：局部坐标系的第二个轴和用户在整个引导线串上指定的矢量一致。
- 另一曲线：通过连接引导线串上相应的点和另一条曲线来获得局部坐标系的第二个轴（就好像在它们之间建立了一个直纹片体）。
- 一个点：与另一条曲线相似，不同之处在于第二个轴的获取是通过引导线串和点之间的三面直纹片体的等价对象实现的。
- 角度规律：让用户使用规律子函数定义一个规律来控制方向。旋转角度规律的方向控制具有一个最大值（限制），为 100 圈（转），36000°。
- 强制方向：在沿引导线串扫掠截面线串时，用户使用一个矢量固定截面的方向。
◆ 除了可以对要创建的曲面添加约束外，还可以控制要创建面的大小，这一控制是通过对话框 缩放方法 区域的 缩放 下拉列表及 比例因子 文本框来实现的。下面是对 缩放 下拉列表各选项及 比例因子 文本框的说明。
- 恒定：在扫掠过程中，使用恒定的比例对截面线串进行放大或缩小。
- 倒圆函数：定义引导线串的起点和终点的比例因子，并且在指定的起始和终止比例因子之间允许线性或三次比例。
- 另一曲线：使用比例线串与引导线串之间的距离作为比例参考值，但是此处在任意给定点的比例是以引导线串和其他的曲线或实边之间的直纹线长度为基础的。
- 一个点：使用选择点与引导线串之间的距离作为比例参考值，选择此种形式的比例控制的同时，还可以（在构造三面扫掠时）使用同一个点作方向的控制。
- 面积规律：用户使用规律函数定义剖面线串的面积来控制截面线比例缩放，截面线串必须是封闭的。
- 周长规律：用户使用规律函数定义截面线串的周长来控制剖面线比例缩放。
- 比例因子 文本框：用于输入比例参数，大于 1 则是放大曲面，小于 1 则是缩小曲面。

比例因子 文本框只有在引导线只有一条的情况下才能编辑。

2. 选取两组引导线的方式进行扫掠

下面通过创建图 6.3.10b 所示的曲面，来说明用选取两组引导线的方式进行扫掠的一般操作过程。

图 6.3.10　通过两组引导线扫掠

步骤 01 打开文件 D:\ug111\work\ch06.03\sweep_surf_02.prt。

步骤 02 选择下拉菜单 插入(S) ➡ 扫掠(W)▶ ➡ ◆ 扫掠(S)… 命令，系统弹出"扫掠"对话框。

步骤 03 定义截面线串。在图形区中选取图 6.3.10a 所示的曲线 1 为截面线串，单击中键确认，本例只有一条截面线串，再次单击中键完成截面线串的选取。

步骤 04 定义引导线串。在图形区选取图 6.3.10a 所示的曲线 2 和曲线 3 分别为引导线串，并分别单击中键确认。

步骤 05 完成曲面的创建。其他设置保持系统默认值，单击对话框中的 ＜ 确定 ＞ 按钮，完成曲面的创建。

3. 扫掠脊线的作用

在扫掠过程中使用脊线的作用是为了更好地控制截面线串的方向。下面通过创建图 6.3.11b 所示的曲面来说明扫掠过程中脊线的作用。

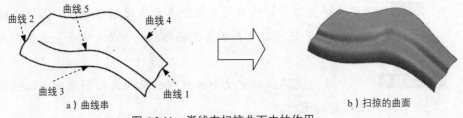

图 6.3.11　脊线在扫掠曲面中的作用

步骤 01 打开文件 D:\ug111\work\ch06.03\sweep_surf_03.prt。

步骤 02 选择下拉菜单 插入(S) ➡ 扫掠(W)▶ ➡ ◆ 扫掠(S)… 命令，系统弹出"扫掠"对话框。

步骤 03 定义截面线串。在图形区中选取图 6.3.11a 所示的曲线 1 和曲线 2 分别为截面线串，并分别单击中键确认，再次单击中键完成截面线串的选取。

步骤 04 定义引导线串。在图形区依次选取图 6.3.11a 所示的曲线 3 和曲线 4 为引导线串，并分别单击中键确认。

步骤 05 定义脊线串。单击对话框 脊线 区域中的 按钮，选取图 6.3.11a 所示的曲线 5 为脊线串。

步骤 06 完成曲面创建。对话框的其他设置保持系统默认值，单击对话框中的 < 确定 > 按钮，完成曲面的创建。

6.3.3 沿引导线扫掠

"沿引导线扫掠"命令通过沿着引导线串移动截面线串来创建曲面（当截面线串封闭时，生成的则为实体）。其中引导线串可以由一个或一系列曲线、边或面的边缘线构成；截面线串可以由开放的或封闭的边界草图、曲线、边缘或面构成。下面通过创建图 6.3.12 所示的曲面来说明沿引导线扫掠的一般操作步骤。

步骤 01 打开文件 D:\ug111\work\ch06.03\sweep_surface.prt。

步骤 02 选择下拉菜单 插入(S) ➡ 扫掠(W) ➡ 沿引导线扫掠(G) 命令，系统弹出"沿引导线扫掠"对话框。

a）曲线串   b）扫掠曲面

图 6.3.12 沿引导线扫掠

步骤 03 选取图 6.3.12a 所示的曲线 1 为截面线串，单击鼠标中建。

步骤 04 选取图 6.3.12a 所示的曲线 2 为引导线串，在 设置 区域的 体类型 下拉列表中选择 片体 选项，单击 < 确定 > 按钮。

6.3.4 样式扫掠

使用 样式扫掠(Y)... 命令可以根据一组曲线快速制定精确、光顺的自由曲面，最多可以选取两组引导线串和两组剖面线串。定义样式扫掠的方式是一个或两个剖面线串沿指定的引导线串移动，也可以使用接触曲线或脊曲线来定义曲面的方位。动态编辑工具可以帮助用户浏览，即时更改设计，这样用户就可以体会所生成曲面的美学或实践意义。下面通过创建图 6.3.13 所示的曲面来说明样式扫掠的一般操作步骤。

步骤 01 打开文件 D:\ug111\work\ch06.03\styled_sweep.prt。

步骤 02 选择下拉菜单 插入(S) ➡ 扫掠(W) ➡ 样式扫掠(Y)... 命令，系统弹出图 6.3.14 所示的"样式扫掠"对话框。

图 6.3.14 所示"样式扫掠"对话框中各个选项的说明如下。

◆ 类型 下拉列表：此列表包括 ⬛ 1 条引导线串、⬛ 1 条引导线串，1 条接触线串、

⬛ 1 条引导线串，1 条方位线串 和 ⬛ 2 条引导线串 四个选项。仅对常用的

⬛ 1 条引导线串 和 ⬛ 2 条引导线串 作一简单说明。

- ⬛ 1 条引导线串 选项：通过一条引导线定义扫掠的方向。
- ⬛ 2 条引导线串 选项：通过定义两条引导线来控制扫掠方向。

◆ 形状控制 区域：包括 枢轴点位置、旋转、缩放 和 部分扫掠 四个按钮。点选不同按钮对话框

会有相应的变化。

- ⬛ （枢轴点定位）：用于定义曲面截面线串和引导线串上开始扫掠的位置。
- ⬛ （旋转）：设置曲面的旋转位置和角度。
- ⬛ （缩放）：通过参数调节可控制生成的曲面的大小比例。
- ⬛ （部分扫掠）：通过 U、V 方向参数的设定来控制要扫掠的部分。

◆ 设置 区域中的 重新构建 区域：使用"重新构建"可以提高曲面品质，方法是重定义引导

线和截面线串的阶次和节点。

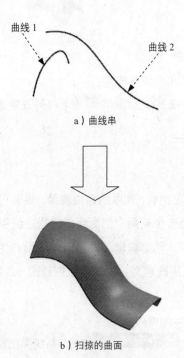

a）曲线串

b）扫掠的曲面

图 6.3.13　样式扫掠创建曲面

图 6.3.14　"样式扫掠"对话框

步骤 03 设置扫掠类型。在对话框 类型 的下拉列表中选择 1 条引导线串 选项。

步骤 04 定义截面线串。选取图 6.3.13a 所示的曲线 1 为截面线串，单击中键确认。

步骤 05 定义引导线串。选取图 6.3.13a 所示的曲线 2 为引导线串，单击中键确认。

步骤 06 设置曲面参数。单击对话框 形状控制 区域 方法 下拉列表中的 枢轴点位置 按钮，其他参数采用系统默认设置值。

步骤 07 在"样式扫掠"对话框中单击 < 确定 > 按钮，完成样式扫掠曲面的创建。

6.3.5　变化扫掠

使用 变化扫掠 (V)... 命令可以沿着路径创建有变化地扫掠主截面线的实体或曲面。用户可从单个主横截面在一个特征中创建多个体。

主横截面是使用草图生成器中的路径上的草图选项创建的草图。为草图选择的路径定义草图在路径上的原点。用户可使用草图生成器的相交命令，添加可选导轨，以便在主横截面沿路径扫掠时用做其引导线，导轨可为曲线或边缘。

用户可定义路径上的草图的部分或全部几何体，以便用做扫掠的主横截面。在扫掠过程中，主横截面不能保持恒定；它可能随路径位置函数和草图内部约束而更改其几何形状。

只要参与操作的导轨没有明显偏离，扫掠就将跟随整个路径。如果导轨偏离过多，则系统能通过导轨和路径之间的最后一个可用的交点确定路径长度，系统可根据需要延伸导轨。下面通过创建图 6.3.15 所示的曲面来说明变化扫掠的一般步骤。

a）曲线串　　　　　　　　　　b）扫掠曲面

图 6.3.15　根据变化扫掠创建曲面

步骤 01 打开文件 D:\ug111\work\ch06.03\variational_sweep.prt。

步骤 02 选择下拉菜单 插入(S) ➤ 扫掠(W)▶ ➤ 变化扫掠 (V)... 命令，系统弹出图 6.3.16 所示的 "Variational Sweep" 对话框。

步骤 03 选择绘制草图截面命令。在 "Variational Sweep" 对话框中单击 "绘制截面" 按钮 。

步骤 04 定义路径。在图形区半圆上单击任意一点，在系统弹出的图 6.3.17 所示的 弧长百分比 文本框中输入参数 75，选择 X 轴为水平参考，单击 确定 按钮，进入草图环境。

步骤 05 绘制截面线串。选择下拉菜单 插入(S) ➤ 曲线(C)▶ ➤ 轮廓(O)... 命令，绘制图 6.3.18 所示的截面线串。

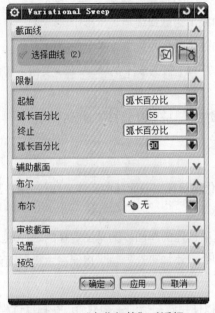

图 6.3.16　"变化扫掠"对话框

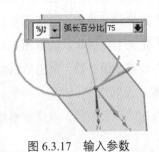

图 6.3.17　输入参数

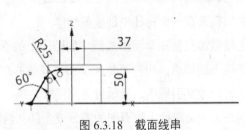

图 6.3.18　截面线串

步骤 06　单击 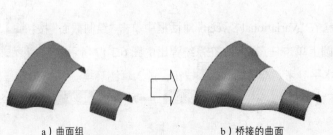 完成草图按钮，完成草图定义。然后在"变化扫掠"对话框中设置图 6.3.16 所示的参数，单击 〈 确定 〉按钮，完成扫掠曲面的创建。

6.3.6　桥接曲面

使用 桥接(B)... 命令可以在两个曲面间建立一张过渡曲面，且可以在桥接和定义面之间指定相切连续性或曲率连续性。

下面通过创建图 6.3.19b 所示的桥接曲面，来说明创建桥接曲面的一般步骤。

步骤 01　打开文件 D:\ug111\work\ch06.03\bridge_surface.prt。

步骤 02　选择下拉菜单 插入(S) ➡ 细节特征(L)▶ ➡ 桥接(B)... 命令，系统弹出图 6.3.20 所示的"桥接曲面"对话框。

a）曲面组　　　b）桥接的曲面

图 6.3.19　创建桥接曲面

图 6.3.20　"桥接曲面"对话框

步骤 03 分别选取两曲面相临近的两条边作为"边 1"和"边 2"。

步骤 04 定义相切约束。在"桥接曲面"对话框的 连续性 区域中选择 G1（相切）选项。

步骤 05 单击 〈 确定 〉 按钮，完成桥接曲面的创建。

6.3.7　艺术曲面

UG NX 11.0 允许用户使用预设置的曲面构造方法快速、简捷地创建艺术曲面。创建艺术曲面之后，通过添加或删除截面线串和引导线串，可以重新构造曲面。该工具还提供了连续性控制和方向控制选项。UG NX 11.0 较之前的版本在艺术曲面的命令上有较大的改动，将之前的几个命令融合在一个命令当中，使操作更为简便。

下面通过图 6.3.21b 所示的实例来说明艺术曲面的一般操作过程。

a）曲线串　　　　　　　　　　　　　　　　　　b）创建的曲面

图 6.3.21　艺术曲面

步骤 01 打开文件 D:\ug111\work\ch06.03\stidio_surface.prt。

步骤 02 选择下拉菜单 插入(S) ➡ 网格曲面(M)▶ ➡ ◆ 艺术曲面(U)... 命令，系统弹出图 6.3.22 所示的"艺术曲面"对话框。

步骤 03 定义截面线。依次选取图 6.3.23 所示的曲线 1 和曲线 2 为截面线，并分别单击中键确认。

步骤 04 定义引导线。依次选取图 6.3.23 所示的曲线 3 和曲线 4 为引导线，并分别单击中键确认。

步骤 05 对话框中的其他设置保持系统默认值，单击 〈 确定 〉 按钮，完成曲面的创建。

图 6.3.22 所示"艺术曲面"对话框中部分选项说明如下。

◆ 截面(主要)曲线 区域：用于选取 ◆ 艺术曲面(U)... 命令中需要的截面线串。

◆ 引导(交叉)曲线 区域：用于选取 ◆ 艺术曲面(U)... 命令中需要的引导线串。

◆ 列表 区域：分为"截面曲线"和"引导线"两个区域。分别用于显示所选中的截面线串和引导线串。

◆ 连续性 区域：此区域用于设置艺术曲面边界的约束情况，包括 第一截面 下拉列表、最后截面 下拉列表、第一条引导线 下拉列表和 最后一条引导线 下拉列表。四个下拉列表中的选项相同，分别是 G0（位置）、 G1（相切）和 G2（曲率）选项。

◆ 输出曲面选项 区域：用于控制曲面的生成。此区域中的 对齐 下拉列表包括"参数""圆弧长"和"根据点"三个选项。

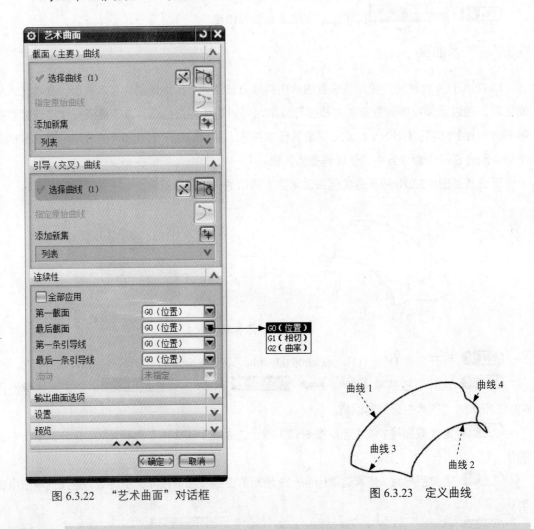

图 6.3.22 "艺术曲面"对话框

图 6.3.23 定义曲线

说明　　在选择截面线串和引导线串时可以选取多条，也可以分别选一条；甚至有时可以不选引导线串。选择多条截面线串是为了更好地控制曲面的形状，而选择多条引导线串是为了更好地控制面的走势。这里要求截面线串没有必要一定光顺，但必须连续（即 G0 连续）；引导线必须光顺（即 G1 连续）。图 6.3.24~图 6.3.27 是以本例曲线为基础，但所选的截面线串和引导线串各有不同而创建的曲面。

图 6.3.24 一条截面线，一条引导线

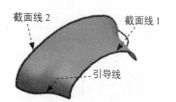

图 6.3.25 两条截面线，一条引导线

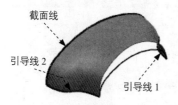

图 6.3.26 一条截面线，两条引导线

图 6.3.27 两条截面线

6.4 曲面分析

曲面设计过程中或设计完成后要对曲面进行必要的分析，以检查是否达到设计过程的要求以及设计完成后的要求。曲面分析工具用于评估曲面品质，找出曲面的缺陷位置，从而方便修改和编辑曲面，以保证曲面的质量。下面具体介绍 UG NX 11.0 中的一些曲面分析功能。

6.4.1 曲面连续性分析

曲面的连续性分析功能主要用于分析曲面之间的位置连续、斜率连续、曲率连续和曲率斜率的连续性。下面以图 6.4.1 所示的曲面为例，介绍如何分析曲面连续性。

步骤 01 打开文件 D:\ug111\work\ch06.04\continuity.prt。

步骤 02 选择下拉菜单 分析(L) ➡ 形状(U) ▶ ➡ 曲面连续性(C)... 命令，系统弹出图 6.4.2 所示的"曲面连续性"对话框。

步骤 03 在 类型 区域的下拉列表中选择 边到面 选项。

步骤 04 在图形区选取图 6.4.1 所示的通过曲线组网格曲面的边线作为第一个边缘集，单击中键，然后选取图 6.4.1 所示的桥接曲面作为第二个边缘集。

步骤 05 定义连续性分析类型。在 连续性检查 区域中单击 G0（位置）复选框，取消位置连续性分析；单击 G2（曲率）复选框，开启曲率连续性分析。

步骤 06 定义显示参数。设置图 6.4.2 所示的显示参数，则两曲面的交线上自动显示曲率梳，单击 确定 按钮完成曲面连续性分析，如图 6.4.3 所示。

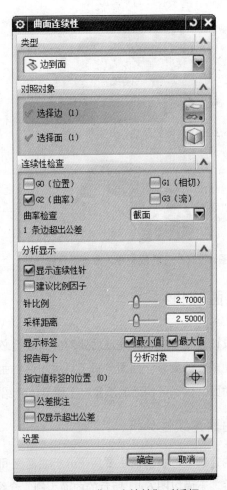

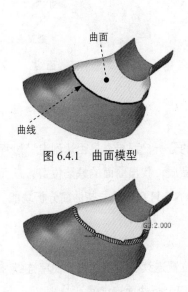

图 6.4.1 曲面模型

图 6.4.3 曲率连续性分析　　　　图 6.4.2 "曲面连续性"对话框

图 6.4.2 所示"曲面连续性"对话框的选项及按钮说明如下。

◆ 类型区域：包括"边到边"复选框 和"边到面"复选框 ，用于设置偏差类型。

● 边到边：分析边缘与边缘之间的连续性。

● 边到面：分析边缘与曲面之间的连续性。

◆ 连续性检查区域：包括 G0（位置）复选框、G1（相切）复选框、G2（曲率）复选框和 G3（流）复选框，用于设置连续性检查的类型。

● G0（位置）：分析位置连续性，显示两条边缘线之间的距离分布。

● G1（相切）：分析斜率连续性，检查两组曲面在指定边缘处的斜率连续性。

● G2（曲率）：分析曲率连续性，检查两组曲面之间的曲率误差分布。

● G3（流）：分析曲率的斜率连续性，显示曲率变化率的分布。

◆ 曲率检查区域：当检查 G2（曲率）连续性时，用于指定曲率分析的类型。

6.4.2　曲面反射分析

反射分析主要用于分析曲面的反射特性（从面的反射图中我们能观察曲面的光顺程度，通俗的理解是：面的光顺度越好，面的质量就越高），使用反射分析可显示从指定方向观察曲面上自光源发出的反射线。下面以图 6.4.4 所示的曲面为例，介绍反射分析的方法。

步骤 01　打开文件 D:\ug111\work\ch06.04\reflection.prt。

步骤 02　选择下拉菜单 分析(L) ➡ 形状(H) ▸ ➡ 反射(F)... 命令，系统弹出图 6.4.5 所示的"反射分析"对话框。

步骤 03　选取图 6.4.4 所示的曲面作为反射分析的对象。

步骤 04　在 类型 下拉列表中选择 直线图像 选项，然后在 图像 区域单击"彩色线"按钮，其他选项均采用系统默认设置值。

步骤 05　在图 6.4.5 所示的"反射分析"对话框中单击 确定 按钮，完成反射分析（图 6.4.6）。

图 6.4.4　曲面模型

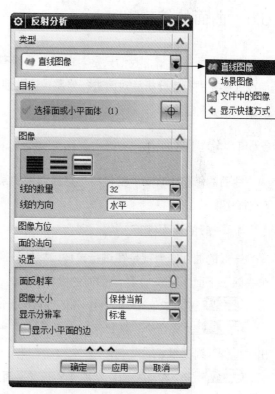

图 6.4.5　"反射分析"对话框

图 6.4.6　反射分析

图 6.4.5 所示"面分析－反射"对话框中的部分选项及按钮说明如下：

◆ 图像类型 区域：用于指定图像显示的类型，包括 直线图像 、 场景图像 和 文件中的图像 三种类型。

- ● 直线图像 （直线图像）：使用直线图形进行反射分析。
- ● 场景图像 （场景图像）：使用场景图像进行反射分析。
- ● 文件中的图像 （用户指定的图像）：使用用户自定义的图像进行反射分析。
- ◆ 线的数量：在其后的下拉列表中选择数值可指定反射线条的数量。
- ◆ 线的方向：在其后的下拉列表中选择方式指定反射线的方向。
- ◆ 图像方位：在该区域拖动滑块，可以对反射图像进行水平、竖直的移动或旋转。
- ◆ 面的法向 区域：设置分析面的法向方向。
- ◆ 面反射率：拖动其后的滑块，可以调整反射图像的清晰度。
- ◆ 图像大小 下拉列表：用于调整反射图像在面上的显示比例。
- ◆ 显示分辨率 下拉列表：设置面分析显示的公差。
- ◆ ☑显示小平面的边：使用高亮显示边界来显示所选择的面。

6.5 曲面的编辑

完成曲面的分析，我们只是对曲面的质量有所了解。要想真正得到高质量、符合要求的曲面，就要在进行完分析后对面进行修整，这就涉及曲面的编辑。本节我们学习 UG NX 11.0 中曲面编辑的几种工具。

6.5.1 修剪曲面

曲面的修剪（Trim）就是将选定曲面上的某一部分去除。曲面的修剪有多种方法，下面将分别介绍。

1. 一般的曲面修剪

一般的曲面修剪就是在进行拉伸、旋转等操作时，通过布尔求差运算将选定曲面上的某部分去除。下面以图 6.5.1 所示曲面的修剪为例，说明一般的曲面修剪的操作过程。

步骤 01 打开文件 D:\ug111\work\ch06.05\trim.prt。

步骤 02 选择命令。选择下拉菜单 插入(S) ➡ 设计特征(E) ➡ 🔲 拉伸(E)... 命令，系统弹出"拉伸"对话框。

步骤 03 定义拉伸截面。选取 XY 基准平面为草图平面，绘制图 6.5.2 所示的截面草图。

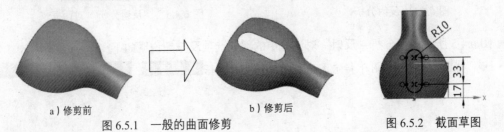

a) 修剪前　　　　　　　b) 修剪后

图 6.5.1　一般的曲面修剪　　　　　　图 6.5.2　截面草图

步骤 **04** 定义拉伸参数。在对话框 限制 区域的 开始 下拉列表中选择 ▥ 值 选项，并在其下的 距离 文本框中输入数值 0；在 限制 区域的 结束 下拉列表中选择 ▥ 贯通 选项，在 布尔 区域的下拉列表中选择 ▥ 减去 选项，单击 〈 确定 〉 按钮完成曲面的修剪。

2. 修剪片体

修剪片体就是以一些曲线和曲面作为边界，对指定的曲面进行修剪，形成新的曲面边界。所选的边界可以在将要修剪的曲面上，也可以在曲面之外通过投影方向来确定修剪的边界。图 6.5.3 所示的修剪片体的一般过程如下。

步骤 **01** 打开文件 D:\ug111\work\ch06.05\trim_surface.prt。

步骤 **02** 选择命令。选择下拉菜单 插入(S) ➡ 修剪(T)▶ ➡ ▥ 修剪片体(R)... 命令，系统弹出图 6.5.4 所示的"修剪片体"对话框。

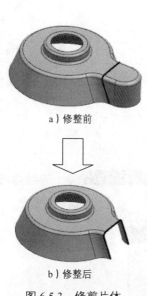

a）修整前

b）修整后

图 6.5.3　修剪片体

图 6.5.4　"修剪片体"对话框

图 6.5.4 所示"修剪片体"对话框中的部分选项说明如下。

◆ 投影方向 下拉列表：定义要做标记的曲面的投影方向。该下拉列表包含 ▥ 垂直于面、▥ 垂直于曲线平面 和 沿矢量 选项。

- ▥ 垂直于面：定义修剪边界投影方向是选定边界面的垂直投影。
- ▥ 垂直于曲线平面：定义修剪边界投影方向是选定边界曲面的垂直投影。
- 沿矢量：定义修剪边界投影方向是用户指定方向投影。

◆ 区域 区域：定义所选的区域是被保留还是被舍弃。

- ⊙ 保持：定义修剪曲面是选定的区域保留。

● ◉放弃：定义修剪曲面是选定的区域舍弃。

步骤 03 设置对话框选项。在"修剪片体"对话框 投影方向 区域 投影方向 的下拉列表中选择 ⊙ 垂直于面 选项，选择 区域 区域中的 ◉ 保留 单选项（图 6.5.4）。

步骤 04 定义目标片体和修剪边界。在图形区选取图 6.5.5 所示的曲面作为目标片体，然后选取图 6.5.5 所示的曲线作为修剪边界。

步骤 05 在"修剪片体"对话框中单击 确定 按钮，完成曲面的修剪操作（图 6.5.3）。

3. 分割表面

分割表面就是用多个分割对象，如曲线、边缘、面、基准平面或实体，把现有体的一个面或多个面进行分割。在这个操作中，要分割的面和分割对象是关联的，即如果任一输入对象被更改，那么结果也会随之更新。图 6.5.6 所示的曲面分割的一般步骤如下。

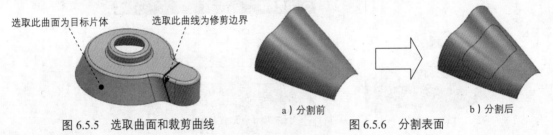

选取此曲面为目标片体　选取此曲线为修剪边界

图 6.5.5　选取曲面和裁剪曲线

a）分割前　b）分割后

图 6.5.6　分割表面

步骤 01 打开文件 D:\ug111\work\ch06.05\divide_face.prt。

步骤 02 选择下拉菜单 插入(S) ➡ 修剪(T) ➡ ◈ 分割面(D)... 命令，系统弹出图 6.5.7 所示的"分割面"对话框。

图 6.5.7　"分割面"对话框

步骤 03 定义需要分割的面。在图形区选取图 6.5.8 所示的曲面为被分割的曲面，单击鼠标中键确认。

步骤**04** 定义分割对象。在图形区选取图 6.5.9 所示的曲线串为分割对象。

步骤**05** 定义投影方向。在对话框 投影方向 区域的 投影方向 下拉列表中选择 沿矢量 选项，在
图形区选取 ZC 轴并单击 ✕ 按钮，此时生成图 6.5.10 所示的曲面分割预览。

选取分割曲面

选取曲线串

图 6.5.8 选择要分割的曲面　　　图 6.5.9 选择曲线串　　　图 6.5.10 曲面分割预览

步骤**06** 在"分割面"对话框中单击 ＜ 确定 ＞ 按钮，完成曲面的分割操作。

4. 修剪与延伸

使用 ⊔ 修剪与延伸(N)... 命令可以创建修剪曲面，也可以通过延伸所选定的曲面创建拐角，以
达到修剪或延伸的效果。选择下拉菜单 插入(S) ➡ 修剪(T)▶ ➡ ⊔ 修剪与延伸(N)... 命令，系统
弹出图 6.5.11 所示的"修剪和延伸"对话框。该对话框提供了"距离""百分比""直至选定对
象"和"制作拐角"等方式。"距离"和"百分比"方式与下一节中"相切的"延伸用法相同，
这里不作介绍。下面以图 6.5.12 所示的修剪与延伸曲面为例，来说明"制作拐角"修剪与延伸
方式的一般操作过程。

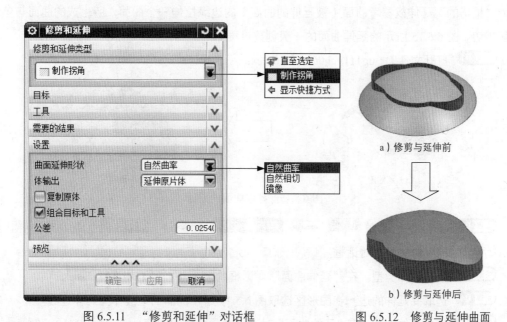

a) 修剪与延伸前

b) 修剪与延伸后

图 6.5.11 "修剪和延伸"对话框　　　图 6.5.12 修剪与延伸曲面

步骤 01 打开文件 D:\ug111\work\ch06.05\trim_and_extend.prt。

步骤 02 选择下拉菜单 插入(S) ➡ 修剪(T)▶ ➡ 修剪与延伸(N)... 命令，系统弹出"修剪和延伸"对话框，如图 6.5.11 所示。

步骤 03 设置对话框选项。在 修剪和延伸类型 区域的下拉列表中选择 制作拐角 选项，在 设置区 域 曲面延伸形状 下拉列表中选择 自然曲率 选项。

步骤 04 定义目标面。选取图 6.5.13 所示的片体为目标面，单击中键确定。

步骤 05 定义刀具面。在图形区选取图 6.5.13 所示的曲面。

步骤 06 定义修剪方向。双击图 6.5.14 所示的箭头，改变修剪的方向。在"修剪和延伸"对话框中单击 < 确定 > 按钮，完成曲面的修剪与延伸操作（图 6.5.12b）。

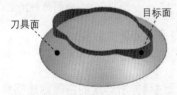
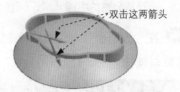

图 6.5.13　选取参照面　　　　　　　图 6.5.14　改变修剪与延伸的方向

6.5.2　延伸曲面

曲面的延伸就是在现有曲面的基础上，通过曲面的边界或曲面上的曲线进行延伸，扩大曲面。

1."相切的"延伸

"相切的"延伸以参考曲面（被延伸的曲面）的边缘拉伸一个曲面，所生成的曲面与参考曲面相切。图 6.5.15 所示的延伸曲面的一般创建过程如下。

步骤 01 打开文件 D:\ug111\ ch06\ch06.05\extension.prt。

a）延伸前　　　　　　　　　　　　b）延伸后

图 6.5.15　延伸曲面的创建

步骤 02 选择下拉菜单 插入(S) ➡ 弯边曲面(G)▶ ➡ 延伸(E)... 命令，系统弹出图 6.5.16 所示的"延伸曲面"对话框。

步骤 03 定义延伸类型。在"延伸曲面"对话框的 类型 下拉列表中选择 边 选项。

步骤 04 选取要延伸的边。在图形区选取图 6.5.17 所示的曲面边线作为延伸边线。

步骤 05 定义延伸方式。在"延伸曲面"对话框的 方法 下拉列表中选择 相切 选项，在 距离 下

拉列表中选择 按长度 选项。

图 6.5.16 "延伸曲面"对话框

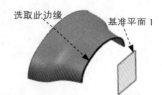

图 6.5.17 选取特征

步骤 **06** 定义延伸长度。在"延伸曲面"对话框中单击 长度 文本框后的 ▼ 按钮，系统弹出图 6.5.18 所示的快捷菜单。在快捷菜单中选择 ✎ 测量 (M)... 命令，系统弹出"测量距离"对话框。在图形区选取图 6.5.17 所示的曲面边缘和基准平面 1 作为测量对象，单击"测量距离"对话框中的 < 确定 > 按钮，系统返回到"延伸曲面"对话框。单击 < 确定 > 按钮，完成延伸曲面的操作。

图 6.5.18 快捷菜单

2. 扩大曲面

使用 ◇ 扩大 (L)... 命令可以更改未修剪过的曲面的大小。用户也可以设定"编辑一个副本"选项使创建的新曲面与源曲面相关联，而且允许改变各个未修剪边的尺寸。图 6.5.19 所示创建扩大曲面的一般操作过程如下。

a）扩大前   b）扩大后

图 6.5.19 曲面的扩大

步骤 **01** 打开文件 D:\ug111\work\ch06.05\enlarge.prt。

步骤 02 选择下拉菜单 编辑(E) ➡ 曲面(R)▶ ➡ 扩大(L)... 命令，弹出"扩大"对话框。

步骤 03 在图形区选取图 6.5.19a 所示的曲面，设置图 6.5.20 所示的参数，单击 〈确定〉 按钮，完成曲面的扩大操作。

图 6.5.20   "扩大"对话框

图 6.5.20 所示"扩大"对话框中的各选项按钮说明如下。

◆ 模式 区域：定义扩大曲面的方法。

● 线性：用于在单一方向上线性地延伸扩大片体的边。选择该单选项，则只能增大曲面，而不能减小曲面。

● 自然：用于自然地延伸扩大片体的边。选择该单选项，可以增大曲面，也可以减小曲面。

◆ ☑全部：选中该复选框后，移动下面的任意单个的滑块，所有的滑块会同时移动且文本框中显示相同的数值。

6.5.3   曲面的缝合与实体化

1.   曲面的缝合

曲面的缝合功能可以将两个或两个以上的曲面连接形成一张曲面。图 6.5.21 所示的曲面缝合的一般过程如下。

步骤01 打开文件 D:\ug111\work\ch06.05\sew.prt。

步骤02 选择下拉菜单 插入(S) ➡ 组合(B) ▶ ➡ 缝合(W)... 命令，系统弹出"缝合"对话框。

选取曲面 2

选取曲面 1

a) 缝合前　　　　　　　　　　　　　　　　　b) 缝合后

图 6.5.21　曲面的缝合

步骤03 定义目标片体和工具片体。选取图 6.5.21 所示的曲面 1 作为目标片体，选取曲面 2 为工具片体。

步骤04 单击 确定 按钮，完成曲面的缝合操作。

2. 曲面的实体化

曲面的创建最终是为了生成实体，所以曲面的实体化在设计过程中是非常重要的。曲面的实体化有多种类型，下面分别介绍。

类型一：封闭曲面的实体化

封闭曲面的实体化就是将一组封闭的曲面转化为实体特征。图 6.5.22 所示的封闭曲面实体化的操作过程如下。

步骤01 打开文件 D：\ug111\work\ch06.05\surface_solid.prt。

步骤02 选择下拉菜单 视图(V) ➡ 截面(S) ▶ ➡ 新建截面(I)... 命令，系统弹出"视图剖切"对话框。在 类型 选项组中选取 一个平面 选项；然后单击 剖切平面 区域的"设置平面至 Y"按钮 Y，此时可看到在图形区中显示的特征为片体（图 6.5.23）。单击此对话框中的 取消 按钮。

步骤03 缝合封闭曲面。选择下拉菜单 插入(S) ➡ 组合(B) ▶ ➡ 缝合(W)... 命令，系统弹出"缝合"对话框。选取图 6.5.24 所示的曲面和片体特征，其他均采用默认设置值。单击 确定 按钮，完成实体化操作。

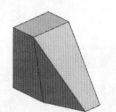

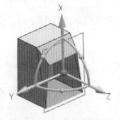

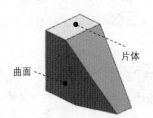

片体

曲面

图 6.5.22　封闭曲面的实体化　　　图 6.5.23　剖面视图　　　图 6.5.24　选取特征

步骤 04 选择下拉菜单 视图(V) ➡ 截面(S) ▶ ➡ 新建截面(T)... 命令，系统弹出"视图剖切"对话框。在 类型 选项组中选取 一个平面 选项；在 剖切平面 区域中单击 Y 按钮，此时可看到在图形区中显示的特征为实体（图 6.5.25）。单击此对话框中的 取消 按钮。

类型二：开放曲面的加厚

曲面加厚功能可以将曲面进行偏置生成实体，并且生成的实体可以和已有的实体进行布尔运算。图 6.5.26 所示的曲面加厚的一般过程如下。

a）加厚前　　　　　　　　　b）加厚后

图 6.5.25　剖面视图　　　　　　图 6.5.26　曲面的加厚

步骤 01 打开文件 D:\ug111\work\ch06.05\thickeness.prt。

步骤 02 选择下拉菜单 插入(S) ➡ 偏置/缩放(O) ➡ 加厚(T)... 命令，系统弹出"加厚"对话框。

步骤 03 在"加厚"对话框的 偏置 1 文本框中输入数值 2.5，其他采用默认设置值，在绘图区选取图 6.5.26a 所示的曲面为加厚的面，采用默认的加厚方向。单击 < 确定 > 按钮完成曲面加厚操作。

类型三：使用补片创建实体

曲面的补片功能就是使用片体替换实体上的某些面，或者将一个片体补到另一个片体上。图 6.5.27 所示的使用补片创建实体的一般过程如下。

步骤 01 打开文件 D:\ug111\work\ch06.05\surface_solid_replace.prt。

步骤 02 选择下拉菜单 插入(S) ➡ 组合(B) ▶ ➡ 补片(C)... 命令，系统弹出"补片"对话框。

步骤 03 在绘图区选取图 6.5.27a 所示的实体为要修补的体特征，选取图 6.5.27a 所示的片体为用于修补的体特征。单击"反向"按钮 ，使其与图 6.5.28 所示的方向一致。

步骤 04 单击"补片"对话框中的 确定 按钮，完成补片操作。

 注意　在进行补片操作时，工具片体的所有边缘必须在目标体的面上，而且工具片体必须在目标体上创建一个封闭的环，否则系统会提示出错。

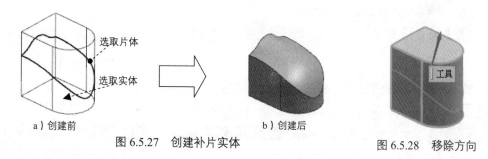

a）创建前　　　　　　　　　　b）创建后

图 6.5.27　创建补片实体　　　　　　　图 6.5.28　移除方向

6.6　曲面中的倒圆角

倒圆角在曲面建模中具有相当重要的地位。倒圆角功能可以在两组曲面或者实体表面之间建立光滑连接的过渡曲面，创建过渡曲面的截面线可以是圆弧、二次曲线和等参数曲线等。在 UG NX 11.0 中，可以创建四种不同类型的圆角：边倒圆、面倒圆、软倒圆和样式圆角。在创建圆角时，应注意：为了避免创建从属于圆角特征的子项，标注时，不要以圆角创建的边或相切边为参照；在设计中要尽可能晚些添加圆角特征。

倒圆角的类型主要包括边倒圆、面倒圆、软倒圆和样式圆角四种。下面介绍这几种倒圆角的具体用法。

6.6.1　边倒圆

边倒圆可以使至少由两个面共享的选定边缘变光滑。倒圆时，就像它沿着被倒圆角的边缘（圆角半径）滚动一个球，同时使球始终与在此边缘处相交的各个面接触。边倒圆的方式有以下四种：恒定半径方式、变半径方式、空间倒角方式和突然停止点边倒圆方式。

1. 恒定半径方式

创建图 6.6.1 所示的恒定半径边倒圆的一般过程如下。

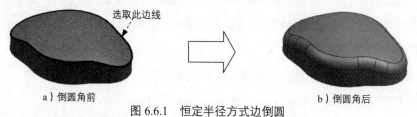

选取此边线

a）倒圆角前　　　　　　　　　　　　　　b）倒圆角后

图 6.6.1　恒定半径方式边倒圆

步骤01 打开文件 D:\ug111\work\ch06.06\blend_01.prt。

步骤02 选择下拉菜单 插入(S) ➡ 细节特征(L) ▶ ➡ 边倒圆(E) 命令，系统弹出"边倒圆"对话框。

步骤03 在对话框的 形状 下拉列表中选择 圆形 选项，在绘图区选取图 6.6.1a 所示的边线，

在 边 区域的 半径 1 文本框中输入数值8。

步骤 04 单击"边倒圆"对话框中的 〈 确定 〉 按钮，完成恒定半径方式的边倒圆操作。

2. 变半径方式

下面通过变半径方式创建图 6.6.2 所示的边倒圆。

步骤 01 打开文件 D:\ug111\work\ch06.06\blend_02.prt。

步骤 02 选择下拉菜单 插入(S) ➡ 细节特征(L) ▶ ➡ 边倒圆(E) 命令，系统弹出"边倒圆"对话框。

步骤 03 在绘图区选取图 6.6.2a 所示的边线，在 变半径 区域中单击 指定半径点 按钮，选取图 6.6.2a 所示的边线的左端点，在 V 半径 文本框中输入数值 12，在 位置 文本框中选择 弧长百分比 选项，在 弧长百分比 文本框中输入数值 100。

步骤 04 单击图 6.6.2a 所示的边线的中点，在系统弹出的 V 半径 文本框中输入数值 20，在 弧长百分比 文本框中输入数值 50。

步骤 05 单击图 6.6.2a 所示的边线的右端点，在系统弹出的 V 半径 文本框中输入数值 12，在 弧长百分比 文本框中输入数值 0。

步骤 06 单击"边倒圆"对话框中的 〈 确定 〉 按钮，完成变半径边倒圆操作。

a）倒圆角前　　　　　　　　　　　　　　　b）倒圆角后

图 6.6.2　变半径方式边倒圆

6.6.2　面倒圆

面倒圆(F)... 命令可用于创建复杂的圆角面，该圆角面与两组输入曲面相切，并且可以对两组曲面进行裁剪和缝合。圆角面的横截面可以是圆弧或二次曲线。

1. 用圆形横截面创建面倒圆

创建图 6.6.3 所示的圆形横截面面倒圆的一般步骤如下。

步骤 01 打开文件 D:\ug111\work\ch06.06\face_blend01.prt。

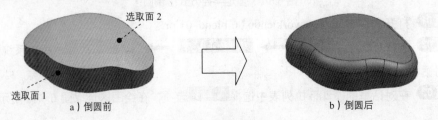

选取面 2

选取面 1

a）倒圆前　　　　　　　　　　　　　　　b）倒圆后

图 6.6.3　面倒圆特征

步骤 02 选择下拉菜单 插入(S) ➡ 细节特征(L) ▶ ➡ 面圆角(F)... 命令，系统弹出图 6.6.4 所示的"面倒圆"对话框。

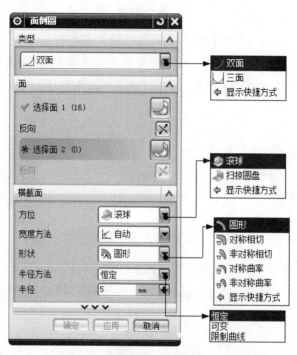

图 6.6.4 "面倒圆"对话框

步骤 03 定义面倒圆类型。在"面倒圆"对话框的 类型 下拉列表中选择 双面 选项。

步骤 04 在图形区选取图 6.6.3a 所示的曲面 1 和曲面 2。

步骤 05 定义面倒圆横截面。在 横截面 区域的 方位 下拉列表中选择 滚球 选项，在 形状 下拉列表中选择 圆形 选项，在 半径方法 下拉列表中选择 恒定 选项，在 半径 文本框中输入数值 8。

步骤 06 单击"面倒圆"对话框中的 < 确定 > 按钮，完成面倒圆的创建。

图 6.6.4 所示"面倒圆"对话框中的各个选项的说明如下。

◆ 截面方向 下拉列表：可以定义 滚球 和 扫掠圆盘 两种面倒圆的方式。

　● 滚球：使用滚动的球体创建倒圆面，倒圆截面线由球体与两组曲面的交点确定。

　● 扫掠截面：沿着脊线曲线扫掠横截面，倒圆横截面的平面始终垂直于脊线曲线。

◆ 形状 下拉列表：用于控制倒圆角横截面的形状。

　● 圆形：横截面形状为圆弧。

　● 对称相切：横截面形状为对称二次曲线。

- ▨ **非对称相切**：横截面形状为不对称二次曲线。

◆ **半径方法** 下拉列表：边倒圆时半径为恒定的、规律控制的或者相切约束的。

- **恒定**：使用恒定半径（正值）进行倒圆。

- **可变**：依照规律函数在沿着脊线曲线的单个点处定义可变的半径。

- **限制曲线**：控制倒圆半径，其中倒圆面与选定曲线/边缘保持相切约束。

◆ ☑ **修剪要倒圆的体**：修剪输入曲面，使其终止于倒圆曲面。选中与不选中该复选框的区别如图 6.6.5 所示。

a）选中修剪复选框   b）不选中修剪复选框

图 6.6.5   选择修剪复选框的区别

◆ ☑ **缝合所有面**：缝合所有输入曲面和倒圆曲面。

☑ **修剪要倒圆的体** 和 ☑ **缝合所有面** 复选框被选中后，选择 **修剪圆角** 下拉列表中的四种不同选项时，修剪的结果如图 6.6.6 所示。

a）修剪所有输入面   b）修剪至短输入面   c）修剪至长输入面   d）不要修剪圆角面

图 6.6.6   圆角面下拉列表选项区别

2. 用规律控制创建面倒圆

创建图 6.6.7 所示的规律控制的面倒圆的一般步骤如下。

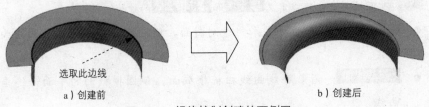

选取此边线

a）创建前   b）创建后

图 6.6.7   规律控制创建的面倒圆

步骤 01 打开文件 D:\ug111\work\ch06.06\face_blend02.prt。

步骤 02 选择下拉菜单 **插入(S)** ➡ **细节特征(L)** ▶ ➡ **面圆角(F)...** 命令，系统弹出"面倒圆"对话框。

步骤 03 在绘图区选取图 6.6.8 所示的面 1，单击鼠标中键，选取图 6.6.8 所示的面 2，在对话框 横截面 区域的 形状 下拉列表中选取 圆形 选项，在 半径方式 下拉列表中选取 可变 选项，在 规律类型 下拉列表中选取 三次 选项，在 半径起点 文本框中输入数值 70，在 半径终点 文本框中输入数值 5，选取图 6.6.7a 所示的边线作为脊线。

步骤 04 单击 〈 确定 〉 按钮，完成面倒圆操作。

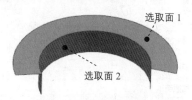

图 6.6.8 面倒圆参照

说明 在选取如图 6.6.7a 所示的边线时，显示的边线的方向会根据单击的位置不同而不同：单击位置靠上时，直线方向朝下；靠下的时候，方向是朝上的。边线的方向和在"规律控制"区域中输入的起始值和终止值是相对应的。

3. 用二次曲线横截面创建面倒圆

创建图 6.6.9 所示的二次曲线横截面方式的面倒圆的一般步骤如下。

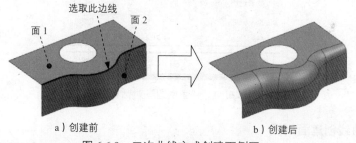

a）创建前　　　　　　　　　　b）创建后

图 6.6.9 二次曲线方式创建面倒圆

步骤 01 打开文件 D:\ug111\work\ch06.06\face_blend03.prt。

步骤 02 选择下拉菜单 插入(S) ➡ 细节特征(L) ▶

➡ 面圆角(F)... 命令，系统弹出图 6.6.10 所示的"面倒圆"对话框。

步骤 03 在绘图区选取图 6.6.9a 所示的面 1，单击鼠标中键确认，选取面 2；在 横截面 区域的 形状 下拉列表中选取 对称相切 选项。在 二次曲线法 下拉列表中选择 边界和 Rho，在 边界方法 的下拉列表中选择 规律控制，在 规律类型 下拉列表中选取 线性 选项，在 边界起点 中输入数值 30，在 边界终点 中输入数值 10，在 Rho 方法 下拉列表中选取 恒定 选项，在 Rho 文本框中输入数值 0.5；单击 * 选择脊线 (0) 按钮，在绘图区选取图 6.6.9a 所示的边线。

步骤 04 单击"面倒圆"对话框中的 〈 确定 〉 按钮，完成面倒圆操作。

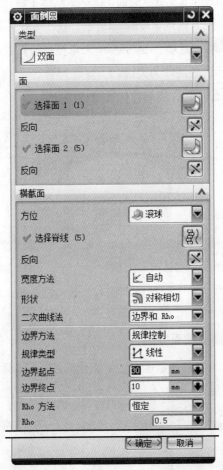

图 6.6.10　"面倒圆"对话框

4. 用相切曲线创建面倒圆

创建图 6.6.11 所示的相切曲线面倒圆的一般步骤如下。

步骤 **01** 打开文件 D:\ug111\work\ch06.06\face_blend04.prt。

步骤 **02** 选择下拉菜单 插入(S) ➡ 细节特征(L) ▶ ➡ 面圆角(F)... 命令，系统弹出"面倒圆"对话框。

a）创建前　　　　　　　　　　　　　　　b）创建后

图 6.6.11　相切曲线方式创建面倒圆

步骤 03 在绘图区选取图 6.6.11a 所示的面 1，单击鼠标中键，选取面 2；在 横截面 区域 形状 下拉列表中选取 圆形 选项；在 半径方式 下拉列表中选取 限制曲线 选项；在 宽度限制 区域中单击 ✳ 选择相切限制曲线 (0) 按钮，在绘图区选取图 6.6.11a 所示的曲线。

步骤 04 单击"面倒圆"对话框中的 < 确定 > 按钮，完成面倒圆操作。

 在选取面 1 和面 2 时，要注意调整面的方向，使箭头指向另一个曲面。

第 7 章　NX 钣金设计

7.1　NX 钣金概述

本节主要讲解 NX 钣金模块的菜单、工具栏以及钣金首选项的设置。读者通过本章的学习，可以对 NX 钣金模块有一个初步的了解。

1.　NX 钣金模块的菜单及工具栏

打开 UG NX 11.0 软件后，首先选择 文件(F) ➡ 新建(N)… 命令，然后在系统弹出的"新建"对话框中选择 NX 钣金 模板，进入 NX 钣金模块。选择下拉菜单 插入(S)，系统则弹出 NX 钣金模块中的所有钣金命令（图 7.1.1）。

在 主页 功能选项卡中同时也出现了钣金模块的相关命令按钮，如图 7.1.2 所示。

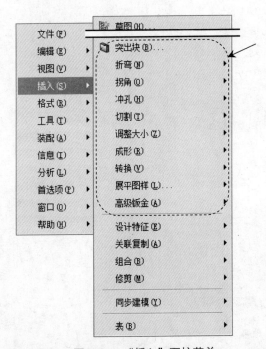

图 7.1.1　"插入"下拉菜单

图 7.1.2　"主页"功能选项卡

2. NX钣金模块的首选项设置

为了提高钣金件的设计效率以及使钣金件在设计完成后能顺利地加工及精确地展开，UG NX 11.0 提供了一些对钣金零件属性的设置及其平面展开图处理的相关设置。通过对首选项的设置极大提高了钣金零件的设计速度。这些参数设置包括材料厚度、折弯半径、止裂口深度、止裂口宽度和折弯许用半径公式的设置。下面详细讲解这些参数的作用。

进入 NX 钣金模块后，选择下拉菜单 首选项(P) ➡ 钣金(H)... 命令，系统弹出"钣金首选项"对话框，如图 7.1.3 所示。

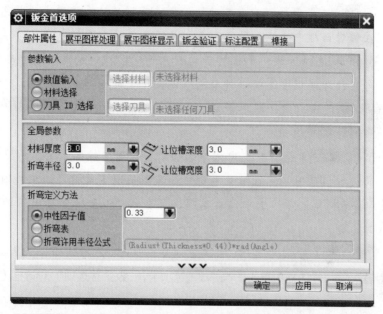

图 7.1.3　"钣金首选项"对话框（一）

图 7.1.3 所示的"钣金首选项"对话框（一）中 部件属性 选项卡各选项的说明如下。

◆ 参数输入 区域：该区域包含 ⊙数值输入 、⊙材料选择 和 ⊙刀具 ID 选择 单选项，可用于确定钣金折弯的定义方式。

- ⊙数值输入 单选项：当选中该单选项时，可以数值的方式在 折弯定义方法 区域中直接输入钣金折弯参数。

- ⊙材料选择 单选项：选中该单选项时，可单击右侧的 选择材料 按钮，系统弹出"选择材料"对话框，可在该对话框中选择一材料来定义钣金折弯参数。

- ⊙刀具 ID 选择 单选项：选中该单选项时，可单击右侧的 选择刀具 按钮，系统弹出"NX 钣金工具标准"对话框，可在该对话框中选择钣金标准工具，以定义钣金的折弯参数。

◆ 在 全局参数 区域中可以设置以下六个参数。

- 材料厚度 文本框：在该文本框中可以输入数值以定义钣金件的全局厚度。
- 折弯半径 文本框：在该文本框中可以输入数值以定义钣金件折弯时默认的折弯半径值。
- 让位槽深度 文本框：在该文本框中可以输入数值以定义钣金件默认的让位槽的深度值。
- 让位槽宽度 文本框：在该文本框中可以输入数值以定义钣金件默认的让位槽的宽度值。
- 顶面颜色 选择区域：单击其后的颜色选择区域，系统弹出"颜色"对话框，可在该对话框中选择一种颜色来定义钣金件顶部面的颜色。
- 底面颜色 选择区域：单击其后的颜色选择区域，系统弹出"颜色"对话框，可在该对话框中选择一种颜色来定义钣金件底部面的颜色。

◆ 折弯定义方法 区域：该区域用于定义折弯定义方法，包含 中性因子值 、 折弯表 和 折弯许用半径公式 单选项。

- 中性因子值 单选项：选中该单选项时，采用中性因子定义折弯方法，且其后的文本框可用，可在该文本框中输入数值以定义折弯的中性因子。
- 折弯表 单选项：选中该单选项，可在创建钣金折弯时使用折弯表来定义折弯参数。
- 折弯许用半径公式 单选项：当选中该单选项时，使用半径公式来确定折弯参数。

在"钣金首选项"对话框中单击 展平图样处理 选项卡，"钣金首选项"对话框（二）如图 7.1.4 所示。

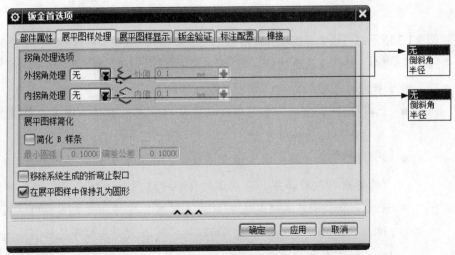

图 7.1.4   "钣金首选项"对话框（二）

图 7.1.4 所示的"钣金首选项"对话框（二） 展平图样处理 选项卡中各选项的说明如下。

◆ 拐角处理选项：在区域中可以设置在展开钣金后内、外拐角的处理方式。外拐角是去除材料，内拐角是创建材料。

◆ 外拐角处理下拉列表：该下拉列表中有无、倒斜角和半径三个选项，用于设置钣金展开后外拐角的处理方式。

　　● 无选项：选择该选项时，不对内、外拐角做任何处理。

　　● 倒斜角选项：选择该选项时，对内、外拐角创建一个倒角，倒角的大小在其后的文本框中进行设置。

　　● 半径选项：选择该选项时，对内、外拐角创建一个圆角，圆角的大小在后面的文本框中进行设置。

◆ 内拐角处理下拉列表：该下拉列表中有无、倒斜角和半径三个选项，用于设置钣金展开后内拐角的处理方式。

◆ 展平图样简化区域：该区域用于在对圆柱表面或折弯处有裁剪特征的钣金件进行展开时，设置是否生成 B 样条。当选中☑简化 B 样条复选框后，可通过最小圆弧及偏差的公差两个文本框对简化 B 样条的最大圆弧和偏差公差进行设置。

◆ ☑移除系统生成的折弯止裂口复选框：选中☑移除系统生成的折弯止裂口复选框后，钣金件展开时将自动移除系统生成的缺口。

◆ ☑在展平图样中保持孔为圆形复选框：选择该复选框时，在平面展开图中保持折弯曲面上的孔为圆形。

　　在"钣金首选项"对话框中单击展平图样显示选项卡，"钣金首选项"对话框（三）如图 7.1.5 所示，可设置展平图样的各曲线的颜色以及默认选项的新标注属性。

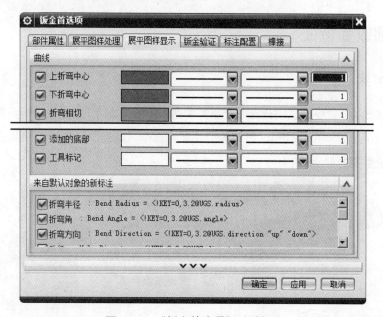

图 7.1.5　"钣金首选项"对话框（三）

在"钣金首选项"对话框中单击 钣金验证 选项卡，"钣金首选项"对话框（四）如图 7.1.6 所示。在该选项卡中可设置钣金件验证的参数。

图 7.1.6　"钣金首选项"对话框（四）

在"钣金首选项"对话框中单击 标注配置 选项卡，"钣金首选项"对话框（五）如图 7.1.7 所示。在该选项卡中显示钣金中标注的一些类型。

图 7.1.7　"钣金首选项"对话框（五）

7.2　基础钣金特征

7.2.1　突出块

使用"突出块"命令可以创建出一个平整的薄板（图 7.2.1），它是一个钣金零件的"基础"，其他的钣金特征（如冲孔、成形、折弯等）都要在这个"基础"上构建，因此这个平整的薄板就是钣金件最重要的部分。

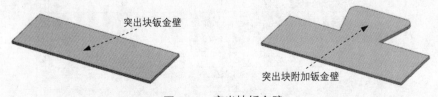

图 7.2.1　突出块钣金壁

（一） 创建"平板"的两种类型

选择下拉菜单 插入(S) ➡ 突出块(B)... 命令后，系统弹出图 7.2.2a 所示的"突出块"对话框（一），创建完成后再次选择下拉菜单 插入(S) ➡ 突出块(B)... 命令时，系统弹出图 7.2.2b 所示的"突出块"对话框（二）。

图 7.2.2 所示的"突出块"对话框的选项的说明如下。

◆ 类型 区域：该区域的下拉列表中有 基本件 和 次要 选项，用以定义钣金的厚度。

　● 基本件 选项：选择该选项时，用于创建基础突出块钣金壁。

　● 次要 选项：选择该选项时，在已有的钣金壁的表面创建突出块钣金壁，其壁厚与基础钣金壁相同。注意只有在部件中已存在基础钣金壁特征时，此选项才会出现。

◆ 截面 区域：该区域用于定义突出块的截面曲线，截面曲线必须是封闭的曲线。

◆ 厚度 区域：该区域用于定义突出块的厚度及厚度方向。

　● 厚度 文本框：可在该区域中输入数值以定义突出块的厚度。

　● 反向 按钮 ✕：单击 ✕ 按钮，可使钣金材料的厚度方向发生反转。

a）"突出块"对话框（一）　　　　　b）"突出块"对话框（二）

图 7.2.2　"突出块"对话框

（二） 创建平板的一般过程

基本突出块是创建一个平整的钣金基础特征，在创建钣金件时，需要先绘制钣金壁的正面轮廓草图（必须为封闭的线条），然后给定钣金厚度值即可。次要突出块是在已有的钣金壁上创建平整的钣金薄壁材料，其壁厚无需用户定义，系统自动设定为与已存在钣金壁的厚度相同。

1. 创建基本突出块

下面以图 7.2.3 所示的模型为例，来说明创建基础突出块钣金壁的一般操作过程。

步骤 01 新建文件。

（1）选择下拉菜单 文件(F) ➡ 新建(N)... 命令，系统弹出"新建"对话框。

（2）在 模型 选项卡 模板 区域下的列表中选择 NX 钣金 模板；在 新文件名 区域 名称 的文本框中输入文件名称 tack；单击 文件夹 文本框后面的 按钮，选择文件保存路径 D：\ug111\ch07.02\。

步骤 02 选择命令。选择下拉菜单 插入(S) ➡ 突出块(B)... 命令，系统弹出"突出块"对话框。

步骤 03 定义平板截面。单击 按钮，选取 XY 平面为草图平面，单击 确定 按钮，绘制图 7.2.4 所示的截面草图。选择下拉菜单 任务(K) ➡ 完成草图(K) 命令，退出草图环境。

步骤 04 定义厚度。厚度方向采用系统默认的矢量方向，单击 厚度 文本框右侧的 按钮，在弹出的菜单中选择 使用本地值 选项，然后在 厚度 文本框中输入数值 1.0。

 厚度方向可以通过单击"突出块"对话框中的 按钮来调整。

步骤 05 在"突出块"对话框中单击 < 确定 > 按钮，完成特征的创建。

步骤 06 保存零件模型。选择下拉菜单 文件(F) ➡ 保存(S) 命令，即可保存零件模型。

图 7.2.3　创建基础突出块钣金壁

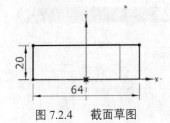

图 7.2.4　截面草图

2. 创建次要突出块

下面继续以基础突出块钣金壁的模型为例，来说明创建次要突出块的一般操作过程。

步骤 01 选择命令。选择下拉菜单 插入(S) ➡ 突出块(B)... 命令，系统弹出"突出块"对话框。

步骤 02 定义平板类型。在"突出块"对话框 类型 区域的下拉列表中选择 次要 选项。

步骤 03 定义平板截面。单击 按钮，选取图 7.2.5 所示的模型表面为草图平面，单击 确定 按钮，绘制图 7.2.6 所示的截面草图。

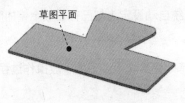

图 7.2.5　创建附加平板

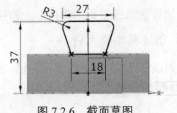

图 7.2.6　截面草图

步骤 04 在"突出块"对话框中单击 〈 确定 〉 按钮，完成特征的创建。

步骤 05 保存零件模型。选择下拉菜单 文件(F) ➡ 🔲 保存(S) 命令，即可保存零件模型。

7.2.2 弯边

钣金弯边是在已存在的钣金壁的边缘上创建出简单的折弯，其厚度与原有钣金厚度相同。在创建弯边特征时，需先在已存在的钣金中选取某一条边线作为弯边钣金壁的附着边，其次需要定义弯边特征的截面、宽度、弯边属性、偏置、折弯参数和让位槽。

1. 弯边特征的一般操作过程

下面以图 7.2.7 所示的模型为例，说明创建弯边钣金壁的一般操作过程。

步骤 01 打开文件 D：\ug111\ch07.02\practice_01.prt。

弯边特征　　　已存在钣金壁

a）创建前　　　　　　　　　　　　　　b）创建后

图 7.2.7　创建弯边特征

步骤 02 选择命令。选择下拉菜单 插入(S) ➡ 折弯(N) ▶ ➡ 🔲 弯边(F)... 命令，系统弹出图 7.2.8 所示的"弯边"对话框。

步骤 03 选取线性边。选取图 7.2.9 所示的模型边线为折弯的附着边。

步骤 04 定义宽度。在 宽度 区域的 宽度选项 下拉列表中选择 🔲 完全 选项。

步骤 05 定义弯边属性。在 弯边属性 区域的 长度 文本框中输入数值 15；在 角度 文本框中输入数值 90；在 参考长度 下拉列表中选择 ⏋ 内侧 选项；在 内嵌 下拉列表中选择 ⏋ 材料内侧 选项。

步骤 06 定义弯边参数。在 偏置 区域的 偏置 文本框中输入数值 0；单击 折弯半径 文本框右侧的 🗐 按钮，在弹出的菜单中选择 使用局部值 选项，然后在 折弯半径 文本框中输入数值 1.0；在 止裂口 区域的 折弯止裂口 下拉列表中选择 ➘ 正方形 选项，在 拐角止裂口 下拉列表中选择 仅折弯 选项。

步骤 07 在"弯边"对话框中单击 〈 确定 〉 按钮，完成特征的创建。

图 7.2.8 所示的"弯边"对话框各选项的说明如下。

◆ 基本边 区域：该区域用于选取一个或多个边线作为钣金弯边的附着边，当 ＊选择边 (0) 区域没有被激活时，可单击该区域后的 🔲 按钮将其激活。

◆ 截面 区域：该区域用于定义钣金弯边的轮廓形状。当定义完其他参数后可单击 编辑草图 后的 🔲 按钮进入草图环境，定义弯边的轮廓形状。

◆ 宽度选项 下拉列表：该下拉列表用于定义钣金弯边的宽度定义方式。

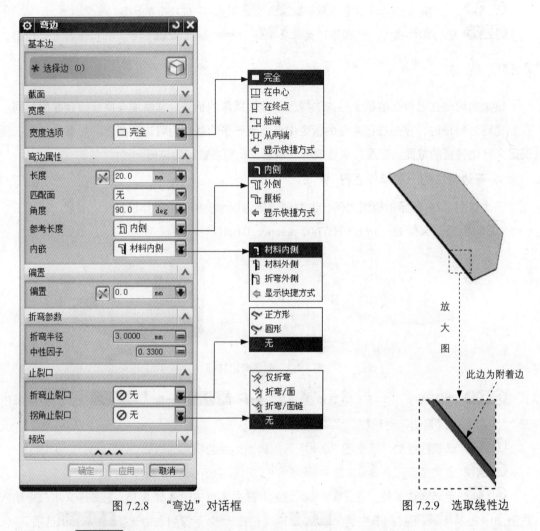

图 7.2.8 "弯边"对话框　　　　　　图 7.2.9 选取线性边

- ■完整 选项：当选择该选项时，在基础特征的整个线性边上都应用弯边。
- ■在中心 选项：当选择该选项时，在线性边的中心位置放置弯边，然后对称地向两边拉伸一定的距离，如图 7.2.10a 所示。
- ■在终点 选项：当选择该选项时，将弯边特征放置在选定的直边的端点位置，然后以此端点为起点拉伸弯边的宽度，如图 7.2.10b 所示。
- ■从两端 选项：当选择该选项时，在线性边的中心位置放置弯边，然后利用距离 1 和距离 2 来设置弯边的宽度，如图 7.2.10c 所示。
- ■从端点 选项：当选择该选项时，在所选折弯边的端点定义距离来放置弯边，如图 7.2.10d 所示。

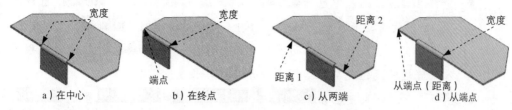

图 7.2.10　设置宽度选项

◆ **弯边属性** 区域中包括 **长度** 文本框、 **反向** 按钮、 **角度** 文本框、 **参考长度** 下拉列表和 **内嵌** 下拉列表。

● **长度**：文本框中输入的值是指定弯边的长度，如图 7.2.11 所示。

● **反向**：单击 "反向" 按钮可以改变弯边长度的方向，如图 7.2.12 所示。

● **角度**：文本框中输入的值是指定弯边的折弯角度，该值是与原钣金所成角度的补角，如图 7.2.13 所示。

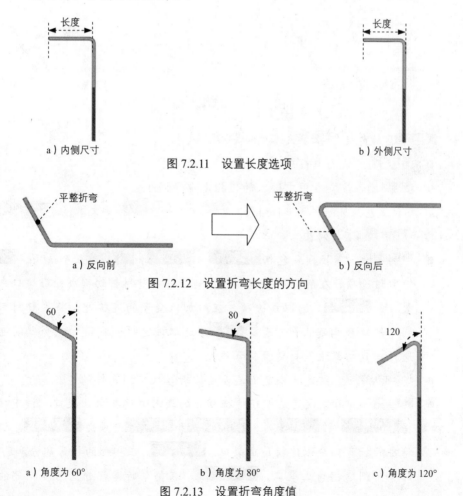

图 7.2.11　设置长度选项

图 7.2.12　设置折弯长度的方向

图 7.2.13　设置折弯角度值

- 参考长度：下拉列表中包括 内侧、外侧 和 腹板 选项。内侧，选取该选项，输入的弯边长度值是从弯边的内部开始计算长度。外侧，选取该选项，输入的弯边长度值是从弯边的外部开始计算长度。腹板，选取该选项，输入的弯边长度值是从弯边圆角后开始计算长度。

- 内嵌：下拉列表中包括 材料内侧、材料外侧 和 折弯外侧 选项。材料内侧，选取该选项，弯边的外侧面与附着边平齐。材料外侧，选取该选项，弯边的内侧面与附着边平齐。折弯外侧，选取该选项，折弯特征直接创建在基础特征上而不改变基础特征尺寸。

◆ 偏置 区域包括 偏置 文本框和 按钮。

- 偏置：该文本框中的输入值是指定弯边以附着边为基准向一侧偏置一定值，如图 7.2.14 所示。

- ：单击该按钮可以改变"偏置"的方向。

a）没有设置偏移　　　　　　　　　　　　　　　　　b）设置偏移

图 7.2.14　设置偏置值

◆ 折弯参数 区域包括 折弯半径 文本框和 中性因子 文本框。

- 折弯半径：该文本框中输入的值指定折弯半径。

- 中性因子：该文本框中输入的值指定中性因子。

◆ 止裂口 区域包括 折弯止裂口 下拉列表、深度 文本框、宽度 文本框、☑延伸止裂口 复选框和 拐角止裂口 下拉列表。

- 折弯止裂口：下拉列表包括 正方形、圆形 和 无 三个选项。正方形，选取该选项，在附加钣金壁的连接处，将主壁材料切割成矩形缺口来构建止裂口。圆形，选取该选项，在附加钣金壁的连接处，将主壁材料切割成圆形缺口来构建止裂口。无，选取该选项，在附加钣金壁的连接处，通过垂直切割主壁材料至折弯线处。

- ☑延伸止裂口：该复选框定义是否延伸折弯缺口到零件的边。

- 拐角止裂口：用于设置是否在特征相邻的表面创建拐角止裂口。该下拉列表包括 仅折弯、折弯/面、折弯/面链 和 无 选项。仅折弯，仅在相邻特征的折弯部分创建拐角止裂口。折弯/面，在相邻的折弯部分和面（平板）部分都创建拐角止裂口。折弯/面链，在整个折弯部分及与其相邻的面链上都创建拐角止裂口。 无 ，不创建止裂口，选择此选项后将会产生一个小缝隙，但是在展平钣金件时这个缝隙会被移除。

2．创建止裂口

当弯边部分地与附着边相连，并且折弯角度不为 0 时，在连接处的两端创建止裂口。

在 NX 钣金模块中提供的止裂口分为两种：正方形止裂口和圆弧形止裂口。

方式一：正方形止裂口

在附加钣金壁的连接处，将材料切割成正方形缺口来构建止裂口，如图 7.2.15 所示。

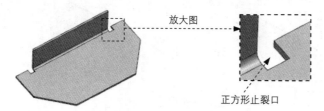

放大图

正方形止裂口

图 7.2.15 正方形止裂口

方式二：圆弧形止裂口

在附加钣金壁的连接处，将主壁材料切割成长圆弧形缺口来构建止裂口，如图 7.2.16 所示。

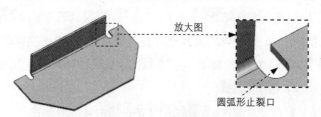

放大图

圆弧形止裂口

图 7.2.16 圆弧形止裂口

方式三：无止裂口

在附加钣金壁的连接处，通过垂直切割主壁材料至折弯线处，如图 7.2.17 所示。

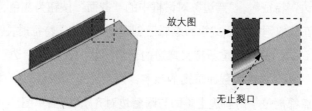

放大图

无止裂口

图 7.2.17 无止裂口

下面以图 7.2.18 所示的模型为例，介绍创建止裂口的一般过程。

步骤 01 打开文件 D:\ug111\work\ch07.02\practice_02.prt。

步骤 02 选择命令。选择下拉菜单 插入(S) ➡ 折弯(N) ➡ 弯边(F)... 命令，系统弹出"弯边"对话框。

a）源模型　　　　　　　　　　　　　　　　b）带止裂口的钣金特征

图 7.2.18　止裂口

步骤 03 选取线性边。选取图 7.2.19 所示的模型边线为折弯的附着边。

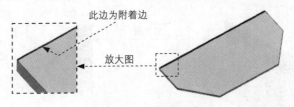

图 7.2.19　选取线性边

步骤 04 定义宽度。在 宽度 区域的 宽度选项 下拉列表中选择 ▦ 在中心 选项，宽度 文本框被激活，在 宽度 文本框中输入宽度值 50。

步骤 05 定义弯边属性。在 弯边属性 区域的 长度 文本框中输入数值 15；在 角度 文本框中输入数值 90；在 参考长度 下拉列表中选择 ⌐ 内侧 选项；在 内嵌 下拉列表中选择 ⌐ 材料内侧 选项。

步骤 06 定义弯边参数。单击 折弯半径 文本框右侧的 ☰ 按钮，在弹出的菜单中选择 使用局部值 选项，然后在 折弯半径 文本框中输入数值 1；在 止裂口 区域的 折弯止裂口 下拉列表中选择 ⌒ 圆形 ；在 拐角止裂口 下拉列表中选择 仅折弯 。

步骤 07 在"弯边"对话框中单击 < 确定 > 按钮，完成特征的创建。

步骤 08 保存零件模型。

3. 编辑弯边特征的轮廓

当用户在创建"弯边"特征时，"弯边"对话框中的"截面"按钮为灰色，说明此时不能对其轮廓进行编辑。只有在选取附着边后或重新编辑已创建的"弯边"特征时，"截面"按钮 ⬚ 才能变亮，此时单击该按钮，用户可以重新定义弯边的正面形状。在绘制弯边正面形状截面草图时，系统会默认附着边的两个端点为截面草图的参照，用户还可选取任意线性边为截面草图的参照，草图的起点与终点都需位于附着边上（即与附着边对齐），截面草图应为开放形式（即不需在附着边上创建线条以封闭草图）。

下面以图 7.2.20 为例，说明编辑弯边钣金壁轮廓的一般过程。

步骤 01 打开文件 D：\ug111\ch07.02\amend.prt。

步骤 02 双击图 7.2.20a 所示的弯边特征，在系统弹出的"弯边"对话框中单击 ⬚ 按钮，修改弯边截面草图，如图 7.2.21 所示；单击 ▶ 完成草图 按钮，退出草图环境。

步骤 03 在"弯边"对话框中单击 〈 确定 〉 按钮，完成图 7.2.20b 所示的特征创建。

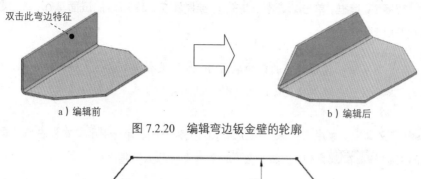

双击此弯边特征

a）编辑前   b）编辑后

图 7.2.20 编辑弯边钣金壁的轮廓

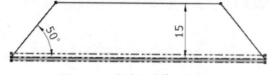

图 7.2.21 修改弯边截面草图

7.2.3 轮廓弯边

NX 钣金模块中的轮廓弯边特征是以扫掠的方式创建钣金壁。在创建轮廓弯边特征时，需要先绘制钣金壁的侧面轮廓草图，然后给定钣金的宽度值（即扫掠轨迹的长度值），则系统将轮廓草图沿指定方向延伸至指定的深度，形成钣金壁。值得注意的是，轮廓弯边所使用的草图必须是不封闭的。

1. 创建基本轮廓弯边

基本轮廓弯边是创建一个轮廓弯边的钣金基础特征，在创建该钣金特征时，需要先绘制钣金壁的侧面轮廓草图（必须为开放的线条），然后给定钣金厚度值。下面来说明创建基础轮廓弯边的一般操作过程。

步骤 01 新建文件。

（1）选择下拉菜单 文件(F) ➡️ 新建(N)... 命令，系统弹出"新建"对话框。

（2）在 模型 选项卡 模板 区域下的列表中选择 NX 钣金 模板；在 新文件名 区域 名称 文本框中输入文件名称 schema；单击 文件夹 文本框后面的 按钮，选择文件保存路径 D：\ug111\work\ch07.02\。

步骤 02 选 择 命 令。选 择 下 拉 菜 单 插入(S) ➡️ 折弯(N) ▶ ➡️ 轮廓弯边(C)... 命令，系统弹出图 7.2.22 所示的"轮廓弯边"对话框。

图 7.2.22 "轮廓弯边"对话框

步骤 03 定义轮廓弯边截面。单击 按钮，选取 YZ 平面为草图平面，选中 设置 区域的 ☑ 创建中间基准 CSYS 复选框，单击 确定 按钮，绘制图 7.2.23 所示的截面草图；单击 完成草图 按钮，退出草图环境。

在绘制轮廓弯边的截面草图时，如果没有将折弯位置绘制为圆弧，系统将在折弯位置自动创建圆弧以作为折弯的半径。

步骤 04 定义厚度。厚度方向采用系统默认的矢量方向，单击 厚度 文本框右侧的 按钮，在弹出的菜单中选择 使用本地值 选项，然后在 厚度 文本框中输入数值 3.0。

轮廓弯边的厚度方向可以通过单击 厚度 文本框后面的 按钮来调整。

步骤 05 定义宽度类型。在 宽度选项 下拉列表中选择 对称 选项；在 宽度 文本框中输入距离值 50.0。

步骤 06 在 "轮廓弯边" 对话框中单击 < 确定 > 按钮，完成图 7.2.24 所示的特征的创建。

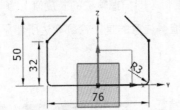
图 7.2.23 创建基础轮廓弯边的截面草图

图 7.2.24 "轮廓弯边" 特征

图 7.2.22 所示的 "轮廓弯边" 对话框中部分选项说明如下。

◆ 宽度选项 ：该下拉列表包括 有限 和 对称 两种选项。

● 有限 ：选取该选项，可以创建 "定值" 深度类型的特征，此时特征将从草图平面开始，按照所输入的数值（即拉伸深度值）向特征创建的方向一侧进行拉伸创建轮廓弯边。

● 对称 ：选取该选项，可以创建 "对称" 深度类型的特征，此时特征将在草图平面两侧进行拉伸创建轮廓弯边，输入的深度值被草图平面平均分割，草图平面两边的深度值相等。

2. 创建第二次轮廓弯边

第二次轮廓弯边是根据用户定义的侧面形状并沿着已存在的钣金体的边缘进行拉伸所形成的钣金特征，其壁厚与原有钣金壁相同。下面以上述模型为例，来说明创建第二次轮廓弯边的一般操作过程。

步骤 01 选择下拉菜单 插入(S) ➡ 折弯(N) ▶ ➡ 轮廓弯边(C)... 命令，系统弹出图 7.2.25 所示的"轮廓弯边"对话框。

步骤 02 定义轮廓弯边截面。单击 按钮，系统弹出图 7.2.26 所示的"创建草图"对话框，选取图 7.2.27 所示的模型边线为路径，在 平面位置 区域 位置 选项组中选择 弧长百分比 选项，然后在 弧长百分比 后的文本框中输入数值 50；单击 确定 按钮，绘制图 7.2.28 所示的截面草图。

步骤 03 定义宽度。在宽度区域的 宽度选项 下拉列表中选择 对称 选项，在 宽度 文本框中输入距离值 40。

步骤 04 定义让位槽。在 止裂口 区域的 折弯止裂口 下拉列表中选择 圆形 选项，单击 深度 文本框右侧的 f(x) 按钮，在弹出的菜单中选择 使用局部值 选项，然后在 深度 文本框中输入值 2；在 拐角止裂口 下拉列表中选择 无 选项。

步骤 05 在"轮廓弯边"对话框中单击 < 确定 > 按钮，完成图 7.2.29 所示的特征创建。

步骤 06 保存零件模型。

图 7.2.25 "轮廓弯边"对话框

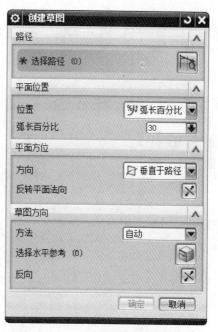

图 7.2.26 "创建草图"对话框

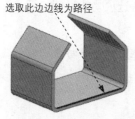

图 7.2.27 选取边线

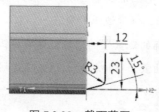

图 7.2.28 截面草图

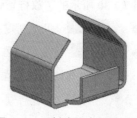

图 7.2.29 创建二次轮廓弯边

7.2.4 放样弯边

放样弯边是以两条开放的截面线串来形成钣金特征,它可以在两组不相似的形状和曲线之间光滑过渡连接。

1. 创建基础放样弯边钣金壁

"基础放样弯边"特征是以两组开放的截面线串来创建一个放样弯边的钣金基础特征,然后给定钣金厚度值即可。下面以模型为例,来说明创建基础放样弯边钣金壁的一般操作过程。

步骤 01 打开文件 D:\ug111\work\ch07.02\blend.prt。

步骤 02 选择命令。选择下拉菜单 插入(S) ➡ 折弯(N) ➡ 放样弯边(L)... 命令,系统弹出"放样弯边"对话框,如图 7.2.30 所示。

步骤 03 定义起始截面。选取图 7.2.31a 所示的曲线 1 作为起始截面。

步骤 04 定义终止截面。选取图 7.2.31a 所示的曲线 2 作为终止截面。

 说明 在选取曲线时,起始位置要上下对应。

a)"放样弯边"对话框(一)

b)"放样弯边"对话框(二)

图 7.2.30 "放样弯边"对话框

图 7.2.30 所示的"放样弯边"对话框 类型 区域的下拉列表中各选项功能说明如下。

◆ **基本件**:用于创建基础放样弯边钣金壁。

◆ **次要**:该选项是在已有的钣金壁的边缘创建弯边钣金壁,其壁厚与基础钣金壁相同,只有在部件中已存在基础钣金壁特征时,此选项才被激活。

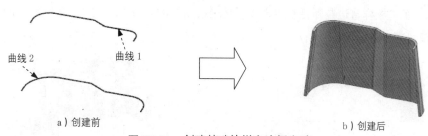

a）创建前　　　　　　　　　　　　　b）创建后

图 7.2.31　创建基础放样弯边钣金壁

步骤 05　定义厚度。厚度方向采用系统默认的矢量方向，在 厚度 区域中单击 厚度 文本框右侧的 $f(x)$ 按钮，在弹出的菜单中选择 使用局部值 选项，然后在 厚度 文本框中输入数值 3.0。

步骤 06　定义折弯参数。在 折弯参数 区域中单击 折弯半径 文本框右侧的 ≡ 按钮，在弹出的菜单中选择 使用局部值 选项，然后在 折弯半径 文本框中输入数值 3，在 止裂口 区域的 折弯止裂口 下拉列表中选择 ⌄ 正方形 选项；在 拐角止裂口 下拉列表中选择 仅折弯 选项。

步骤 07　在"放样弯边"对话框中单击 ＜ 确定 ＞ 按钮，完成图 7.2.31b 所示的特征创建。

2. 创建二次放样弯边

"二次放样弯边"是在已存在的钣金特征的边缘上定义两组开放的截面线串来创建一个钣金薄壁，其壁厚与基础钣金厚度相同。下面以上述模型为例，来说明创建二次放样弯边钣金壁的一般操作过程。

步骤 01　选择命令。选择下拉菜单 插入(S) ➡ 折弯(N) ▶ 放样弯边(L)... 命令，系统弹出"放样弯边"对话框。

步骤 02　绘制截面。绘制草图起始截面，单击 起始截面 区域的 按钮；选取图 7.2.32 所示的边线为路径，在 平面位置 区域 位置 选项组中选择 弧长百分比 选项，然后在 弧长百分比 后的文本框中输入数值 10，单击 确定 按钮；绘制图 7.2.33 所示的曲线 1；单击 终止截面 区域的 按钮；选取图 7.2.32 所示的边线为路径，在 平面位置 区域 位置 选项组中选择 弧长百分比 选项，然后在 弧长百分比 后的文本框中输入数值 10，单击 确定 按钮；绘制图 7.2.34 所示的曲线 2。

步骤 03　定义折弯参数。在 折弯参数 区域中单击 折弯半径 文本框右侧的 ≡ 按钮，在弹出的菜单中选择 使用局部值 选项，然后在 折弯半径 文本框中输入数值 3。在 止裂口 区域的 折弯止裂口 下拉列表中选择 ⌄ 正方形 选项；在 拐角止裂口 下拉列表中选择 无 选项。

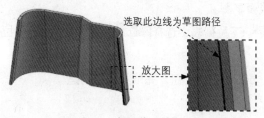

图 7.2.32　定义草图路径

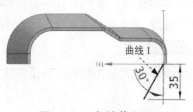

图 7.2.33　起始截面

步骤 04 在"放样弯边"对话框中单击 < 确定 > 按钮，完成图 7.2.35 所示的特征创建。

步骤 05 保存零件模型。

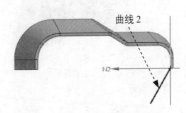

图 7.2.34　终止截面

图 7.2.35　创建二次放样弯边钣金壁

7.2.5　法向除料

法向除料是沿着钣金件表面的法向，以一组连续的曲线作为裁剪的轮廓线进行裁剪。法向除料与实体拉伸切除都是在钣金件上切除材料。当草图平面与钣金面平行时，二者没有区别；当草图平面与钣金面不平行时，二者有很大的不同。法向除料的孔是垂直于该模型的侧面去除材料，形成垂直孔，如图 7.2.36a 所示；实体拉伸切除的孔是垂直于草图平面去除材料，形成斜孔，如图 7.2.36b 所示。

1. 用封闭的轮廓线创建法向除料

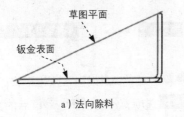

图 7.2.36　法向除料与实体拉伸切除的区别

下面以图 7.2.37 所示的模型为例，说明用封闭的轮廓线创建法向除料的一般过程。

步骤 01 打开文件 D：\ug111\ch07.02\remove_01.prt。

步骤 02 选择命令。选择下拉菜单 插入(S) ➡ 切割(T) ➡ 法向开孔(N) 命令，系统弹出图 7.2.38 所示的"法向开孔"对话框。

步骤 03 绘制除料截面草图。单击 按钮，选取图 7.2.39 所示的基准平面为草图平面，单击 确定 按钮，绘制图 7.2.40 所示的截面草图。

步骤 04 定义除料深度属性。在 切割方法 下拉列表中选择 厚度 选项，在 限制 下拉列表中选择 贯通 选项。

步骤 05 在"法向除料"对话框中单击 < 确定 > 按钮，完成特征的创建。

图 7.2.37 法向除料　　　　　　　　图 7.2.38 "法向开孔"对话框

图 7.2.39 选取草图平面

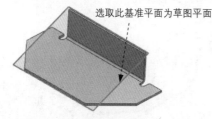

图 7.2.40 截面草图

图 7.2.38 所示的"法向除料"对话框中部分选项的功能说明如下。

◆ **开孔属性** 区域包括 **切割方法** 下拉列表、**限制** 下拉列表和 **按钮。

◆ **切割方法** 下拉列表包括 **厚度**、**中位面** 和 **最近的面** 选项。

　● **厚度**：选取该选项，在钣金件的表面向沿厚度方向进行裁剪。

　● **中位面**：选取该选项，在钣金件的中间面向两侧进行裁剪。

◆ **限制** 下拉列表包括 **值**、**介于**、**直至下一个** 和 **贯通** 选项。

　● **值**：选取该选项，特征将从草图平面开始，按照所输入的数值（即深度值）向特征创建的方向一侧进行拉伸。

　● **介于**：选取该选项，草图沿着草图面向两侧进行裁剪。

　● **直至下一个**：选取该选项，去除材料深度从草图开始直到下一个曲面上。

　● **贯通**：选取该选项，去除材料深度贯穿所有曲面。

2．用开放的轮廓线创建法向除料

下面以图 7.2.41 所示的模型为例，说明用开放的轮廓线创建法向除料的一般过程。

步骤 01 打开文件 D：\ug111\work\ch07.02\remove_02.prt。

步骤 02 选择命令。选择下拉菜单 插入(S) ➡ 切割(T) ➡ 法向开孔(N)... 命令，系统弹出"法向除料"对话框。

步骤 03 绘制除料截面草图。单击 按钮，选取图 7.2.42 所示的钣金表面为草图平面，单击 确定 按钮，绘制图 7.2.43 所示的截面草图。

步骤 04 定义除料属性。在 切割方法 下拉列表中选择 厚度 选项，在 限制 下拉列表中选择 贯通 选项。

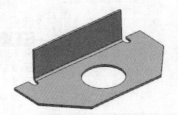

图 7.2.41　用开放的轮廓线创建法向除料

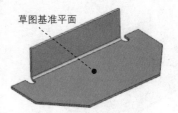

图 7.2.42　选取草图平面

步骤 05 定义除料的方向。接受图 7.2.44 所示的切削方向。

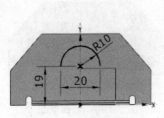

图 7.2.43　截面草图

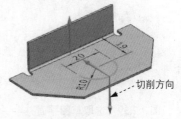

图 7.2.44　定义法向除料的切削方向

步骤 06 在"法向除料"对话框中单击 确定 按钮，完成特征的创建。

7.3　钣金的折弯与展开

7.3.1　钣金折弯

钣金折弯是将钣金的平面区域沿指定的直线弯曲某个角度。

钣金折弯特征包括如下三个要素。

◆ 折弯角度：控制折弯的弯曲程度。

◆ 折弯半径：折弯处的内半径或外半径。

◆ 折弯应用曲线：确定折弯位置和折弯形状的几何线。

1. 钣金折弯的一般操作过程

下面以图 7.3.1 所示的模型为例，说明"折弯"的一般过程。

a）折弯前   b）折弯后

图 7.3.1 折弯的一般过程

步骤 01 打开文件 D：\ug111\work\ch07.03\bend_01.prt。

步骤 02 选择命令。选择下拉菜单 插入(S) ➡ 折弯(N) ➡ 折弯(B)... 命令，系统弹出图 7.3.2 所示的"折弯"对话框。

步骤 03 绘制折弯线。单击 按钮，选取图 7.3.3 所示的模型表面为草图平面，绘制图 7.3.4 所示的折弯线。

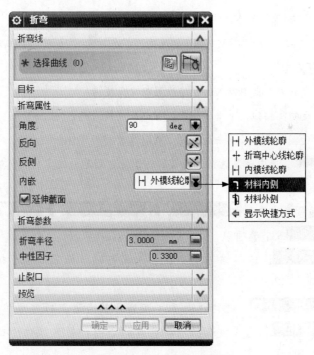

图 7.3.2 "折弯"对话框

步骤 04 调整折弯侧与固定侧。单击 折弯属性 区域中的"反向"按钮 和"反侧"按钮 ，调整折弯侧和折弯方向的箭头，如图 7.3.5 所示。

步骤 05 定义折弯属性。在"折弯"对话框 折弯属性 区域的 角度 文本框中输入值 90；在 内嵌 下拉列表中选择 折弯中心线轮廓 选项；选中 延伸截面 复选框，在 折弯参数 区域中单击 折弯半径 文本

框右侧的 按钮，在弹出的菜单中选择 使用本地值 选项，然后在 折弯半径 文本框中输入数值 1。在 止裂口 区域的 折弯止裂口 下拉列表中选择 无 选项；在 拐角止裂口 下拉列表中选择 无 选项。

说明 　在模型中双击图 7.3.5 所示的折弯方向箭头可以改变折弯方向。

步骤 06 在"折弯"对话框中单击 < 确定 > 按钮，完成特征的创建。

图 7.3.3 草图平面

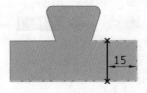

图 7.3.4 绘制折弯线

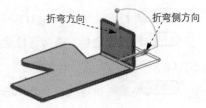

图 7.3.5 折弯方向

图 7.3.2 所示的"折弯"对话框中部分区域功能说明如下。

◆ 折弯属性 区域包括 角度 文本框、"反向"按钮 、"反侧"按钮 、内嵌 下拉列表和 ☑ 延伸截面 复选框。

- 角度：在该文本框中输入的数值设置折弯角度值。

- ："反向"按钮，单击该按钮，可以改变折弯的方向。

- ："反侧"按钮，单击该按钮，可以改变要折弯部分的方向。

- ☑ 延伸截面：选中该复选框，将弯边轮廓延伸到零件边缘的相交处；取消选择，在创建弯边特征时不延伸。

◆ 内嵌 下拉列表中包括 外模线轮廓、折弯中心线轮廓、内模线轮廓、材料内侧 和 材料外侧 五个选项。

- 外模线轮廓：选择该选项，在展开状态时，折弯线位于折弯半径的第一相切边缘。

- 折弯中心线轮廓：选择该选项，在展开状态时，折弯线位于折弯半径的中心。

- 内模线轮廓：选择该选项，在展开状态时，折弯线位于折弯半径的第二相切边缘。

- 材料内侧：选择该选项，在成形状态下，折弯线位于折弯区域的外侧平面。

- 材料外侧：选择该选项，在成形状态下，折弯线位于折弯区域的内侧平面。

2．在钣金折弯处创建止裂口

在进行折弯时，由于折弯半径的关系，折弯面与固定面可能会产生互相干涉，用户可创建止裂口来解决干涉问题。下面以图 7.3.6 为例，介绍在钣金折弯处加止裂口的操作方法。

a）折弯前   b）折弯后

图 7.3.6 折弯时创建止裂口

步骤 **01** 打开文件 D：\ug111\work\ch07.03\bend_02.prt。

步骤 **02** 选择命令。选择下拉菜单 插入(S) ➡ 折弯(N) ➡ 折弯(B) 命令，系统弹出"折弯"对话框。

步骤 **03** 绘制折弯线。单击 按钮，选取图 7.3.7 所示的模型表面为草图平面，绘制图 7.3.8 所示的折弯线。

步骤 **04** 调整折弯侧与固定侧。单击 折弯属性 区域中的"反向"按钮 ，调整折弯侧和折弯方向的箭头，如图 7.3.9 所示。

步骤 **05** 定义折弯属性。在对话框 折弯属性 区域的 角度 文本框中输入数值 90；在 内嵌 下拉列表中选择 材料内侧 选项；取消选中 延伸截面 复选框，在 折弯参数 区域中单击 折弯半径 文本框右侧的 按钮，在弹出的菜单中选择 使用本地值 选项，然后在 折弯半径 文本框中输入数值 1。

步骤 **06** 定义止裂口。在 止裂口 区域的 折弯止裂口 下拉列表中选择 圆形 选项，在 深度 文本框中输入值 0.5，在 宽度 文本框中输入距离值 1；在 拐角止裂口 下拉列表中选择 无 选项。

步骤 **07** 在"折弯"对话框中单击 〈 确定 〉 按钮，完成特征的创建。

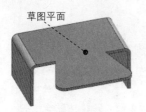

图 7.3.7 草图平面   图 7.3.8 绘制折弯线   图 7.3.9 折弯方向

7.3.2 二次折弯

二次折弯特征是在钣金的平面上创建两个 90° 的折弯特征，并且在折弯特征上添加材料。二次折弯特征功能的折弯线位于放置平面上，并且必须是一条直线。

下面以图 7.3.10 所示的模型为例，说明"二次折弯"的一般过程。

步骤 01 打开文件 D：\ug111\work\ch07.03\re_bend.prt。

步骤 02 选择命令。选择下拉菜单 插入(S) ➡ 折弯(N) ▶ ➡ 二次折弯(0)... 命令，系统弹出图 7.3.11 所示的"二次折弯"对话框。

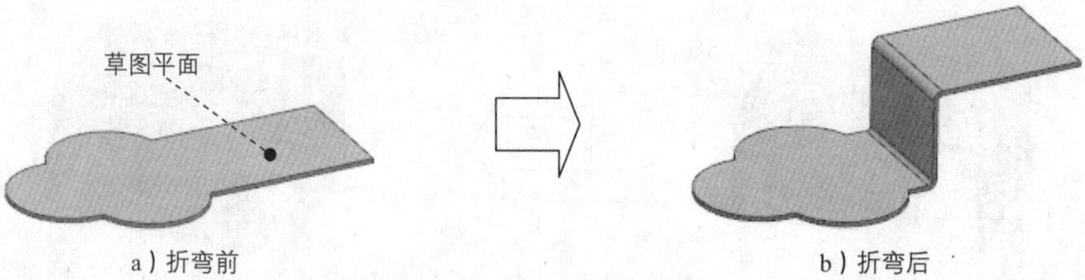

a）折弯前   b）折弯后

图 7.3.10 二次折弯的一般过程

步骤 03 绘制折弯线。单击 按钮，选取图 7.3.10a 所示的模型表面为草图平面，绘制图 7.3.12 所示的折弯线。

步骤 04 调整折弯侧与固定侧。单击 二次折弯属性 区域中的"反侧"按钮 ，调整折弯侧和折弯方向的箭头，如图 7.3.13 所示。

步骤 05 定义二次折弯属性和折弯参数。在 二次折弯属性 区域的 高度 文本框中输入数值 20，在 参考高度 下拉列表中选择 内侧 选项，在 内嵌 下拉列表中选择 材料内侧 选项，在 折弯参数 区域中单击 折弯半径 文本框右侧的 按钮，在弹出的菜单中选择 使用局部值 选项，然后在 折弯半径 文本框中输入数值 1。在 止裂口 区域的 折弯止裂口 下拉列表中选择 无 选项；在 拐角止裂口 下拉列表中选择 无 选项。

步骤 06 在"二次折弯"对话框中单击 ⟨ 确定 ⟩ 按钮，完成特征的创建。

图 7.3.11 "二次折弯"对话框

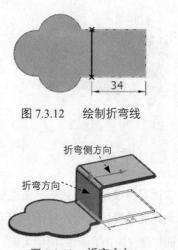

图 7.3.12 绘制折弯线

图 7.3.13 折弯方向

图 7.3.11 所示的"二次折弯"对话框的 二次折弯属性 区域各选项功能说明如下。

◆ 二次折弯属性 选项组包括 高度 文本框、反向按钮 ⚡、反侧按钮 ⚡、参考高度 下拉
列表、内嵌 下拉列表和 ☑延伸截面 复选框。

- 高度 ：在该文本框输入的数值用于设置二次折弯的高度值。

- ⚡："反向"按钮，单击该按钮，可以改变折弯的方向。

- ⚡："反侧"按钮，单击该按钮，可以改变要折弯部分的方向。

- 参考高度 下拉列表中包括 ⌐ 外侧 、⌐ 内侧 选项，如图 7.3.14 所示。⌐ 外侧 ：
  选取该选项，二次折弯的高度距离是从钣金底面开始计算，延伸至总高，再
  根据材料厚度来偏置距离，如图 7.3.14a 所示。⌐ 内侧 ：选取该选项，二次
  折弯的高度距离是从钣金上表面开始计算，延伸至总高，再根据材料厚度来
  偏置距离，如图 7.3.14b 所示。

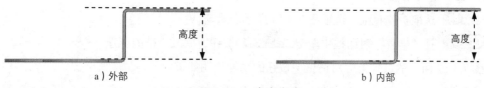

a）外部   b）内部

图 7.3.14 参考高度

- 内嵌 下拉列表中包括 ⌐ 折弯外侧 、⌐ 材料内侧 和 ⌐ 材料外侧 选项。⌐ 材料内侧 ：
  选取该选项，使二次折弯特征的外侧面与折弯线平齐，如图 7.3.15a 所示。
  ⌐ 材料外侧 ：选取该选项，使二次折弯特征的内侧面与折弯线平齐，如图
  7.3.15b 所示。⌐ 折弯外侧 ：选取该选项，把折弯特征直接加在父特征面上，
  并且使二次折弯特征和父特征的平面相切，如图 7.3.15c 所示。

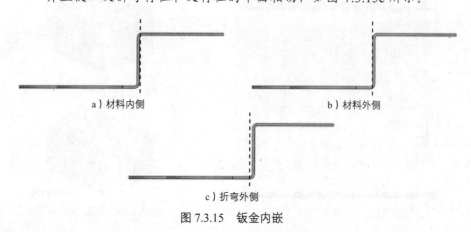

a）材料内侧   b）材料外侧

c）折弯外侧

图 7.3.15 钣金内嵌

7.3.3 伸直

在钣金设计中，如果需要在钣金件的折弯区域创建裁剪或孔等特征，首先用伸直命令可以

取消折弯钣金件的折弯特征，然后就可以在展平的折弯区域创建裁剪或孔等特征。

下面以图 7.3.16 所示的模型为例，介绍创建"伸直"的一般过程。

步骤 01 打开文件 D：\ug111\work\ch07.03\extension.prt。

步骤 02 选择命令。选择下拉菜单 插入(S) ➡ 成形(R) ▶ ➡ 伸直(U)...命令，系统弹出图 7.3.17 所示的"伸直"对话框。

a）展开前　　　　　　　　　　　　　　　b）展开后

图 7.3.16　钣金伸直

步骤 03 选取固定面。选取图 7.3.18 所示的表面为固定面。

步骤 04 选取折弯特征。选取图 7.3.19 所示的折弯特征。

步骤 05 在"伸直"对话框中单击 < 确定 > 按钮，完成特征的创建。

图 7.3.17 所示的"伸直"对话框中按钮的功能说明如下。

◆ ⬚：："固定面或边"按钮。在"伸直"对话框中为默认被按下，用来指定选取钣金件的一条边或一个平面作为固定位置来创建展开特征。

◆ ⬚：："折弯"按钮。在选取固定面后自动被激活，可以选取将要执行伸直操作的折弯区域（折弯面），当选取折弯面后，折弯区域在视图中将高亮显示。可以选取一个或多个折弯区域圆柱面（选择钣金件的内侧和外侧均可）。

图 7.3.17　"伸直"对话框

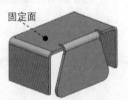

图 7.3.18　选取固定面

图 7.3.19　选取折弯特征

7.3.4　重新折弯

可以将伸直后的钣金壁部分或全部重新折弯回来（图 7.3.20），这就是钣金的重新折弯。

下面以如图 7.3.20 所示的模型为例，说明创建"重新折弯"的一般过程。

步骤 01 打开文件 D:\ug111\work\ch07.03\afresh_bend.prt。

步骤 02 选择命令。选择下拉菜单 插入(S) ➡ 成形(R) ▶ ➡ 重新折弯(R)... 命令，系统弹出图 7.3.21 所示的"重新折弯"对话框。

a）原钣金件　　　　　　b）展开钣金件　　　　　　c）钣金的重新折弯

图 7.3.20　钣金的重新折弯

步骤 03 选取固定面。选取图 7.3.22 所示的面为固定面。

步骤 04 选取折弯特征。选取图 7.3.22 所示的折弯特征。

步骤 05 在"重新折弯"对话框中单击 < 确定 > 按钮，完成特征的创建。

图 7.3.21　"重新折弯"对话框

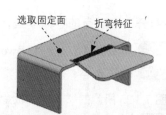

图 7.3.22　选取固定面和折弯特征

图 7.3.21 所示的"重新折弯"对话框中按钮的功能说明如下。

◆ 📦（固定面或边）按钮：此按钮用来定义执行"重新折弯"操作时保持固定不动的面或边。

◆ 🇿："折弯"按钮：在"重新折弯"对话框中为默认选项，用来选择"重新折弯"操作的折弯面。可以选择一个或多个取消折弯特征，当选择"取消折弯"面后，所选择的取消折弯特征在视图中将高亮显示。

7.3.5　将实体转换成钣金件

实体零件通过创建"壳"特征后，可以创建出壁厚相等的实体零件，若想将此类零件转换成钣金件，则必须使用"转换为钣金"命令。例如，图 7.3.23 所示的实体零件通过抽壳方式转换为薄壁件后，其壁是完全封闭的，通过创建转换特征后，钣金件四周产生了裂缝，这样该钣金件便可顺利展开。

下面以图 7.3.24 所示的模型为例，说明"转换为钣金"的一般创建过程。

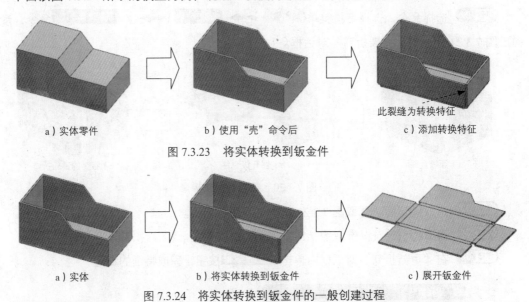

　a）实体零件　　　　　　　　b）使用"壳"命令后　　　　　　c）添加转换特征

图 7.3.23　将实体转换到钣金件

　a）实体　　　　　　　　b）将实体转换到钣金件　　　　　　c）展开钣金件

图 7.3.24　将实体转换到钣金件的一般创建过程

1. 打开一个现有的零件模型，并将实体转换到钣金件

步骤 01　打开文件 D：\ug111\work\ch07.03\transition.prt。

步骤 02　选择命令。选择下拉菜单 插入(S) ➡ 转换(V) ▶ ➡ 转换为钣金(C)...命令，系统弹出图 7.3.25 所示的"转换为钣金"对话框。

步骤 03　选取基本面。选取图 7.3.26 所示的模型表面为基本面。

步骤 04　选取要撕裂的边。在 要撕开的边 区域中单击"撕边"按钮，选取图 7.3.27 所示的四条边线为要撕裂的边。

步骤 05　在"转换为钣金"对话框中单击 确定 按钮，完成特征的创建。

图 7.3.25　"转换为钣金"对话框

图 7.3.26　选取基本面

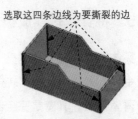

图 7.3.27　选取要撕裂的边

图 7.3.25 所示的"转换为钣金"对话框中按钮的功能说明如下。

◆ 　（基本面）：在"转换为钣金"对话框中此按钮默认被激活，用于选择钣金件的表平面作为固定面（基本面）来创建特征。

◆ 　（撕边）：单击此按钮后，用户可以在钣金件模型中选择要撕裂的边缘。

2. 将转换后的钣金件伸直

步骤 01 选择下拉菜单 插入(S) ➡ 成形(R) ▶ ➡ 伸直(U)... 命令，系统弹出"伸直"对话框。

步骤 02 选取固定面。选取图 7.3.28 所示的表面为展开固定面。

步骤 03 选取折弯。选取图 7.3.29 所示的三个面为折弯。

步骤 04 在"伸直"对话框中单击 ＜ 确定 ＞ 按钮，完成特征的创建。

图 7.3.28　选取展开固定面　　　　图 7.3.29　选取折弯

7.3.6　撕边

"撕边"命令可以沿拐角边缘将实体模型转换为钣金部件或沿线性草图撕边来分隔一个弯边的两个部件并折弯其中一个。

下面以图 7.3.30 所示的模型为例，来说明"撕边"的一般创建过程。

a）创建特征前

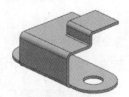

b）创建撕边并二次折弯后

图 7.3.30　创建"撕边"特征

步骤 01 打开文件 D:\ug111\work\ch07.03\edges_rip.prt。

步骤 02 选择命令。选择下拉菜单 插入(S) ➡ 转换(V) ▶ ➡ 撕边(R)... 命令，系统弹出图 7.3.31 所示的"撕边"对话框。

步骤 03 定义截面草图。单击"撕边"对话框中的"绘制截面"按钮　。选取图 7.3.32 所示的平面为草图平面，绘制图 7.3.33 所示的截面草图。

图 7.3.31　"撕边"对话框

图 7.3.32　定义草图平面

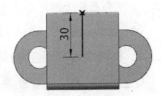

图 7.3.33　截面草图

图 7.3.31 所示的"撕边"对话框中的各选项说明如下。

◆ 🔵 按钮：可选取一条附属于实体的边缘。

◆ 🔲 按钮：在特征内部创建一个线性的草图作为撕边。

切边截面线串的特点如下。

◆ 所选边线必须至少依附于基体的两个侧面上。

◆ 截面线串必须为线性曲线段。

◆ 用户可以选择多条线性曲线，但线性边线不能封闭。

◆ 用户可以在基体内部创建截面线串，并且不需要和外侧边缘相交。

步骤 04 单击"撕边"对话框中的 < 确定 > 按钮，完成撕边的创建。

步骤 05 选择命令。选择下拉菜单 插入(S) ➡ 折弯(N) ▶ ➡ 🔲二次折弯 命令，系统弹出"二次折弯"对话框。

步骤 06 绘制折弯线。单击 🔲 按钮，选取图 7.3.32 所示的平面为草图平面，绘制图 7.3.34 所示的截面草图。

步骤 07 调整折弯侧与固定侧。单击 二次折弯属性 区域中的"反侧"按钮 ⚡，调整折弯侧和折弯方向的箭头，如图 7.3.35 所示。

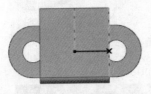

图 7.3.34　截面草图

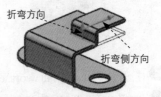

图 7.3.35　折弯方向

步骤 08 定义二次折弯属性和折弯参数。在 二次折弯属性 区域的 高度 文本框中输入数值 8，在 参考高度 下拉列表中选择 ꓶ 内侧 选项，在 内嵌 下拉列表中选择 ꓶ 折弯外侧 选项，在 折弯参数 区域中单击 折弯半径 文本框右侧的 ☰ 按钮，在弹出的菜单中选择 使用局部值 选项，然后在 折弯半径 文本框中输入数值 1。在 止裂口 区域的 折弯止裂口 下拉列表中选择 无 选项；在 拐角止裂口 下拉列表中选择 无 选项。

步骤 09 在"二次折弯"对话框中单击 〈 确定 〉 按钮，完成特征的创建。

7.3.7　展平实体

在钣金零件的设计过程中，将成形的钣金零件展平为二维的平面薄板是非常重要的步骤，钣金件展开的作用如下。

◆ 钣金展开后，可更容易地了解如何剪裁薄板及其各部分的尺寸。

◆ 有些钣金特征（如减轻切口）需要在钣金展开后创建。

◆ 钣金展开对于钣金的下料和创建钣金的工程图十分有用。

采用"展平实体"命令可以在同一钣金零件中创建平面展开图。展平实体特征与成形特征相关联。当采用展平实体命令展开钣金零件时，将展平实体特征作为"引用集"在"部件导航器"中显示。如果钣金零件包含变形特征，这些特征将保持原有的状态，如果钣金模型更改，平面展开图也将自动更新并包含新的特征。

下面以图 7.3.36 所示的模型为例，说明"展平实体"的一般创建过程。

1. 展平实体特征的创建

步骤 01 打开文件 D:\ug111\work\ch07.03\unfold.prt。

　　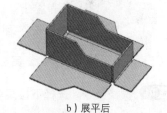

a）展平前　　　　　　　　　　　　　　　　b）展平后

图 7.3.36　展平实体

步骤 02 选择下拉菜单 插入(S) ➞ 展平图样(L)... ➞ 展平实体(S)...命令（ 或在"钣金特征"工具栏中单击"展平实体" 按钮 ），系统弹出图 7.3.37 所示的"展平实体"对话框。

步骤 03 定义固定面。选取图 7.3.38 所示的模型表面为固定面。

步骤 04 在"展平实体"对话框中单击 确定 按钮，完成展平特征的创建。

图 7.3.37 所示的"展平实体"对话框中的部分选项说明如下。

◆ 　（选择面）：固定面区域的选择面默认激活，用于选择钣金零件的平表面作为平板实体的固定面，在选定固定面后系统将以该平面为固定面将钣金零件展开。

◆ 　（选择边）：方位区域的参考边在选择固定面后被激活，选择实体边缘作为平板实体参考轴(X 轴)的方向及原点，并在视图区中显示参考轴方向；在选定参考轴后系统将以该参考轴和已选择的固定面为基准将钣金零件展开，形成平面薄板。

图 7.3.37　"展平实体"对话框

图 7.3.38　定义固定面

2. 展平实体相关特征的验证

展平实体特征会随着钣金模型的更改发生相应的变化，下面通过图 7.3.39 所示在钣金模型上创建一个"法向除料"特征来验证这一特征。

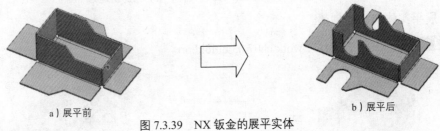

a）展平前　　　　　　　　　　　　　　b）展平后

图 7.3.39　NX 钣金的展平实体

步骤 01 选择命令。选择下拉菜单 插入(S) ➡ 切削(T) ▶ ➡ 法向开孔(N)... 命令，系统弹出"法向开孔"对话框。

步骤 02 绘制除料截面草图。单击 按钮，选取图 7.3.40 所示的模型表面为草图平面，单击 确定 按钮，绘制图 7.3.41 所示的除料截面草图。

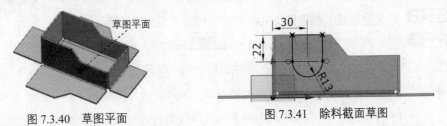

图 7.3.40　草图平面　　　　　　　　　　图 7.3.41　除料截面草图

步骤 03 定义除料属性。在 除料属性 区域的 切割方法 下拉列表中选择 厚度 选项，在 限制 下拉列表中选择 贯通 选项。

步骤 **04** 单击"法向开孔"对话框中的 < 确定 > 按钮，完成法向除料特征。

7.4 钣金拐角处理

在钣金零件的设计过程中，拐角的处理主要有三种：倒角、封闭角和三折弯角，这在生产中也是很重要的。本章将对钣金拐角部分的处理方法及技巧进行详细的讲解，在讲解每个命令时都配备了相应的范例。

7.4.1 倒角

"倒角"命令可以在钣金特征的尖边处形成一个圆角或者一个 45° 的倒斜角，可以使用这个命令来代替实体建模中的相应操作。该命令可以自动过滤边界类型，只选取厚度边缘，从而防止用户选取错误的边缘。

下面以图 7.4.1 为例，说明创建倒角特征的一般操作过程。

步骤 **01** 打开文件 D:\ug111\work\ch07.04\break_corner.prt.prt。

a）倒角前   b）倒角后

图 7.4.1 创建倒角

步骤 **02** 选择命令。选择下拉菜单 插入(S) ➡ 拐角(O) ▸ ➡ 倒角(B)... 命令，系统弹出图 7.4.2 所示的"倒角"对话框。

步骤 **03** 创建倒圆角特征。选取图 7.4.3 所示的四条模型边线为圆角参照边，在"倒角"对话框 倒角属性 区域的 方法 下拉列表中选择 圆角 选项；在 半径 文本框中输入数值 5。

图 7.4.2 "倒角"对话框

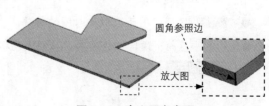

图 7.4.3 定义圆角参照

步骤 04 单击"倒角"对话框中的 应用 按钮，完成图 7.4.4 所示圆角的创建。

步骤 05 创建倒斜角特征（图 7.4.5）。在"倒角"对话框 倒角属性 区域的 方法 下拉列表中选择 倒斜角 选项，选取图 7.4.6 所示的两条模型边线为斜角放置参照，在 距离 文本框中输入数值 10，单击"倒角"对话框中的 < 确定 > 按钮。

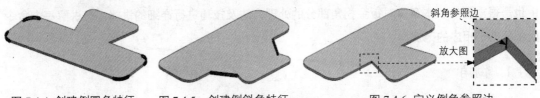

图 7.4.4 创建倒圆角特征　　图 7.4.5 创建倒斜角特征　　图 7.4.6 定义倒角参照边

◆ 用户可以选择一个单独的边缘或者选择整个面来施加"倒角"特征。如果面上没有尖锐边，则该面不可以选。

◆ 当用户在一条边缘上创建了一个"倒斜角"特征后，则该边缘在以后的倒角中并不会被排除在选择范围之外，建议用户在整个钣金设计的最后阶段，完成所有的倒角。

7.4.2　封闭拐角

封闭拐角可以修改两个相邻弯边特征间的缝隙并创建一个止裂口，在创建封闭拐角时需要确定希望封闭的两个折弯中的一个折弯。本节将详细介绍创建"封闭拐角"特征的方法。

下面以图 7.4.7 所示的模型为例，来说明创建封闭拐角的一般操作过程。

步骤 01 打开文件 D:\ug111\work\ch07.04\fold_corner.prt.prt。

步骤 02 选择命令。选择下拉菜单 插入(S) ➡ 拐角(O) ▶ ➡ 封闭拐角(C)... 命令，系统弹出图 7.4.8 所示的"封闭拐角"对话框。

图 7.4.8 所示的"封闭拐角"对话框中的各选项说明如下。

◆ 类型 区域：用于定义封闭拐角的类型，包含 封闭和止裂口 和 止裂口 两个选项。当选择 封闭和止裂口 选项时，在创建止裂口的同时还对钣金壁进行延伸；当选择 止裂口 选项时，只创建止裂口。

◆ 封闭折弯 区域：用于选取要封闭的折弯。

◆ 拐角属性 区域：该区域的 处理 下拉列表包括 开放的 、 封闭 、 圆形开孔 、 U 形开孔 、 V 形开孔 和 矩形开孔 六个选项，用于定义拐角的属性。

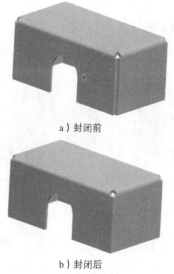

a) 封闭前

b) 封闭后

图 7.4.7 创建封闭拐角特征

图 7.4.8 "封闭拐角"对话框

- **开放的** 选项：创建封闭拐角时，选择此选项可以将两个弯边的折弯区域保持其原有状态不变，但平面区域将延伸至相交，如图 7.4.9 所示。

- **封闭** 选项：创建封闭拐角时，选择此选项会将整个弯边特征的内壁面封闭，使得边缘彼此之间能够相互衔接。在拐角区域添加一个 45° 的斜接小缝隙，如图 7.4.10 所示。

- **圆形开孔** 选项：创建封闭拐角时，选择此选项会在弯边区域产生一个圆孔。通过在直径文本框中输入数值来决定孔的大小，如图 7.4.11 所示。

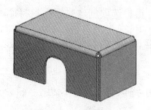

图 7.4.9 开放的

图 7.4.10 封闭的

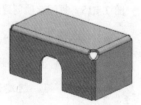

图 7.4.11 圆形除料

- **U 形开孔** 选项：创建封闭拐角时，选择此选项会在弯边区域产生一个 U 形孔。通过在直径文本框中输入数值来决定孔的大小，在偏置文本框中输入数值来决定孔向中心移动的大小，如图 7.4.12 所示。

- **V 形开孔** 选项：创建封闭拐角时，选择此选项会在弯边区域产生一个 V 形孔。通过在直径文本框中输入数值来决定孔的大小，在偏置文本框中输入数值来决定孔向中心移动的大小，角度 1 和角度 2 决定 V 形孔向两侧张开的大小，如图 7.4.13 所示。

-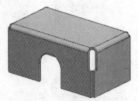

  图 7.4.12　U 形除料　　　图 7.4.13　V 形除料　　　图 7.4.14　矩形除料

- 矩形开孔 选项：创建封闭拐角时，选择此选项会在弯边区域产生一个矩形样式的孔。在偏置文本框中输入数值来决定孔向中心移动的大小，如图 7.4.14 所示。

◆　　重叠　区域中包括 封闭的 和 重叠的 两个选项。

- 封闭的：选取该选项，创建封闭拐角特征时可以使两个弯边特征之间的边与边封闭，如图 7.4.15 所示。

- 重叠的：选取该选项，创建封闭拐角特征时可以使两个弯边特征对齐并在其间产生一个重叠区域，如图 7.4.16 所示。

- 缝隙：在此文本框中输入的数值用于设置封闭角中两弯边之间的间隙，但输入数值不能大于钣金厚度。

图 7.4.15　封闭选项创建封闭拐角特征　　　图 7.4.16　重叠选项创建封闭拐角特征

- (D)直径：选择"圆形除料"选项将激活该文本框，该文本框中输入的数字用于设置生成封闭角圆孔的直径。

- 重叠比：创建封闭拐角时，选择 重叠的 选项时将激活该文本框，它会强制其中一个弯边特征向着第二个弯边特征的外侧面方向延伸。此数值必须在 0～1 之间。

步骤 03　定义封闭拐角参照。选取图 7.4.17 所示的相邻折弯特征为封闭拐角参照。

步骤 04　定义拐角类型。在 类型 下拉列表中选择 封闭和止裂口 选项；在 拐角属性 区域的 处理 下拉列表中选择 圆形开孔 选项；在 重叠 下拉列表中选择 重叠的 选项；在 缝隙 文本框中输入数值 0；在 重叠比 文本框中输入数值 1；在 止裂口特征 区域 (D) 直径 文本框中输入数值 4。

步骤 05　单击"封闭拐角"对话框中的 〈确定〉 按钮，结果如图 7.4.18 所示。

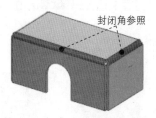

图 7.4.17　定义封闭拐角参照

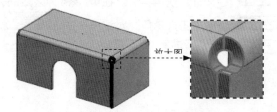

图 7.4.18　创建封闭拐角特征

7.4.3　三折弯角

三折弯角是将相邻两个折弯的平面区域延伸至相交，形成封闭或带有圆形切除的拐角。本节将详细介绍三折弯角命令的使用方法及技巧。

下面以图 7.4.19 所示的模型为例，来说明创建三折弯角的一般操作过程。

步骤 **01**　打开文件 D:\ug111\work\ch07.04\bend_corner.prt.prt。

a）创建前

b）创建后

图 7.4.19　创建三折弯角特征

步骤 **02**　选择命令。选择下拉菜单 插入(S) ➡ 拐角(O) ▶ ➡ 三折弯角(T)... 命令，系统弹出图 7.4.20 所示的"三折弯角"对话框。

步骤 **03**　定义三折弯角参照。选取图 7.4.21 所示的相邻折弯特征为三折弯角参照。

图 7.4.20　"三折弯角"对话框

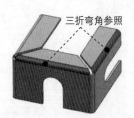

三折弯角参照

图 7.4.21　定义三折弯角参照

步骤 04 定义封闭拐角类型。在 拐角属性 —区域的 处理 下拉列表中选择 ⌐ 封闭 选项。

步骤 05 单击"三折弯角"对话框中的 < 确定 > 按钮。

步骤 06 参照 步骤 02 ~ 步骤 05 的操作步骤，创建另一侧的三折弯角特征。

7.4.4　倒斜角

"倒斜角"命令是在钣金特征的棱边处形成一个直边的倒角。与"倒角"命令中的"倒斜角"类型不同的是，它可以灵活地定义相关参数，从而制作非 45° 的倒角。该命令可以对钣金件的所有边缘进行倒斜角操作。

下面以图 7.4.22 所示的模型为例，来说明创建"倒斜角"的一般步骤。

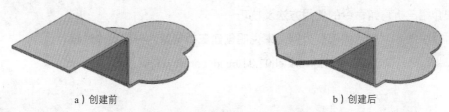

a）创建前　　　　　　　　　　　　　　　b）创建后

图 7.4.22　创建"倒斜角"特征

步骤 01 打开文件 D:\ug111\work\ch07.04\chamfer.prt。

步骤 02 选择命令。选择下拉菜单 插入(S) ➡ 拐角(O) ▶ ➡ ◇ 倒斜角(M) 命令，系统弹出图 7.4.23 所示的"倒斜角"对话框。

步骤 03 定义偏置类型。在 横截面 下拉列表中选择 对称 选项，在 距离 文本框中输入数值 10。

步骤 04 定义倒斜角参照。选取图 7.4.24 所示的模型边线为倒斜角参照。

步骤 05 单击"倒斜角"对话框中的 < 确定 > 按钮。

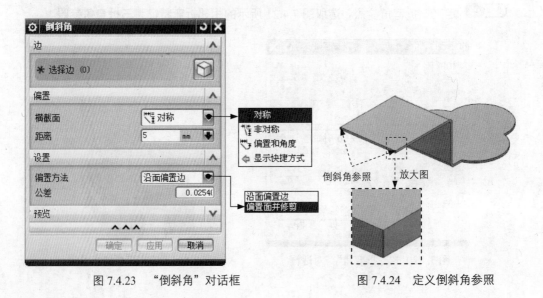

图 7.4.23　"倒斜角"对话框　　　　　　　图 7.4.24　定义倒斜角参照

图 7.4.23 所示的"倒斜角"对话框中的各选项说明如下。

◆ 偏置 区域：用于定义倒斜角的类型及基本参数。在该区域内的 横截面 下拉列表中包含 对称 、 非对称 和 偏置和角度 三个选项。

● 对称 选项：当选择该选项时，在倒角时沿两个表面的偏置值是相同的。

● 非对称 选项：当选择该选项时，在倒角时的切除方向延伸用于修剪原始曲面的每个偏置曲面，可在其下的 距离1 和 距离2 文本框中输入数值以定义不同方向上的偏置距离。它的偏置方式有两种，可单击"反向"按钮 ⊠ 来调整。

● 偏置和角度 选项：当选择该选项时，倒角的偏置量是由一个偏置值和一个角度决定的。可在其下的 距离 和 角度 文本框中输入数值以定义偏置距离和角度，其偏置方式有两种，可单击"反向"按钮 ⊠ 来调整。

◆ 设置 区域：用于定义偏置的方式。在该区域内的 偏置方法 下拉列表中包含 沿面偏置边 和 偏置面并修剪 两个选项。

● 沿面偏置边 ：仅为简单形状生成精确的倒斜角，从倒斜角的边开始，沿着面测量偏置值，这将定义新倒斜角面的边。

● 偏置面并修剪 ：如果被倒角的面很复杂，此选项可延伸用于修剪原始曲面的每个偏置曲面。

7.5 高级钣金特征

7.5.1 凹坑

凹坑就是用一组连续的曲线作为轮廓沿着钣金件表面的法线方向冲出凸起或凹陷的成形特征，如图 7.5.1 所示。

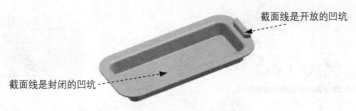

截面线是开放的凹坑

截面线是封闭的凹坑

图 7.5.1 钣金的"凹坑"特征

1. 封闭的截面线创建"凹坑"的一般过程

下面以图 7.5.2 所示的模型为例，说明用封闭的截面线创建"凹坑"的一般过程。

步骤 **01** 打开文件 D:\ug111\work\ch07.05\depressed.prt。

a）创建凹坑前　　　　　　　　　　　　　　b）创建凹坑后

图 7.5.2　用封闭的截面线创建"凹坑"特征

步骤 02　选择命令。选择下拉菜单 插入(S) ➡ 冲孔(H) ▶ ➡ 凹坑(U)... 命令，系统弹出图 7.5.3 所示的"凹坑"对话框。

步骤 03　绘制凹坑截面。单击 按钮，选取图 7.5.4 所示的模型表面为草图平面，绘制图 7.5.5 所示的截面草图。

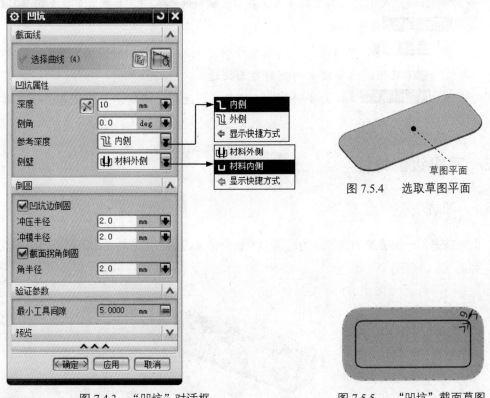

图 7.4.3　"凹坑"对话框　　　　　　　　　　图 7.5.5　"凹坑"截面草图

图 7.5.4　选取草图平面

凹坑的成形面的截面线可以是封闭的，也可以是开放的。

步骤 04　定义凹坑属性。在 凹坑属性 区域的 深度 文本框中输入数值 10，单击"反向"按钮 ；在 侧角 文本框中输入数值 10；在 参考深度 下拉列表中选择 内部 选项；在

侧壁 下拉列表中选择 材料外侧 选项。

步骤 05 定义倒圆属性。在 倒圆 区域选中 ☑ 凹坑边倒圆 复选框，在 冲压半径 文本框中输入数值 1；在 冲模半径 文本框中输入数值 1；在 倒圆 区域选中 ☑ 截面拐角倒圆 复选框，在 冲模半径 文本框中输入数值 2。

步骤 06 在"凹坑"对话框中单击 < 确定 > 按钮，完成特征的创建。

图 7.5.3 所示的"凹坑"对话框中各选项的功能说明如下。

◆ 深度：该文本框中输入的数值是从钣金件的放置面到弯边底部的深度距离，如图 7.5.6 所示。

◆ 侧角：该文本框中输入的数值是设定凹坑在钣金件放置面法向的倾斜角度值（即拔模角度）。

图 7.5.6　凹坑的创建方向

◆ 参考深度 下拉列表中包括 外侧 和 内侧 选项。

● 外侧：选取该选项，凹坑的高度距离是从截面线的草图平面开始计算，延伸至总高，再根据材料厚度来偏置距离。

● 内侧：选取该选项，凹坑的高度距离是从截面线的草图平面开始计算，延伸至总高。

◆ 侧壁 下拉列表中包括 材料内侧 和 材料外侧 两种选项。

● 材料内侧：选取该选项，在截面线的内侧开始生成凹坑，如图 7.5.7a 所示。

● 材料外侧：选取该选项，在截面线的外侧开始生成凹坑，如图 7.5.7b 所示。

◆ 倒圆 区域包括 ☑ 凹坑边倒圆 和 ☑ 截面拐角倒圆 复选框。

● ☑ 凹坑边倒圆：选中该复选框，冲压半径 和 冲模半径 文本框被激活。冲压半径 文本框中输入的数值是指定钣金件的放置面过渡到折弯部分设置的圆角半径，如图 7.5.8 所示；冲模半径 文本框中输入的数值是指定凹坑底部与深度壁过渡的圆角半径，如图 7.5.8 所示。

● ☑ 截面拐角倒圆：选中该复选框，角半径 文本框被激活。角半径 文本框中输入的数值是指定凹坑壁之间过渡的圆角半径。

a）材料内侧

b）材料外侧

图 7.5.7　设置"侧壁材料"选项

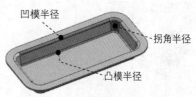

图 7.5.8　定义倒圆设置

2. 开放截面线创建"凹坑"的一般过程

下面以上一步创建的模型（图 7.5.9）为例，说明用开放的截面线创建"凹坑"的一般过程。

步骤 01 选择命令。选择下拉菜单 插入(S) ➡ 冲孔(H) ▶ ➡ 凹坑(D) 命令，系统弹出"凹坑"对话框。

a）创建凹坑前   b）创建凹坑后

图 7.5.9 用开放的截面线创建"凹坑"特征

步骤 02 绘制凹坑截面。单击 按钮，选取图 7.5.10 所示的模型表面为草图平面，绘制图 7.5.11 所示的截面草图。

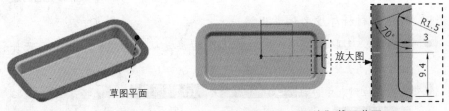

图 7.5.10 选取草图平面   图 7.5.11 "凹坑"截面草图

步骤 03 定义凹坑属性。在"凹坑"对话框 凹坑属性 区域的 深度 文本框中输入数值 3，深度方向如图 7.5.12 所示；在 侧角 文本框中输入数值 0；在 参考深度 下拉列表中选择 内侧 选项；在 侧壁 下拉列表中选择 材料外侧 选项。

步骤 04 定义倒圆属性。在 倒圆 区域选中 ☑ 凹坑边倒圆 复选框，在 冲压半径 文本框中输入数值 0.5；在 冲模半径 文本框中输入数值 0.5；在 倒圆 区域选中 ☑ 截面拐角倒圆 复选框，在 角半径 文本框中输入数值 2。

步骤 05 在"凹坑"对话框中单击 ＜ 确定 ＞ 按钮，完成特征的创建。

7.5.2 冲压开孔

冲压开孔就是用一组连续的曲线作为轮廓沿着钣金件表面的法向方向进行裁剪，同时在轮廓线上建立弯边，如图 7.5.13 所示。

　　　　冲压开孔的成形面的截面线可以是封闭的，也可以是开放的。

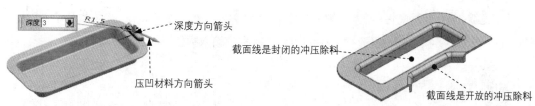

图 7.5.12　凹坑的创建方向　　　　　　　图 7.5.13　钣金的"冲压开孔"特征

1. 封闭的截面线创建"冲压开孔"的一般过程

下面以图 7.5.14 所示的模型为例，说明用封闭的截面线创建"冲压开孔"的一般过程。

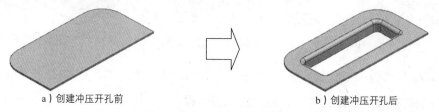

a）创建冲压开孔前　　　　　　　　　　b）创建冲压开孔后

图 7.5.14　用封闭的截面线创建"冲压开孔"特征

步骤 **01**　打开文件 D：\ug111\work\ch07.05\punching.prt。

步骤 **02**　选择命令。选择下拉菜单 插入(S) ➡ 冲孔(H) ▸ ➡ 冲压开孔(C)... 命令，系统弹出图 7.5.15 所示的"冲压开孔"对话框。

步骤 **03**　绘制冲压开孔截面草图。单击 按钮，选取图 7.5.16 所示的模型表面为草图平面，单击 确定 按钮，绘制图 7.5.17 所示的截面草图。

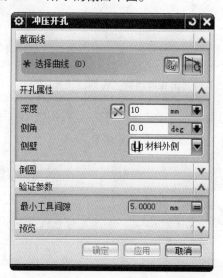

图 7.5.15　"冲压开孔"对话框

步骤 **04**　定义除料属性。在对话框 开孔属性 区域的 深度 文本框中输入数值 7，单击"反向"按钮 ；在 侧角 文本框中输入数值 0；在 侧壁 下拉列表中选择 材料外侧 选项。

步骤 05 定义倒圆属性。在 倒圆 区域选中 ☑ 开孔边倒圆 复选框，在 冲模半径 文本框中输入数值 1；选中 ☑ 截面拐角倒圆 复选框，在 角半径 文本框中输入数值 1。

 要改变箭头方向，可以双击图 7.5.18 所示的箭头。

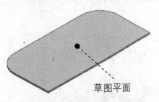

图 7.5.16 选取草图平面

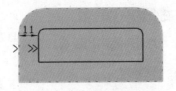

图 7.5.17 "冲压除料"截面草图

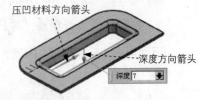

图 7.5.18 "冲压除料"的创建方向

步骤 06 在"冲压开孔"对话框中单击 〈 确定 〉 按钮，完成"冲压开孔"特征的创建。

2. 开放的截面线创建"冲压开孔"的一般过程

下面以上步创建的模型为例，说明用开放的截面线创建图 7.5.19 所示"冲压开孔"的一般过程。

步骤 01 选择命令。选择下拉菜单 插入(S) ➡ 冲孔(H) ▶ ➡ 冲压开孔(C)... 命令，系统弹出"冲压开孔"对话框。

a）创建冲压除料前   b）创建冲压除料后

图 7.5.19 用开放的截面线创建"冲压开孔"特征

步骤 02 绘制冲压开孔截面草图。单击 按钮，选取图 7.5.20 所示的模型表面为草图平面，单击 确定 按钮，绘制图 7.5.21 所示的截面草图。

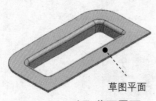

图 7.5.20 选取草图平面

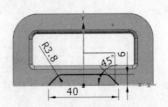

图 7.5.21 "冲压开孔"截面草图

步骤 03 定义除料属性。在 开孔属性 区域的 深度 文本框中输入数值 5，方向如图 7.5.22 所示；在 侧角 文本框中输入数值 0；在 侧壁 下拉列表中选择 ∪ 材料内侧 选项。

步骤 04 定义倒圆属性。在 倒圆 区域选中 ☑ 开孔边倒圆 复选框，在 冲模半径 文本框中输入数值 1；选中 ☑ 截面拐角倒圆 复选框，在 角半径 文本框中输入数值 1。

🔵步骤 **05** 在 "冲压开孔" 对话框中单击 〈 确定 〉按钮，完成 "冲压开孔" 特征的创建。

7.5.3 百叶窗

百叶窗的功能是在钣金件的平面上创建通风窗，用于排气和散热。UG NX 11.0 的百叶窗有成形端百叶窗（图 7.5.23）和切口端百叶窗（图 7.5.23）两种外观样式。

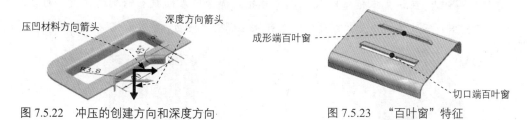

压凹材料方向箭头　　深度方向箭头　　　　　　　　　成形端百叶窗

　　　　　　　　　　　　　　　　　　　　　　　　　　　　　切口端百叶窗

图 7.5.22　冲压的创建方向和深度方向　　　　图 7.5.23　"百叶窗" 特征

下面以图 7.5.24 所示的模型为例，说明创建 "百叶窗" 的一般过程。

a）创建百叶窗前　　　　　　　　　　　　　　b）创建百叶窗后

图 7.5.24　创建 "百叶窗" 特征

🔵步骤 **01** 打开文件 D:\ug111\work\ch07.05\blind.prt。

🔵步骤 **02** 选择命令。选择下拉菜单 插入(S) ➡ 冲孔(H) ▶ ➡ 💲 百叶窗(L)... 命令，系统弹出图 7.5.25 所示的 "百叶窗" 对话框。

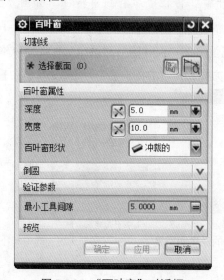

图 7.5.25　"百叶窗" 对话框

步骤 03 绘制百叶窗截面草图。单击 🔲 按钮，选取图 7.5.26 所示的模型表面为草图平面，绘制图 7.5.27 所示的百叶窗截面草图。

图 7.5.25 所示的"百叶窗"对话框中部分选项功能说明如下。

◆ **深度**：在该文本框中输入的数值是指定从钣金件表面到"百叶窗"特征最外侧点的距离。可以在图 7.5.28 所示深度文本框中更改，也可以在模型中拖动"深度长锚"动态更改深度值。

◆ **宽度**：在该文本框中输入的数值是指定钣金件表面投影轮廓的宽度。可以在图 7.5.28 所示文本框中更改宽度值，也可以在模型中拖动"宽度长锚"动态更改宽度值。

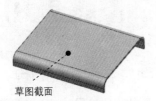

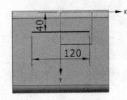

图 7.5.26　选取草图截面　　　　　　　　图 7.5.27　百叶窗截面草图

◆ **百叶窗形状** 下拉列表中包括 **成形的** 和 **冲裁的** 两个选项。

● **成形的**：选择该选项，创建的"百叶窗"特征以成形的形状生成，如图 7.5.23 所示。

● **冲裁的**：选择该选项，创建的"百叶窗"特征以切口的形状生成，如图 7.5.23 所示。

◆ **倒圆** 区域：该区域用于设置冲模半径和冲模半径值。

● **☑百叶窗边倒圆**：该复选框用于是否设置冲模半径，如果取消此复选框，创建后的"百叶窗"特征边缘无圆角特征（图 7.5.29b）；如果选中该复选框，创建后的"百叶窗"特征边缘有圆角特征，如图 7.5.29a 所示。

● **冲模半径**：设置"百叶窗"特征边缘圆角特征的半径（凹模半径值）。

步骤 04 定义百叶窗属性。在"百叶窗"对话框 **百叶窗属性** 区域的 **深度** 文本框中输入数值 5，接受系统默认的深度方向和宽度方向；在 **宽度** 文本框中输入数值 10；在 **百叶窗形状** 下拉列表中选择 **成形的** 选项。

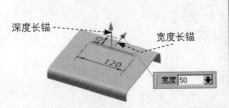

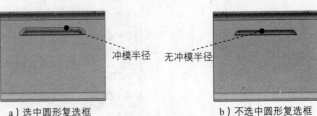

图 7.5.28　"百叶窗"特征的深度和宽度　　　　图 7.5.29　选中和不选中复选框的效果

步骤 05 在"百叶窗"对话框中单击 <确定> 按钮，完成特征的创建。

7.5.4 筋

"筋"命令可以完成沿钣金件表面上的曲线添加筋的功能，如图 7.5.30 所示。筋用于增加钣金零件强度，但在展开实体的过程中，加强筋是不可以被展开的。

下面以图 7.5.31 所示的模型为例，说明创建"筋"的一般过程。

步骤 01 打开文件 D：\ug111\work\ch07.05\bracket.prt。

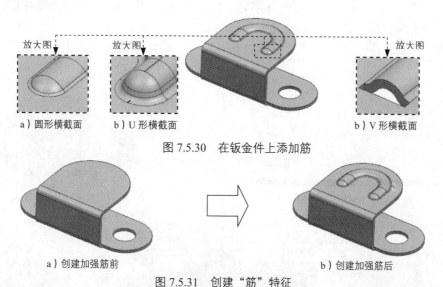

a）圆形横截面   b）U形横截面   b）V形横截面

图 7.5.30   在钣金件上添加筋

a）创建加强筋前   b）创建加强筋后

图 7.5.31   创建"筋"特征

步骤 02 选择命令。选择下拉菜单 插入(S) ➡ 冲孔(H) ➡ 筋(R)... 命令，系统弹出图 7.5.32 所示的"筋"对话框。

步骤 03 绘制加强筋截面草图。单击 按钮，选择图 7.5.33 所示的模型表面为草图平面，绘制图 7.5.34 所示的截面草图。

步骤 04 定义筋属性。在 横截面 下拉列表中选择 圆形 选项；在 深度 文本框中输入数值 3，接受系统默认箭头方向为加强筋的创建方向；在 半径 文本框中输入数值 3；在 端部条件 下拉列表中选择 成形的 选项。

步骤 05 设置倒圆。在 倒圆 区域选中 ☑ 筋边倒圆 复选框，在 冲模半径 文本框中输入值 2。

步骤 06 在"筋"对话框中单击 <确定> 按钮，完成特征的创建。

图 7.5.32 所示的"筋"对话框中各选项的功能说明如下。

横截面 下拉列表中包括 圆形 、 V形 和 U形 三种选项。三种截面如图 7.5.35 所示。

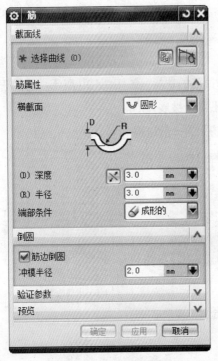

图 7.5.32 "筋"对话框

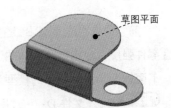

图 7.5.33 选取草图平面

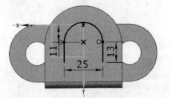

图 7.5.34 截面草图

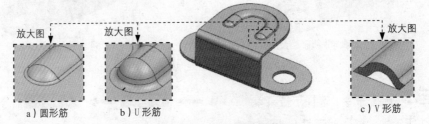

a) 圆形筋　　　　b) U 形筋　　　　　　　　　　c) V 形筋

图 7.5.35 设置筋的横截面

◆ **圆形**：选取该选项，对话框中的 **半径** 、 **深度** 文本框和 **冲模半径** 下拉列表被激活。

● **半径** 文本框：圆形筋从底面到圆弧顶部之间的高度距离。

● **深度** 文本框：圆形筋截面的圆弧半径。

● **冲模半径** 文本框：圆形筋的端盖边缘或侧面与底面倒角半径。

◆ **V 形**：选取该选项，对话框中的 **深度** 、 **角度** 、 **半径** 文本框和 **冲模半径** 下拉列表均被激活。

● **深度** 文本框：V 形筋从底面到顶面之间的高度距离。

● **角度** 文本框：V 形筋的底面法向和侧面或者端盖之间的夹角。

● **半径** 文本框：V 形筋的两个侧面或者两个端盖之间的半径。

● **冲模半径** 文本框：V 形筋的底面和侧面或者端盖之间的倒角半径。

◆ U形：选取该选项，对话框中的 深度 、 宽度 、 角度 文本框以及 冲模半径 和 冲压半径 文本框均被激活。

- 深度 文本框：U 形筋从底面到顶面之间的高度距离。
- 宽度 文本框：U 形筋顶面的宽度。
- 角度 文本框：U 形筋的底面法向和侧面或者端盖之间的夹角。
- 冲压半径 文本框：U 形筋的顶面和侧面或者端盖之间的倒角半径。
- 冲模半径 文本框：U 形筋的底面和侧面或者端盖之间的倒角半径。
- 端部条件 下拉列表中包括 成形的 、 冲裁的 和 冲压的 三个选项，如图 7.5.36 所示。 成形的：选取该选项，筋的端面为圆形。 冲裁的：选取该选项，筋的端面为一个平的或者是有切口的。 冲压的：选取该选项，筋的端面为一个平的或者是有切口的，此时 凸模宽度 文本框被激活。在 凸模宽度 文本框中输入值，以决定缺口的大小。

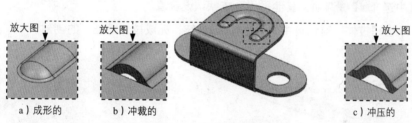

图 7.5.36　设置端部条件

7.5.5　实体冲压

钣金实体冲压是通过模具等对板料施加外力，使板料分离或者成形而得到工件的一种工艺。在钣金特征中，通过冲压成形的钣金特征在钣金件成形中占有很大比例。

钣金实体特征包括如下三个要素。

◆ 目标面：实体冲压特征的创建面。

◆ 工具体：使目标体具有预期形状的体。

◆ 冲裁面：指定要穿透的工具体表面。

1. "冲压"类型

下面以图 7.5.37 为例，说明实体冲压中的"冲压"类型的一般操作过程。

a）冲压前

b）冲压后

图 7.5.37　实体冲压

步骤 01 打开文件 D:\ug111\work\ch07.05\solid_punch_01.prt。

 由于使用实体冲压时，工具体大多在"NX 钣金"以外的环境中创建，所以在创建钣金冲压时需将当前钣金模型转换至其他设计环境中。本例采用的工具体需在"建模"环境中创建，因而在打开模型后，需要单击 应用模块 功能选项卡 设计 区域中的 按钮，以切换至"建模"环境。

步骤 02 创建图 7.5.38 所示的拉伸特征 1。

（1）选择下拉菜单 插入(S) ➡ 设计特征(E)▶ ➡ 拉伸(E)... 命令。

（2）定义拉伸截面草图。单击 按钮，选取图 7.5.38 所示的模型表面为草图平面，绘制图 7.5.39 所示的截面草图。

（3）定义拉伸属性。在对话框 限制 区域的 开始 下拉列表中选择 值 选项，并在其下的 距离 文本框中输入数值 0；在 结束 下拉列表中选择 值 选项，并在其下的 距离 文本框中输入数值 10；在 布尔 区域中选择 无 选项，其他采用系统默认设置值。

（4）单击"拉伸"对话框中的 < 确定 > 按钮，完成拉伸特征 1 的创建。

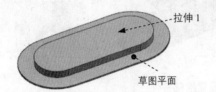

图 7.5.38 拉伸特征 1

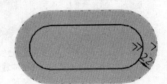

图 7.5.39 截面草图

步骤 03 创建图 7.5.40 所示的拉伸特征 2。选择下拉菜单 插入(S) ➡ 设计特征(E)▶ ➡ 拉伸(E)... 命令；选取图 7.5.38 所示的模型表面为草图平面，绘制图 7.5.41 所示的截面草图。拉伸方向如图 7.5.40 所示（与第一个拉伸方向相反）。在 限制 区域的 开始 下拉列表中选择 值 选项，并在其下的 距离 文本框中输入数值 0；在 结束 下拉列表中选择 值 选项，并在其下的 距离 文本框中输入数值 17；在 布尔 区域的 布尔 下拉列表中选择 合并 选项，选取上步创建的拉伸特征 1 作为求和对象；单击 < 确定 > 按钮，完成拉伸特征 2 的创建。

步骤 04 创建图 7.5.42b 所示的圆角特征。选取图 7.5.42a 所示的边线为边倒圆参照，输入圆角半径值 3（隐藏突出块特征）。

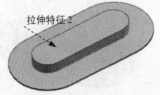

图 7.5.40 拉伸特征 2

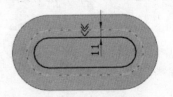

图 7.5.41 截面草图

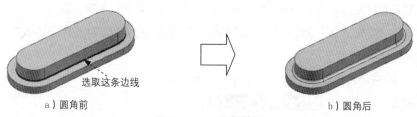

选取这条边线

a）圆角前   b）圆角后

图 7.5.42   圆角特征

步骤 05 创建实体冲压特征（将模型切换至"NX 钣金"环境，显示突出块特征）。

（1）选择下拉菜单 插入(S) ➡ 冲孔(H) ▸ ➡ 实体冲压(S)... 命令，系统弹出图 7.5.43 所示"实体冲压"对话框。

（2）定义实体冲压类型。在"实体冲压"对话框 类型 区域的下拉列表中选择 凸模 选项，即采用冲孔类型创建钣金特征。

（3）定义目标面。此时，在"实体冲压"对话框中，"目标面"按钮 已处于激活状态，选取图 7.5.44 所示的面为目标面。

（4）定义工具体。此时，在"实体冲压"对话框中，"工具体"按钮 已处于激活状态，选取图 7.5.45 所示的面为工具体。

（5）定义冲裁面。此时，单击"实体冲压"对话框中的"冲裁面"按钮 ，选取图 7.5.46 所示的面为冲裁面。

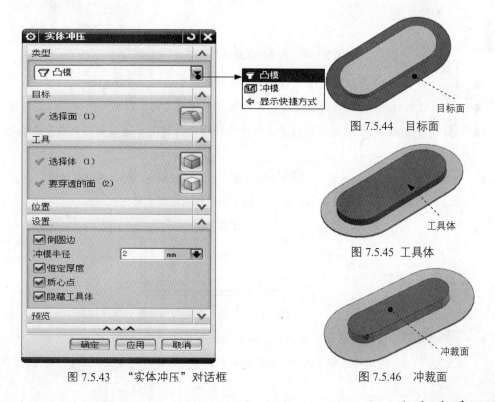

图 7.5.43   "实体冲压"对话框

图 7.5.44   目标面

目标面

图 7.5.45   工具体

工具体

图 7.5.46   冲裁面

冲裁面

（6）定义实体冲压厚度。在 实体冲压属性 区域的 厚度 文本框中输入数值 2。

（7）单击"实体冲压"对话框中的 ＜ 确定 ＞ 按钮，完成实体冲压特征的创建。

步骤 06 保存零件模型。

图 7.5.43 所示"实体冲压"对话框中各选项说明如下。

◆ 类型 下拉列表中包括 凸模 和 冲模 选项。

● 凸模：选择此选项，即采用冲压类型创建钣金特征，如图 7.5.47 所示。

● 冲模：选择此选项，即采用凹模类型创建钣金特征，如图 7.5.48 所示。

 注意 实体冲压特征 冲模 类型的工具体必须为中空的，否则不能进行冲压。

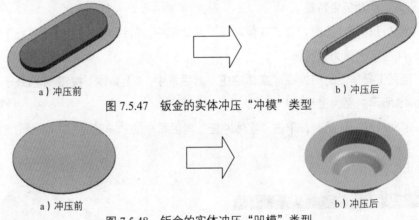

a）冲压前　　　　　　　　　　　　　　　　b）冲压后

图 7.5.47　钣金的实体冲压"冲模"类型

a）冲压前　　　　　　　　　　　　　　　　b）冲压后

图 7.5.48　钣金的实体冲压"凹模"类型

◆ （目标面）：在钣金的冲压创建中，选择从某个面进行冲压的面。

◆ （工具体）：工具体是使目标体具有预期形状的几何体，相当于钣金的成形模具。

◆ （冲裁面）：冲裁面是指创建实体冲压特征时，指定穿透钣金件的某个表面的工具体表面。

● ☑倒圆边：选中此复选框，冲模半径 被激活。可以对凹模半径的大小进行编辑，如图 7.5.49 所示。当对内半径进行编辑时，外半径的大小也相应地发生变化。

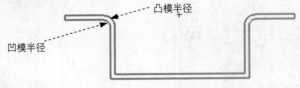

图 7.5.49　内、外半径示意图

● ☑恒定厚度：如果工具体具有锐边，在创建钣金实体冲压特征时需要设置该选项，如图 7.5.50a 所示。如果不选择该选项，创建的钣金实体冲压特征仍然包含锐边，如图 7.5.50b 所示。

- $\boxed{\checkmark}$**质心点**：选中此复选框，可以通过对放置面轮廓线的二维自动产生一个刀具中心位置创建冲压特征。

- $\boxed{\checkmark}$**隐藏工具体**：选中此复选框，则在创建钣金冲压特征后，工具体不可见，否则工具体可见，如图 7.5.51 所示。

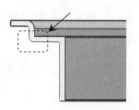

a）设置恒定厚度

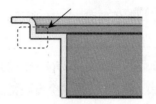

b）不设置恒定厚度

图 7.5.50 设置"恒定厚度"创建钣金实体冲压示意图

a）不隐藏工具体

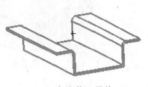

b）隐藏工具体

图 7.5.51 设置"隐藏工具体"

2. "凹模"类型

下面以图 7.5.52 为例，说明实体冲压中的"凹模"类型的一般操作过程。

a）冲压前

b）冲压后

图 7.5.52 实体凹模

步骤**01** 打开文件 D:\ug111\work\ch07.05\solid_punch_02.prt；确认处于"建模"环境中。

步骤**02** 创建图 7.5.53 所示的旋转体。选择下拉菜单 插入(S) ➡ 设计特征(E)▶ ➡

旋转(R)... 命令，单击 按钮，选取 YZ 基准平面为草图平面，绘制图 7.5.54 所示的截面草图；选取图 7.5.54 所示的边线作为旋转轴，在对话框 限制 区域的 开始 下拉列表中选择 值 选项，在 角度 文本框输入数值 0，在 结束 下拉列表中选择 值 选项，在 角度 文本框中输入数值 360；在 布尔 区域中选择 无 选项，其他采用系统默认设置值；单击 < 确定 > 按钮，完成旋转特征的创建。

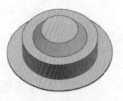

图 7.5.53 旋转特征

36
20
30
选取此边
10
18

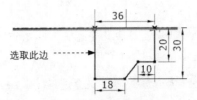

图 7.5.54 截面草图

步骤 03 创建图 7.5.55b 所示的圆角特征 1。选取图 7.5.55a 所示的边线为边倒圆参照，输入圆角半径值 3。

步骤 04 创建图 7.5.56b 所示的圆角特征 2。选取图 7.5.56a 所示的两条边线为边倒圆参照，输入圆角半径值 5（隐藏突出块特征）。

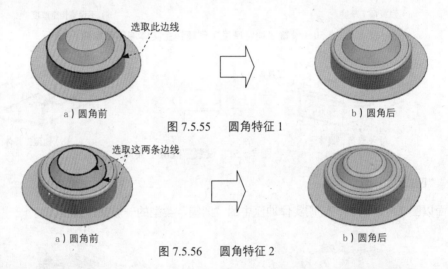

选取此边线
a）圆角前
b）圆角后

图 7.5.55 圆角特征 1

选取这两条边线
a）圆角前
b）圆角后

图 7.5.56 圆角特征 2

步骤 05 创建图 7.5.57b 所示抽壳特征。选择下拉菜单 插入(S) → 偏置/缩放(O) → 抽壳(H)... 命令，系统弹出“抽壳”对话框。选取图 7.5.57a 所示的面为移除面，并在 厚度 文本框中输入数值 1，采用系统默认的抽壳方向，单击 < 确定 > 按钮。

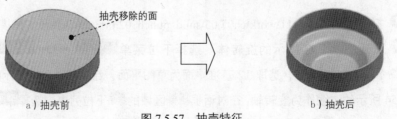

抽壳移除的面
a）抽壳前
b）抽壳后

图 7.5.57 抽壳特征

步骤 06 创建实体冲压特征（将模型切换至“NX 钣金”环境，显示突出块特征）。

（1）选择下拉菜单 插入(S) → 冲孔(H) ▸ → 实体冲压(N)... 命令，系统弹出“实体冲压”对话框。

（2）定义实体冲压类型。在弹出的"实体冲压"对话框中，选择 <u>冲模</u> 选项，即选取实体冲压类型为凹模。

（3）定义目标面。此时，在"实体冲压"对话框中，"目标面"按钮 🔲 已处于激活状态，选取图 7.5.58 所示的面为目标面。

（4）定义工具体。此时，在"实体冲压"对话框中，"工具体"按钮 🔲 已处于激活状态，选取图 7.5.59 所示的抽壳体为工具体。

（5）定义实体冲压厚度。在 <u>实体冲压属性</u> 区域的 <u>厚度</u> 文本框中输入数值 1。

（6）单击"实体冲压"对话框中的 <u>〈 确定 〉</u> 按钮，完成实体冲压特征的创建。

步骤 07 保存零件模型。

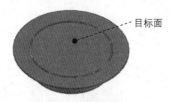

图 7.5.58 目标面

图 7.5.59 工具体

7.6 钣金工程图的一般创建过程

在产品的研发、设计、制造等过程中，各种参与者之间经常需要进行交流和沟通，工程图则是最常用的交流工具，因而工程图的创建是产品设计过程中的重要环节。

钣金工程图的创建方法与一般零件基本相同，所不同的是钣金件的工程图需要创建平面展开图。创建平面展开图时，首先需要创建一个平面展开图元素和图样数据，同时可以观察到工程图中平面展开几何元素的更新。其次需要设置平面展开图样的预设置，包括曲线组、颜色、线型等参数的设置。

下面以图 7.6.1 所示的图为例，来说明创建钣金工程图一般过程。

步骤 01 打开文件 D:\ug111\work\ch07.06\sheet_drawing.prt。

步骤 02 设置展平图样显示。选择下拉菜单 <u>首选项(P)</u> ➡ <u>钣金(H)</u> 命令，系统弹出"钣金首选项"对话框；在 <u>展平图样显示</u> 选项卡内选中 <u>☑ 上折弯中心</u>、<u>☑ 下折弯中心</u> 和 <u>☑ 折弯相切</u> 复选框，在 <u>☑ 上折弯中心</u> 和 <u>☑ 下折弯中心</u> 复选框后的下拉列表中将线型设置为中心线，在 <u>☑ 折弯相切</u> 复选框后的下拉列表中将线型设置为双点画线，单击 <u>确定</u> 按钮，完成设置。

步骤 03 创建展开图样。

（1）选择命令。选择下拉菜单 <u>插入(S)</u> ➡ <u>展平图样(L)...▶</u> ➡ <u>展平图样(P)...</u> 命令，系统弹出"展平图样"对话框。

（2）选取向上面。选取图 7.6.2 所示的模型表面为向上面。

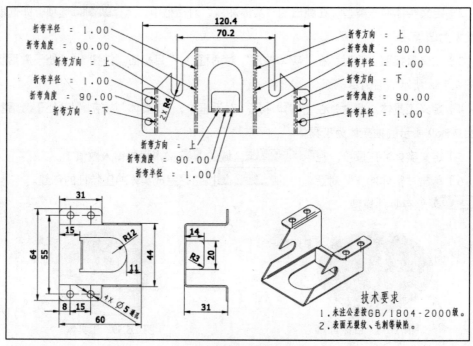

图 7.6.1　创建钣金工程图

图 7.6.2　选取向上面

（3）其他参数采用系统默认设置值，单击 确定 按钮，完成展平图样的创建。

步骤 04 进入工程图环境。在 应用模块 功能选项卡 设计 区域单击 制图 按钮，将模型切换至工程图环境。

步骤 05 新建图纸页。选择下拉菜单 插入(S) ➡ 图纸页(H)... 命令，在系统弹出的"图纸页"对话框中选择 ⊙ 标准尺寸 单选项，在 大小 下拉列表中选择 A4 - 210 x 297 选项，在 比例 下拉列表中选择 定制比例 选项,并在其下方的文本框中输入值 0.85 和 1；在 单位 区域选择 ⊙ 毫米 选项，取消选中 □ 始终启动视图创建 复选框，单击 确定 按钮，新建空白图纸页。

步骤 06 设置视图显示。选择下拉菜单 首选项(P) ➡ 制图(D)... 命令，系统弹出"制图首选项"对话框，在 田 视图 ➡ 田 公共 节点下的 隐藏线 选项中设置隐藏线为不可见；在 光顺边 选项卡中取消选中 □ 显示光顺边 复选框；在 虚拟交线 选项卡中取消选中 □ 显示虚拟交线 复选框；单击 确定 按钮。

步骤 07 创建一个平面展开图样图。

（1）选择命令。选择下拉菜单 插入(S) ➡ 视图(W) ▶ ➡ 🔲 基本(B)... 命令，系统弹出"基本视图"对话框。

（2）定义要创建的模型视图。在"基本视图"对话框 模型视图 区域的 要使用的模型视图 下拉列表中选择 FLAT-PATTERN#1 选项。

（3）定义视图方向。单击 定向视图工具 后的 🔄 按钮，系统弹出"定向视图工具"对话框，在 法向 区域 指定矢量 后的下拉列表中选择 ZC↑ 选项，在 X 向 区域 指定矢量 后的下拉列表中选择 -XC 选项，单击 确定 按钮，关闭"定向视图工具"对话框。

（4）放置视图。选取合适的位置并单击以放置视图，结果如图 7.6.3 所示。

（5）通过拖动的方法，适当调整各个折弯注释位置，结果如图 7.6.4 所示。

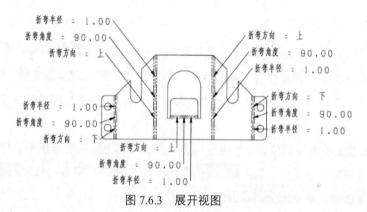

图 7.6.3 展开视图

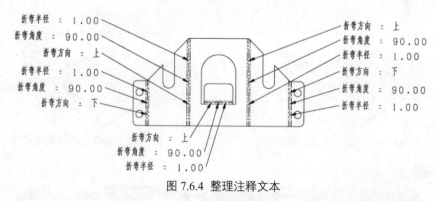

图 7.6.4 整理注释文本

步骤 08 添加主视图。选择下拉菜单 插入(S) ➡ 视图(W) ▶ ➡ 🔲 基本(B)... 命令，系统弹出"基本视图"对话框；在"基本视图"对话框 模型视图 区域的 要使用的模型视图 下拉列表中选择 俯视图 选项，单击 定向视图工具 后的 🔄 按钮，系统弹出"定向视图工具"对话框，在 X 向 区域 指定矢量 后的下拉列表中选择 YC 选项，单击 确定 按钮，关闭"定向视图工具"对话框。在图形区展开视图下方合适的位置单击以放置主视图，结果如图 7.6.5 所示。

(步骤 09) 添加左视图。将光标移至主视图右方，在光标的位置显示左视图，选择合适的位置单击以放置左视图，结果如图 7.6.6 所示。

左视图是以创建的主视图为参照对象的。

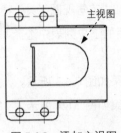

图 7.6.5　添加主视图

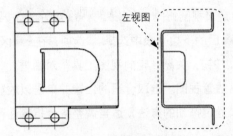

图 7.6.6　添加左视图

(步骤 10) 添加正等测视图。选择下拉菜单 插入(S) ➡ 视图(W)▶ ➡ 基本(B)... 命令，系统弹出"基本视图"对话框；在"基本视图"对话框 模型视图 区域的 要使用的模型视图 下拉列表中选择 正等测图 选项，在图形区左视图右侧合适位置单击以放置图 7.6.7 所示的正等测视图，单击中键完成。

(步骤 11) 修改正等测视图样式。右击正等测视图，在弹出的快捷菜单中选择 设置(S)... 选项，系统弹出"设置"对话框。选中 光顺边 选项卡中的 ☑ 显示光顺边 复选框和 虚拟交线 选项卡中的 ☑ 显示虚拟交线 复选框，单击 确定 按钮，结果如图 7.6.8 所示。

图 7.6.7　添加正等测视图

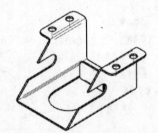

图 7.6.8　修改正等测视图样式

(步骤 12) 标注展开视图。

（1）选择下拉菜单 插入(S) ➡ 尺寸(M)▶ ➡ 快速(P)... 命令，系统弹出"快速尺寸"工具条，单击"捕捉方式"工具条中的 按钮，标注水平尺寸。标注完成后的效果如图 7.6.9 所示。

（2）标注半径尺寸，选择下拉菜单 插入(S) ➡ 尺寸(M)▶ ➡ 径向(R)... 命令，在 测量 区域 方法 的下拉列表中选择 径向 选项，选择展开视图中的圆弧，右击，在弹出的快捷菜单中选择 编辑附加文本... 命令，在系统弹出的"附加文本"对话框 控件 区域的 文本位置 下拉列表中选择选项，在 格式化 区域输入 "2X"，然后在合适的位置单击中键放置。结果如图 7.6.9 所示。

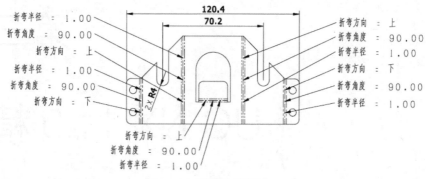

图 7.6.9　标注展开视图

步骤 **13** 参照 步骤 **12** 的操作方法，在其他视图上添加图 7.6.10 所示的其余尺寸。

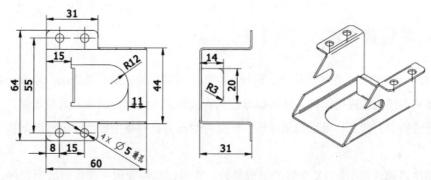

图 7.6.10　标注其余尺寸

步骤 **14** 创建注释。

（1）选择命令。选择下拉菜单 插入(S) ➡ 注释(A) ➡ **A** 注释(N)... 命令（或单击"注释"工具条中的 **A** 按钮），弹出"注释"对话框。

（2）输入文本内容。在"注释"对话框的文字输入区中清除已有文字，然后输入文字"技术要求"并按下 Enter 键；输入第二行文字"1.未注公差按 GB/1804-2000 级。"并按下 Enter 键；输入第三行文字"2.表面无裂纹、毛刺等缺陷。"。

（3）设置格式。在文字输入区中选中文字"技术要求"，在 格式化 区域的"比例"下拉列表中选择 1.4 选项，根据需要在文字"技术要求"前面插入若干空格。

（4）在图纸上合适位置单击以放置注释，结果如图 7.6.11 所示，按 Esc 键结束注释命令。

步骤 **15** 选择下拉菜单 文件(F) ➡ 保存(S) 命令，即可保存文件。

技术要求

1.未注公差按 GB/1804-2000 级。
2.表面无裂纹、毛刺等缺陷。

图 7.6.11　创建注释

第三篇

UG NX 11.0 精通

第 8 章 运动仿真与分析

8.1 运动仿真概述

UG NX 运动仿真是在初步设计、建模、组装完成的机构模型的基础上，添加一系列的机构连接和驱动，使机构进行运转，从而模拟机构的实际运动，分析机构的运动规律，研究机构静止或运行时的受力情况，最后根据分析和研究的数据对机构模型提出改进和进一步优化设计的过程。

运动仿真模块是 UG NX 主要的组成部分，它可以直接使用主模型的装配文件，并可以对一组机构模型建立不同条件下的运动仿真，每个运动仿真可以独立地编辑而不会影响主模型的装配。

UG NX 机构运动仿真的主要分析和研究类型如下。

◆ 分析机构的动态干涉情况。主要是研究机构运行时各个子系统或零件之间有无干涉情况，及时发现设计中的问题。在机构设计中期对已经完成的子系统进行运动仿真，还可以为下一步的设计提供空间数据参考，以便留有足够的空间进行其他子系统的设计。

◆ 跟踪并绘制零件的运动轨迹。在机构运动仿真时，可以指定运动构件中的任一点为参考并绘制其运动轨迹，这对于研究机构的运行状况很有帮助。

◆ 分析机构中零件的位移、速度、加速度、作用力与反作用力及力矩等。

◆ 根据分析研究的结果初步修改机构的设计。一旦提出改进意见，可以直接修改机构主模型进行验证。

◆ 生成机构运动的动画视频，与产品的早期市场活动同步。机构的运行视频可以作为产品的宣传展示，用于客户交流，也可以作为内部评审时的资料。

8.1.1 运动仿真界面与工具条介绍

步骤 01 打开文件 D:\ug111\work\ch08.01\motion.prt。

步骤 02 进入运动仿真模块。在 应用模块 功能选项卡 仿真 区域单击 ⚙ 运动 按钮，进入运动仿真模块；在运动导航窗口选择 motion_1，右击，在弹出的快捷菜单中选择 设为工作状态 命令，运动仿真界面如图 8.1.1 所示。

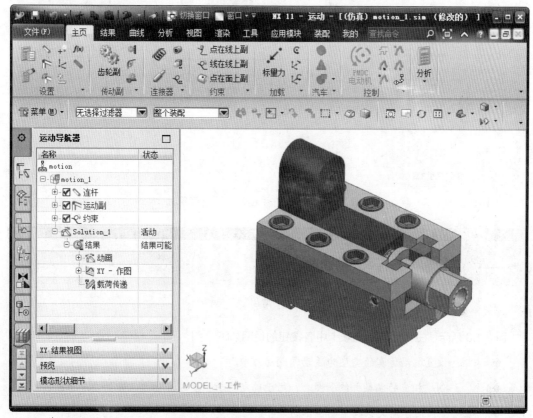

图 8.1.1 UG NX 11.0 运动仿真界面

在运动仿真模块中，与"机构"相关的操作命令主要位于 插入(S) 下拉菜单中，如图 8.1.2 所示。

进入运动仿真模块，在"主页"功能选项卡中列出了运动仿真常用的命令按钮，如图 8.1.3 所示。

注意：在"运动导航器"中右击 asm，然后在弹出的快捷菜单中选择 新建仿真 命令，系统弹出"环境"对话框。在"环境"对话框中单击 确定 按钮，然后在系统弹出的"机构运动副向导"对话框中单击 确定 或 取消 按钮，此时运动仿真模块的所有命令才被激活。

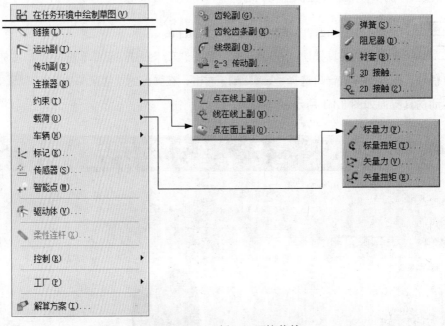

图 8.1.2 "插入"下拉菜单

图 8.1.3 "常用"工具栏

图 8.1.3 所示"主页"功能选项卡中各按钮的说明如下:

◆ ：设置运动仿真的类型为运动学或动力学。

◆ $f(x)$：创建相应的函数并绘制图表，用于确定运动驱动的标量力、矢量力或扭矩。

◆ 连杆：用于定义机构中刚性体的部件。

◆ 运动副：用于定义机构中连杆之间的受约束的情况。

◆ ：用于定义两个旋转副之间的相对旋转运动。

◆ ：用于定义滑动副和旋转副之间的相对运动。

◆ ：用于定义两个滑动副之间的相对运动。

◆ ：用于定义两个或三个旋转副、滑动副和柱面副之间的相对运动。

◆ ：在两个连杆之间、连杆和框架之间创建一个柔性部件，使用运动副施加力或扭矩。

◆ ：在两个连杆、一个连杆和框架、一个可平移的运动副或在一个旋转副上创建一个反作用力或扭矩。

◆ 　⬤　：创建圆柱衬套，用于在两个连杆之间定义柔性关系。

◆ 　▨　：在一个体和一个静止体、在两个移动体或一个体来支撑另一个体之间定义接触关系。

◆ 　▨　：在共面的两条曲线之间创建接触关系，使附着于这些曲线上的连杆产生与材料有关的影响。

◆ 　点在线上副　：将连杆上的一个点与曲线建立接触约束。

◆ 　线在线上副　：将连杆上的一条曲线与另一曲线建立接触约束。

◆ 　点在面上副　：将连杆上的一个点与面建立接触约束。

◆ 　▨　：用于在两个连杆或在一个连杆和框架之间创建标量力。

◆ 　▨　：在围绕旋转副和轴之间创建标量扭矩。

◆ 　▨　：用于在两个连杆或在一个连杆和框架之间创建一个力，力的方向可保持恒定或相对于一个移动体而发生变化。

◆ 　▨　：在两个连杆或在一个连杆和一个框之间创建一个扭矩。

◆ 　▨　：用于创建与选定几何体关联的一个点。

◆ 　▨　：用于创建一个标记，该标记必须位于需要分析的连杆上。

◆ 　▨　：创建传感器对象以监控运动对象相对仿真条件的位置。

◆ 　驱动体　：为机构中的运动副创建一个独立的驱动。

◆ 　▨　：定义该机构中的柔性连接。

◆ 　干涉　：用于检测整个机构是否与选中的几何体之间在运动中存在碰撞。

◆ 　测量　：用于检测计算运动中的每一步中两组几何体之间的最小距离或最小夹角。

◆ 　追踪　：在运动的每一步创建选中几何体对象的副本。

◆ 　▨　：用于编辑连杆、运动副、力、标记或运动约束。

◆ 　模型检查　：用于验证所有运动对象。

◆ 　动画　：根据机构在指定时间内的仿真步数，执行基于时间的运动仿真。

◆ 　XY 结果　：为选定的运动副和标记创建指定可观察量的图表。

◆ 　▨　：将仿真中每一步运动副的位移数据填充到一个电子表格文件。

◆ 　创建序列　：为所有被定义为机构连杆的组件创建运动动画装配序列。

◆ 　载荷传递　：计算反作用载荷以进行结构分析。

◆ 　解算方案　：创建一个新解算方案，其中定义了分析类型、解算方案类型以及特定于解算方案的载荷和运动驱动。

◆ 　▨　：创建求解运动和解算方案并生成结果集。

8.1.2 运动仿真参数预设置

在 UG NX 运动仿真模块中，选择下拉菜单 `首选项(P)` ➡ `运动(T)` 命令，系统弹出"运动首选项"对话框，如图 8.1.4 所示。该对话框主要用于设置运动仿真的环境参数，如运动对象的显示、单位、重力常数、求解器参数和后处理参数等。

图 8.1.4 所示的"运动首选项"对话框中部分选项的说明如下。

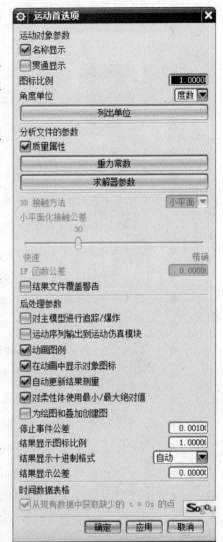

图 8.1.4　"运动首选项"对话框

- ☑ `名称显示`：该选项用于控制机构中的连杆、运动副以及其他对象的名称是否显示在图形区中，对于打开的机构对象和以后创建的对象均有效。
- ☑ `贯通显示`：该选项用于控制机构对象图标的显示效果，选中该复选框后所有对象的图标会完整显示，而不会受到模型的遮挡，也不会受到模型的显示样式（如着色、线框等）的影响。
- `图标比例`：该选项用于控制机构对象图标的显示比例，修改比例后对于打开的机构对象和以后创建的对象均有效。
- `角度单位`：该选项用于设置机构中输入或显示的角度单位。单击下方的 `列出单位` 按钮，系统会弹出一个信息窗口，在该窗口中会显示当前机构中的所有单位。值得注意的是，机构的单位制由创建的原始主模型决定，单击 `列出单位` 按钮得的信息窗口只供用户查看当前单位，而不能修改单位。
- ☑ `质量属性`：该选项用于控制运动仿真时是否启动机构的质量属性，也就是机构中零件的质量、重心及惯性等参数。如果是简单的位移分析，可以不考虑质量。但是在进行动力学分析时，必须启用质量属性。
- `重力常数`：单击该按钮，系统弹出图 8.1.5 所示的"全局重力常数"对话框，在该对话框中可以设置重力的方向及大小。

图 8.1.5　"全局重力常数"对话框

◆ <kbd>求解器参数</kbd>：单击该按钮，系统弹出图 8.1.6 所示的"求解器参数"对话框，在该对话框中可以设置运动仿真求解器的参数。求解器是用于解算运动仿真方案的工具，是一种基于积分和微分方程理论的数学计算软件。

图 8.1.6 所示的"求解器参数"对话框中部分选项的说明如下。

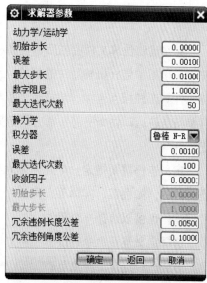

◆ "求解器参数"对话框中的参数主要用于设置求解积分器的类型及计算精度，精度设置越高，消耗的系统资源越多，计算时间越长。

◆ 积分器的类型有两种：N-R（Newton-Raphson）积分器（使用牛顿迭代法的计算机程序）和鲁棒 N-R（Robust Newton-Raphson）积分器，在进行静态力平衡问题分析时，最好选择鲁棒N-R 积分器。

◆ 最大步长用于设置积分和微分方程的 dx 因子，值越小，精度越高。

图 8.1.6　"求解器参数"对话框

◆ 最大迭代次数用于设置积分器的最大迭代次数，当解算器的迭代次数达到最大，计算结果与理论微分方程之间的误差未达到要求时，解算器结束求解。

8.1.3　运动仿真流程

通过 UG NX 11.0 进行机构的运动仿真大致流程如下。

步骤 **01**　将创建好的模型调入装配模块进行装配。

步骤 **02**　进入机构运动仿真模块。

步骤 **03**　新建一个动力学仿真文件。

步骤 **04**　为机构指定连杆。

步骤 **05**　为机构设置运动副并根据运动需要在运动副上设置驱动。

步骤 **06**　在机构中添加仿真对象。

步骤 **07**　定义解算方案。

步骤 **08**　开始仿真。

步骤 **09**　获取运动分析结果。

8.2　连杆和运动副

机构装配完成后，各个部件并不能按装配模块中的连接关系连接起来，还必须再为每个部件赋予一定的运动学特性，即为机构指定连杆及运动副。在运动学中，连杆和运动副两者是相辅相成的，缺一不可。运动是基于连杆和运动副的，而运动副是创建于连杆上的副。

8.2.1 连杆

新建运动仿真文件完成后，需要将机构中的元件定义为"连杆"（Links）。这里的"连杆"并不是单指"连杆机构"中的杆件，而是指能够满足运动需要的、使用运动副连接在一起的机构元件。连杆相互连接，构成运动机构，连杆在整个机构中主要是进行运动的传递。机构中所有参与当前运动仿真的部件都必须定义为连杆，在机构运行时固定不动的元件则需要定义为"固定连杆"。

定义连杆需要指定一个几何体对象，几何体对象可以是二维的，如草图、曲线等，也可以是三维的，如曲面、实体等，同一个几何对象只能属于一个连杆，定义连杆时可以选择独立的几何体，也可以选择一个零件。

选择定义连杆命令有以下 3 种方法。

方法一： 选择下拉菜单 插入(S) ➡️ 链接(L)... 命令。

方法二： 在"运动"工具条中单击"连杆"按钮 。

方法三： 在运动导航器窗口右击 motion_1 ，在快捷菜单中选择 新建连杆... 命令。

下面以一个实例来说明指定连杆的一般过程。

步骤 01 打开文件 D:\ug111\work\ch08.02\links.prt。

步骤 02 在 应用模块 功能选项卡 仿真 区域单击 运动 按钮，进入运动仿真模块。

步骤 03 新建仿真文件。

（1）在"运动导航器"中右击 links，在弹出的快捷菜单中选择 新建仿真 命令，系统弹出图 8.2.1 所示的"环境"对话框。

图 8.2.1 所示的"环境"对话框说明如下。

图 8.2.1 "环境"对话框

◆ 运动学 ：选中该单选项，指在不考虑运动原因状态下，研究机构的位移、速度、加速度与时间的关系。

◆ 动力学 ：选中该选项，指考虑运动的真正因素，包括力、摩擦力、组件的质量和惯性及其他影响运动的因素。

（2）在"环境"对话框中选中 动力学 单选项，单击 确定 按钮，在系统弹出的图 8.2.2 所示的"机构运动副向导"对话框中单击 取消 按钮。

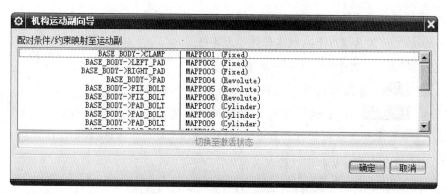

图 8.2.2　"机构运动副向导"对话框

图 8.2.2 所示的"机构运动副向导"对话框说明如下。

◆ 确定：单击该按钮，接受系统自动对机构进行分析而生成的机构运动副向导，且为系统中的每一个相邻零件创建一个运动副，这些运动副可以根据分析需要进行激活或不激活。

◆ 取消：单击该按钮，不接受系统自动生成的机构运动副。

步骤 04　选择下拉菜单 插入(S) ➡ ＼链接(L)...命令，系统弹出图 8.2.3 所示的"连杆"对话框。

步骤 05　定义第一个连杆（固定连杆）。在"连杆"对话框中选中 ☑ 固定连杆 复选框，在 选择几何对象以定义连杆 的提示下，选取图 8.2.4 所示的对象（共 12 个零部件）为连杆 1 对象（具体操作请参看随书光盘。

步骤 06　单击"连杆"对话框中的 应用 按钮，完成连杆 1 的指定。

图 8.2.3　"连杆"对话框

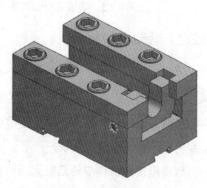

图 8.2.4　选取连杆 1 对象

图 8.2.3 所示"连杆"对话框的选项说明如下。

◆ 连杆对象：该区域用于选取零部件作为连杆。

◆ 质量属性选项：用于设置连杆的质量属性。

● 自动：选择该选项，系统将自动为连杆设置质量。

● 用户定义：选择该选项后，将由用户设置连杆的质量。

◆ 在 质量属性选项 区域的下拉列表中选择 用户定义 选项后，质量与力矩 区域中的选项即被激活，用于设置质量和惯性的相关属性。

◆ 初始平移速度：用于设置连杆最初的移动速度。

◆ 初始旋转速度：用于设置连杆最初的转动速度。

◆ 设置：用于设置连杆的基本属性。

● ☐ 固定连杆：选中该复选框后，连杆将固定在当前位置不动。

◆ 名称：通过该文本框可以为连杆指定一个名称。

步骤 07 定义第二个连杆。在"连杆"对话框中取消选中 ☐ 固定连杆 复选框，选取图 8.2.5 所示的部件（共 1 个零部件、1 条螺旋线和 4 条修饰螺纹线）为连杆 2 对象（具体操作请参看随书光盘），单击"连杆"对话框中的 应用 按钮。

步骤 08 定义第三个连杆。在"连杆"对话框中取消选中 ☐ 固定连杆 复选框，选取图 8.2.6 所示的零件（共 1 个零部件、2 条修饰螺纹线和 1 个点）为连杆 3 对象（具体操作请参看随书光盘），单击"连杆"对话框中的 确定 按钮。完成所有连杆定义。

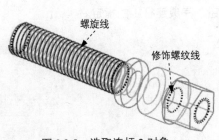

图 8.2.5 选取连杆 2 对象

图 8.2.6 选取连杆 3 对象

8.2.2 运动副和驱动

连杆定义完成后，为了组成一个能够运动的机构，必须把两个相邻连杆以一种方式连接起来，这种连接必须是可动连接，不能是固定连接，所以需要为每个部件赋予一定的运动学特性，这种使两个连杆接触而又保持某些相对运动的可动连接称为"运动副"。在运动学中，连杆和运动副两者是相辅相成的，缺一不可。

运动副是指机构中两连杆之间组成的可动连接，添加运动副的目的是为了约束连杆之间的位置，限制连杆之间的相对运动并定义连杆之间的运动方式。在 UG NX 运动仿真中，系统提供了多种运动副可供使用，以满足连杆之间的相对运动要求，如"旋转副"可以实现连杆之间的相对旋转，"滑动副"可以实现连杆之间的直线平移。

选择定义运动副命令有以下 4 种方法。

方法一：选择下拉菜单 插入(S) ➡ 运动副(T)... 命令。

方法二：在"运动"工具条中单击"运动副"按钮 。

方法三：在运动导航器窗口右击 motion_1，在快捷菜单中选择 新建运动副 命令。

方法四：在运动导航器窗口右击 ☑ 运动副，在快捷菜单中选择 新建 命令。

选择定义运动副命令，系统弹出图 8.2.7 所示的"运动副"对话框（一）。

在"运动副"对话框（一）中单击 驱动 选项卡，系统弹出图 8.2.8 所示的"运动副"对话框（二），在该对话框中可以定义一部分运动副的驱动，使机构能够运动。

图 8.2.7 "运动副"对话框（一）　　　　图 8.2.8 "运动副"对话框（二）

图 8.2.8 所示"运动副"对话框（二）中各选项说明如下。

◆ **旋转** 选项卡：该选项卡用于选取为运动副添加驱动的类型。

- **多项式**：设置运动副为等常运动（旋转或者是线性运动），需要的参数是位移、速度和加速度。
- **简谐**：选择该选项，运动副产生一个正弦运动，需要的参数是振幅、频率、相位和角位移。
- **铰接运动**：选择该选项，设置运动副以特定的步长和特定的步数运动，需要的参数是步长和位移。

◆ **初位移** 文本框：该文本框中输入数值定义初始位移。

◆ **初速度** 文本框：该文本框中输入数值定义运动副的初始速度。

◆ **加速度** 文本框：该文本框中输入数值定义运动副的加速度。

◆ **函数** 文本框：将给运动副添加一个复杂的、符合数学规律的函数运动。

1. 旋转副

旋转副可以实现两个杆件绕同一轴作相对转动（图 8.2.9）。旋转副又可分为两种形式：一种是两个连杆绕同一根轴作相对转动，另一种则是一个连杆绕固定的轴进行旋转。

2. 滑动副

滑动副可以实现两个相连的部件互相接触并进行直线滑动（图 8.2.10）。滑动副又可分为两种形式：一种是两个部件同时作相对的直线滑动，另一种则是一个部件在固定的机架表面进行直线滑动。

3. 圆柱副

圆柱副可以连接两个部件，使其中一个部件绕另一个部件进行相对的转动，并可以沿旋转轴方向进行直线运动，如图 8.2.11 所示。

图 8.2.9　旋转副示意图　　　　图 8.2.10　滑动副示意图　　　　图 8.2.11　圆柱副

4. 螺旋副

螺旋副可以实现一个部件绕另一个部件作相对的螺旋运动，如图 8.2.12 所示。

5. 万向节

万向节可以连接两个成一定角度的转动连杆，且它有两个转动自由度。它实现了两个部件之间可以绕互相成一定角度的两根轴作相对的转动，如图 8.2.13 所示。

6. 球面副

球面副连接实现了一个部件绕另一个部件（或机架）作相对三个自由度的运动，它只有一种形式，必须是两个连杆相连，如图 8.2.14 所示。

图 8.2.12　螺旋副

图 8.2.13　万向节

图 8.2.14　球面副

7. 平面副

平面副是两个连杆在相互接触的平面上自由滑动，并可以绕平面的法向作自由转动。平面副可以实现两个部件之间以平面相接触互相约束，如图 8.2.15 所示。

8. 点在线上副

点在线上副实现了一个部件始终与另一个部件或者是机架之间有点接触，实现了相对运动的约束。点在线上副有四个运动自由度，如图 8.2.16 所示。

9. 线在线上副

线在线上副模拟了两个连杆的凸轮运动关系。线在线上副不同于点在线上副，点在线上副中，接触点位于统一平面中；而线在线上副中，第一个连杆中的曲线必须和第二个连杆保持接触且相切，如图 8.2.17 所示。

图 8.2.15　平面副

图 8.2.16　点在线上副

图 8.2.17　线在线上副

8.3　仿真力学对象

在 UG NX 11.0 的运动仿真环境中，允许用户给运动机构添加一定的力或载荷，使整个运动仿真处在一个真实的环境中，尽可能使其运动状态与真实的情况相一致。力或载荷只能应用于运动机构的两个连杆、运动副或连杆与机架之间，用来模拟两个零件之间的弹性连接、弹簧或阻尼状态，以及传动力与原动力等零件之间的相互作用。

1. 弹簧

弹簧是一个弹性元件，就是在两个零件之间、连杆和框架之间或在平移的运动副内施加力或扭矩。

2. 阻尼器

阻尼器是一个机构对象，它消耗能量，逐步降低运动的影响，对物体的运动产生反作用力。阻尼器经常用于控制弹簧反作用力的行为。

3. 衬套

衬套是定义两个连杆之间的弹性关系的机构对象。它同时还可以起到力和力矩的效果。

4. 3D 接触

3D 接触可以实现一个球与连杆或是机架上所选定的一个面之间发生碰撞的效果。

5. 2D 接触

2D 接触结合了线线运动副类型和碰撞载荷类型的特点，可以将 2D 接触作用在连杆上的两条平面曲线之间。

6. 标量力

标量力可以使一个物体运动，也可以作为限制和延缓物体的反作用力。

7. 标量力矩

标量力矩只能作用在转动副上。正的标量力矩是添加在转动副上绕轴顺时针旋转的力矩。

8. 矢量力

矢量力是有一定大小、以某方向作用的力，且其方向在两坐标中的其中一个坐标中保持不变。标量力的方向是可以改变的，矢量力的方向在某一坐标中始终保持不变。

9. 矢量力矩

矢量力矩是作用在连杆上设定了一定方向和大小的力矩。

8.4 定义解算方案

创建解算方案就是创建一个新的解算方案，可以定义分析类型、解算方案类型及特定于解算方案的载荷和运功驱动。选择下拉菜单 插入(S) ➡ 解算方案(I)... 命令，系统弹出图 8.4.1 所示的"解算方案"对话框。

图 8.4.1 所示的"解算方案"对话框的说明如下。

◆ 解算方案选项：该下拉列表用于选取解算方案的类型。

● 常规驱动：选择该选项，解算方案是基于时间的一种运动形式，在这种运动形式中，机构在指定的时间段内按指定的步数进行运动仿真。

● 铰接运动：选择该选项，解算方案是基于位移的一种运动形式，在这种运动形式中，机构以指定的步数和步长进行运动。

● 电子表格驱动：选择该选项，解算方案是用电子表格功能进行常规和关节运动驱动的仿真。

◆ 分析类型：该下拉列表用于选取解算方案的分析类型。

◆ 时间：该文本框用于设置所用时间段的长度。

◆ 步数：该文本框用于设置在上述时间段内分成的几个瞬态位置（各个步数）进行分析和显示。

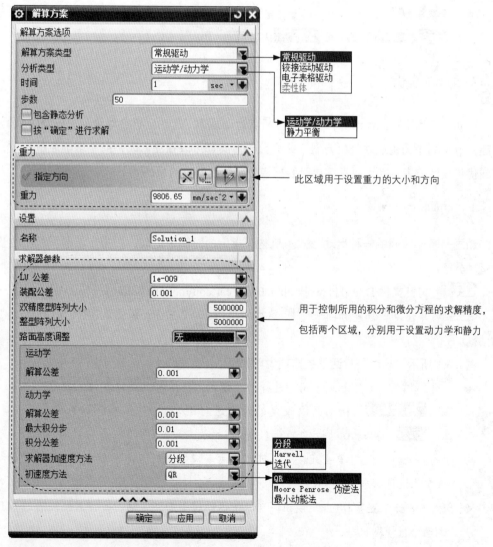

图 8.4.1　"解算方案"对话框

◆ 解算公差 ：该文本框用于控制求解结果与微分方程之间的误差，最大求解误差越小，求解精度越高。

◆ 最大积分步 ：该文本框用于设置运动仿真模型时，在该选项控制积分和微分方程的 DX 因子，最大步长越小，精度越高。

◆ 最大迭代次数 ：当分析类型为静力平衡时，才出现该文本框。该文本框用于控制解算器在进行动力学或者静力学分析的最大迭代次数，如果解算器的迭代次数超过了最大迭代次数，而结果与微分方程之间的误差未到达要求，解算就结束。

◆ 求解器加速度方法 ：该下拉列表用于指定求解运动学或动力学加速度的方法，其中包括 分段 、 Harwell 和 迭代 选项。

◆ 初速度方法 ：该下拉列表用于指定求解运动学或动力学初速度的方法，其中包括 QR 、 Moore Penrose 伪逆法 和 最小动能法 选项。

8.5 运动分析

运动分析用于建立运动机构模型，分析其运动规律。运动分析自动复制主模型的装配文件，并建立一系列不同的运动分析方案，每个分析方案都可以独立修改，而不影响装配模型，一旦完成优化设计方案，就可以直接更新装配模型，达到分析的目的。

8.5.1 动画

动画是基于时间的一种运动形式。机构在指定的时间中运动，并指定该时间段中的步数进行运动分析。

步骤 01 打开文件 D:\ug111\work\ch08.05.01\cartoon\motion_1.sim。

步骤 02 单击 主页 功能选项卡 分析 区域中单击 动画 按钮，系统弹出图 8.5.1 所示的"动画"对话框。

图 8.5.1 所示"动画"对话框的选项说明如下。

◆ 滑动模式 ：该下拉列表用于选择滑动模式，包括 时间（秒） 和 步数 两种选项。

● 时间（秒） ：指动画以设定的时间进行运动。

● 步数 ：指动画以设定的步数进行运动。

◆ （设计位置）：单击此按钮，可以使运动模型回到运动仿真前置处理之前的初始三维实体设计状态。

◆ （装配位置）：单击此按钮，可以使运动模型回到运动仿真前置处理后的 ADAMS 运动分析模型状态。

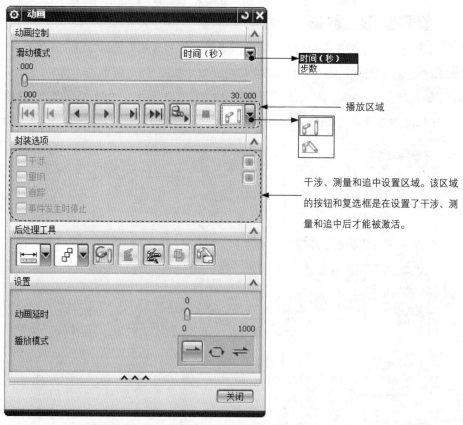

图 8.5.1 "动画"对话框

8.5.2 图表

图表是将生成的电子表格数据，如位移、速度、加速度和力以图表的形式表达仿真结果。图表是从运动分析中提取这些信息的唯一方法。

步骤 01 打开文件 D:\ug111\work\ch08.05.02\diagrm\motion_1.sim。

步骤 02 单击 主页 功能选项卡 分析 区域中单击 XY 结果 按钮。

图 8.5.2 所示的"图表"对话框说明如下。

◆ 绝对：该下拉列表用于定义分析模型的数据类型，其中包括 位移 、 速度 、 加速度 和 力 选项。若用此下拉列表中的数据，则图表显示的数值是按绝对坐标系测量获得的。

◆ 相对：该下拉列表用于定义分析模型的数据类型，其中包括 位移 、 速度 、 加速度 和 力 选项。若用此下拉列表中的数据，则图表显示的数值是按所选取的运动副或标记的坐标系测量获得的。

◆ 在 位移 、 速度 、 加速度 和 力 选项的下拉列表用来定义要分析的数据的值，也就是图表中竖直轴上的值，其中包括 幅值 、 X 、 Y 、 Z 、 欧拉角 1 、 欧拉角 2 、 欧拉角 3 、 RX 、 RY 和 RZ 选项等。

步骤 03 选择要生成图表的对象并定义其参数。在"运动导航器"窗口 ⊕ ☑↑ 运动副 节点下选择 J003 滑动副，此时在 XY 结果视图窗口中会显示如图 8.5.2 所示的信息

步骤 04 定义参数。在"XY 结果视图"窗口中依次展开 绝对 ➡ 位移 节点，然后右击 Y 选项，在弹出的快捷菜单中选择 绘图 命令，在绘图区域单击即可;生成结果如图 8.5.3 所示。

图 8.5.2 "XY 结果视图"窗口

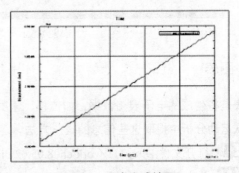

图 8.5.3 图表生成结果

8.5.3 填充电子表格

机构在运动时，系统内部将自动生成一组数据表。在运动分析过程中，该数据表连续记录数据，在每一次更新分析时，数据表都将重新记录数据。

生成的电子表格数据与图表设置中的参数数据是一致的。

步骤 01 打开文件 D:\ug111\work\ch08.05.03\excel\motion_1.sim。

步骤 02 单击 主页 功能选项卡 分析 区域中单击按钮，系统弹出“填充电子表格”对话框。单击 确定 按钮，系统自动生成图 8.5.4 所示的电子表格。

说明 该操作是继承生成的电子表格后的步骤。

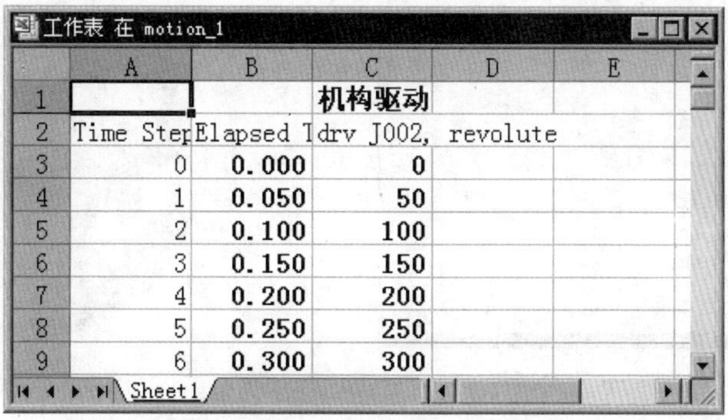

	A	B	C	D	E
1			机构驱动		
2	Time Step	Elapsed T	drv J002, revolute		
3	0	0.000	0		
4	1	0.050	50		
5	2	0.100	100		
6	3	0.150	150		
7	4	0.200	200		
8	5	0.250	250		
9	6	0.300	300		

图 8.5.4 系统自动生成的电子表格

8.5.4 智能点、标记与传感器

智能点、标记与传感器用于分析机构中某些点的运动状态。当要测量某一点的位移、速度、加速度、力、弹簧的位移、弯曲量和其他动力学因子时，都会用到这类测量工具。

1. 智能点

智能点是没有方向的点，只作为空间的一个点来创建，它没有附着在连杆上且与连杆无关。智能点在空间的作用是非常大的，如用智能点识别弹簧的附着点，当弹簧的自由端是“附着在框架上”（接地），智能点能精确地定位接地点。

注意 在图表创建中，智能点不是可选对象，只有标记才能用于图表功能中。

在运动仿真模块中选择下拉菜单 插入(S) → 智能点(M)... 命令，系统弹出图 8.5.5 所示的“点”对话框，在模型中选取参考点，单击 确定 按钮，完成智能点的创建。

2. 标记

标记不仅与连杆有关，而且有明确的方向定义。标记的方向特性在复杂的动力学分析中非常有用，如需要分析某个点的线性速度或加速度以及绕某个特定轴旋转的角速度和角加速度等。

下面以图 8.5.6 所示的模型为例，介绍创建标记的一般操作过程。

步骤 01 打开文件 D:\ug111\work\ch08.05.04.02\marker\motion_1.sim。

图 8.5.5 "点"对话框

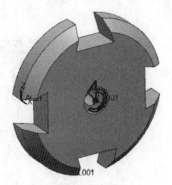

图 8.5.6 创建标记

步骤 02 选择下拉菜单 插入(S) ➡ ⎰ 标记(K)... 命令,系统弹出图 8.5.7 所示的"标记"对话框。

图 8.5.7 "标记"对话框

图 8.5.7 所示的"标记"对话框选项说明如下。

◆ 关联链接 区域:用于选择定义标记位置的连杆。

◆ 方向 区域:用于定义标记显示的位置及方位。

◆ 显示比例 文本框:在该文本框中输入的数值用于定义标记显示的大小。

◆ 名称 文本框:在该文本框中可以输入用于定义标记显示的名称。

步骤 03 在系统 选择连杆来定义标记位置 的提示下，选择图 8.5.8 所示的连杆，在 ＊ 指定点 右侧的下拉列表中选择 ╱ 选项，然后选择图 8.5.8 所示的边线；单击 ＊ 指定 CSYS 右侧的"CSYS 对话框"按钮 ⊾，在系统弹出图 8.5.9 所示的"CSYS"对话框 类型 下拉列表中选择 动态 选项，然后单击"操控器"按钮 ⊹，选择图 8.5.8 所示的点，单击两次 确定 按钮。

步骤 04 采用系统默认的显示比例和名称，单击 确定 按钮，完成标记的创建。

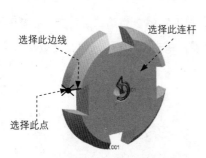

图 8.5.8 定义参照对象

图 8.5.9 "CSYS"对话框

3. 传感器

传感器可以设置在标记或运动副上，能够对添加的对象进行精确的测量。

下面以图 8.5.10 所示的模型为例，介绍创建传感器的一般操作过程。

步骤 01 打开文件 D:\ug111\work\ch08.05.04.03\sensors\motion_1.sim。

步骤 02 选择下拉菜单 插入(S) ➡ 传感器(S)... 命令，系统弹出图 8.5.11 所示的"传感器"对话框。

步骤 03 在"传感器"对话框 类型 下拉列表中选择 位移 选项，在 设置 区域 分量 下拉列表中选择 X 选项，在 参考框 下拉列表中选择 绝对 选项，在运动导航器中选择运动副 2，单击 确定 按钮，完成传感器的创建。

图 8.5.10 创建传感器

图 8.5.11 "传感器"对话框

8.5.5 干涉、测量和追踪

干涉、测量和追踪都是调用相应的复选框，处理所要解算的问题。

1. 干涉

干涉检测功能是检测一对实体或片体的干涉重叠量。

步骤01 打开文件 D:\ug111\work\ch08.05.05.01\interference\motion_1.sim。

步骤02 单击 主页 功能选项卡 分析 区域中单击 中干涉 按钮，系统弹出图 8.5.12 所示的"干涉"对话框。

步骤03 选择图 8.5.13 所示的实体 1 为第一组对象，选取实体 2 为第二组对象；在 设置 区域 模式 下拉列表中选择 精确实体 选项，其他采用系统默认设置，单击 确定 按钮，完成操作。

图 8.5.12 "干涉"对话框

图 8.5.13 定义参照对象

步骤04 在 分析 区域中单击 动画 按钮，系统弹出图 8.5.14 所示的"动画"对话框。在该对话框中选中 ☑干涉 和 ☑事件发生时停止 复选框，然后单击 ▶ 按钮进行播放，此时系统弹出图 8.5.15 所示的"动画事件"对话框。动画停止并提示部件干涉，同时模型加亮显示。

图 8.5.12 所示的"干涉"对话框说明如下。

◆ 类型 下拉列表中包括 高亮显示 、 创建实体 和 显示相交曲线 选项。

● 高亮显示：选择该选项，在分析时出现干涉，干涉物体会变亮显示。

● 创建实体：选择该选项，在分析时出现干涉，系统会生成一个非参数化的相交实体用来描述干涉体积。

- 显示相交曲线：选择该选项，在分析时出现干涉，系统会生成曲线来显示干涉部分。

◆ 模式 下拉列表中包括 小平面 和 精确实体 选项。

- 小平面：选择该选项，是以小平面为干涉对象进行干涉分析的。
- 精确实体：选择该选项，是以精确的实体为干涉对象进行干涉分析的。

◆ 间隙：该文本框中输入的数值是定义分析时的安全参数。

图 8.5.14 "动画"对话框

图 8.5.15 "动画事件"对话框

步骤 **05** 单击"动画事件"对话框的 确定 按钮，然后取消选中"动画"对话框中的 □事件发生时停止 复选框，单击 ▶ 按钮进行播放，结果如图 8.5.16 所示。单击 确定 按钮，完成操作。

2. 测量

测量检测功能是测量一对几何体的最小距离和角度。

步骤 **01** 打开文件 D:\ug111\work\ch08.05.05.02\measure\motion_1.sim。

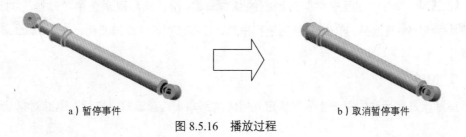

a）暂停事件　　　　　　　　　　　　　b）取消暂停事件

图 8.5.16 播放过程

步骤 02 单击 主页 功能选项卡 分析 区域中单击 测量 按钮，系统弹出"量纲"对话框。

步骤 03 在 类型 区域下拉列表中选择 最小距离 选项，选取图 8.5.17 所示的第一组面和第二组面，在 设置 区域的 阈值 文本框中输入数值 10，在 测量条件 下拉列表中选择 小于 选项，并选中 ☑ 事件发生时停止 复选框和 ☑ 激活 复选框，其他参数采用系统默认设置，单击 确定 按钮，完成操作。

步骤 04 在 分析 区域中单击 动画 按钮，系统弹出"动画"对话框。在该对话框中选中 ☑ 测量 和 ☑ 事件发生时停止 复选框，然后单击 ▶ 按钮进行播放，可观察到动画过程中测量距离的变化，结果如图 8.5.18 所示；系统弹出图 8.5.19 所示的"动画事件"对话框，动画停止并提示测量距离阈值（默认阈值为 10）已被超出，同时模型测量的地方加亮显示。

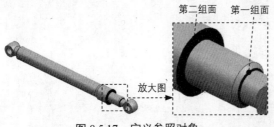

图 8.5.17 定义参照对象

图 8.5.18 播放过程

"量纲"对话框说明如下。

◆ 类型 下拉列表中包括 最小距离 和 角度 两种选项。

　● 最小距离：选择该选项，测量的是两连杆的最小距离值。

　● 角度：选择该选项，测量的是两连杆的角度值。

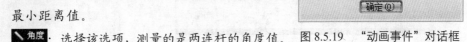

图 8.5.19 "动画事件"对话框

◆ 阈值：该文本框中输入的数值用于定义阈值（参照值）。

◆ 测量条件 下拉列表中包括 小于、大于 和 目标 选项。

　● 小于：选择该选项，测量值小于参照值。

　● 大于：选择该选项，测量值大于参照值。

　● 目标：选择该选项，测量值等于参照值。

◆ 公差：在该文本框中输入数值用于定义比参照值大或小的一个定值都能符合测量条件。

步骤 05 单击"动画事件"对话框的 确定 按钮，然后取消选中"动画"对话框中的 ☐ 事件发生时停止 复选框，单击 ▶ 按钮进行播放，可观察到动画继续变化，单击 确定 按钮，完成操作。

3. 追踪

追踪就是在运动的每一步创建选定几何体的副本。选择追踪对象后，追踪对象就会出现在列表窗口中。如果被追踪的对象有专有的名称，则该名称就会出现在列表窗口中，对象的名称可指定。但该名称为指定名称，系统仍使用默认名称。

步骤 **01** 打开文件 D:\ug111\work\ch08.05.05.03\trace\motion_1.sim。

步骤 **02** 单击 主页 功能选项卡 分析 区域中单击 追踪 按钮，系统弹出图 8.5.20 所示"追踪"对话框。

步骤 **03** 选取图 8.5.21 所示的对象，其他参数采用系统默认设置，单击 确定 按钮，完成操作。

步骤 **04** 在 分析 区域中单击 动画 按钮，系统弹出"动画"对话框。在该对话框中选中 ☑ 追踪 复选框，然后单击 ▶ 按钮进行播放，结果如图 8.5.22 所示。

图 8.5.20 "追踪"对话框

图 8.5.21 选取对象

图 8.5.22 创建追踪

图 8.5.21 所示的"追踪"对话框说明如下。

◆ 参考框 : 指定被跟踪对象以一个坐标为中心运动。

◆ 目标层 : 指定被跟踪对象的放置层。

◆ ☑ 激活 : 选中该复选框，激活目标层。

8.6 编辑仿真

8.6.1 编辑仿真对象

编辑运动对象用于重新定义连杆、运动副、力类对象、标记和运动约束。该命令可编辑 UG 运动分析模块特有的对象和特征。其操作与创建过程是一样的，这里不详细讲解。

8.6.2 函数编辑器

函数编辑器是创建运动函数的工具。当使用解算运动函数或高级数学功能时，函数编辑器是非常有用的。单击"运动"工具栏中的 $f(x)$ 命令，系统弹出"XY 函数管理器"对话框，利用该对话框可以编辑函数。

第9章 高级渲染

在创建零件和装配的三维模型时，能够进行简单的着色和显示不同的线框状态，但在实际的产品设计中，那些显示状态是远远不够的，因为它们无法表达产品的颜色、光泽、质感等特点，因此要进行进一步的渲染处理，才能使模型达到真实的效果。UG NX 11.0 具有强大的渲染功能，为设计人员提供了一个很有效的工具。本章主要讲述如何对材料/纹理、灯光效果、展示室环境、基本场景和视觉效果进行设置，如何生成高质量图像和艺术图像。

9.1 材料/纹理

材料及纹理功能是指将指定的材料或纹理应用到相应的零件上，使零件表现出特定的效果，从而在感观上更具真实性。UG NX 11.0 的材料在本质上是描述特定材料表面光学特性的参数集合，纹理是对零件表面粗糙度、图样的综合性描述。

9.1.1 "材料/纹理"对话框

材料/纹理的设置是通过"材料/纹理"对话框来实现的。选择下拉菜单 视图(V) ➡️ 可视化(V) ▶ ➡️ 材料/纹理(M)... 命令，系统弹出图 9.1.1 所示的"材料/纹理"对话框。下面对该对话框进行介绍。

 在进行此操作之前，因为已选定材料，所以才会出现图 9.1.1 所示的"材料/纹理"对话框为激活状态。若未选定材料，此时的"材料/纹理"对话框中的部分按钮为灰色（未激活状态）。

图 9.1.1 "材料/纹理"对话框

图 9.1.1 所示的"材料/纹理"对话框中的部分按钮说明如下。

◆ 🔧：用于启用材料编辑器。

◆ 📋：用于显示指定对象的材料属性。

◆ 🔷：用于继承选定的实体材料。

9.1.2　材料编辑器

材料编辑器功能是用来对零件材料进行编辑,通过材料编辑器可实现对材料的亮度、纹理及颜色的设置。单击图 9.1.1 所示的"材料/纹理"对话框中的 按钮,系统弹出图 9.1.2 所示的"材料编辑器"对话框。"材料编辑器"对话框中主要包括 常规 、 凹凸 、 图样 、 透明度 和 纹理空间 选项卡,通过这些选项卡可直接对材料进行设置,现逐一对它们进行说明。

说明:此处需要找到软件安装目录 Program Files\Siemens\NX 11.0\UGII 文件夹中的 ugii_env_ug 文件,然后以记事本的方式打开,将里面的环境变量 NX_RTS_IRAY 的值设为 0 时,才可以使用。

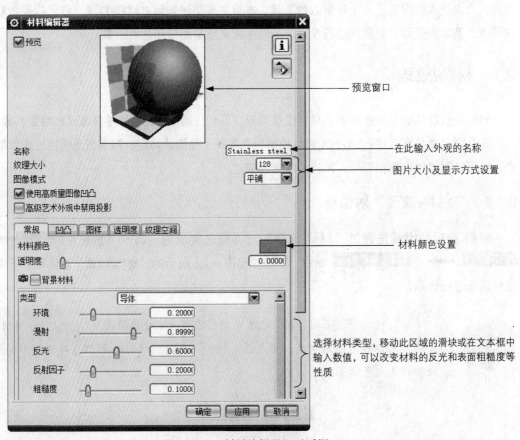

图 9.1.2　"材料编辑器"对话框

1. 常规 选项卡

单击"材料编辑器"对话框中的 常规 选项卡,此时的"材料编辑器"对话框如图 9.1.3 所示。通过该对话框可以对材料的颜色、材料背景、透明度和类型进行设置。

图 9.1.3 所示的"材料编辑器"对话框说明如下:

● 材料颜色 :用于定义系统材料颜色。

- 透明度 ：用于定义材料透明度。

- 📷□背景材料 ：若选中此项，系统会自动将选定的材料作为渲染图片的背景，从而达到特定的效果。

- 类型 ：用于定义要渲染的材料类型。

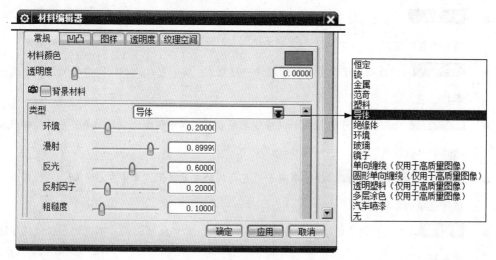

图 9.1.3 "材料编辑器常规"对话框

2. 凹凸 选项卡

单击"材料编辑器"对话框中的 凹凸 选项卡，此时的"料编辑器"对话框如图 9.1.4 所示。通过该对话框可以设置凸凹的类型及相对应的参数。

图 9.1.4 "材料编辑器凹凸"对话框

图 9.1.4 所示的"材料编辑器凹凸"对话框类型中的选项说明如下：

- 无 ：该选项用于不设置材料纹理。

- 铸造面（仅用于高质量图像）：该选项用于将材料设置成铸造面效果。其中包括比例、浇注范围、凹进比例、凹进幅度、凹进阀值和详细 6 个选项的参数设置。

- 粗糙面（仅用于高质量图像）：该选项用于将材料设置成粗糙面效果。其中包括比例、粗糙值、详细和锐度 4 个选项的参数设置。

- **缠绕凹凸点**：该选项用于将材料设置成缠绕的凸凹效果。其中包括比例、分隔、半径、中心深度和圆角 5 个选项的参数设置。

- **缠绕粗糙面**：该选项用于将材料设置成缠绕粗糙面的效果。其中包括比例、粗糙值、详细和锐度 4 个选项的参数设置。

- **缠绕图像**：该选项用于设置材料的缠绕图像效果。其中包括柔软度、幅值和图像 3 个选项的参数设置。

- **缠绕隆起**：该选项用于设置材料的缠绕隆起效果。其中包括比例、圆角和幅值 3 个选项的参数设置。

- **缠绕螺纹**：该选项用于设置材料的缠绕螺纹效果。其中包括比例、圆角、半径和幅值 4 个选项的参数设置。

- **皮革（仅用于高质量图像）**：该选项用于设置材料的皮革效果。其中包括比例、不规则和粗糙值等选项的参数设置。

- **缠绕皮革**：该选项用于设置材料的缠绕皮革效果。其中包括比例、不规则和粗糙值等选项的参数设置。

3. **图样** 选项卡

单击"材料编辑器"对话框中的 **图样** 选项卡，此时的"材料编辑器"对话框如图 9.1.5 所示。通过该对话框可以设置图样的类型及相对应的参数。

图 9.1.5　"材料编辑器"图样对话框

4. **透明度** 选项卡

单击"材料编辑器"对话框中的 **透明度** 选项卡，此时的"材料编辑器"对话框如图 9.1.6 所示。通过该对话框可以设置透明度的类型及相对应的参数。

图 9.1.6　"材料编辑器"透明度对话框

5. 纹理空间 选项卡

单击"材料编辑器"对话框中的 纹理空间 选项卡，此时的"材料编辑器"对话框如图 9.1.7
所示。通过该对话框可以设置纹理空间的类型及相对应的参数。

图 9.1.7　"材料编辑器"纹理空间对话框

图 9.1.7 所示的"材料编辑器"对话框中 纹理空间 选项卡的部分说明如下：

● 类型：该下拉列表中包括 任意平面 、圆柱坐标系 、球坐标系 、自动定义 WCS 轴 、Uv 和
摄像机方向平面选项。

　☑ 任意平面：选择该选项，以平面形式投影。

　☑ 圆柱坐标系：选择该选项，以圆柱形的形式投影。

　☑ 球坐标系：选择该选项，以球形的形式投影。

　☑ 自动定义 WCS 轴：选择该选项，根据曲面法向选择 X、Y 或 Z 轴。

- ☑ **Uv**：从几何体的 UV 坐标映射，将参数坐标系分配到纹理空间。
- ☑ **摄像机方向平面**：选择该选项，以摄像机所在平面方向进行投影。
- **中心-点**：可以任意指定纹理空间的原点。可用于"任意平面"、"圆柱形"和"球形"纹理空间。
- **法向矢量**：可以任意指定圆锥形或球形的垂直或主要轴。
- **向上矢量**：可以任意指定纹理空间的参考轴。仅可用于"任意平面"纹理空间。
- **比例**：指定纹理空间的总体大小。
- **宽高比**：指定纹理空间的高度和宽度的比率。
- ☑ **绘制反馈矢量**：可动态地调整对象的纹理放置。其效果取决于所应用的纹理空间类型。

9.2 光源设置

在渲染的过程中为了得到各种特效的渲染图像，需要添加各种灯光效果来反映图形的特征，利用光源可加亮模型的一部分或创建背光以提高图像质量。在 UG NX 11.0 中，灯光分为基本光源和高级光源两种。

9.2.1 基本光源设置

基本光源功能可以简单地设置渲染场景，其方法快捷方便。因为基本光源只有 8 个场景光源，并且场景光源在场景中的位置是固定不变的，所以基本光源存在一定的局限性。

选择下拉菜单 **视图(V)** ➡ **可视化(V)** ➡ **基本光(B)...** 命令，系统弹出图 9.2.1 所示的"基本光"对话框。通过该对话框可以对 8 个场景光源进行编辑。

图 9.2.1 所示"基本光"对话框中的相关按钮说明如下：

- ：此按钮是为了设置场景环境灯光，在系统默认为选中状态。
- ：此按钮是为了设置场景左上部方向灯光，在系统默认为选中状态。
- ：用于添加场景顶部方向灯光。
- ：此按钮用于添加场景右上部方向灯光，在系统默认为选中状态。
- ：此按钮用于添加场景正前部方向灯光。
- ：此按钮用于添加场景左下部方向灯光。
- ：此按钮用于添加场景底部方向灯光。
- ：此按钮用于添加场景右下部方向灯光。

- 重置为默认光源 ：单击此按钮，系统将自动设置为默认的光源。在系统默认的状态下，只打开 、 和 。

- 重置为舞台光 ：单击此按钮，系统将重新设置所有光源，此时所有基本光源全部打开。

9.2.2 高级光源设置

高级光源功能可以创建新的光源，并且可设置和修改新的光源，因此高级光源与基本光源相比具有更高的灵活性和多样性。

选择下拉菜单 视图(V) ➡ 可视化(V) ➡ 高级光(A)... 命令，系统弹出图 9.2.2 所示的"高级光"对话框。

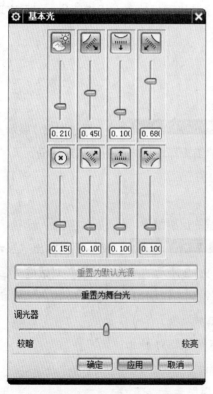

图 9.2.1 "基本光"对话框

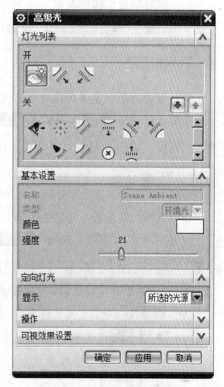

图 9.2.2 "高级光"对话框

图 9.2.2 所示的"高级光"对话框部分说明如下：

- （标准视线）：该光源放在 Z 轴或者位于视点上，该光源在场景中不能产生阴影效果。

- （标准 Z 平行光）：该光源可以理解成在无限远处光源产生的光照效果。

- 开 ：此区域用于显示已经在渲染区域内的光源。在系统默认的状态下，只打开 、

和 ▦ 。在该区域内选中一指定的光源，单击 ▼ 按钮，此时被选中的光源将会被关闭。

- 关 ：此区域用于显示不在渲染区域内的光源。系统默认已经关闭的光源有 ⊗ 、 ▦ 、 ▦ 、 ▦ 、 ▦ 和 ▦ 等。在该区域内选中一指定的光源，单击 ▲ 按钮，此时被选中的光源将会被显示在渲染区域内。

- 名称 ：用于定义灯光名称。

- 类型 ：用于定义灯光类型。

- 颜色 ：用于定义灯光的颜色。

- 强度 ：用于定义灯光照射的强度。

9.3 展示室环境设置

展示室环境是渲染的背景，它为渲染设置舞台，是渲染图像的一个组成部分。展示室环境包括"编辑器""查看转台"和"矢量构造器"。

9.3.1 编辑器

通过编辑器能够完成对环境立方体的编辑与设置操作。

选择下拉菜单 视图(V) ➡ 可视化(V)▶ ➡ ▦ 展示室环境(W)... 命令，系统弹出"展示室环境"对话框。单击 ▦ 按钮，系统弹出图 9.3.1 所示的"编辑环境立方体图像"对话框。

9.3.2 查看转台

查看转台功能能够从指定的旋转方位来观察每个壁的反射结果。

选择下拉菜单 视图(V) ➡ 可视化(V)▶ ➡ ▦ 展示室环境(W)... 命令，系统弹出"展示室环境"对话框。单击对话框中的 ▦ 按钮，系统弹出图 9.3.2 所示的"转台设置"对话框。

图 9.3.2 所示的"转台设置"对话框中的按钮和下拉列表说明如下。

- ◆ 类型 ：用于定义旋转类型。主要包括以下三种类型。

  - 无 ：选取该选项，模型和展示室都保持相对静止。

  - 部件旋转 ：选取该选项，模型相对于展示室运动。

  - 环绕 ：选取该选项，展示室相对于模型运动。

- ◆ 速度 ：用于定义旋转快慢。主要包括 慢 、 中 和 快 三种。

- ◆ 任意旋转轴 ：任意指定一轴线为旋转中心轴线。

- ◆ 将旋转轴重置为屏幕 Y 轴 ：重置轴线，指定 Y 轴为旋转中心轴线。

- ◆ 运行转台 ：选定旋转类型和旋转中心轴线后，单击此按钮，转台产生旋转运动。

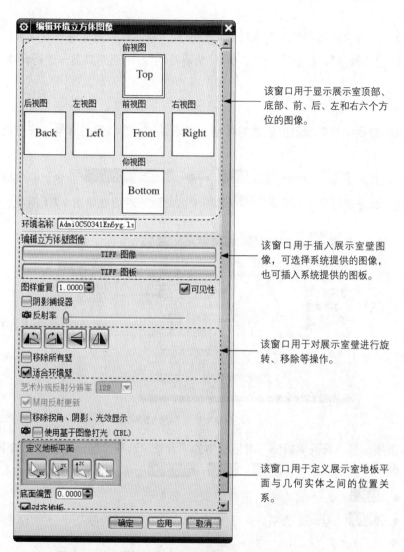

该窗口用于显示展示室顶部、底部、前、后、左和右六个方位的图像。

该窗口用于插入展示室壁图像，可选择系统提供的图像，也可插入系统提供的图板。

该窗口用于对展示室壁进行旋转、移除等操作。

该窗口用于定义展示室地板平面与几何实体之间的位置关系。

图 9.3.1 "编辑环境立方体图像"对话框

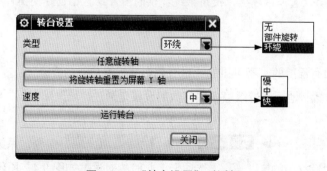

图 9.3.2 "转台设置"对话框

9.4　基本场景设置

在渲染的过程中常常需要对基本场景进行设置，从而达到更加逼真的效果。基本场景的设置包括"背景""舞台""反射""光源"和"全局照明"。下面对其逐一进行介绍。

9.4.1　背景

在渲染的过程中想要表现出模型的特征，如果添加一个特定的背景，往往能达到一个很好的效果。

选择下拉菜单 视图(V) ➡ 可视化(V) ▶ ➡ 📷 场景编辑器(N) 命令，系统弹出"场景编辑器"对话框。单击对话框中的 背景 选项卡，此时的对话框如图 9.4.1 所示。

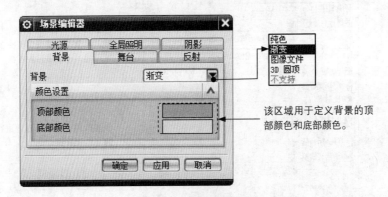

图 9.4.1　"场景编辑器"对话框

图 9.4.1 所示的"场景编辑器"对话框中的"背景"选项卡部分选项说明如下。

- ◆　背景 下拉列表中包括纯色、渐变 和 图像文件 选项。
  - ●　纯色：选择该选项，用单色设置背景色。
  - ●　渐变：选择该选项，设置背景色为渐变，即顶部显示一种颜色，底部显示另一种颜色。
  - ●　图像文件：选择该选项，使用系统提供的图片或自己创建的图片来设置背景色。

9.4.2　舞台

舞台是一个壁面有反射的、不可见的或带有阴影捕捉器功能的立方体。

舞台的大小、位置、地板和壁纸等各项参数的设置是通过"场景编辑器"中的 舞台 选项卡来实现的。

选择下拉菜单 视图(V) ➡ 可视化(V) ▶ ➡ 📷 场景编辑器(N) 命令，系统弹出"场景编辑器"对话框。单击对话框中的 舞台 选项卡，此时的对话框如图 9.4.2 所示。

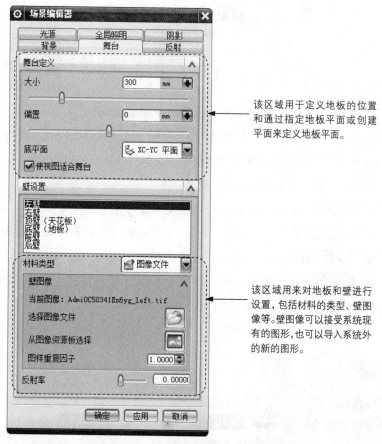

图 9.4.2 "场景编辑器"舞台对话框

图 9.4.2 所示的"场景编辑器"对话框中"舞台"选项卡的部分选项说明如下。

◆ **大小**: 指定舞台的大小。

◆ **偏置**: 用于指定舞台与模型的位置偏移。

◆ **材料类型**: 指定选定的底面/壁面一种材料类型。该下拉列表包括阴影捕捉器、图像文件和不可见三种选项。

9.4.3 反射

通过光的反射将背景、舞台地板、舞台壁或用户指定的图像在模型中表现出来。

选择下拉菜单 **视图(V)** ➡ **可视化(V)▶** ➡ **场景编辑器(N)...** 命令,系统弹出"场景编辑器"对话框。单击对话框中的 **反射** 选项卡,此时的对话框如图 9.4.3 所示。

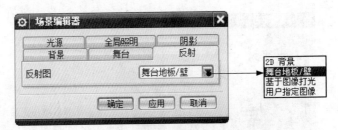

图 9.4.3　"场景编辑器"反射对话框

图 9.4.3 所示的"场景编辑器"对话框中"反射"选项卡的说明如下。

◆ 反射图：该下拉列表包括以下几项。

● 2D 背景：该选项用于指定环境反射基于背景图像。

● 舞台地板/壁：该选项用于指定环境反射基于舞台底面或壁面。

● 基于图像打光：该选项用于指定环境反射基于"基于图像的打光"设置。

● 用户指定图像：该选项用于指定不同于背景的图像，基于图像的打光并将其用于反射。还可以指定 TIFF、JPG 或 PNG 格式的任何图像或从 NX 提供的反射图像选项板中指定。

9.4.4　光源

在"场景编辑器"中可以对场景光源的类型、强度、光源的位置等属性进行设置。

选择下拉菜单 视图(V) ➡ 可视化(V) ▶ ➡ 场景编辑器(N)... 命令，系统弹出"场景编辑器"对话框。单击对话框中的 光源 选项卡，此时的对话框如图 9.4.4 所示。

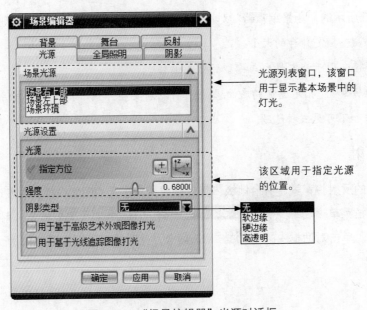

图 9.4.4　"场景编辑器"光源对话框

图 9.4.4 所示的"场景编辑器"对话框中 光源 选项卡的部分选项说明如下。

◆ 强度 : 定义光照的强度。

◆ 阴影类型 : 该下拉列表用于设置阴影效果,其中包括 无 、 软边缘 、 硬边缘 和 高透明
四种选项。

◆ ☑用于基于高级艺术外观图像打光 : 选中该复选框,则在光照列表中的单个光照的灯光效果
不可用。

9.4.5 全局照明

全局照明,是对于 2D 图像场景定义复杂打光方案的一种方法。例如,使用室外场景图像
获得"天空"环境下的打光,也可以用室内图像设置"屋内"或"照相馆"打光环境。从 IBL
的图像也可以反射来自场景中的闪耀对象。

选择下拉菜单 视图(V) ➡ 可视化(V)▶ ➡ 🖼 场景编辑器(N)...命令,系统弹出"场景编辑器"
对话框。单击对话框中的 全局照明 选项卡,此时的对话框如图 9.4.5 所示。

图 9.4.5 "场景编辑器"全局照明对话框

9.5 视觉效果

视觉效果功能可以设置不同的前景、背景和 IBL(基于图像的打光)。

9.5.1 前景

选择下拉菜单 视图(V) ➡ 可视化(V)▶ ➡ 🖼 视觉效果(V)...命令,系统弹出"视觉效果"

对话框。单击对话框中的 前景 按钮，此时的对话框如图 9.5.1 所示。

图 9.5.1 所示的"视觉效果"对话框中"前景"选项卡的部分选项说明如下。

◆ 类型：该下拉列表用于设置场景的光源类型。其中包括以下几个选项。

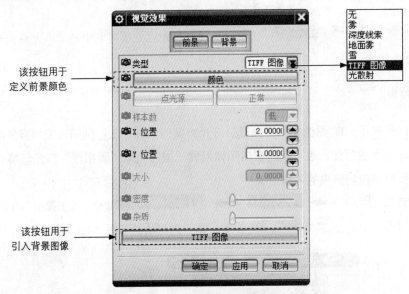

图 9.5.1 "视觉效果"对话框

● 无：选取该选项，没有前景。

● 雾：选取该选项，更改距离时，此项提供颜色的指数性衰减。

● 深度线索：选取该选项，此项提供颜色在指定范围的线性衰减。

● 地面雾：此项模拟一层随高度增加而变淡的雾。

● 雪：此项提供在照相机前有雪花飘落的效果。

● TIFF 图像：此项在生成的着色图片前面放置一个 TIFF 图片。

● 光散射：生成一种光在大气中散射并衰减的效果。

9.5.2 背景

背景属性可以设置背景的总体类型、主要背景和次要背景三种类型。

选择下拉菜单 视图(V) ➡ 可视化(V) ▶ ➡ 视觉效果(V)... 命令，系统弹出"视觉效果"对话框。单击对话框中的 背景 按钮，此时的对话框如图 9.5.2 所示。

图 9.5.2 所示的"视觉效果"对话框中"背景"选项卡的部分选项说明如下。

◆ 类型：该下拉列表用于设置背景的光源类型。其中包括以下几个选项。

● 简单：该选项仅使用主要背景。

● 混合：选中该选项，混合使用主要背景和次要背景。

● **两平面**: 选中该选项, 主要背景显示于该部件之后, 而次要背景设置在视点之后, 且仅在反射中可见。

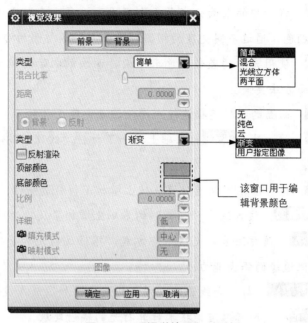

图 9.5.2 "视觉效果"对话框

9.6 高质量图像

高质量图像功能可以制作出 24 位颜色、类似于照片效果的图片。该功能能够更加真实地反映出模型的外观, 能够准确而有效地表达出设计人员的设计理念。使用"高质量图像"对话框创建静态渲染图像, 这些静态图像可以保存到外部文件或进行绘制, 或者可以生成一组图像以创建动画电影文件。

选择下拉菜单 视图(V) ➡ 可视化(V)▶ ➡ 高质量图像(H)... 命令, 系统弹出图 9.6.1 所示的"高质量图像"对话框。

图 9.6.1 "高质量图像"对话框

图 9.6.1 所示的"高质量图像"对话框中相关选项说明如下。

◆ 方法：该下拉列表指的是渲染图片的方式，主要包括以下几种。

● 平面：将模型的表面分成若干个小平面，每一个小平面都着上不同亮度的相同颜色，通过不同亮度的相同颜色来表现模型面的明暗变化。

● 哥拉得：使用光滑的差值颜色来渲染，曲面的明暗连接比较光滑。着色速度比平面方法要慢。

● 范奇：曲面的明暗连接连续光滑，但着色速度相对于"哥拉得"方法较慢。

● 改进：该方法在 范奇 的基础上增加了材料、纹理、高亮反光和阴影的表现能力。

● 预览：该方法在"改进"的基础上增加了材料透明性。

● 照片般逼真的：该方法在"预览"的基础上增加了反锯齿设置的功能。

● 光线追踪：该方法采用光线跟踪方式，根据反射光和折射光影响的增加削减了镜像边缘的锯齿能力。

● 光线追踪/FFA：与"光线追踪"方法相同，增加了削减镜像边缘的锯齿能力。

● 混和辐射：使用标准渲染技术计算打光的辐射处理。

◆ 保存：单击该按钮，系统保存当前渲染的图像，保存格式为"tif"格式，但用户可以通过更改扩展名来保存其他格式的图像，如 GIF 或 JPEG。

◆ 绘图：单击该按钮，系统通过打印设备打印渲染图像。

◆ 开始着色：单击该按钮，系统开始自动进行渲染操作。

◆ 取消着色：单击该按钮，取消已经渲染的颜色。

第 **10** 章 模 具 设 计

10.1 概述

注塑模具设计一般包括两大部分：模具元件（Mold Component）设计和模架（Moldbase）设计。模具元件主要包括上模（型腔）、下模（型芯）、浇注系统（主流道、分流道、浇口和冷料穴）、滑块、销等；而模架则包括固定和移动侧模板、顶出销、回位销、冷却水道、加热管、止动销、定位螺栓、导柱和导套等。

UG NX 11.0 Mold Wizard（注塑模向导）是 UG NX 进行注塑模具设计专用的应用模块，具有强大的注塑模具设计功能，用户可以使用它方便地进行模具设计。

Mold Wizard 应用于塑料注射模具设计及其他类型模具设计。注塑模向导的高级建模工具可以创建型腔、型芯、滑块、斜顶和镶件，而且非常容易使用。注塑模向导可以提供快速的、全相关的及 3D 实体的解决方案。

Mold Wizard 提供设计工具和程序来自动进行高难度的、复杂的模具设计任务。它能够帮助用户节省设计的时间，同时还提供了完整的 3D 模型用来加工。如果产品设计发生变更，也不会浪费多余的时间，因为产品模型的变更与模具设计是相关联的。

分型是基于一个塑料零件模型生成型腔和型芯的过程。分型过程是塑料模具设计的一个重要部分，特别对于外形复杂的零件来说，通过关键的自动工具及分型模块可以让这个过程自动化。此外，分型操作与原始塑料模型是完全相关的。

模架及组件库包含在多个目录（catalog）里。自定义组件包括滑块和抽芯、镶件和电极，这些在标准件模块里都能找到，并生成适当大小的腔体，而且能够保持相关性。

10.2 使用 UG NX 软件进行模具设计的基本过程

使用 UG NX 11.0 中的注塑模向导进行模具设计的一般流程如下。

步骤 01 初始化项目。包括加载产品模型、设置产品材料、设置项目路径及名称等。

步骤 02 确定开模方向，设置模具坐标系。

步骤 03 设置模具模型的收缩率。

步骤 04 创建模具工件。

步骤 05 定义模具型腔布局。

步骤 06 模具分型。包括创建分型线、创建分型面、抽取分型区域、创建型腔和型芯。

（步骤 **07**）加载标准件。加载模架、加载滑块/抽芯机构、加载顶杆及拉料杆等。

（步骤 **08**）创建浇注系统和冷却系统。创建浇口、流道和冷
却系统。

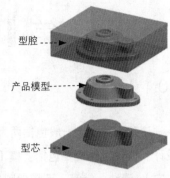

型腔 ----▶

产品模型 -----▶

（步骤 **09**）创建电极。

（步骤 **10**）创建材料清单及模具装配图。

下面以图 10.2.1 所示的零件（readjust）为例，说明用 UG
NX 11.0 软件设计模具的一般过程和方法。通过本实例的学习，
读者能够清楚地了解模具设计的整体思路，并能理解其中的原
理。

型芯 ----▶

图 10.2.1　模具设计的一般过程

10.2.1　初始化项目

初始化项目是 UG NX 11.0 中使用注塑模向导设计模具的源头，其作用是把产品模型装配到
模具模块中，它在模具设计中起着非常关键的作用。此项操作会直接影响模具设计的后续工作，
所以在初始化项目前应仔细分析产品模型的结构并确定材料。下面介绍初始化项目的一般操作
过程。

（步骤 **01**）加载模型。

（1）进入 UG NX 11.0 初始化界面，在工具栏中右击，此时系统弹出图 10.2.2 所示的快捷
菜单。

图 10.2.2　快捷菜单

（2）在弹出的快捷菜单中选择 注塑模向导 命令，系统弹出"注塑模向导"功能选项卡，如
图 10.2.3 所示。

图 10.2.3　"注塑模向导"功能选项卡

（4）在"注塑模向导"工具栏中单击"初始化项目"按钮，系统弹出"打开"对话框，

选择 D:\ug111\work\ch10.02\readjust.prt，单击 OK 按钮，载入模型后，系统弹出图 10.2.4 所示的"初始化项目"对话框。

步骤 02 定义投影单位。在"初始化项目"对话框 设置 区域的 项目单位 下拉列表中选择 毫米 选项。

步骤 03 设置项目路径和名称。

（1）设置项目路径。接受系统默认的项目路径。

（2）设置项目名称。在"初始化项目"对话框的 Name 文本框中输入 readjust_mold。

步骤 04 在该对话框中单击 确定 按钮，完成初始化项目的设置。

> 系统自动载入产品数据，同时自动载入的还有一些装配文件，并都自动保存在项目路径下。完成加载后的模型如图 10.2.5 所示。

图 10.2.4 "初始化项目"对话框

图 10.2.5 加载模型

图 10.2.4 所示的"初始化项目"对话框中各选项的说明如下。

◆ 项目单位 下拉列表：用于设定模具单位制，系统默认的投影单位为毫米；用户可以根据需要选择不同的单位制。

◆ 路径 文本框：用于设定模具项目中零部件的存储位置。用户可以通过单击 "浏览" 按

钮 来更改零部件的存储位置。系统默认将项目路径设置在产品模型存放的文件夹中。

◆ Name 文本框：用于定义当前创建的模型项目名称。系统默认的项目名称与产品模型名称是一样的。

◆ ☑ 重命名组件 复选框：选中该复选框后，可用于控制在载入模具文件时是否显示"部件名管理"对话框。在加载模具文件时系统将会弹出"部件名管理"对话框，编辑该对话框可以对模具装配体中的各部件名称进行更改。

◆ 材料 下拉列表：用于定义产品模型的材料。通过该下拉列表可以选择不同的材料。

◆ 收缩 文本框：用于指定产品模型的收缩率。若在材料下拉列表中定义了材料，则系统将自动设置好产品模型的收缩率。用户也可以直接在该文本框中输入相应的数值来定义产品模型的收缩率。

◆ 编辑材料数据库 按钮：单击该按钮，系统将弹出材料明细表。用户可以通过编辑该材料明细表来定义材料的收缩率，也可以增加材料和收缩率。

10.2.2　模具坐标系

模具坐标系在整个模具设计中的地位非常重要，它不仅是所有模具装配部件的参考基准，而且还直接影响到模具的结构设计，所以定义模具坐标系非常重要。

在定义模具坐标系前，首先要分析产品的结构、产品的脱模方向和分型面，然后再定义模具坐标系。

在用注塑模向导进行模具设计时，模具坐标系的设置有相应的规定：规定坐标系的 + Z 轴方向表示开模方向，即顶出方向，XC-YC 平面设在分模面上，原点设定在分型面的中心。

定义模具坐标系之前，要先把产品坐标系调整到模具坐标系相应的位置，然后再用注塑模向导中定义模具坐标系的功能去定义。继续以前面的模型为例，讲述设置模具坐标系的一般操作过程。

步骤 01 在注塑模向导工具栏中单击"模具 CSYS"按钮 ，系统弹出"模具 CSYS"对话框，如图 10.2.6 所示。

步骤 02 在"模具 CSYS"对话框中选中 ⦿ 当前 WCS 选项，单击 确定 按钮，完成模具坐标系的定义，结果如图 10.2.7 所示。

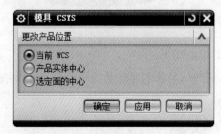

图 10.2.6　"模具 CSYS"对话框

图 10.2.7　定义后的模具坐标系

图 10.2.7 所示"模具 CSYS"对话框各选项的说明如下。

◆ ⦿ 当前 WCS：选择该单选项后，当前坐标系（产品坐标系）即模具坐标系。

◆ ⦿ 产品实体中心：选择该单选项后，模具坐标系将定义在产品体的中心位置。

◆ ⦿ 选定面的中心：选择该单选项后，模具坐标系将定义在指定的边界面的中心。

 　　　　本例中产品坐标系不需要调整即符合模具坐标系的要求，当产品坐标系不符合模具坐标系的要求时，就需要进行调整。可通过 格式(R) 下拉菜单中 WCS▶ 子菜单下的 原点(O)... 、 动态(D)... 和 旋转(R)... 命令，进行对坐标系的调整。也可以通过双击坐标系来调整。调整坐标系的方法与建模环境下的调整方法一致，此处不再赘述。

10.2.3 设置收缩率

注塑件从模具中取出后，由于温度及压力的变化会产生收缩现象，为此，UG 软件提供了收缩率（Shrinkage）功能，来纠正注塑成品零件体积收缩上的偏差。用户通过设置适当的收缩率来放大参照模型，便可以获得符合尺寸要求的注塑零件。很多情况下制品材料、尺寸、模具结构、工艺参数等因素都会影响收缩率。继续以前面的模型为例，讲述设置收缩率的一般操作过程。

步骤 **01** 定义收缩率类型。

（1）选择命令。在注塑模向导工具栏中单击"收缩率"按钮 ，产品模型会高亮显示，同时系统弹出"缩放体"对话框。

（2）定义类型。在"缩放体"对话框 类型 区域的下拉列表中选择 均匀 选项。

步骤 **02** 定义缩放体和缩放点。接受系统默认的设置值。

步骤 **03** 定义比例因子。在"缩放体"对话框 比例因子 区域的 均匀 文本框中输入收缩率值 1.006。

步骤 **04** 单击 确定 按钮，完成收缩率的设置。

步骤 **05** 在设置完收缩率后，还可以对产品模型的尺寸进行检查，具体操作步骤如下。

（1）选择命令。在主菜单栏上选择下拉菜单 分析(L) ➡ 测量距离(D)... 命令，系统弹出图 10.2.8 所示的"测量距离"对话框。

（2）定义测量类型及对象。在对话框的 类型 下拉列表

图 10.2.8 "测量距离"对话框

中选择 半径 选项，选取图 10.2.9b 所示的边线。

（3）完成设置选择后，显示零件的半径为 65.3900，如图 10.2.9b 所示。零件的半径尺寸 = $65 \times 1.006 = 65.3900$，说明设置收缩没有失误。

（4）单击"测量距离"对话框中的 < 确定 > 按钮，退出测量。

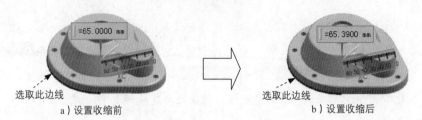

　　　　a）设置收缩前　　　　　　　　　　　b）设置收缩后

图 10.2.9　测量结果

10.2.4　创建模具工件

工件也叫毛坯，是直接参与产品成型的零件，也是模具中最核心的零件。它用于成形模具中的型腔和型芯实体。工件的尺寸以零件外形尺寸为基础在各个方向上增加，因此在设计工件尺寸时要考虑到型腔和型芯的尺寸，通常采用经验数据或查阅有关手册来获取接近的工件尺寸。继续以前面的模型为例，讲述创建模具工件的一般操作过程。

步骤 01 选择命令。在"注塑模向导"工具条中单击"工件"按钮 ，系统弹出"工件"对话框，如图 10.2.10 所示。

步骤 02 在"工件"对话框的 类型 下拉菜单中选择 产品工件 选项，在 工件方法 下拉菜单中选择 用户定义的块 选项，其余采用系统默认设置值。

步骤 03 单击 < 确定 > 按钮，完成模具工件的创建结果如图 10.2.11 所示。

10.2.5　模具分型

通过分型工具可以完成模具设计中的很多重要工作，包括对产品模型的分析、分型线的创建和编辑、分型面的创建和编辑、型芯/型腔的创建以及设计变更等。继续以前面的模型为例，模具分型的一般创建过程如下。

任务 01 设计区域

设计区域的主要功能是对产品模型进行模型分析。

步骤 01 在"注塑模向导"功能选项卡 分型刀具 区域中单击"检查区域"按钮 ，系统弹出"检查区域"对话框。

步骤 02 如图 10.2.12 所示，同时模型被加亮，并显示开模方向，如图 10.2.13 所示。在"检查区域"对话框中单击"计算"按钮 ，系统开始对产品模型进行分析计算。

图 10.2.10 "工件"对话框

图 10.2.11 创建后的模具工件

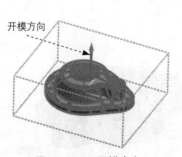

图 10.2.12 开模方向

图 10.2.13 "检查区域"对话框

说明　图 10.2.12 所示的开模方向，可以通过"检查区域"对话框中的"指定脱模方向"按钮 来更改，由于在前面锁定模具坐标系时已经将开模方向设置好了，因此，系统将自动识别出产品模型的开模方向。

步骤 **03** 定义区域。

（1）在"检查区域"对话框中单击 区域 选项卡，如图 10.2.14 所示，在该对话框 设置 区域中取消选中 □内环 、□分型边 和 □不完整的环 三个复选框。

（2）设置区域颜色。在"检查区域"对话框中单击"设置所有面的颜色"按钮 ，设置区域颜色，结果如图 10.2.15 所示。

（3）定义型腔区域。在 指派到区域 区域中单击"选择面"按钮 ，选择 ⊙ 型腔区域 单选项，然后选择 ☑ 交叉竖直面 复选框，系统自动选取图 10.2.15 所示的未定义区域曲面，单击 应用 按钮，系统自动将未定义的区域指派到型腔区域，同时对话框中的 未定义的区域 显示为"0"，创建结果如图 10.2.16 所示。

图 10.2.14　"检查区域"区域选项卡

图 10.2.15　设置区域颜色

图 10.2.16　创建结果

步骤 04 在"检查区域"对话框中单击 确定 按钮。

任务 02 模型修补

步骤 01 在"模具分型工具"工具条中单击"曲面补片"按钮 ◈，系统弹出"边修补"对话框。

步骤 02 定义修补边界。在"边修补"对话框的 类型 下拉列表中选择 ⬛ 体 选项，然后在图形区中选取产品实体，此时系统将需要修补的破孔处加亮显示出来，如图 10.2.17 所示。

步骤 03 单击"边修补"对话框中的 确定 按钮，系统自动创建曲面补片，修补结果如图 10.2.18 所示。

高亮显示孔边界

创建曲面补片

图 10.2.17 高亮显示孔边界   图 10.2.18 修补结果

任务 03 创建型腔/型芯区域和分型线

步骤 01 在"模具分型工具"工具条中单击"定义区域"按钮 ⌒⌒，系统弹出图 10.2.19 所示的"定义区域"对话框。

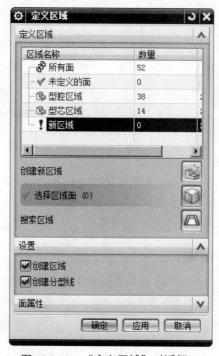

图 10.2.19 "定义区域"对话框

步骤 02 在"定义区域"对话框中选中 设置 区域的 ☑ 创建区域 和 ☑ 创建分型线 复选框，单击 确定 按钮，完成型腔/型芯区域分型线的创建；创建的分型线如图 10.2.20 所示。

任务 04 创建分型面

步骤 01 在"模具分型工具"工具条中单击"设计分型面"按钮，系统弹出"设计分型面"对话框，如图 10.2.21 所示。

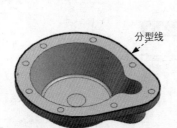

图 10.2.20 创建的分型线

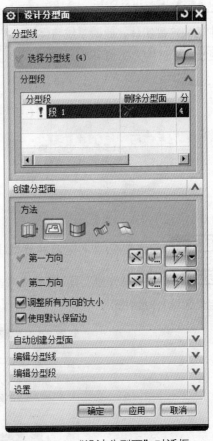

图 10.2.21 "设计分型面"对话框

图 10.2.21 所示"设计分型面"对话框各选项的说明如下。

◆ 公差 文本框：用于定义两个或多个需要进行合并的分型面之间的公差值。

◆ 分型面长度 文本框：用于定义分型面的扩展距离，以保证分型面能够分割工件。

◆ 创建分型面：通过此命令可以完成分型面的创建，其创建方法包括拉伸、有界平面、修剪和延伸及条带曲面等。

◆ 编辑分型线：通过此命令可以完成对现有的分型线进行编辑。

◆ 编辑分型段：通过此命令可以将产品模型中已存在的曲面添加为分型面。

步骤 02 定义分型面创建方法。在"设计分型面"对话框的 创建分型面 区域中单击"有界平面"

按钮 。

步骤 03 在"设计分型面"对话框中接受系统默认的公差值；拖动小球调整分型面大小，如图 10.2.22 所示，使分型面大于工件，单击 确定 按钮，结果如图 10.2.23 所示。

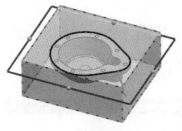

图 10.2.22 调整分型面大小

图 10.2.23 分型面

任务 05 创建型腔和型芯

步骤 01 在"模具分型工具"工具条中单击"定义型腔和型芯"按钮 ，系统弹出图 10.2.24 所示的"定义型腔和型芯"对话框。

步骤 02 在"定义型腔和型芯"对话框中选取 选择片体 区域下的 型腔区域 选项，单击 应用 按钮，系统弹出图 10.2.25 所示的"查看分型结果"对话框，创建的型腔零件如图 10.2.26 所示。单击"查看分型结果"对话框中的 确定 按钮，系统返回至"定义型腔和型芯"对话框。

步骤 03 在"定义型腔和型芯"对话框中选取 选择片体 区域下的 型芯区域 选项，单击 确定 按钮，系统弹出"查看分型结果"对话框，创建的型芯零件如图 10.2.27 所示。单击"查看分型结果"对话框中的 确定 按钮，完成型芯的创建。

图 10.2.24 "定义型腔和型芯"对话框

图 10.2.25 "查看分型结果"对话框

图 10.2.26 型腔零件

任务 06 创建模具爆炸图

步骤 01 切换窗口。选择下拉菜单 窗口(O) ➡ 8. readjust_mold_top_000.prt 命令，切换到总装配文件窗口，并将总装配文件激活。

步骤 02 移动型腔。

（1）选择命令。选择下拉菜单 装配(A) ➡ 爆炸图(X) ▶ ➡ 新建爆炸(N)... 命令，系统弹出图 10.2.28 所示的"新建爆炸图"对话框，接受默认的名字，单击 确定 按钮。

图 10.2.27 型芯零件

图 10.2.28 "新建爆炸图"对话框

（2）选择命令。选择下拉菜单 装配(A) ➡ 爆炸图(X) ▶ ➡ 编辑爆炸图(E)... 命令，系统弹出"编辑爆炸图"对话框。

（3）选取移动对象。选取如图 10.2.29 所示的型腔为移动对象。

（4）在该对话框中选中 ⊙移动对象 单选项，沿 Z 轴正方向移动 100，结果如图 10.2.30 所示。

步骤 03 移动产品模型。在"编辑爆炸图"对话框中选中 ⊙选择对象 单选项，选取图 10.2.31 所示的型芯为移动对象，选中 ⊙移动对象 单选项，沿 Z 轴反方向移动 100，结果如图 10.2.32 所示。

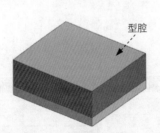

图 10.2.29 选取移动对象

图 10.2.30 移动后

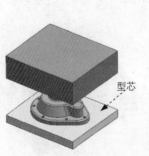

图 10.2.31 选取移动对象

图 10.2.32 移动后

在移动型芯时要取消型腔的选中，其操作方法是按住 Shift 键后选取型腔。

步骤 04 保存文件。选择下拉菜单 文件(F) ➡ 🗇 全部保存 (V) 命令，保存所有文件。

10.3 模具工具

10.3.1 概述

在进行模具分型前，有些产品体上有开放的凹槽或孔，此时就要对产品模型进行修补，否则就无法识别具有这样特征的分型面。MW NX 10.0（注塑模向导）具有强大的修补孔、槽等能力，本节将主要介绍"注塑模工具"工具栏中的各个命令的功能。

MW NX 11.0 的"注塑模工具"工具栏如图 10.3.1 所示。

由图 10.3.1 可知，MW 的"注塑模工具"区域中包含了很多功能，在模具设计中要灵活掌握、运用这些功能，提高模具设计速度。

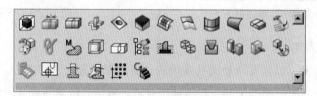

图 10.3.1 "注塑模工具"区域

10.3.2 创建包容体

创建包容体是指创建一个长方体、正方体或圆柱体，将某些局部开放的区域进行填充，一般用于不适合使用曲面修补法和边线修补法的区域。创建包容体也是创建滑块的一种方法。MW 提供了三种创建包容体的方法，下面将介绍常用的两种。

打开文件 D:\ug111\work\ch10.03.02\down_cover_mold_parting_022.prt。

方法 1：中心和长度法。

中心和长度法是指，选择一基准点，然后以此基准点来定义方块的各个方向的边长。下面介绍使用中心和长度法创建方块的一般过程。

步骤 01 在"注塑模向导"功能选项卡 注塑模工具 区域中单击"包容体"按钮 🔲 ，系统弹出"包容体"对话框。

步骤 02 选择类型。在对话框的 类型 下拉列表中选择 🔲 中心和长度 选项，如图 10.3.2 所示。

步骤 03 选取参考点。在模型中选取图 10.3.3 所示边线的中点。

步骤 04 设置包容体的尺寸。在"包容体"对话框的 尺寸 文本框中输入图 13.3.2 所示的尺寸参数。

步骤 05 单击 < 确定 > 按钮。

图 10.3.2 "创建方块"对话框（一）

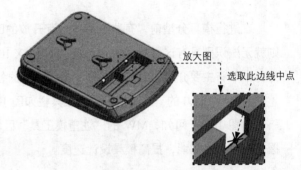

放大图

选取此边线中点

图 10.3.3 选取点

方法 2：有界长方体法。

有界长方体法是指，以需要修补的孔或槽的边界面来定义方块的大小，此方法是创建方块的常用方法。继续以前面的模型为例，介绍使用有界长方体法创建方块的一般过程。

步骤 01 在"注塑模向导"功能选项卡 注塑模工具 区域中单击"包容体"按钮 ，系统弹出图 10.3.4 所示的"包容体"对话框（二）。在对话框的 类型 下拉列表中选择 块 选项。

步骤 02 选取边界面。选取图 10.3.5 所示的 3 个平面，在 偏置 文本框中输入偏置值 1。

步骤 03 单击 < 确定 > 按钮，创建结果如图 10.3.6 所示。

步骤 04 保存文件。选择下拉菜单 文件(F) ➡ 全部保存(V) 命令，保存所有文件。

方法 3：有界圆柱体法。

有界圆柱体法是指，以需要修补的孔或槽的边界面来定义圆柱体的大小，此方法是创建圆柱的常用方法。继续以前面的模型为例，介绍使用有界圆柱体法创建方块的一般过程。

步骤 01 在"注塑模向导"功能选项卡 注塑模工具 区域中单击"包容体"按钮 ，系统弹出"包容体"对话框。在对话框的 类型 下拉列表中选择 圆柱 选项。

步骤 02 选取边界面。选取图 10.3.7 所示的圆柱面，设置间隙值为 1.0。

步骤 03 单击 < 确定 > 按钮，创建结果如图 10.3.8 所示。

步骤 04 保存文件。选择下拉菜单 文件(F) ➡ 全部保存(V) 命令，保存所有文件。

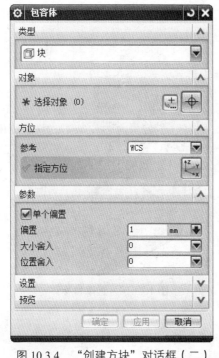

图 10.3.4 "创建方块"对话框(二)

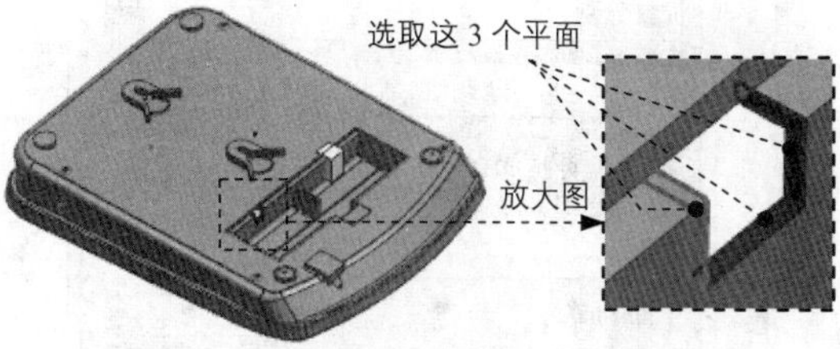

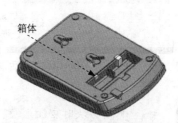

图 10.3.5 选取边界面

图 10.3.6 创建结果

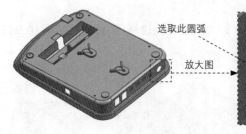

图 10.3.7 选取边界面

图 10.3.8 创建结果

10.3.3 分割实体

使用"分割实体"命令可以完成对实体(包括方块)的修剪工作。下面介绍分割实体的一般操作过程。

步骤 01 打开文件 D:\ug111\work\ch10.03.03\down_cover_mold_parting_022.prt。

步骤 02 选择命令。确认在建模环境,在"注塑模向导"功能选项卡 注塑模工具 区域中单击"分割实体"按钮,系统弹出图 10.3.9 所示的"分割实体"对话框。在 类型 下拉列表中选择 修剪 选项。

步骤 03 选择目标体。选取图 10.3.10 所示的方块为目标体。

步骤 04 选择工具体。选取图 10.3.11 所示的曲面 1 为工具体,单击对话框中的 应用 按钮,方块被修剪。

图 10.3.9 "分割实体"对话框

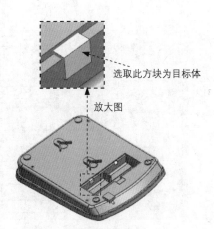

图 10.3.10 选取目标体

  修剪方块时应注意修剪的方向，如果修剪的方向不对需要单击 ⬒ 按钮。

步骤 **05** 分别选取曲面2~曲面6为工具体，如图10.3.11和图10.3.12所示，修剪结果图10.3.13所示。

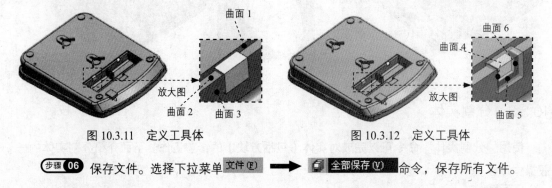

图 10.3.11 定义工具体   图 10.3.12 定义工具体

步骤 **06** 保存文件。选择下拉菜单 文件(F) ➡ 📁 全部保存(V) 命令，保存所有文件。

10.3.4 实体修补

通过"实体修补"命令可以完成一些形状不规则的孔或槽的修补工作。"实体修补"的一般创建过程是：第一，创建一个实体（包括方块）作为工具体；第二，对创建的实体进行必要的修剪；第三，通过前面创建

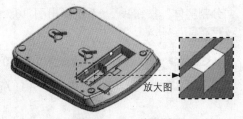

图 10.3.13 修剪结果

的工具体修补不规则的孔或槽。下面介绍创建"实体修补"的一般操作方法。

步骤 01 打开文件 D:\ug111\work\ch10.03.04\down_cover_mold_parting_022.prt。

步骤 02 创建工具体。参照 10.3.2 节中介绍的创建包容体的"方法 2"，选取图 10.3.14 所示的 2 个边界面，间隙值设置为 0，单击 〈 确定 〉 按钮，完成图 10.3.15 所示的方块创建。

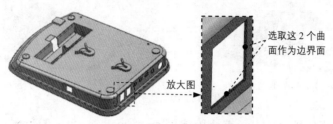

选取这 2 个曲面作为边界面

图 10.3.14　定义边界面

步骤 03 修剪方块。参照 10.3.3 节介绍的分割实体方法，将方块修剪成图 10.3.16 所示的结果。

注意　　分别选取产品侧壁的内外侧表面为工具体。

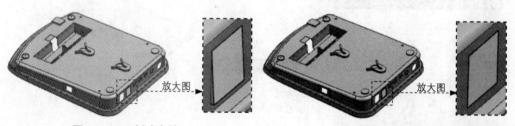

图 10.3.15　创建方块　　　　　　　　图 10.3.16　修剪方块

步骤 04 选择命令。在"注塑模向导"功能选项卡 注塑模工具 区域中单击"实体补片"按钮，此时系统弹出"实体补片"对话框。

步骤 05 选择目标体。选取图 10.3.17 所示的模型为产品实体。

步骤 06 选择刀具体。单击"实体补片"对话框中的"选择补片体"按钮，选取图 10.3.17 所示的方块为工具体，单击 应用 按钮，完成实体修补的结果如图 10.3.18 所示。

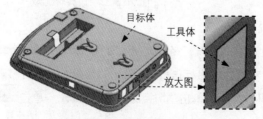

图 10.3.17　选取修补对象

图 10.3.18　完成实体修补的结果

10.3.5 边补片

通过"边补片"命令可以完成产品模型上缺口位置的修补，在修补过程中主要通过选取缺口位置的一周边界线来完成。下面介绍图 10.3.19 所示边补片的一般创建过程。

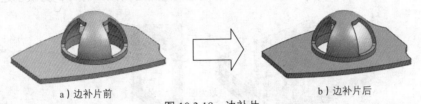

a）边补片前   b）边补片后

图 10.3.19   边补片

步骤 **01** 打开文件 D:\ug111\work\ch10.03.05\array_mold_parting_022.prt。

步骤 **02** 选择命令。确认在建模环境，在"注塑模向导"功能选项卡 注塑模工具 区域中单击"曲面补片"按钮◈，此时系统弹出图 10.3.20 所示的"边补片"对话框。

步骤 **03** 选择缺口边线。选取图 10.3.21 所示的缺口的边线，通过对话框中的"接受"按钮⇨和"循环候选项"按钮↻，完成图 10.3.22 所示的边界环选取。

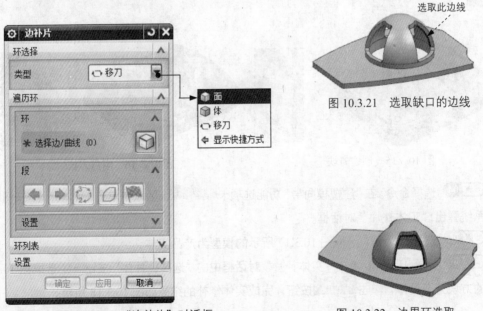

图 10.3.20   "边补片"对话框   图 10.3.22   边界环选取

图 10.3.20 所示的"边补片"对话框的说明如下。

◆ ☐ 按面的颜色遍历：选中该复选框进行修补破孔时，必须先进行分型处理，完成型腔面和型芯面的定义，并在产品模型上以不同的颜色标识出来，此时，该修补方式才可使用。

步骤 **04** 确定面的修补方式。完成边界环选取后，单击"切换面侧"按钮⊠，单击 确定按钮，完成修补后结果如图 10.3.19b 所示。

步骤 05 保存文件。选择下拉菜单 文件(F) ➡ 🗐 全部保存(V) 命令，保存所有文件。

10.3.6 修剪区域修补

"修剪区域补片"通过选取实体的边界环来完成修补片体的创建。下面介绍图 10.3.23 所示的修剪区域修补的一般创建过程。

步骤 01 打开文件 D:\ug111\work\ch10.03.06\down_cover_mold_parting_022.prt。

步骤 02 选择命令。在"注塑模工具"工具栏中单击"修剪区域补片"按钮🔷，此时系统弹出图 10.3.24 所示的"修剪区域补片"对话框。

步骤 03 选择目标体。选取图 10.3.25 所示的方块为目标体。

步骤 04 选取边界。在对话框 边界 区域的 类型 下拉列表中选择 体/曲线 选项，然后在图形区选取图 10.3.26 所示的边线作为边界。

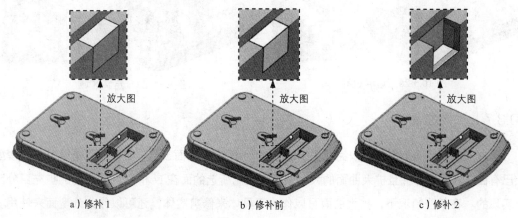

a) 修补 1　　　　　　　　b) 修补前　　　　　　　　c) 修补 2

图 10.3.23　修剪区域修补

图 10.3.24　"修剪区域补片"对话框

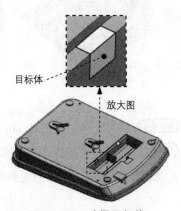

图 10.3.25　选择目标体

选取边界环的方法是：用鼠标点击方式按顺序依次选取图 10.3.26 所示的边界环。

步骤 05 定义区域。在对话框中激活 <u>✱ 选择区域 (0)</u> 区域，然后在图 10.3.27 所示的位置单击片体，选中 ⊙ 保留 单选项，单击 ▭确定▭ 按钮，补片后的结果如图 10.3.23a 所示。

如果此处在图 10.3.27 所示的位置单击片体后再选中 ⊙ 舍弃 单选项，则最终的结果如图 10.3.23c 所示。

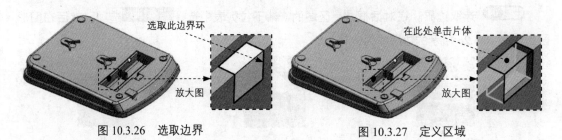

图 10.3.26　选取边界　　　　　　图 10.3.27　定义区域

10.3.7　扩大曲面

通过"扩大曲面"命令可以完成图 10.3.28 所示的扩大曲面创建。扩大曲面是通过产品模型上已有面来获取面，并且扩大曲面的大小是通过控制所选的面在 U 和 V 两个方向的扩充百分比来实现的。在某些情况下，扩大曲面可以作为工具体来修剪实体，还可以作为分型面来使用。继续以前面的模型为例，介绍扩大曲面的一般创建过程。

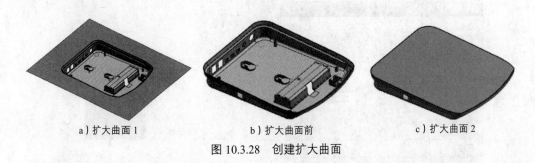

a）扩大曲面 1　　　　　b）扩大曲面前　　　　　c）扩大曲面 2

图 10.3.28　创建扩大曲面

步骤 01 打开文件 D:\ug111\work\ch10.03.07\ down_cover_mold_parting_022.prt。

步骤 02 选择命令。确认在建模环境，在"注塑模向导"功能选项卡 注塑模工具 区域中单击"扩大曲面补片"按钮 ，系统弹出图 10.3.29 所示的"扩大曲面补片"对话框。

步骤 03 选择扩大面。选取图 10.3.30 所示的模型底面为扩大曲面，并在模型中显示出扩大曲面的扩展方向，如图 10.3.31 所示。

步骤 04 指定区域。在对话框中激活 ＊选择区域 (0) 区域，然后在图 10.3.32 所示的位置单击生成的片体，在对话框中选中 ⊙保留 单选项，单击 确定 按钮，结果如图 10.3.28a 所示。

 如果此处在图 10.3.32 所示的位置单击片体后再选中 ⊙舍弃 单选项，则最终的结果如图 10.3.28c 所示。

步骤 05 保存文件。选择下拉菜单 文件(F) ➡ 全部保存(V) 命令，保存所有文件。

图 10.3.29　"扩大曲面补片"对话框

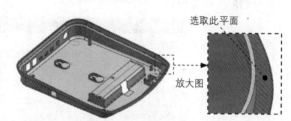

图 10.3.30　选取底面为扩大曲面

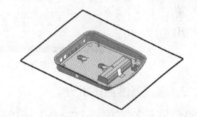

图 10.3.31　扩大曲面方向

10.3.8　拆分面

使用"拆分面"命令可以完成曲面分割的创建。一般主要用于分割跨越区域面（是指一部分在型芯区域而另一部分在型腔区域的面，如图 10.3.33 所示）。如果产品模型上存在这样的跨越区域面，首先，对跨越区域面进行分割；其次，将完成分割的跨越区域面分别定义在型腔区域上和型芯区域上；最后，完成模具的分型。

创建"拆分面"有三种方式：方式一，通过等斜度线来拆分；方式二，通过基准面来拆分；方式三，通过现有的曲线来拆分。下面分别介绍这三种拆分面方式的一般创建过程。

方式一：通过等斜度线来拆分。

步骤 01 打开文件 D:\ug111\work\ch10.03.08.01\limit_button_mold_parting_022.prt。

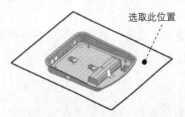

选取此位置

图 10.3.32 扩大曲面方向

跨越区域面

图 10.3.33 跨越区域面

步骤 02 选择命令。在"注塑模向导"功能选项卡 注塑模工具 区域中单击"拆分面"图标 ，系统弹出图 10.3.34 所示的"拆分面"对话框。

步骤 03 定义拆分面。在对话框中的 类型 下拉列表选择 等斜度 选项，选取图 10.3.33 所示的跨越区域面为拆分对象。

步骤 04 单击对话框中的 ＜ 确定 ＞ 按钮，完成图 10.3.35 所示的拆分面。

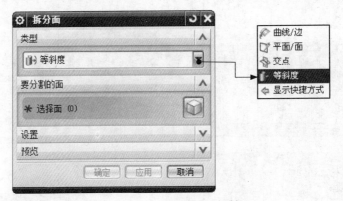

图 10.3.34 "拆分面"对话框

方式二：通过基准面来拆分。

步骤 01 打开文件 D:\ug111\work\ch10.03.08.02\down_cover_mold_parting_022.prt。

步骤 02 选择命令。在"注塑模工具"工具条中单击"拆分面"按钮 ，系统弹出"拆分面"对话框。

步骤 03 定义拆分面类型。在该对话框的 类型 下拉列表中选择 平面/面 选项，并选取图 10.3.36 所示的曲面为拆分对象。

图 10.3.35 拆分面结果

选取此面

放大图

图 10.3.36 定义拆分面

步骤 04 添加基准平面。在该对话框中单击"添加基准平面"按钮 🔲，系统弹出"基准平面"对话框，在 类型 下拉列表中选择 点和方向 选项，选取图 10.3.37 所示的点，然后设置 *YC* 方向为矢量方向，单击 < 确定 > 按钮，创建的基准面如图 10.3.37 所示。

步骤 05 单击"拆分面"对话框中的 < 确定 > 按钮，完成拆分面的创建，结果如图 10.3.38 所示。

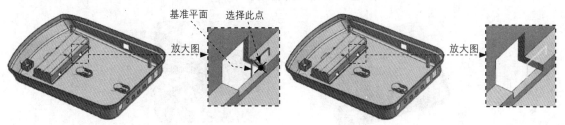

图 10.3.37 定义基准平面　　　　　　　　图 10.3.38 拆分面结果

方式三：通过现有的曲线来拆分。

继续以前面的模型为例，介绍通过现有的曲线创建拆分面的一般过程。

步骤 01 选择命令。在"注塑模工具"工具条单击"拆分面"按钮 🍳，系统弹出图 10.3.39 所示的"拆分面"对话框。

步骤 02 定义拆分面类型。在对话框中的 类型 下拉列表中选择 曲线/边 选项。

步骤 03 定义拆分面。选取图 10.3.40 所示的曲面为拆分对象。

步骤 04 定义拆分直线。单击对话框中的"添加直线"按钮 ╱，系统弹出"直线"对话框，选取图 10.3.41 所示的点 1 和点 2，单击 < 确定 > 按钮，完成拆分直线的创建。

步骤 05 在"拆分面"对话框中激活 ＊ 选择对象 (0) 区域，选取创建的直线，单击对话框中的 < 确定 > 按钮，结果如图 10.3.42 所示。

图 10.3.39 "拆分面"对话框

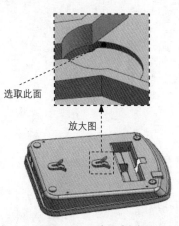

图 10.3.40 定义拆分面

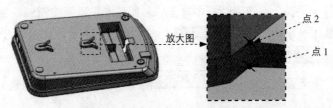

图 10.3.41　定义拆分直线

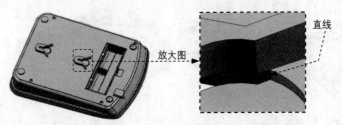

图 10.3.42　拆分面结果

步骤 **06**　保存文件。选择下拉菜单 文件(F) ➡ 全部保存(V) 命令，保存所有文件。

第**11**章 数控加工

11.1 概述

数控技术即数字控制技术（Numerical Control Technology），指用计算机以数字指令的方式控制机床动作的技术。

数控加工具有产品精度高、自动化程度高、生产效率高以及生产成本低等特点，在制造业中，数控加工是所有生产技术中相当重要的一环。尤其是汽车或航天产业零部件，其几何外形复杂且精度要求较高，更突出了数控加工技术的优点。

数控加工技术集传统的机械制造、计算机、信息处理、现代控制和传感检测等光机电技术于一体，是现代机械制造技术的基础。

数控编程一般可以分为手工编程和自动编程。手工编程是指从零件图样分析、工艺处理、数值计算、编写程序单到程序校核等各步骤的数控编程工作均由人工完成。该方法适用于零件形状不太复杂、加工程序较短的情况。而复杂形状的零件，如具有非圆曲线、列表曲面和组合曲面的零件，或形状虽不复杂但是程序很长的零件，则比较适合自动编程。

自动数控编程是从零件的设计模型（参考模型）直接获得数控加工程序，其主要任务是计算加工进给过程中的刀位点（Cutter Location Point，CL 点），从而生成 CL 数据文件。采用自动编程技术可以帮助人们解决复杂零件的数控加工编程问题，其大部分工作由计算机来完成，使编程效率大大提高，还能解决手工编程无法解决的许多复杂形状零件的加工编程问题。

UG NX 数控模块提供了多种加工类型，用于各种复杂零件的粗精加工，用户可以根据零件结构、加工表面形状和加工精度要求选择合适的加工类型。

11.2 使用 UG NX 软件进行数控加工的基本过程

11.2.1 UG NX 数控加工流程

UG NX 能够模拟数控加工的全过程，其一般流程为（图 11.2.1）：

（1）创建制造模型，包括创建或获取设计模型。

（2）进行工艺规划。

（3）进入加工环境。

（4）创建 NC 操作（如创建程序、几何体、刀具等）。

（5）创建刀具路径文件，进行加工仿真。

（6）利用后处理器生成 NC 代码。

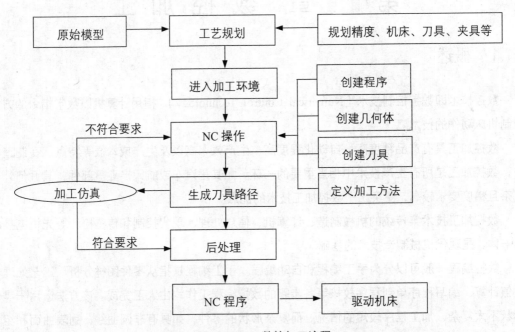

图 11.2.1　UG NX 数控加工流程

11.2.2　进入 UG NX 加工环境

在进行数控加工操作之前首先需要进入 UG NX 数控加工环境，其操作如下。

步骤 01　打开模型文件 D:\ug111\work\ch11.02\model.prt。

步骤 02　进入加工环境。在 `应用模块` 功能选项卡 `制造` 区域单击 按钮，系统弹出"加工环境"对话框。

　　　　当加工零件第一次进入加工环境时，系统将弹出"加工环境"对话框，在 `要创建的 CAM 组装` 列表中选择好操作模板类型之后，在"加工环境"对话框中单击 `确定` 按钮，系统将根据指定的操作模板类型，调用相应的模块和相关的数据进行加工环境的设置。在以后的操作中，选择下拉菜单 `工具(T)` ➡ `工序导航器(O) ▸` ➡ `删除组装(S)` 命令，在系统弹出的"组装删除确认"对话框中单击 `确定(O)` 按钮，此时系统将再次弹出"加工环境"对话框，可以重新进行操作模板类型的选择。

步骤 03　选择操作模板类型。在"加工环境"对话框的 `要创建的 CAM 组装` 列表框中选择

cam_general选项，在 要创建的 CAM 组装 列表框中选择 mill contour 选项，单击 确定 按钮，系统进入加工环境。

11.2.3 NC 操作

NC 操作包括创建程序、创建几何体、创建刀具和定义加工方法。下面以模型 model.prt 为例来逐一进行说明。

任务 01 创建程序

步骤 01 选择下拉菜单 插入(S) ➡ 程序(P) 命令（单击"插入"工具栏中的 按钮），系统弹出图 11.2.2 所示的"创建程序"对话框。

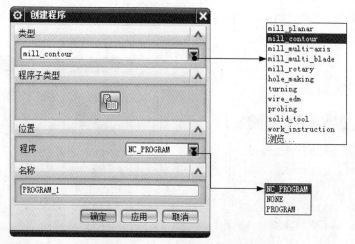

图 12.2.2 "创建程序"对话框

步骤 02 在"创建程序"对话框 类型 下拉列表中选择 mill_contour 选项，在 位置 区域 程序 下拉列表中选择 NC_PROGRAM 选项，在 名称 文本框中输入程序名称 CAVITY，单击 确定 按钮，在系统弹出的"程序"对话框中单击 确定 按钮，完成程序的创建。

图 11.2.2 所示的"创建程序"对话框中各选项的说明如下。

◆ mill_planar：平面铣加工模板。

◆ mill_contour：轮廓铣加工模板。

◆ mill_multi-axis：多轴铣加工模板。

◆ mill_multi_blade：多轴铣叶片模板。

◆ mill_rotary：旋转铣削模板。

◆ hole_making：钻孔模板。

◆ turning：车加工模板。

◆ `wire_edm`：电火花线切割加工模板。

◆ `probing`：探测模板。

◆ `solid_tool`：整体刀具模板。

◆ `work_instruction`：工作说明模板。

任务 02 创建机床坐标系和安全平面

步骤 01 选择下拉菜单 `插入(S)` ➡ `几何体(G)...` 命令，系统弹出图 11.2.3 所示的"创建几何体"对话框。

步骤 02 在"创建几何体"对话框 `几何体子类型` 区域中单击"MCS"按钮 `⤷`，在 `位置` 区域 `几何体` 下拉列表中选择 `GEOMETRY` 选项，在 `名称` 文本框中输入 CAVITY_MCS。

步骤 03 单击"创建几何体"对话框中的 `确定` 按钮，系统弹出图 11.2.4 所示的"MCS"对话框。

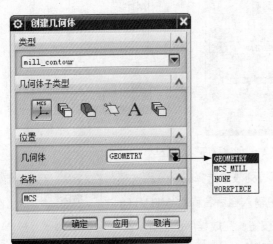

图 11.2.3 "创建几何体"对话框

图 11.2.4 "MCS"对话框

图 11.2.3 所示的"创建几何体"对话框中各选项说明如下。

◆ `⤷`（MCS 机床坐标系）：使用此选项可以建立 MCS（机床坐标系）和 RCS（参考坐标系）、设置安全距离和下限平面以及避让参数等。

◆ `⌂`（WORKPIECE 工件几何体）：用于定义部件几何体、毛坯几何体、检查几何体和部件的偏置。所不同的是，它通常位于"MCS_MILL"父级组下，只关联"MCS_MILL"中指定的坐标系、安全平面、下限平面和避让等。

◆ `◈`（MILL_AREA 切削区域几何体）：使用此选项可以定义部件、检查、切削区域、壁和修剪等几何体。切削区域也可以在以后的操作对话框中指定。

◆ ▱（MILL_BND 边界几何体）：使用此选项可以指定部件边界、毛坯边界、检查边界、修剪边界和底平面几何体。在某些需要指定加工边界的操作，如表面区域铣削、3D 轮廓加工和清根切削等操作中会用到此选项。

◆ Ａ（MILL_TEXT 文字加工几何体）：使用此选项可以指定 planar_text 和 contour_text 工序中的雕刻文本。

◆ ▤（MILL_GEOM 铣削几何体）：此选项可以通过选择模型中的体、面、曲线和切削区域来定义部件几何体、毛坯几何体、检查几何体，还可以定义零件的偏置、材料，储存当前的视图布局与层。

◆ 在 位置 区域 几何体 下拉列表中提供了如下选项。

● GEOMETRY：几何体中的最高节点，由系统自动产生。

● MCS_MILL：选择加工模板后系统自动生成，一般是工件几何体的父节点。

● NONE：未用项。当选择此选项时，表示没有任何要加工的对象。

● WORKPIECE：选择加工模板后，系统在 MCS_MILL 下自动生成的工件几何体。

图 11.2.4 所示的 "MCS" 对话框中的主要选项、区域说明如下。

◆ 机床坐标系 区域：单击此区域中的 "CSYS 对话框" 按钮 ▣，系统弹出 "CSYS" 对话框，在此对话框中可以对机床坐标系的参数进行设置。机床坐标系即加工坐标系，它是所有刀路轨迹输出点坐标值的基准，刀路轨迹中所有点的数据都是根据机床坐标系生成的。在一个零件的加工工艺中，可能会创建多个机床坐标系，但在每个工序中只能选择一个机床坐标系。系统默认的机床坐标系定位在绝对坐标系的位置。

◆ 参考坐标系 区域：选中该区域的 ☑ 链接 RCS 与 MCS 复选框，即指定当前的参考坐标系为机床坐标系，此时 指定 RCS 选项将不可用；取消选中 ☐ 链接 RCS 与 MCS 复选框，单击 指定 RCS 右侧的 "CSYS 对话框" 按钮 ▣，系统弹出 "CSYS" 对话框，在此对话框中可以对参考坐标系的参数进行设置。参考坐标系主要用于确定所有刀具轨迹以外的数据，如安全平面、对话框中指定的起刀点、刀轴矢量以及其他矢量数据等。当正在加工的工件从工艺的截面移动到另一个截面时，将通过搜索已经存储的参数，使用参考坐标系重新定位这些数据。系统默认的参考坐标系定位在绝对坐标系上。

◆ 安全设置 区域的 安全设置选项 下拉列表提供了如下选项。

● 使用继承的：选择此选项，安全设置将继承上一级的设置，可以单击此区域中的 "显示" 按钮 ▣，显示出继承的安全平面。

● 无：选择此选项，表示不进行安全平面的设置。

● 自动平面：选择此选项，可以在 安全距离 文本框中设置安全平面的距离。

- 平面：选择此选项，可以单击此区域中的 按钮，在系统弹出的"平面"对话框中设置安全平面。

◆ 下限平面 区域：此区域中的设置可以采用系统的默认值，不影响加工操作。

步骤 04 在"MCS"对话框 机床坐标系 区域中单击"CSYS 对话框"按钮 ，系统弹出图 11.2.5 所示的"CSYS"对话框，在 类型 下拉列表中选择 动态 。

说明 系统弹出"CSYS"对话框的同时，在图形区会出现图 11.2.6 所示的待创建坐标系，可以通过移动原点球来确定坐标系原点位置，拖动圆弧边上的圆点可以分别绕相应轴进行旋转以调整角度。

图 11.2.5　"CSYS"对话框

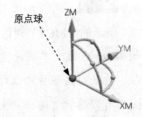

图 11.2.6　创建坐标系

步骤 05 单击"CSYS"对话框 操控器 区域中的"操控器"按钮 ，系统弹出图 11.2.7 所示的"点"对话框，在"点"对话框的"Z"文本框中输入数值 70.0，单击 确定 按钮，此时系统返回至"CSYS"对话框，在该对话框中单击 确定 按钮，完成图 11.2.8 所示的机床坐标系的创建，系统返回到"MCS"对话框。

步骤 06 在"MCS"对话框 安全设置 区域 安全设置选项 的下拉列表中选择 自动平面 选项，在安全距离 文本框中输入数值 30.0。

步骤 07 单击"MCS"对话框中的 确定 按钮，完成安全平面的创建。

任务 03 创建几何体

步骤 01 选择下拉菜单 插入(S) ➡ 几何体(G)... 命令，系统弹出"创建几何体"对话框。

步骤 02 在"创建几何体"对话框 几何体子类型 区域中单击"WORKPIECE"按钮 ，在 位置 区域 几何体 下拉列表中选择 CAVITY_MCS 选项，在 名称 文本框中输入 CAVITY_WORKPIECE，然后单击 确定 按钮，系统弹出图 11.2.9 所示的"工件"对话框。

步骤 **03** 创建部件几何体。

（1）单击"工件"对话框中的 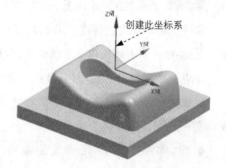 按钮，系统弹出图 11.2.10 所示的"部件几何体"对话框。

图 11.2.7 "点"对话框

图 11.2.8 机床坐标系

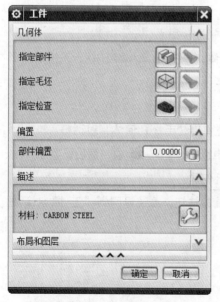

图 11.2.9 "工件"对话框

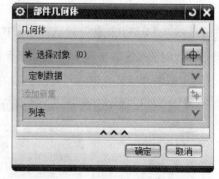

图 11.2.10 "部件几何体"对话框

图 11.2.9 所示的"工件"对话框中的主要选项说明如下。

◆ 按钮：单击此按钮，在弹出的"部件几何体"对话框中可以定义加工完成后的几何体，即最终的零件。它可以控制刀具的切削深度和活动范围，可以通过设置过滤器来选择特征、几何体（实体、面、曲线）和小平面体来定义部件几何体。

◆ 按钮:单击此按钮,在弹出的"毛坯几何体"对话框中可以定义将要加工的原材料,可以通过设置过滤器来选择特征、几何体(实体、面、曲线)以及偏置部件几何体来定义毛坯几何体。

◆ 按钮:单击此按钮,在弹出的"检查几何体"对话框中可以定义刀具在切削过程中要避让的几何体,如夹具和其他已加工过的重要表面。

◆ 按钮:当部件几何体、毛坯几何体或检查几何体被定义后,其后的 按钮将高亮度显示,此时单击此按钮,已定义的几何体对象将以不同的颜色高亮度显示。

◆ 部件偏置 文本框:用于设置在零件实体模型上增加或减去指定的厚度值。正的偏置值在零件上增加指定的厚度,负的偏置值在零件上减去指定的厚度。

◆ 按钮:单击该按钮,系统弹出"搜索结果"对话框,在此对话框中列出了材料数据库中的所有材料类型,材料数据库由配置文件指定。选择合适的材料后,单击 确定 按钮,则为当前创建的工件指定材料属性。

◆ 布局和图层 区域提供了如下选项。

● ☑ 保存图层设置 :选中该复选框,则在选择"保存布局/图层"选项时,保存图层的设置。

● 布局名 :该文本框用于输入视图布局的名称,如果不更改,则使用默认名称。

● 💾 :该按钮用于保存当前的视图布局和图层。

(2)在图形区选取整个零件实体为部件几何体,单击 确定 按钮,系统返回到"工件"对话框。

步骤 04 创建毛坯几何体。

(1)在"工件"对话框中单击 按钮,系统弹出"毛坯几何体"对话框。

(2)在"毛坯几何体"对话框 类型 下拉列表中选择 包容块 选项,然后设置图 11.2.11 所示的参数,此时图形区将显示图 11.2.12 所示的毛坯几何体。

(3)单击"毛坯几何体"对话框中的 确定 按钮,系统返回到"工件"对话框。

图 11.2.11   "毛坯几何体"对话框

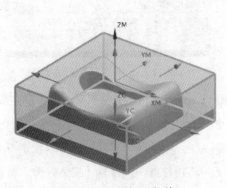

图 11.2.12   毛坯几何体

步骤 **05** 单击"工件"对话框中的 确定 按钮，完成工件的设置。

任务 **04** 创建刀具

步骤 **01** 选择下拉菜单 插入(S) ➡ 刀具(T) 命令（或单击"插入"工具栏中的 按钮），系统弹出图 11.2.13 所示的"创建刀具"对话框。

步骤 **02** 在"创建刀具"对话框 刀具子类型 区域中单击"MILL"按钮 ，在 名称 文本框中输入刀具名称 D24R1，然后单击 确定 按钮，系统弹出图 11.2.14 所示的"铣刀-5 参数"对话框。

步骤 **03** 设置刀具参数。在"铣刀-5 参数"对话框中设置刀具参数，如图 11.2.14 所示，在图形区可以观察所设置的刀具，如图 11.2.15 所示。

步骤 **04** 单击 确定 按钮，完成刀具的设定。

图 11.2.13 "创建刀具"对话框

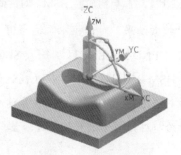

图 11.2.15 刀具预览

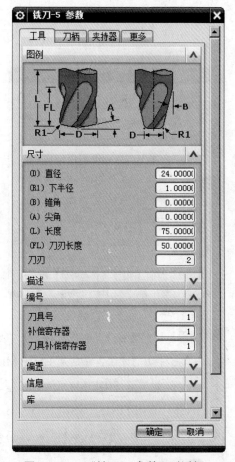

图 11.2.14 "铣刀-5 参数"对话框

任务 05 创建加工方法

步骤 01 选择下拉菜单 插入(S) ➡ 方法(M)... 命令（或单击"插入"工具栏中的 按钮），系统弹出图 11.2.16 所示的"创建方法"对话框。

步骤 02 在"创建方法"对话框 方法子类型 区域中单击"MOLD_ROUGH_HSM"按钮 ，在 位置 区域 方法 下拉列表中选择 MILL_SEMI_FINISH 选项，在 名称 文本框中输入 ROUGH_0.25；然后单击 确定 按钮，系统弹出 11.2.17 所示的"模具粗加工 HSM"对话框。

步骤 03 设置部件余量。在"模具粗加工 HSM"对话框 余量 区域的 部件余量 文本框中输入数值 0.25，其他参数采用系统默认值。

步骤 04 单击"模具粗加工 HSM"对话框中的 确定 按钮，完成加工方法的设置。

图 11.2.17 所示的"模具粗加工 HSM"对话框中各选项说明如下。

◆ 部件余量：为当前所创建的加工方法指定零件余量。

◆ 内公差：用于设置切削过程中（不同的切削方式含义略有不同）刀具穿透曲面的最大量。

◆ 外公差：用于设置切削过程中（不同的切削方式含义略有不同）刀具避免接触曲面的最大量。

图 11.2.16　"创建方法"对话框

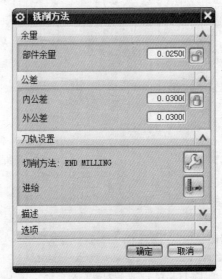

图 11.2.17　"模具粗加工 HSM"对话框

◆ （切削方法）：单击该按钮，在系统弹出的"搜索结果"对话框中系统为用户提供了七种切削方法，分别是 FACE MILLING（面铣）、END MILLING（端铣）、SLOTING（台阶加工）、SIDE/SLOT MILL（边和台阶铣）、HSM ROUTH MILLING（高速粗铣）、HSM SEMI FINISH MILLING（高速半精铣）和 HSM FINISH MILLING（高速精铣）。

◆ （进给）：单击该按钮后，可以在弹出的"进给"对话框中设置切削进给量。

◆ ▦ (颜色): 单击该按钮, 可以在弹出的"刀轨显示颜色"对话框中对刀轨的颜色显示进行设置。

◆ ▦ (编辑显示): 单击该按钮, 系统弹出"显示选项"对话框, 可以设置刀具显示方式、刀轨显示方式等。

11.2.4 创建工序

在 UG NX 11.0 加工中, 每个加工工序所产生的加工刀具路径、参数形态及适用状态有所不同, 所以用户需要根据零件图纸及工艺技术状况, 选择合理的加工工序。下面以模型 model.prt 为例, 紧接着上节的操作, 说明创建工序的一般步骤。

步骤 **01** 选择操作类型。

(1) 选择下拉菜单 插入(S) ➡ 工序(E)... 命令 (或单击"插入"工具栏中的 按钮), 系统弹出"创建工序"对话框。

(2) 在 类型 下拉菜单中选择 mill_contour 选项, 在 工序子类型 区域中单击"CAVITY_MILL"按钮 , 在 程序 下拉列表中选择 CAVITY 选项, 在 刀具 下拉列表中选择 D24R1 (铣刀-5 参数) 选项, 在 几何体 下拉列表中选择 CAVITY_WORKPIECE 选项, 在 方法 下拉列表中选择 ROUGH_0.25 选项, 接受系统默认的名称。

(3) 单击"创建工序"对话框中的 确定 按钮, 系统弹出图 11.2.18 所示的"型腔铣"对话框。

图 11.2.18 所示的"型腔铣"对话框中的选项说明如下。

◆ 刀轨设置 区域的 切削模式 下拉列表中提供了如下七种切削方式。

● 跟随部件: 根据整个部件几何体并通过偏置来产生刀轨。与"跟随周边"方式不同的是, "跟随周边"只从部件或毛坯的外轮廓生成并偏移刀轨, "跟随部件"方式是根据整个部件中的几何体生成并偏移刀轨。它可以根据部件的外轮廓生成刀轨, 也可以根据岛屿和型腔的外围环生成刀轨, 所以无需进行"岛清理"的设置。另外, "跟随部件"方式无需指定步距的方向, 一般来讲, 型腔的步距方向总是向外的, 岛屿的步距方向总是向内的。此方式也十分适合带有岛屿和内腔零件的粗加工, 当零件只有外轮廓这一条边界几何时, 它和"跟随周边"方式是一样的, 一般优先选择"跟随部件"方式进行加工。

● 跟随周边: 沿切削区域的外轮廓生成刀轨, 并通过偏移该刀轨来形成一系列的同心刀轨, 并且这些刀轨都是封闭的。当内部偏移的形状重叠时, 这些刀轨将被合并成一条轨迹, 然后再重新偏移产生下一条轨迹。和往复式切削一样, 也能在步距运动间连续地进刀, 因此效率也较高。设置参数时需要设定步距的方向是"向内"（外部进刀，步距指向中心）还是"向外"（中间进刀，步距指向外部）。此方式常用于带有岛屿和内腔零件的粗加工，比如模具的型芯和型腔等。

● ▢轮廓：用于创建一条或者几条指定数量的刀轨来完成零件侧壁或外形轮廓的加工，生成刀轨的方式和"跟随部件"方式相似，主要以精加工或半精加工为主。

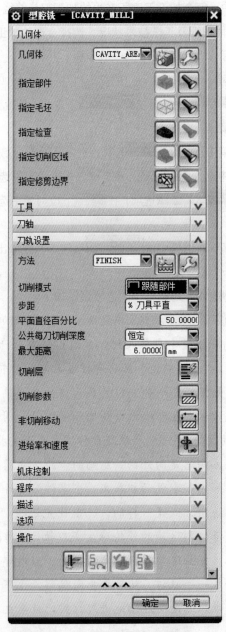

图 11.2.18 "型腔铣"对话框

- **摆线**：刀具会以圆形回环模式运动，生成的刀轨是一系列相交且外部相连的圆环，像一个拉开的弹簧。它控制了刀具的切入，限制了步距，以免在切削时因刀具完全切入受冲击过大而断裂。选择此项，需要设置步距（刀轨中相邻两圆环的圆心距）和摆线的路径宽度（刀轨中圆环的直径）。此方式比较适合部件中的狭窄区域、岛屿和部件及两岛屿之间区域的加工。

- **单向**：刀具在切削轨迹的起点进刀，切削到切削轨迹的终点，然后抬刀至转换平面高度，平移到下一行轨迹的起点，刀具开始以同样的方向进行下一行切削。切削轨迹始终维持一个方向的顺铣或者逆铣切削，在连续两行平行刀轨间没有沿轮廓的切削运动，从而会影响切削效率。此方式常用于岛屿的精加工和无法运用往复式加工的场合，如一些陡壁的筋板。

- **往复**：指刀具在同一切削层内不抬刀，在步距宽度的范围内沿着切削区域的轮廓维持连续往复的切削运动。往复式切削方式生成的是多条平行直线刀轨，连续两行平行刀轨的切削方向相反，但步进方向相同，所以在加工中会交替出现顺铣切削和逆铣切削。在加工策略中指定顺铣或逆铣不会影响此切削方式，但会影响其中的"壁清根"切削方向（顺铣和逆铣是会影响加工精度的，逆铣的加工质量比较高）。这种方法在加工时，刀具在步进的时候始终保持进刀状态，能最大化地对材料进行切除，是最经济和高效的切削方式，通常用于型腔的粗加工。

- **单向轮廓**：与单向切削方式类似，但是在进刀时将进刀在前一行刀轨的起始点位置，然后沿轮廓切削到当前行的起点进行当前行的切削，切削到端点时，仍然沿轮廓切削到前一行的端点，然后抬刀转移平面，再返回到起始边当前行的起点进行下一行的切削。其中抬刀回程是快速横越运动，在连续两行平行刀轨间会产生沿轮廓的切削壁面刀轨（步距），因此壁面加工的质量较高。此方法切削比较平稳，对刀具冲击很小，常用于粗加工后对要求余量均匀的零件进行精加工，比如一些对侧壁要求较高的零件和薄壁零件等。

◆ **步距**：两个切削路径之间的水平间隔距离，而在环形切削方式中指的是两个环之间的距离。其方式分别是 **恒定**、**残余高度**、**刀具平直百分比** 和 **多个** 四种。

- **恒定**：选择该选项后，用户需要定义切削刀路间的固定距离。如果指定的刀路间距不能平均分割所在区域，系统将减小这一刀路间距以保持恒定步距。

- **残余高度**：选择该选项后，用户需要定义两个刀路间剩余材料的高度，从而在连续切削刀路间确定固定距离。

- **刀具平直百分比**：选择该选项后，用户需要定义刀具直径的百分比，从而在连续切削刀路之间建立起固定距离。

● 多个：选择该选项后，可以设定几个不同步距大小的刀路数以提高加工效率。

◆ 平面直径百分比：步距方式选择 刀具平直百分比 时，该文本框可用，用于定义切削刀路之间的距离作为刀具直径的百分比。

◆ 公共每刀切削深度：用于定义每一层切削的公共深度。

◆ 选项 区域中的选项说明如下。

● 编辑显示 选项：单击此选项后的"编辑显示"按钮 🎛，系统弹出图 11.2.19 所示的"显示选项"对话框，在此对话框中可以进行刀具显示、刀轨显示以及其他选项的设置。

● 在系统默认情况下，在"显示选项"对话框 刀轨生成 区域中，使 ☐ 显示切削区域、☐ 显示后暂停、☐ 显示前刷新 和 ☐ 抑制刀轨显示 这四个复选框为取消选中状态。

在系统默认情况下，刀轨生成 区域中的这四个复选框均为取消选中状态。选中这四个复选框，在"型腔铣"对话框 操作 区域中单击"生成"按钮 ⊫ 后，系统会弹出图 11.2.20 所示的"刀轨生成"对话框。

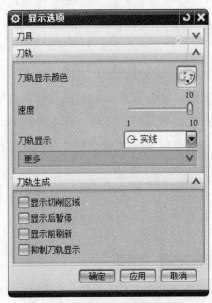

图 11.2.19 "显示选项"对话框

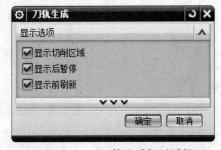

图 11.2.20 "刀轨生成"对话框

图 11.2.20 所示的"刀轨生成"对话框中各选项说明如下。

◆ ☑ 显示切削区域：若选中该复选框，在切削仿真时，则会显示切削加工的切削区域，但从实践效果来看，选中或不选中，仿真的时候区别不是很大。为了测试选中和不选中之间的区别，可以选中 ☑ 显示前刷新 复选框，这样可以很明显地看出选中和不选中之间的区别。

◆ ☑ 显示后暂停：若选中该复选框，处理器将在显示每个切削层的可加工区域和刀轨之后暂停。此选项只对平面铣、型腔铣和固定可变轮廓铣三种加工方法有效。

◆ ☑ 显示前刷新：若选中该复选框，系统将移除所有临时屏幕显示。此选项只对平面铣、型腔铣和固定可变轮廓铣三种加工方法有效。

步骤 02 设置一般参数。在"型腔铣"对话框 切削模式 下拉列表中选择 □ 跟随部件 选项，在 步距 下拉列表中选择 % 刀具平直 选项，在 平面直径百分比 文本框中输入数值 50.0，在 公共每刀切削深度 下拉列表中选择 恒定 选项，在 最大距离 文本框中输入数值 2.0。

步骤 03 设置切削参数。

（1）单击"型腔铣"对话框中的"切削参数"按钮 ⊏⊐，系统弹出"切削参数"对话框。

（2）单击"切削参数"对话框中的 策略 选项卡，在 切削 区域 切削顺序 下拉列表中选择 深度优先 选项，其他参数的设置采用系统默认值。

（3）单击"切削参数"对话框中的 确定 按钮，完成切削参数的设置，系统返回到"型腔铣"对话框。

步骤 04 设置非切削移动参数。

（1）单击"型腔铣"对话框中的"非切削移动"按钮 ⊠，系统弹出"非切削移动"对话框。

（2）单击"非切削移动"对话框中的 进刀 选项卡，在 封闭区域 区域 进刀类型 下拉列表中选择 螺旋 选项，在 斜坡角 文本框中输入数值 5.0，其他参数采用系统默认的设置，单击 确定 按钮，完成非切削移动参数的设置。

步骤 05 设置进给率和速度。

（1）单击"型腔铣"对话框中的"进给率和速度"按钮 ⌘，系统弹出"进给率和速度"对话框。

（2）在如图 11.2.21 所示的"进给率和速度"对话框中选中 ☑ 主轴速度（rpm）复选框，然后在其文本框中输入数值 800.0，在 进给率 区域的 切削 文本框中输入数值 300.0，然后按 Enter 键，单击该文本框右侧的 ▣ 按钮计算表面速度和每齿进给量，其他参数采用系统默认设置值。

（3）单击"进给率和速度"对话框中的 确定 按钮，完成进给率和速度参数的设置，系统返回到"型

图 11.2.21 "进给率和速度"对话框

腔铣"对话框。

图 11.2.21 所示的"进给率和速度"对话框中各选项说明如下。

◆ 表面速度（smm）：用于设置表面速度。表面速度即刀具在旋转切削时与工件的相对运动速度，它与机床的主轴速度和刀具直径相关。

◆ 每齿进给量：刀具每个切削齿切除材料量的度量。

◆ 输出模式：系统提供了以下三种主轴速度输出模式。

● RPM：以每分钟转数为单位创建主轴速度。

● SFM：以每分钟曲面英尺为单位创建主轴速度。

● SMM：以每分钟曲面米为单位创建主轴速度。

● 无：没有主轴输出模式。

◆ ☑ 范围状态：选中该复选框以激活其下的文本框，可用于创建主轴的速度范围。

◆ ☑ 文本状态：选中该复选框以激活其下的文本框，可输入必要字符。在 CLSF 文件输出时，此文本框中的内容将添加到 LOAD 或 TURRET 中；在后处理时，此文本框中的内容将存储在 mom 变量中。

◆ 切削：切削过程中的进给量，即正常进给时的速度。

◆ 快速区域：用于设置快速运动时的速度，即刀具从开始点到下一个前进点的移动速度，有 G0 - 快速模式、G1 - 进给模式两种选项可选。

◆ 进给率区域的更多选项组中各选项的说明如下（刀具的进给率和速度示意图如图 11.2.22 所示）。

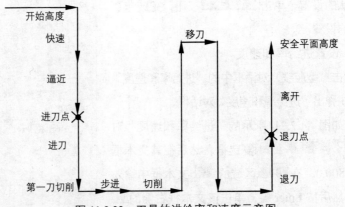

图 11.2.22　刀具的进给率和速度示意图

● 逼近：用于设置刀具接近时的速度，即刀具从起刀点到进刀点的进给速度。在多层切削加工中，它控制刀具从一个切削层到下一个切削层的移动速度。默认为快速模式，可通过其后的下拉列表选择无、mmpm（毫米/分钟）、

mmpr （毫米/转）、**快速** 和 **切削百分比** 等模式。

 注意　以下几处进给率设定方法与此类似，故不再赘述。

- **进刀**：用于设置刀具从进刀点到初始切削点时的进给率。
- **第一刀切削**：用于设置第一刀切削时的进给率。
- **步进**：用于设置刀具进入下一个平行刀轨切削时的横向进给速度，即铣削宽度，多用于往复式的切削方式。
- **移刀**：用于设置刀具从一个切削区域跨越到另一个切削区域时作水平非切削移动时刀具的移动速度。移刀时，刀具先抬刀至安全平面高度，然后作横向移动，以免发生碰撞。
- **退刀**：用于设置退刀时，刀具切出部件的速度，即刀具从最终切削点到退刀点之间的速度。
- **离开**：设置离开时的进给率，即刀具退出加工部位到返回点的移动速度。在钻孔加工和车削加工中，刀具由里向外退出时和加工表面有很小的接触，此速度会影响加工表面的表面粗糙度。

◆ **单位** 区域中各选项的说明如下。

- **设置非切削单位**：单击其后的"更新"按钮 ⟳，可将所有的"非切削进给率"单位设置为下拉列表中的 **无**、**mmpm**（毫米/分钟）、**mmpr**（毫米/转）或 **快速** 等类型。
- **设置切削单位**：单击其后的"更新"按钮 ⟳，可将所有的"切削进给率"单位设置为下拉列表中的 **无**、**mmpm**（毫米/分钟）、**mmpr**（毫米/转）或 **快速** 等类型。

11.2.5　生成刀具轨迹并进行仿真

刀路轨迹是指在图形窗口中显示已生成的刀具运动路径。刀路确认是指在计算机屏幕上对毛坯进行去除材料的动态模拟。下面还是紧接上节的操作，继续说明生成刀路轨迹并确认的一般步骤。

步骤 01 在"型腔铣"对话框的 **操作** 区域中单击"生成"按钮 ⟲，在图形区中生成如图 11.2.23 所示的刀路轨迹。

步骤 02 在"型腔铣"对话框的 **操作** 区域中单击"确认"按钮 ⟲，系统弹出图 11.2.24 所示的"刀轨可视化"对话框。

步骤 03 单击"刀轨可视化"对话框中的 2D 动态 选项卡，然后单击"播放"按钮 ▶ ，即可进行 2D 动态仿真，完成仿真后的模型如图 11.2.25 所示。

步骤 04 单击"刀轨可视化"对话框中 确定 按钮，系统返回到"型腔铣"对话框，单击 确定 按钮完成型腔铣操作。

图 11.2.24 所示的"刀轨可视化"对话框中各选项说明如下。

图 11.2.23 刀路轨迹

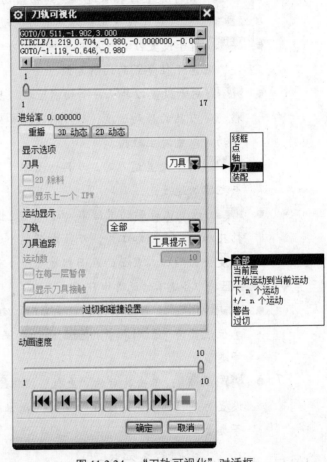

图 11.2.25 2D 仿真结果　　　　　图 11.2.24 "刀轨可视化"对话框

◆ **显示选项**：该选项可以指定刀具在图形窗口中的显示形式。

● **线框**：刀具以线框形式显示。

● **点**：刀具以点形式显示。

● **轴**：刀具以轴线形式显示。

● **刀具**：刀具以三维实体形式显示。

● **装配**：在一般情况下与实体类似，不同之处在于，当前位置的刀具显示是一个从数据库中加载的 NX 部件。

◆ 运动显示 ：该选项可以指定在图形窗口显示所有刀具路径运动的哪一部分。

- 全部 ：在图形窗口中显示所有刀具路径运动。
- 当前层 ：在图形窗口中显示属于当前切削层的刀具路径运动。
- 开始运动到当前运动 ：显示从开始位置到当前切削层的刀具路径运动。
- 下 n 个运动 ：在图形窗口中显示从当前位置起的 n 个刀具路径运动。
- +/- n 运动 ：仅显示当前刀位前后指定数目的刀具路径运动。
- 警告 ：显示引起警告的刀具路径运动。
- 过切 ：在图形窗口中只显示过切的刀具路径运动。如果已找到过切，选择该选项，则只显示产生过切的刀具路径运动。

◆ 运动数 ：显示刀具路径运动的个数，该文本框只有在显示选项选择为 下 n 个运动 时才激活。

◆ 过切和碰撞设置 ：该选项用于设置过切和碰撞设置的相关选项，单击该按钮后，系统会弹出"过切和碰撞设置"对话框。

- ☑ 过切检查 ：选中该复选框后，可以进行过切检查。
- ☑ 完成时列出过切 ：若选中该复选框，在检查结束后，刀具路径列表框中将列出所有找到的过切。
- ☑ 显示过切 ：选中该复选框后，图形窗口中将高亮显示发生过切的刀具路径。
- ☑ 过切间刷新 ：若选中该复选框，则检查刀具路径存在过切时，只高亮显示最近找到的刀具路径。该选项只有在选中 ☑ 显示过切 复选框时才被激活。
- ☑ 检查刀具和夹持器 ：若选中该复选框，则可以检查刀具夹持器间的碰撞。

◆ 动画速度 ：该区域用于改变刀具路径仿真的速度。可以通过移动其滑块的位置调整动画的速度，"1"表示速度最慢；"10"表示速度最快。

刀具路径模拟有三种方式：刀具路径重播、动态切削过程和静态显示加工后的零件形状，它们分别对应于图 11.2.24 所示对话框中的 重播 、 3D 动态 和 2D 动态 选项卡。

1. 刀具路径重播

刀具路径重播是沿一条或几条刀具路径显示刀具的运动过程。通过刀具路径模拟中的重播，用户可以完全控制刀具路径的显示，即可查看程序所对应的加工位置，可查看各个刀位点的相应程序。

当在图 11.2.24 所示的"刀轨可视化"对话框中选择 重播 选项卡时，对话框上部的路径列表框列出了当前操作所包含的刀具路径命令语句。如果在列表框中选择某一行命令语句时，则在图形区中显示对应的刀具位置；反之在图形区中用鼠标选取任何一个刀位点，则刀具自动在所选位置显示，同时在刀具路径列表框中高亮显示相应的命令语句行。

2. 3D 动态切削

在"刀轨可视化"对话框中单击 ^{3D 动态} 选项卡，选择对话框下部的播放图标，则在图形窗口中动态显示刀具切除工件材料的过程。此模式以三维实体方式仿真刀具的切削过程，非常直观，并且播放时允许用户在图形窗口中通过放大、缩小、旋转和移动等功能显示细节部分。

3. 2D 动态切削

在"刀轨可视化"对话框中单击 ^{2D 动态} 选项卡，选择对话框下部的播放图标，则在图形窗口中显示刀具切除运动过程。此模式采用固定视角模拟，播放时不支持图形的缩放和旋转。

11.2.6 后处理

在工序导航器中选中一个操作或者一个程序组后，用户可以利用系统提供的后处理器来处理刀具路径，从而生成数控机床能够识别的 NC 程序，其中利用 Post Builder（后处理构造器）建立特定机床定义文件以及事件处理文件后，可用 NX/Post 进行后置处理，将刀具路径生成合适的机床 NC 代码。用 NX/Post 进行后置处理时，可在 NX 加工环境下进行，也可在操作系统环境下进行。后处理的一般操作步骤如下。

步骤 01 在工序导航器中选择 CAVITY_MILL 节点，然后单击"工序"区域中的"后处理"按钮，系统弹出图 11.2.26 所示的"后处理"对话框。

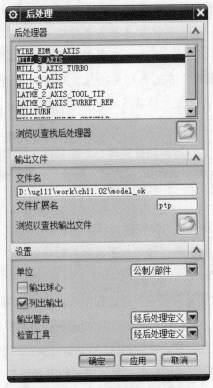

图 11.2.26 "后处理"对话框

步骤 **02** 在"后处理"对话框 后处理器 区域中选择 MILL 3 AXIS 选项，在 单位 下拉列表中选择 公制/部件 选项。

步骤 **03** 单击"后处理"对话框中的 确定 按钮，系统弹出"后处理"警告对话框，单击 确定⒪ 按钮，系统弹出"信息"窗口，如图 11.2.27 所示，并在当前模型所在的文件夹中生成一个名为"model.ptp"的加工代码文件。

步骤 **04** 保存文件。关闭"信息"窗口，选择下拉菜单 文件(F) ➡ 🖫 保存⒮ 命令，即可保存文件。

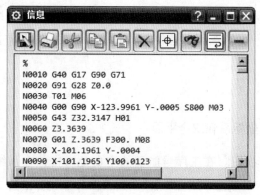

图 11.2.27 "信息"窗口

11.3 铣削加工

铣削加工是机械加工中最常用的加工方法之一，它主要包括平面铣削和轮廓铣削，也可以对零件进行孔以及螺纹等加工。本节将通过范例来介绍一些铣削加工方法，其中包括底壁加工、平面铣、精铣侧壁、轮廓铣削、固定轴铣削和孔加工等。通过本节的学习，希望读者能够熟练掌握一些铣削加工方法。

11.3.1 底壁加工

底壁加工是平面铣工序中比较常用的铣削方式之一，它通过选择加工平面来指定加工区域。一般选用端铣刀。底壁加工可以进行粗加工，也可以进行精加工，在没有大量的切除材料，又要提高加工效率的情况下，多采用这种加工方式。对于加工余量大而不均匀的表面，采用粗加工，其铣刀直径应较大，以加大切削面积，提高加工效率；对于精加工，其铣刀直径应适当减小，以提高切削速度，从而提高加工质量。

下面以图 11.3.1 所示的零件来介绍创建底壁加工的一般步骤。

1. 打开模型文件并进入加工模块

步骤 **01** 打开文件 D:\ug111\work\ch11.03\face_milling_area.prt。

a）部件几何体   b）毛坯几何体   c）加工结果

图 11.3.1　面铣削区域

步骤 **02** 进入加工环境。在 应用模块 功能选项卡 制造 区域单击 按钮，在系统弹出的"加工环境"对话框 要创建的 CAM 组装 列表框中选择 mill planar 选项，然后单击 确定 按钮，进入加工环境。

2. 创建几何体

任务 **01** 创建机床坐标系和安全平面

步骤 **01** 进入几何视图。在工序导航器的空白处右击，在系统弹出的快捷菜单中选择 几何视图 命令，在工序导航器中双击节点 MCS_MILL，系统弹出图 11.3.2 所示的"MCS 铣削"对话框。

步骤 **02** 创建机床坐标系。

（1）在"MCS 铣削"对话框 机床坐标系 区域中单击"CSYS 对话框"按钮 ，系统弹出"CSYS"对话框，确认在 类型 下拉列表中选择 自动判断 选项。

（2）在图形区选取图 11.3.3 所示的模型顶面，然后单击 确定 按钮，完成图 11.3.3 所示机床坐标系的创建，系统返回到"MCS 铣削"对话框。

步骤 **03** 创建安全平面。

（1）在"MCS 铣削"对话框 安全设置 区域 安全设置选项 的下拉列表中选择 平面 选项，单击"平面对话框"按钮 ，系统弹出"平面"对话框。

（2）选取图 11.3.4 所示的平面参照，在 偏置 区域的 距离 文本框中输入值 20.0，单击 确定 按钮，系统返回到"MCS 铣削"对话框，完成图 11.3.4 所示的安全平面的创建。

（3）单击"MCS 铣削"对话框中的 确定 按钮。

任务 **02** 创建部件几何体

步骤 **01** 在工序导航器中双击 MCS_MILL 节点下的 WORKPIECE，系统弹出"工件"对话框。

步骤 **02** 选取部件几何体。在"工件"对话框中单击 按钮，系统弹出"部件几何体"对话框。

图 11.3.2 "MCS 铣削"对话框

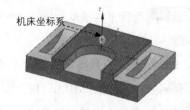

图 11.3.3 创建机床坐标系

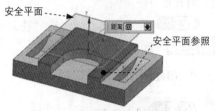

图 11.3.4 创建安全平面

步骤 03 在"选择条"工具条中确认"类型过滤器"设置为"实体",在图形区选取整个零件为部件几何体。

步骤 04 在"部件几何体"对话框中单击 确定 按钮,完成部件几何体的创建,同时系统返回到"工件"对话框。

任务 03 创建毛坯几何体

步骤 01 在"工件"对话框中单击 按钮,系统弹出"毛坯几何体"对话框。

步骤 02 在"毛坯几何体"对话框中设置图 11.3.5 所示的参数,单击 确定 按钮,系统返回到"工件"对话框。

图 11.3.5 "毛坯几何体"对话框

步骤 **03** 单击"工件"对话框中的 确定 按钮，完成几何体的创建。

3. 创建刀具

步骤 **01** 选择下拉菜单 插入(S) ➡ 刀具(T)... 命令，系统弹出图 11.3.6 所示的"创建刀具"对话框。

步骤 **02** 确定刀具类型。在"创建刀具"对话框 类型 下拉列表中选择 mill_planar 选项，在 刀具子类型 区域中单击"MILL"按钮 ，在 位置 区域 刀具 下拉列表中选择 GENERIC_MACHINE 选项，在 名称 文本框中输入刀具名称 D15R0,单击 确定 按钮,系统弹出图 11.3.7 所示的"铣刀-5 参数"对话框。

步骤 **03** 设置刀具参数。在"铣刀-5 参数"对话框中设置图 11.3.7 所示的刀具参数，单击 确定 按钮完成刀具的创建。

4. 创建表面区域铣工序

任务 **01** 插入工序

步骤 **01** 选择下拉菜单 插入(S) ➡ 工序(E)... 命令，系统弹出"创建工序"对话框。

步骤 **02** 确定加工方法。在"创建工序"对话框 类型 下拉列表中选择 mill_planar 选项，在 工序子类型 区域中单击"底壁加工"按钮 ，在 程序 下拉列表中选择 PROGRAM 选项，在 刀具 下拉列表中选择 D15R0 (铣刀-5 参数)选项，在 几何体 下拉列表中选择 WORKPIECE 选项，在 方法 下拉列表中选择 MILL_SEMI_FINISH 选项，采用系统默认的名称。

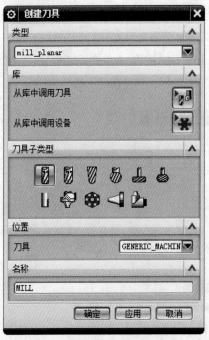

图 11.3.6 "创建刀具"对话框

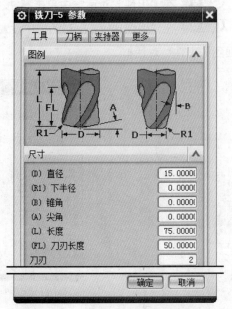

图 11.3.7 "铣刀-5 参数"对话框

步骤 **03** 在"创建工序"对话框中单击 确定 按钮，系统弹出图 11.3.8 所示的"底壁加工"对话框。

任务 **02** 指定切削区域

步骤 **01** 在 几何体 区域中单击"选择或编辑切削区域几何体"按钮 ，系统弹出图 11.3.9 所示的"切削区域"对话框。

步骤 **02** 选取图 11.3.10 所示的面为切削区域，在"切削区域"对话框中单击 确定 按钮，完成切削区域的创建，同时系统返回到"底壁加工"对话框。

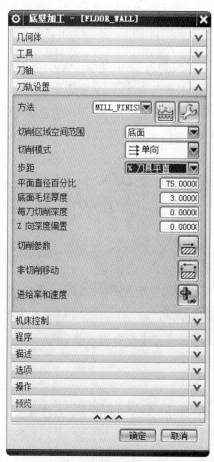

图 11.3.8 "底壁加工"对话框

图 11.3.9 "切削区域"对话框

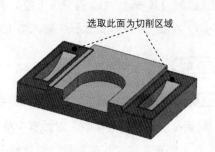

图 11.3.10 选取切削区域

图 11.3.8 所示的"底壁加工"对话框中各按钮说明如下。

◆ （新建）：用于创建新的几何体。

◆ （编辑）：用于对部件几何体进行编辑。

◆ （选择或编辑切削区域几何体）：指定部件几何体中需要加工的区域，该区域可以是部件几何体中的几个重要部分，也可以是整个部件几何体。

◆ ■（选择或编辑壁几何体）：通过设置侧壁几何体来替换工件余量，表示除了加工面以外的全局工件余量。

◆ ■（选择或编辑检查几何体）：检查几何体是在切削加工过程中需要避让的几何体，如夹具或重要的加工平面。

◆ ■（切削参数）：用于切削参数的设置。

◆ ■（非切削移动）：用于进刀、退刀等参数的设置。

◆ ■（进给率和速度）：用于主轴速度、进给率等参数的设置。

任务 03 显示刀具和几何体

步骤 01 显示刀具。在 工具 区域中单击"编辑/显示"按钮 ■，系统弹出"铣刀-5 参数"对话框，同时在绘图区显示当前刀具，然后在弹出的对话框中单击 取消 按钮。

步骤 02 显示壁几何体。在 几何体 区域中选中 ☑ 自动壁 复选框，然后单击"指定壁几何体"右侧的"显示"按钮 ■，在图形区中会显示当前的壁几何体。

 这里显示刀具和几何体是用于确认前面的设置是否正确，如果能保证前面的设置无误，可以省略此步操作。

任务 04 设置刀具路径参数

步骤 01 设置切削模式。在 刀轨设置 区域 切削模式 下拉列表中选择 ■ 跟随部件 选项。

步骤 02 设置步进方式。在 步距 下拉列表中选择 ■ 刀具平直 选项，在 平面直径百分比 文本框中输入值 60.0，在 底面毛坯厚度 文本框中输入值 12.0，在 每刀切削深度 文本框中输入值 2.0。

任务 05 设置切削参数

步骤 01 单击"底壁加工"对话框 刀轨设置 区域中的"切削参数"按钮 ■，系统弹出"切削参数"对话框。在"切削参数"对话框中单击 空间范围 选项卡，设置参数如图 11.3.11 所示。图 11.3.11 所示的"切削参数"对话框中"空间范围"选项卡选项说明如下。

◆ 毛坯 区域的各选项说明如下。

● 毛坯 下拉列表：用于设置毛坯的加工类型，包括 3 种类型。

● 厚度：选择此选项后，将会激活其下的 底面毛坯厚度 和 壁毛坯厚度 文本框。用户可以输入相应的数值以分别确定底面和侧壁的毛坯厚度值。

● 毛坯几何体：选择此选项后，将会按照工件几何体或铣削几何体中已提前定义

的毛坯几何体来进行计算和预览。

● `3D IPW`：选择此选项后，将会按照前面工序加工后的 IPW 进行计算和预览。

图 11.3.11 "空间范围"选项卡

◆ `切削区域` 区域的各选项说明如下。

● `将底面延伸至`：用于设置刀路轨迹是否根据部件的整体外部轮廓来生成。选中 `部件轮廓` 选项，刀路轨迹则延伸到部件的最大外部轮廓，如图 11.3.12 所示。选中 `无` 选项，刀路轨迹只在所选切削区域内生成，如图 11.3.13 所示。选中 `毛坯轮廓` 选项，刀路轨迹则延伸到毛坯的最大外部轮廓（仅在"毛坯几何体"有效时可用）。

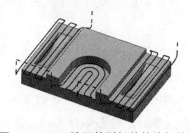

图 11.3.12 刀路延伸到部件的外部轮廓

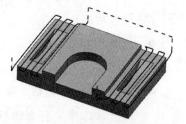

图 11.3.13 刀路在加工区域内生成

● `合并距离`：用于设置加工多个等高的平面区域时，相邻刀路轨迹之间的合并距离值。如果两条刀路轨迹之间的最小距离小于合并距离值，那么这两条刀路轨迹将合并成为一条连续的刀路轨迹，合并距离值越大，合并的范围也越大。读者可以打开文件 D:\ug111\work\ch03.03\Merge_distance.prt 进行查看。当合并距离值设置为 0 时，两区域间的刀路轨迹是独立的，如图 11.3.14 所示；合并距离值设置为 15mm 时，两区域间的刀路轨迹部分合并，如图 11.3.15 所示；合并距离值设置为 40mm 时，两区域间的刀路轨迹完全合并，如图 11.3.16 所示。

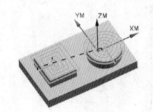
图 11.3.14　刀路轨迹（一）

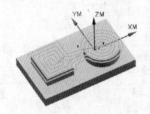
图 11.3.15　刀路轨迹（二）

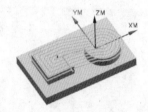
图 11.3.16　刀路轨迹（三）

- **简化形状**：用于设置刀具的走刀路线相对于加工区域轮廓的简化形状，系统提供了 **轮廓**、**凸包**、**最小包围盒** 三种走刀路线。选择 **轮廓** 选项时，刀路轨迹如图 11.3.17 所示；选择 **最小包围盒** 选项时，刀路轨迹如图 11.3.18 所示。

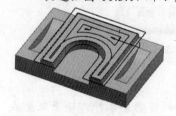
图 11.3.17　"轮廓"的刀路轨迹

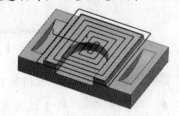
图 11.3.18　"最小包围盒"的刀路轨迹

- **切削区域空间范围**：用于设置刀具的切削范围。系统提供了 **底面** 和 **壁** 两种方式。当选择 **底面** 选项时，刀具只在底面边界的垂直范围内进行切削，此时侧壁上的余料将被忽略。当选择 **壁** 选项时，刀具只在底面和侧壁围成的空间范围内进行切削。

- **刀具延展量**：用于设置刀具延展到毛坯边界外的距离，该距离可以是一个固定值，也可以是刀具直径的百分比值。

- **☐ 精确定位** 复选框：用于设置在计算刀具路径时是否忽略刀具的尖角半径值。选中该选项，将会精确计算刀具的位置；否则，将忽略刀具的尖角半径值，此时在倾斜的侧壁上将会留下较多的余料。

步骤 02 在"切削参数"对话框中单击 **余量** 选项卡，设置参数如图 11.3.20 所示。

图 11.3.20 所示的"切削参数"对话框"余量"选项卡中各选项说明如下。

◆ 部件余量：用于设置在当前平面铣削结束时，留在零件周壁上的余量。通常在粗加工或半精加工时会留有一定的部件余量用于精加工。

◆ 壁余量：用于设置零件侧壁面上剩余的材料，该余量是在每个切削层上沿垂直于刀轴的方向测量，应用于所有能够进行水平测量的部件的表面。

◆ 最终底面余量：用于设置当前加工操作后保留在腔底和岛屿顶部的余量。

◆ 毛坯余量：指刀具定位点与所创建的毛坯几何体之间的距离。

◆ 检查余量：用于设置刀具与已创建的检查边界之间的余量。

◆ 内公差：用于设置切削零件时允许刀具切入零件的最大偏距。

◆ 外公差：用于设置切削零件时允许刀具离开零件的最大偏距。

步骤 03 在"切削参数"对话框中单击 拐角 选项卡，在 光顺 下拉列表中选择 所有刀路 选项，设置参数如图 11.3.21 所示。

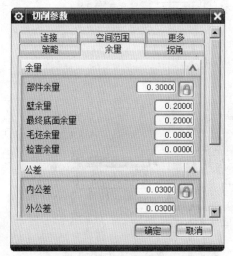

图 11.3.20　"余量"选项卡

图 11.3.21　"拐角"选项卡

如图 11.3.21 所示的"切削参数"对话框"拐角"选项卡中各选项说明如下。

◆ 凸角：用于设置刀具在零件拐角处的切削运动方式，有 绕对象滚动 、延伸并修剪 和 延伸 三个选项。

◆ 光顺：用于添加并设置拐角处的圆弧刀路，有 所有刀路 和 无 两个选项。添加圆弧拐角刀路可以减少刀具突然转向对机床的冲击，一般实际加工中都将此参数设置为 所有刀路 。此参数生成的刀路轨迹如图 11.3.22b 所示。

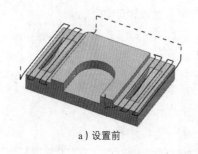
a）设置前

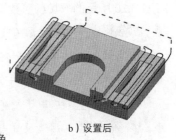
b）设置后

图 11.3.22　设置光顺拐角

步骤 04 在"切削参数"对话框中单击 连接 选项卡，设置参数如图 11.3.23 所示，单击 确定 按钮，系统返回到"底壁加工"对话框。

图 11.3.23　"连接"选项卡

图 11.3.23 所示的"切削参数"对话框"连接"选项卡中部分选项说明如下。

◆ 切削顺序 区域的 区域排序 下拉列表中提供了四种加工顺序的方式。

● 标准：根据切削区域的创建顺序来确定各切削区域的加工顺序。

● 优化：根据抬刀后横越运动最短的原则决定切削区域的加工顺序，它的效率比"标准"顺序高，系统默认为此选项。

● 跟随起点：将根据创建"切削区域起点"时的顺序来确定切削区域的加工顺序。

● 跟随预钻点：将根据"预钻进刀点"时的顺序来确定切削区域的加工顺序。

◆ 跨空区域 区域中的 运动类型 下拉列表：用于创建在 跟随周边 切削模式中跨空区域的刀路类型，共有三种运动方式。

- **跟随**: 刀具跟随跨空区域形状移动。
- **切削**: 在跨空区域作切削运动。
- **移刀**: 在跨空区域中移刀。

 当选择某一选项时，在预览区域的图形上可以查看该选项的功能以及创建的内容，选择不同的加工操作类型，对应的"切削参数"对话框的各选项卡中的参数也会有所不同。

任务 06 设置非切削移动参数

步骤 01 单击"底壁加工"对话框 **刀轨设置** 区域中的"非切削移动"按钮 ⌷⌷，系统弹出"非切削移动"对话框。

步骤 02 单击"非切削移动"对话框中的 **进刀** 选项卡，其参数的设置如图 11.3.24 所示，其他选项卡中的参数设置采用系统的默认值，单击 **确定** 按钮完成非切削移动参数的设置。

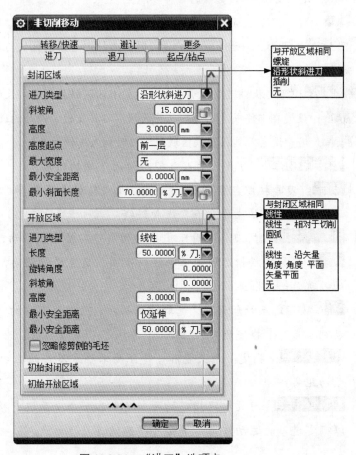

图 11.3.24 "进刀"选项卡

图 11.3.24 所示的"非切削移动"对话框"进刀"选项卡中各选项说明如下。

◆ 封闭区域：设置部件或毛坯边界之内区域的进刀方式。

◆ 进刀类型：用于设置刀具在封闭区域中进刀时切入工件的类型。

● 螺旋：刀具沿螺旋线切入工件，刀具轨迹（刀具中心的轨迹）是一条螺旋线，此种进刀方式可以减少切削时对刀具的冲击力。

● 沿形状斜进刀：刀具按照一定的倾斜角度切入工件，也能减少刀具的冲击力。

● 插削：刀具沿直线垂直切入工件，进刀时刀具的冲击力较大，一般不选这种进刀方式。

● 无：没有进刀运动。

◆ 斜坡角：刀具斜进刀进入部件表面的角度，即刀具切入材料前的最后一段进刀轨迹与部件表面的角度。

◆ 高度：刀具沿形状斜进刀或螺旋进刀时的进刀点与切削点的垂直距离，即进刀点与部件表面的垂直距离。

◆ 高度起点：定义前面 高度 选项的计算参照。

◆ 最大宽度：斜进刀时相邻两拐角间的最大宽度。

◆ 最小安全距离：沿形状斜进刀或螺旋进刀时，工件内非切削区域与刀具之间的最小安全距离。

◆ 最小斜面长度：沿形状斜进刀或螺旋进刀时最小倾斜斜面的水平长度。

◆ 开放区域：设置在部件或毛坯边界之外区域，刀具靠近工件时的进刀方式。

◆ 进刀类型：用于设置刀具在开放区域中进刀时切入工件的类型。

● 与封闭区域相同：刀具的走刀类型与封闭区域的相同。

● 线性：刀具按照指定的线性长度以及旋转的角度等参数进行移动，刀具逼近切削点时的刀轨是一条直线或斜线。

● 线性 - 相对于切削：刀具相对于衔接的切削刀路呈直线移动。

● 圆弧：刀具按照指定的圆弧半径以及圆弧角度进行移动，刀具逼近切削点时的刀轨是一段圆弧。

● 点：从指定点开始移动。选取此选项后，可以用下方的"点构造器"和"自动判断点"来指定进刀开始点。

● 线性 - 沿矢量：指定一个矢量和一个距离来确定刀具的运动矢量、运动方向和运动距离。

● 角度 角度 平面：刀具按照指定的两个角度和一个平面进行移动，其中，角度可以确定进刀的运动方向，平面可以确定进刀开始点。

● 矢量平面 : 刀具按照指定的一个矢量和一个平面进行移动，矢量确定进刀方向，平面确定进刀开始点。

选择不同的进刀类型时，"进刀"选项卡中参数的设置会有所不同，应根据加工工件的具体形状选择合适的进刀类型，从而进行各参数的设置。

任务 **07** 设置进给率和速度

步骤 **01** 单击"底壁加工"对话框中的"进给率和速度"按钮 ，系统弹出"进给率和速度"对话框。

步骤 **02** 选中"进给率和速度"对话框 主轴速度 区域中的 ☑ 主轴速度 (rpm) 复选框，在其后的文本框中输入值 1200.0，在 进给率 区域 切削 文本框中输入值 200.0，按下键盘上的 Enter 键，然后单击 按钮。

步骤 **03** 单击"进给率和速度"对话框中的 确定 按钮，系统返回到"底壁加工"对话框。

5. 生成刀路轨迹并仿真

步骤 **01** 在"底壁加工"对话框中单击"生成"按钮 ，在图形区中生成图 11.3.25 所示的刀路轨迹。

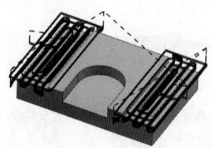

图 11.3.25　刀路轨迹

步骤 **02** 在图形区通过旋转、平移、放大视图，再单击"重播"按钮 重新显示路径。可以从不同角度对刀路轨迹进行查看，以判断其路径是否合理。

步骤 **03** 在"底壁加工"对话框中单击"确认"按钮 ，系统弹出图 11.3.26 所示的"刀轨可视化"对话框。

步骤 **04** 使用 2D 动态仿真。在"刀轨可视化"对话框中单击 2D 动态 选项卡，采用系统默认设置值，调整动画速度后单击"播放"按钮 ，即可演示 2D 动态仿真加工，完成演示后的模型如图 11.3.27 所示，仿真完成后单击 确定 按钮，完成刀轨确认操作。

步骤 **05** 单击"底壁加工"对话框中的 确定 按钮，完成操作。

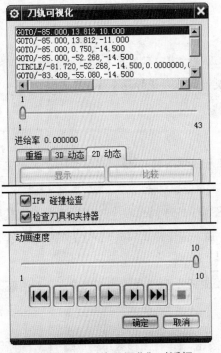

图 11.3.26 "刀轨可视化"对话框

图 11.3.27 2D 仿真结果

6. 保存文件

选择下拉菜单 文件(F) ➡️ 保存(S) 命令，保存文件。

11.3.2 表面铣

表面铣是通过定义面边界来确定切削区域的，在定义边界时可以通过面，或者面上的曲线以及一系列的点来得到封闭的边界几何体。

下面以图 11.3.28 所示的零件介绍创建表面铣加工的一般步骤。

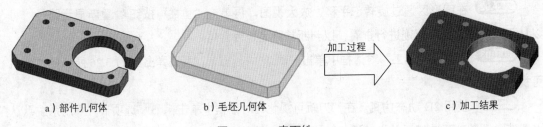

a）部件几何体   b）毛坯几何体   加工过程   c）加工结果

图 11.3.28 表面铣

1. 打开模型文件并进入加工模块

步骤 01 打开文件 D:\ug111\work\ch11.03\face_milling.prt。

步骤 02 进入加工环境。在 应用模块 功能选项卡 制造 区域单击 按钮,在系统弹出的"加工环境"对话框的 要创建的 CAM 组装 列表框中选择 mill planar 选项,然后单击 确定 按钮,进入加工环境。

2. 创建几何体

任务 01 创建机床坐标系

步骤 01 在工序导航器中将视图调整到几何视图状态,双击坐标系节点⊞ MCS_MILL,系统弹出"MCS 铣削"对话框。

步骤 02 创建机床坐标系。

(1)在"MCS 铣削"对话框的 机床坐标系 区域中单击"CSYS 对话框"按钮 ,系统弹出"CSYS"对话框,在 类型 下拉列表中选择 动态 选项。

(2)在图形区捕捉图 11.3.29 所示的圆弧圆心,然后单击 确定 按钮,完成图 11.3.29 所示的机床坐标系的创建。

任务 02 创建安全平面

步骤 01 在"MCS 铣削"对话框 安全设置 区域 安全设置选项 的下拉列表中选择 平面 选项,单击"平面对话框"按钮 ,系统弹出"平面"对话框。

步骤 02 选取图11.3.30所示的平面,在 偏置 区域的 距离 文本框中输入值20.0,单击 确定 按钮,系统返回到"MCS 铣削"对话框,完成安全平面的创建。

步骤 03 单击"MCS 铣削"对话框中的 确定 按钮。

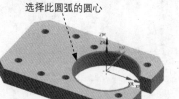

图 11.3.29　创建机床坐标系

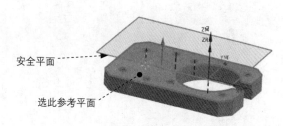

图 11.3.30　创建安全平面

任务 03 创建部件几何体

步骤 01 在工序导航器中双击⊞ MCS_MILL 节点下的 WORKPIECE,系统弹出"工件"对话框。

步骤 02 选取部件几何体。在"工件"对话框中单击 按钮,系统弹出"部件几何体"对话框。

步骤 03 确认"选择条"工具条中的"类型过滤器"设置为"实体"类型,在图形区选取整个零件为部件几何体。

步骤 04 在"部件几何体"对话框中单击 确定 按钮，完成部件几何体的创建，同时系统返回到"工件"对话框。

任务 04 创建毛坯几何体

步骤 01 在"工件"对话框中单击 ⬡ 按钮，系统弹出"毛坯几何体"对话框。

步骤 02 在"毛坯几何体"对话框的 类型 下拉列表中选择 📦 部件凸包 选项，采用默认参数设置，单击 确定 按钮，然后单击"工件"对话框中的 确定 按钮。

3. 创建刀具

步骤 01 选择下拉菜单 插入(S) ➡ 🔧 刀具(T)... 命令，系统弹出"创建刀具"对话框。

步骤 02 确定刀具类型。在图 11.3.31 所示的"创建刀具"对话框 刀具子类型 区域中单击"MILL"按钮 🔧，在 位置 区域 刀具 下拉列表中选择 GENERIC_MACHINE 选项，在 名称 文本框中输入 D10，然后单击 确定 按钮，系统弹出"铣刀-5 参数"对话框。

步骤 03 设置刀具参数。在"铣刀-5 参数"对话框中设置图 11.3.32 所示的刀具参数，设置完成后单击 确定 按钮。

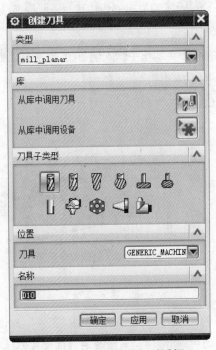

图 11.3.31 "创建刀具"对话框

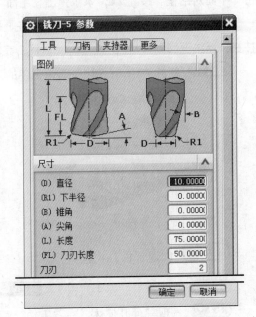

图 11.3.32 "铣刀-5 参数"对话框

4. 创建表面铣工序

任务 **01** 创建工序

步骤 **01** 选择下拉菜单 插入(S) ➡ ◀ 工序(E) ... 命令，系统弹出"创建工序"对话框。

步骤 **02** 确定加工方法。在"创建工序"对话框的 类型 下拉列表中选择 mill_planar 选项，在 工序子类型 区域中单击"FACE_MILLING"按钮 🔧，在 程序 下拉列表中选择 PROGRAM 选项，在 刀具 下拉列表中选择 D10 (铣刀-5 参数) 选项，在 几何体 下拉列表中选择 WORKPIECE 选项，在 方法 下拉列表中选择 MILL_FINISH 选项，采用系统默认的名称，如图 11.3.33 所示。

步骤 **03** 在"创建工序"对话框中单击 确定 按钮，此时，系统弹出图 11.3.34 所示的"面铣"对话框。

图 11.3.33 "创建工序"对话框

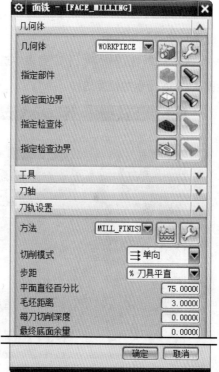

图 11.3.34 "面铣"对话框

图 11.3.33 所示的"创建工序"对话框中各选项说明如下。

◆ 程序 下拉列表中提供了 NC_PROGRAM 、 NONE 和 PROGRAM 三种选项。

● NC_PROGRAM：采用系统默认的加工程序根目录。

● NONE：系统将提供一个不含任何程序的加工目录。

● PROGRAM：采用系统提供的包含加工程序的根目录。

◆ 刀具 下拉列表：用于选取该操作所用的刀具。

◆ 方法 下拉列表：用于确定该操作的加工方法。

- METHOD：采用系统给定的加工方法。
- MILL_FINISH：铣削精加工方法。
- MILL_ROUGH：铣削粗加工方法。
- MILL_SEMI_FINISH：铣削半精加工方法。
- NONE：选取此选项后，系统不提供任何加工方法。

◆ 名称 文本框：用户可以在该文本框中定义工序的名称。

任务 02 指定面边界

步骤 01 在 几何体 区域中单击"选择或编辑面几何体"按钮 ，系统弹出图 11.3.35 所示的"毛坯边界"对话框。

步骤 02 在 选择方法 下拉列表中选择 曲线 选项，采用系统默认的参数设置值，顺次选取图 11.3.36 所示的模型边线。

图 11.3.35 "毛坯边界"对话框

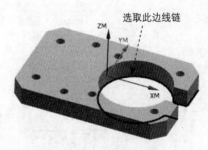

图 11.3.36 选取模型边线

步骤 03 单击"毛坯边界"对话框中的 确定 按钮，完成图 11.3.37 所示的毛坯边界的创建，系统返回到"面铣"对话框。

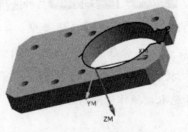

图 11.3.37 毛坯边界

任务 **03** 设置刀轴

在"面铣"对话框 刀轴 区域的 轴 下拉列表中选择 +ZM 轴 选项。

说明　如果在"毛坯边界"对话框中选择"曲线边界"方式，刀轴方向则不能设置为 垂直于第一个面 选项，否则在生成刀轨时会出现图 11.3.38 所示的"工序编辑"对话框，此时应将刀轴方向改为 +ZM 轴 选项或 指定矢量 选项。

图 11.3.38　"工序编辑"对话框

任务 **04** 设置刀具路径参数

步骤 **01**　选择切削模式。在"面铣"对话框 切削模式 下拉列表中选择 摆线 选项。

步骤 **02**　设置一般参数。在 步距 下拉列表中选择 % 刀具平直 选项，在 平面直径百分比 文本框中输入值 50.0，在 毛坯距离 文本框中输入值 15，在 每刀切削深度 文本框中输入值 2.0，其他参数采用系统默认设置值。

任务 **05** 设置切削参数

步骤 **01**　在 刀轨设置 区域中单击"切削参数"按钮 ，系统弹出"切削参数"对话框。

步骤 **02**　在"切削参数"对话框中单击 策略 选项卡，设置参数如图 11.3.39 所示。

步骤 **03**　在"切削参数"对话框中单击 拐角 选项卡，设置图 11.3.40 所示的参数，单击 确定 按钮回到"面铣"对话框。

任务 **06** 设置非切削移动参数

步骤 **01**　在"面铣"对话框 刀轨设置 区域中单击"非切削移动"按钮 ，系统弹出"非切削移动"对话框。

步骤 **02**　单击"非切削移动"对话框中的 进刀 选项卡，其参数设置值如图 11.3.41 所示，其他选项卡中的设置采用系统的默认值，单击 确定 按钮完成非切削移动参数的设置。

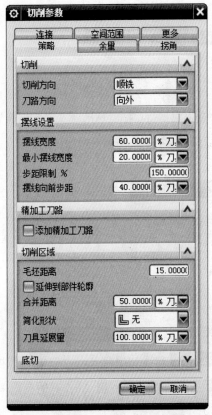

图 11.3.39 "策略"选项卡

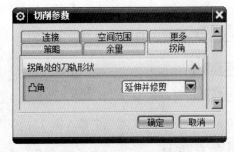

图 11.3.40 "拐角"选项卡

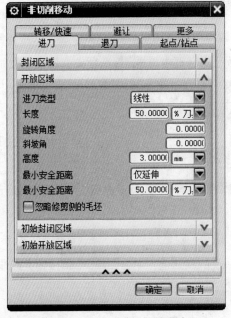

图 11.3.41 "进刀"选项卡

任务 **07**　设置进给率和速度

步骤 **01**　单击"面铣"对话框中的"进给率和速度"按钮 ，系统弹出"进给率和速度"对话框。

步骤 **02**　在"进给率和速度"对话框 主轴速度 区域中选中 ☑ 主轴速度 (rpm) 复选框，在其后的文本框中输入值 1800.0，在 进给率 区域的 切削 文本框中输入值 400.0，按下键盘上的 Enter 键，然后单击 按钮。

步骤 **03**　单击"进给率和速度"对话框中的 确定 按钮。

5. 生成刀路轨迹并仿真

步骤 **01**　生成刀路轨迹。在"面铣"对话框中单击"生成"按钮 ，在绘图区中生成图 11.3.42 所示的刀路轨迹。

步骤 **02**　使用 2D 动态仿真。完成演示后的模型如图 11.3.43 所示。

图 11.3.42　刀路轨迹

图 11.3.43　2D 仿真结果

6. 保存文件

选择下拉菜单 文件(F) ➡ 保存(S) 命令，保存文件。

11.3.3　精铣侧壁

精铣侧壁是仅仅用于侧壁加工的一种平面切削方式，要求侧壁和底平面相互垂直，并且要求加工表面和底面相互平行，加工的侧壁是加工表面和底面之间的部分。下面介绍创建精铣侧壁加工的一般步骤。

1. 打开模型

打开文件 D:\ug111\work\ch11.03\finish_walls.prt，系统自动进入加工模块。

2. 创建几何体

任务 **01**　创建机床坐标系和安全平面

步骤 **01**　在工序导航器中将视图调整到几何视图状态，双击节点 ⊞ MCS_MILL，系统弹出

"MCS 铣削"对话框。

步骤 02 创建机床坐标系。

（1）单击"MCS 铣削"对话框 机床坐标系 区域中的"CSYS 对话框"按钮 ，系统弹出"CSYS"对话框。

（2）在 类型 下拉列表中选择 动态 选项，单击 操控器 区域中的"操控器"按钮 ，在系统弹出的"点"对话框的 Z 文本框中输入值 7.0，其余数值不变，然后单击"点"对话框中的 确定 按钮，系统返回到"CSYS"对话框。单击"CSYS"对话框中的 确定 按钮，完成图 11.3.44 所示的机床坐标系的创建，此时系统返回到"MCS 铣削"对话框。

步骤 03 创建安全平面。

在"MCS 铣削"对话框 安全设置 区域的 安全设置选项 下拉列表中选择 自动平面 选项，在 安全距离 文本框中输入值 20.0，单击 确定 按钮，完成安全平面的创建。

任务 02 创建部件几何体

步骤 01 在工序导航器中单击 MCS_MILL 节点前的"+"，双击节点 WORKPIECE，系统弹出"铣削几何体"对话框。

步骤 02 选取部件几何体。在"铣削几何体"对话框中单击 按钮，系统弹出"部件几何体"对话框，确认"选择条"工具条中的"类型过滤器"设置为"实体"，在图形区选取全部零件为部件几何体。

步骤 03 在"部件几何体"对话框中单击 确定 按钮，完成部件几何体的创建，同时系统返回到"铣削几何体"对话框。

任务 03 创建毛坯几何体

步骤 01 在"铣削几何体"对话框中单击 按钮，系统弹出"毛坯几何体"对话框。

步骤 02 在"毛坯几何体"对话框的 类型 下拉列表中选择 部件轮廓 选项，在 偏置 文本框中输入值 1.0，单击 确定 按钮，完成图 11.3.45 所示的毛坯几何体的创建。

步骤 03 单击"铣削几何体"对话框中的 确定 按钮。

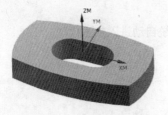

图 11.3.44　创建机床坐标系

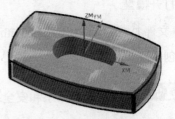

图 11.3.45　创建毛坯几何体

3. 创建刀具

步骤01 选择下拉菜单 插入(S) ➡ 刀具(T)...命令，系统弹出"创建刀具"对话框。

步骤02 在"创建刀具"对话框 类型 下拉列表中选择 mill_planar 选项，在 刀具子类型 区域中单击"MILL"按钮 ，在 名称 文本框中输入刀具名称 D8R0，单击 确定 按钮，系统弹出"铣刀-5 参数"对话框。

步骤03 在"铣刀-5 参数"对话框 (D) 直径 文本框中输入值 8.0，其他参数采用系统默认设置值，单击 确定 按钮完成刀具的设置。

4. 创建精铣侧壁操作

任务01 创建几何体边界

步骤01 选择下拉菜单 插入(S) ➡ 工序(E)...命令，系统弹出"创建工序"对话框。

步骤02 确定加工方法。在图 11.3.46 所示的"创建工序"对话框 类型 下拉列表中选择 mill_planar 选项，在 工序子类型 区域中单击"精加工壁"按钮 ，在 程序 下拉列表中选择 PROGRAM 选项，在 刀具 下拉列表中选择 D8R0（铣刀-5 参数）选项，在 几何体 下拉列表中选择 WORKPIECE 选项，在 方法 下拉列表中选择 MILL FINISH 选项，采用系统默认的名称 FINISH_WALLS。

步骤03 在"创建工序"对话框中单击 确定 按钮，系统弹出图 11.3.47 所示的"精加工壁"对话框，在 几何体 区域中单击"选择或编辑部件边界"按钮 ，系统弹出"边界几何体"对话框。

图 11.3.46 "创建工序"对话框

图 11.3.47 "精加工壁"对话框

步骤04 在"边界几何体"对话框的 模式 下拉列表中选择 面 选项，在 材料侧 下拉列表中选

择 内侧 选项，选中 ☑忽略孔 复选框，其余参数采用默认设置值，在零件模型上选取图 11.3.48 所示的平面，单击 确定 按钮，系统返回到"精加工壁"对话框。

步骤 05 在"精加工壁"对话框中单击 指定底面 右侧的 🔯 按钮，系统弹出"平面"对话框，在 类型 下拉列表中选择 自动判断 选项。在模型上选取图 11.3.49 所示的底面参照，在 偏置 区域的 距离 文本框中输入值 1.0，单击 确定 按钮，完成底面的指定，系统返回到"精加工壁"对话框。

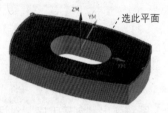

图 11.3.48 创建边界几何体

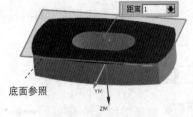

图 11.3.49 创建底面

任务 02 设置刀具路径参数

在 刀轨设置 区域 切削模式 下拉列表中采用系统默认的 轮廓 选项，在 步距 下拉列表中选择 恒定 选项，在 最大距离 文本框中输入值 0.4，在 附加刀路 文本框中输入值 2，其他参数采用系统默认设置值。

任务 03 设置切削参数

步骤 01 在 刀轨设置 区域中单击"切削参数"按钮 📇，系统弹出"切削参数"对话框。

步骤 02 在"切削参数"对话框中单击 策略 选项卡，参数设置值如图 11.3.50 所示，然后单击 确定 按钮，系统返回到"精加工壁"对话框。

图 11.3.50 "策略"选项卡

任务 04 设置非切削移动参数

步骤 01 在 刀轨设置 区域中单击"非切削移动"按钮 ⟐，系统弹出"非切削移动"对话框。

步骤 02 单击"非切削移动"对话框中的 起点/钻点 选项卡，参数设置值如图 11.3.51 所示，其他选项卡中的参数设置采用系统的默认值，单击 确定 按钮完成非切削移动参数的设置。

图 11.3.51　"起点/钻点"选项卡

任务 05 设置进给率和速度

步骤 01 在"精加工壁"对话框 刀轨设置 区域中单击"进给率和速度"按钮 ⬦，系统弹出"进给率和速度"对话框。

步骤 02 在"进给率和速度"对话框中选中 ☑ 主轴速度 (rpm) 复选框，然后在其后的文本框中输入值 2000.0，在 切削 文本框中输入值 150.0，按下键盘上的 Enter 键，然后单击 按钮，其他参数采用系统默认设置值。

步骤 03 单击"进给率和速度"对话框中的 确定 按钮，完成进给率和速度的设置。

5. 生成刀路轨迹并仿真

生成的刀路轨迹如图 11.3.52 所示，2D 动态仿真加工后的零件模型如图 11.3.53 所示。

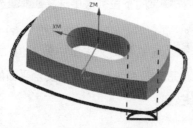

图 11.3.52　刀路轨迹

图 11.3.53　2D 仿真结果

6. 保存文件

选择下拉菜单 文件(F) ➡ ▢ 保存(S) 命令，保存文件。

11.3.4 型腔铣

型腔铣（标准型腔铣）主要用于粗加工，可以切除大部分毛坯材料，几乎适用于加工任意形状的几何体，可以应用于大部分的粗加工和直壁或者是斜度不大的侧壁的精加工，也可以用于清根操作。下面以图 11.3.54 所示的模型为例，讲解创建型腔铣的一般步骤。

a）部件几何体　　　　　　b）毛坯几何体　　加工过程⇨　　　c）加工结果

图 11.3.54　型腔铣

1. 打开模型文件并进入加工环境

步骤 01　打开模型文件 D:\ug111\work\ch11.03\CAVITY_MILL.prt。

步骤 02　进入加工环境。在 应用模块 功能选项卡 制造 区域单击 ▍ 按钮，系统弹出"加工环境"对话框，在"加工环境"对话框的 CAM 会话配置 列表框中选择 cam_general 选项，在 要创建的 CAM 组装 列表框中选择 mill contour 选项。单击 确定 按钮，进入加工环境。

2. 创建几何体

任务 01　创建机床坐标系和安全平面

步骤 01　进入几何视图。在工序导航器的空白处右击，在系统弹出的快捷菜单中选择 🔧 几何视图 命令，在工序导航器中双击节点 ⊞ 🔧 MCS_MILL，系统弹出"MCS 铣削"对话框。

步骤 02　创建机床坐标系。这里采用系统默认的当前机床坐标系，如图 11.3.55 所示。

步骤 03　创建安全平面。

（1）在"MCS 铣削"对话框 安全设置 区域 安全设置选项 的下拉列表中选择 平面 选项，单击"平面对话框"按钮 🔲，系统弹出"平面"对话框。

（2）选取图 11.3.56 所示的平面参照，在 偏置 区域的 距离 文本框中输入值 20.0，单击 确定 按钮，系统返回到"MCS 铣削"对话框，完成图 11.3.56 所示的安全平面的创建。

（3）单击"MCS 铣削"对话框中的 确定 按钮。

任务 02 创建部件几何体

步骤 01 在工序导航器中双击 ⊞ 🎯 MCS_MILL 节点下的 🔧 WORKPIECE，系统弹出"工件"对话框。

步骤 02 选取部件几何体。在"工件"对话框中单击 🗊 按钮，系统弹出"部件几何体"对话框。

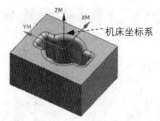

图 11.3.55　创建机床坐标系

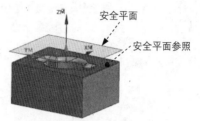

图 11.3.56　创建安全平面

步骤 03 在"选择条"工具条中确认"类型过滤器"设置为"实体"，在图形区选取图 11.3.57 所示的零件为部件几何体。

步骤 04 在"部件几何体"对话框中单击 确定 按钮，完成部件几何体的创建，同时系统返回到"工件"对话框。

任务 03 创建毛坯几何体

步骤 01 在"工件"对话框中单击 ◈ 按钮，系统弹出"毛坯几何体"对话框。

步骤 02 在"毛坯几何体"对话框的 类型 下拉列表中选择 ▣ 包容块 选项，在图形区中显示图 11.3.58 所示的毛坯几何体，单击 确定 按钮完成毛坯几何体的创建，系统返回到"工件"对话框。

步骤 03 单击"工件"对话框中的 确定 按钮，完成几何体的创建。

图 11.3.57　部件几何体

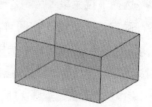

图 11.3.58　毛坯几何体

3. 创建刀具

步骤 01 选择下拉菜单 插入(S) ➡ 🔩 刀具(T) 命令，系统弹出图 11.3.59 所示的"创建刀具"对话框。

步骤 02 确定刀具类型。在"创建刀具"对话框 类型 下拉列表中选择 mill_contour 选项，在 刀具子类型 区域中选择"MILL"按钮 🔩，在 刀具 下拉列表中选择 GENERIC_MACHINE 选项，在 名称 文本框中输入 D10R1，单击 确定 按钮，系统弹出"铣刀-5 参数"对话框。

步骤 **03** 设置刀具参数。在"铣刀-5 参数"对话框中设置图 11.3.60 所示的刀具参数，单击 确定 按钮，完成刀具的创建。

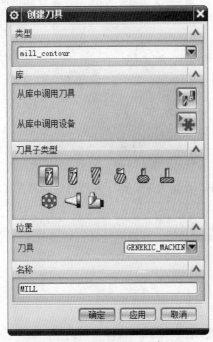

图 11.3.59 "创建刀具"对话框

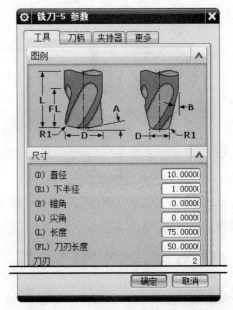

图 11.3.60 "铣刀-5 参数"对话框

4. 创建型腔铣操作

任务 **01** 创建工序

步骤 **01** 选择下拉菜单 插入(S) ➡ 工序(E)... 命令，系统弹出"创建工序"对话框。

步骤 **02** 确定加工方法。在图 11.3.61 所示的"创建工序"对话框的 类型 下拉列表中选择 mill_contour 选项，在 工序子类型 区域中选择"型腔铣"按钮 ，在 程序 下拉列表中选择 PROGRAM 选项，在 刀具 下拉列表中选择 D10R1 (铣刀-5 参数) 选项，在 几何体 下拉列表中选择 WORKPIECE 选项，在 方法 下拉列表中选择 MILL_ROUGH 选项，单击 确定 按钮，系统弹出图 11.3.62 所示的"型腔铣"对话框。

任务 **02** 显示刀具和几何体

步骤 **01** 显示刀具。在 工具 区域中单击"编辑/显示"按钮 ，系统弹出"铣刀-5 参数"对话框，同时在绘图区显示当前刀具的形状及大小，然后在该对话框中单击 取消 按钮。

步骤 **02** 显示几何体。在 几何体 区域中单击 指定部件 右侧的"显示"按钮 ，在绘图区显示与之相对应的几何体，如图 11.3.63 所示。

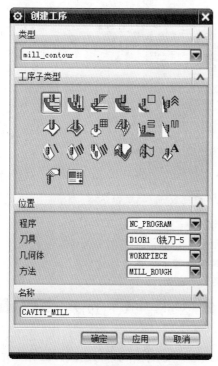

图 11.3.61 "创建工序"对话框

图 11.3.63 显示几何体

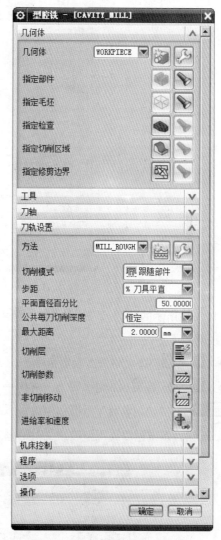

图 11.3.62 "型腔铣"对话框

任务 03 设置刀具路径参数

步骤 01 在"型腔铣"对话框 切削模式 下拉列表中选择 跟随部件 选项。

步骤 02 在 步距 下拉列表中选择 % 刀具平直 选项，在 平面直径百分比 文本框中输入值 50.0，

步骤 03 在 公共每刀切削深度 的下拉列表中选择 恒定 选项，然后在 最大距离 文本框中输入值 2.0。

任务 04 设置切削参数

步骤 01 单击"型腔铣"对话框中的"切削参数"按钮 ，系统弹出"切削参数"对话框。

步骤 02 在"切削参数"对话框中单击 策略 选项卡，设置图 11.3.64 所示的参数。

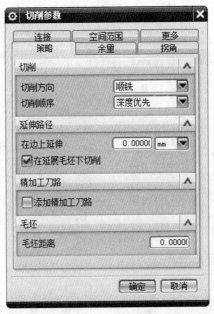

图 11.3.64   "策略"选项卡

图 11.3.64 所示的"切削参数"对话框 策略 选项卡 切削 区域 切削顺序 下拉列表中 层优先 和 深度优先
选项的说明如下。

◆ 深度优先：每次将一个切削区中的所有层切削完再进行下一个切削区的切削。

◆ 层优先：每次切削完工件上所有同一高度的切削层再进入下一层的切削。

步骤 03 在"切削参数"对话框中单击 连接 选项卡，其参数设置值如图 11.3.65 所示，单击
确定 按钮，系统返回到"型腔铣"对话框。

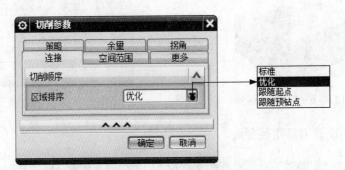

图 11.3.65   "连接"选项卡

图 11.3.65 所示的"切削参数"对话框 连接 选项卡 切削顺序 区域 区域排序 下拉列表中部分选项
的说明如下。

◆ 标准：根据切削区域的创建顺序来确定各切削区域的加工顺序，如图 11.3.66 所示。

◆ 优化：根据抬刀后横越运动最短的原则决定切削区域的加工顺序，其效率比"标准"

顺序高，系统默认此选项，如图 11.3.67 所示。

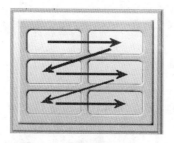

图 11.3.66　效果图(一)

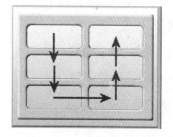

图 11.3.67　效果图(二)

任务 **05** 设置非切削移动参数

步骤 **01** 在"型腔铣"对话框中单击"非切削移动"按钮▨，系统弹出"非切削移动"对话框。

步骤 **02** 单击"非切削移动"对话框中的 进刀 选项卡，在 进刀类型 下拉列表中选择 螺旋 选项，在 封闭区域 的 斜坡角 文本框中输入值 5.0，其他参数的设置如图 11.3.68 所示，单击 确定 按钮完成非切削移动参数的设置。

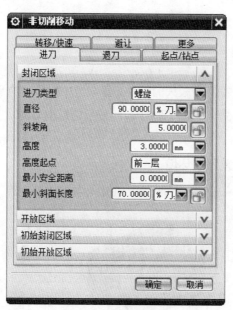

图 11.3.68　"非切削移动"对话框

任务 **06** 设置进给率和速度

步骤 **01** 单击"型腔铣"对话框中的"进给率和速度"按钮▨，系统弹出"进给率和速度"对话框。

步骤 **02** 在"进给率和速度"对话框中选中 ☑ 主轴速度 (rpm) 复选框，然后在其文本框中输入值 1200.0，在 <u>切削</u> 文本框中输入值 250.0，按下键盘上的 Enter 键，然后单击 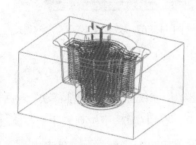 按钮，其他参数采用系统默认设置值。

步骤 03 单击"进给率和速度"对话框中的 确定 按钮，完成进给率和速度的设置，系统返回到"型腔铣"对话框。

5. 生成刀路轨迹并仿真

生成的刀路轨迹如图 11.3.69 所示，2D 动态仿真加工后的零件模型如图 11.3.70 所示。

图 11.3.69　刀路轨迹　　　　　　　　　　　　图 11.3.70　2D 仿真结果

6. 保存文件

选择下拉菜单 文件(F) ➡ ■ 保存(S) 命令，保存文件。

11.3.5　拐角粗加工

拐角粗加工是参考前一把直径较大的刀具计算模型中拐角处的余料，并使用小直径刀具来生成清理刀轨的铣削加工方式。下面以图 11.3.71 所示的模型为例，讲解创建拐角粗加工的一般操作步骤。

1. 打开模型文件并进入加工环境

打开模型文件 D:\ug111\work\ch11.03\CORNER_ROUGH.prt。

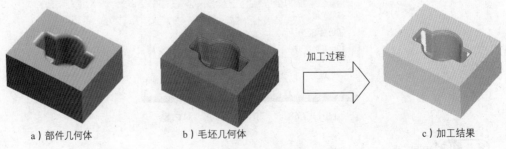

a）部件几何体　　　　　　　　b）毛坯几何体　　　　加工过程　　　　　c）加工结果

图 11.3.71　拐角粗加工

2. 创建刀具

步骤 01 选择下拉菜单 插入(S) ➡ 刀具(T)... 命令，系统弹出"创建刀具"对话框。

步骤 02 确定刀具类型。在"创建刀具"对话框 类型 下拉列表中选择 mill_contour 选项，在

刀具子类型 区域中选择"MILL"按钮 ⚇ ，在 名称 文本框中输入 D5，单击 确定 按钮，系统弹出"铣刀-5 参数"对话框。

（步骤 **03**）设置刀具参数。在"铣刀-5 参数"对话框 尺寸 区域的 (D) 直径 文本框中输入值 5.0，其余采用默认参数设置，单击 确定 按钮，完成刀具的创建。

3．创建拐角粗加工操作

（任务 **01**）创建工序

（步骤 **01**）选择下拉菜单 插入(S) ➡️ 🔧 工序(E)... 命令，系统弹出"创建工序"对话框。

（步骤 **02**）在"创建工序"对话框 类型 下拉列表中选择 mill_contour 选项，在 工序子类型 区域中单击"拐角粗加工"按钮 🔩 ，在 程序 下拉列表中选择 PROGRAM 选项，在 刀具 下拉列表中选择前面设置的刀具 D5 (铣刀-5 参数) 选项，在 几何体 下拉列表中选择 WORKPIECE 选项，在 方法 下拉列表中选择 MILL_ROUGH 选项，使用系统默认的名称。

（步骤 **03**）单击"创建工序"对话框中的 确定 按钮，系统弹出"拐角粗加工"对话框。

（任务 **02**）设置刀具路径参数

（步骤 **01**）设置参考刀具。在 参考刀具 区域的 参考刀具 下拉列表中选择 D10R1 (铣刀-5 参数) 选项。

（步骤 **02**）设置切削模式。在 刀轨设置 区域 切削模式 下拉列表中选择 跟随部件 选项。

（步骤 **03**）设置步进方式。在 步距 下拉列表中选择 % 刀具平直 选项，在 平面直径百分比 文本框中输入值 20.0，在 公共每刀切削深度 下拉列表中选择 恒定 选项，在 最大距离 文本框中输入值 1.0。

（任务 **03**）设置切削参数

（步骤 **01**）在 刀轨设置 区域中单击"切削参数"按钮 ⇄ ，系统弹出"切削参数"对话框。

（步骤 **02**）在"切削参数"对话框中单击 策略 选项卡，在 切削顺序 下拉列表中选择 深度优先 选项，在 延伸刀轨 区域 在边上延伸 文本框中输入值 1.0，其他参数采用系统默认设置值。

（步骤 **03**）在"切削参数"对话框中单击 余量 选项卡，取消选中 □ 使底面余量与侧面余量一致 复选框，在 部件底面余量 文本框中输入值 0.5，其他参数采用系统默认设置值。

（步骤 **04**）在"切削参数"对话框中单击 拐角 选项卡，在 圆弧上进给调整 区域 调整进给率 下拉列表中选择 在所有圆弧上 选项，在 拐角处进给减速 区域 减速距离 下拉列表中选择 上一个刀具 选项。

（步骤 **05**）在"切削参数"对话框中单击 连接 选项卡，在 开放刀路 下拉列表中选择 变换切削方向 选项。

（步骤 **06**）在"切削参数"对话框中单击 空间范围 选项卡，在 毛坯 区域的 最小除料量 文本框中输入值 0.0，在 陡峭 区域 陡峭空间范围 下拉列表中选择 仅陡峭的 选项，并在 角度 文本框中输入值 65.0，如图 11.3.72 所示。

图 11.3.72 所示的"切削参数"对话框的 空间范围 选项卡中部分选项的说明如下。

◆ 毛坯 区域：用于定义毛坯之外刀路的修剪和处理中的工件等参数。

- 修剪方式 下拉列表：用于定义毛坯之外刀路是否通过轮廓线进行修剪。

- 处理中的工件 下拉列表：用于定义处理中工件（即 IPW）的类型。

  ☑ 无 ：选择此项，此时 IPW 由前面定义的毛坯几何体来确定，如果没有定义几何体系统将切削整个型腔。通常第一个粗加工工序选择此选项。

  ☑ 使用 3D ：选择此项，此时 IPW 是由前面创建的加工工序共同作用后的小平面体。选择此项后，系统计算刀路轨迹将更加准确，但同时计算时间也将更长，通常用于识别前面工序后遗留的材料，避免刀具碰撞等。

  ☑ 使用基于层的 ：选择此项，此时 IPW 是由前面创建的工序的切削层来确定的 2D 切削区域，通常用于清理前面工序留下的拐角或阶梯面。

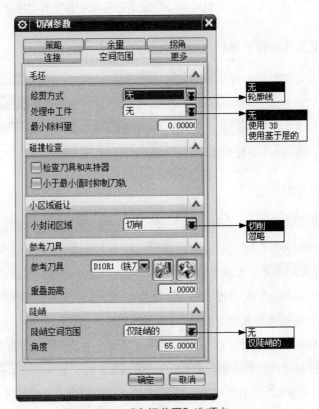

图 11.3.72 "空间范围"选项卡

- 最小除料量 文本框：用于设置一个数值，系统将小于此值的刀路部分进行抑制。

◆ 碰撞检测 区域：用于设置是否进行碰撞检测的选项。

- ☐ 检查刀具和夹持器 复选框：选中该复选框，在计算刀路时，系统将检查刀柄和夹持器是否发生碰撞。
- ☐ 小于最小值时抑制刀轨 复选框：选中该复选框，其下会出现 最小体积百分比 文本框，需要定义此工序必须切除的最小材料百分比。如果工序不满足此百分比时，此刀路将被抑制。

◆ 小面积避让 区域：用于设置对于小面积区域的切削方法。

- 小封闭区域 下拉列表：用于设置小的封闭区域是否切削。选择 切削 选项，系统将依据其他参数来确定是否切削小封闭区域；选择 忽略 选项，系统将忽略指定面积的小封闭区域。

◆ 参考刀具 区域：用于设置参考刀具的参数。

- 参考刀具 下拉列表：用于选取本工序的参考刀具。通常可以选择前面工序中使用的刀具，用户也可以创建一把新的参考刀具，以便取得更好的切削效果。
- 重叠距离 文本框：用于设置当前工序中刀具和参考刀具的重叠距离值。

◆ 陡峭 区域：用于设置是否区分加工区域是否陡峭。

- 陡峭空间范围 下拉列表：选择 无 选项，表示不区分陡峭空间，全部进行切削；选择 仅陡峭的 选项，表示只加工大于指定陡峭角度的区域。
- 角度 文本框：用于指定区分陡峭的角度数值。

步骤 07 单击"切削参数"对话框中的 确定 按钮，系统返回到"拐角粗加工"对话框。

任务 04 设置非切削移动参数

步骤 01 单击"拐角粗加工"对话框 刀轨设置 区域中的"非切削移动"按钮，系统弹出"非切削移动"对话框。

步骤 02 单击"非切削移动"对话框中的 进刀 选项卡，在 封闭区域 区域 斜坡角 的文本框中输入值 5.0，在 最小安全距离 文本框中输入值 1.0；在 开放区域 区域 最小安全距离 文本框中输入值 3.0，并在其后的下拉列表中选择 mm 选项，然后选中 ☑ 修剪至最小安全距离 复选框。

步骤 03 单击"非切削移动"对话框中的 转移/快速 选项卡，在 区域内 区域 安全距离 的文本框中输入值 1.0，其他参数采用系统默认设置值。

步骤 04 单击 确定 按钮，完成非切削移动参数的设置。

任务 05 设置进给率和速度

步骤 01 单击"拐角粗加工"对话框中的"进给率和速度"按钮，系统弹出"进给率和速度"对话框。

步骤 02 选中"进给率和速度"对话框 主轴速度 区域中的 ☑ 主轴速度 (rpm) 复选框，在其后的文本框中输入值 3500.0，按 Enter 键；然后单击 🔳 按钮，在 进给率 区域的 切削 文本框中输入值 200.0，按 Enter 键，然后单击 🔳 按钮；其他参数采用系统默认设置值。

步骤 03 单击 确定 按钮，完成进给率和速度的设置，系统返回到"拐角粗加工"对话框。

4. 生成刀路轨迹并仿真

生成的刀路轨迹如图 11.3.73 所示，2D 动态仿真加工后的模型如图 11.3.74 所示。

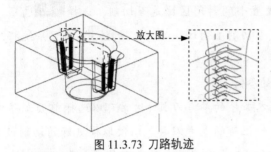

图 11.3.73 刀路轨迹   图 11.3.74 2D 仿真结果

11.3.6 深度轮廓加工

深度轮廓加工是一种固定的轴铣削操作，通过多个切削层来加工零件表面轮廓。在等高轮廓铣操作中，除了可以指定部件几何体外，还可以指定切削区域作为部件几何体的子集，方便限制切削区域。如果没有指定切削区域，则对整个零件进行切削。深度轮廓加工的一个重要功能就是能够指定"陡角"，以区分陡峭与非陡峭区域。下面以图 11.3.75 所示的模型为例，讲解创建深度轮廓加工操作的一般步骤。

a）部件几何体   b）毛坯几何体   c）加工结果
图 11.3.75 深度轮廓加工

1. 打开模型文件

打开文件 D:\ug111\work\ch11.03\zlevel_profile.prt。

2. 创建刀具

步骤 01 选择下拉菜单 插入(S) ➡ 🔧刀具(T)... 命令，系统弹出"创建刀具"对话框。

步骤 02 确定刀具类型。在"创建刀具"对话框 类型 下拉列表中选择 mill_contour 选项，在 刀具子类型 区域中选择"MILL"按钮 🔩 ，在 名称 文本框中输入 D6R1，单击 确定 按钮，系统弹出"铣刀-5 参数"对话框。

步骤 03 设置刀具参数。在"铣刀-5 参数"对话框 尺寸 区域的 (D) 直径 文本框中输入值 6.0，在 (R1) 下半径 文本框中输入值 1.0，其余采用默认参数设置，单击 确定 按钮，完成刀具的创建。

3. 创建等高线轮廓铣操作

任务 01 创建工序

步骤 01 选择下拉菜单 插入(S) ➡ 工序(E)... 命令，系统弹出图 11.3.76 所示的"创建工序"对话框。

步骤 02 在"创建工序"对话框 类型 下拉列表中选择 mill_contour 选项，在 工序子类型 区域中选择"深度轮廓加工"按钮，在 程序 下拉列表中选择 PROGRAM 选项，在 刀具 下拉列表中选择 D6R1 (铣刀-5 参数) 选项，在 几何体 下拉列表中选择 WORKPIECE 选项，在 方法 下拉列表中选择 MILL_SEMI_FINISH 选项，单击 确定 按钮，此时，系统弹出图 11.3.77 所示的"深度轮廓加工"对话框。

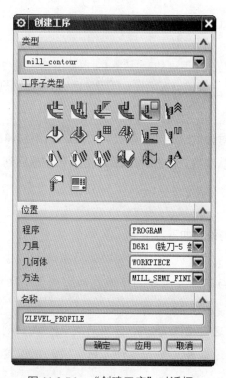

图 11.3.76 "创建工序"对话框

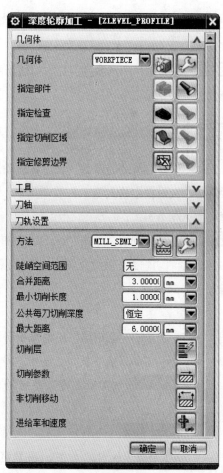

图 11.3.77 "深度轮廓加工"对话框

图 11.3.77 所示的"深度轮廓加工"对话框中部分选项说明如下。

◆ 陡峭空间范围：这是等高轮廓铣区别于其他型腔铣的一个重要参数。如果在其右边的下拉菜单中选择 仅陡峭的 选项，就可以在被激活的 角度 文本框中输入角度值，这个角度称为陡峭角。零件上任意一点的陡峭角是刀轴与该点处法向矢量所形成的夹角。选择 仅陡峭的 选项后，只有陡峭角度大于或等于给定的角度的区域才能被加工。

◆ 合并距离 文本框：用于定义在不连贯的切削运动切除时，在刀具路径中出现的缝隙的距离。

◆ 最小切削长度 文本框：该文本框用于定义生成刀具路径时的最小长度值。当切削运动的距离比指定的最小切削长度值小时，系统不会在该处创建刀具路径。

◆ 公共每刀切削深度 文本框：用于设置加工区域内每次切削的深度。系统将计算小于或等于指定的 公共每刀切削深度 值的实际切削层。

任务 02 指定切削区域

步骤 01 单击"深度轮廓加工"对话框 指定切削区域 右侧的 按钮，系统弹出"切削区域"对话框。

步骤 02 在绘图区中选取图 11.3.78 所示的切削区域，单击 确定 按钮，系统返回到"深度轮廓加工"对话框。

任务 03 设置刀具路径参数和切削层

步骤 01 设置刀具路径参数。在"深度轮廓加工"对话框的 合并距离 文本框中输入值 2.0，在 最小切削长度 文本框中输入值 1.0，在 公共每刀切削深度 的下拉列表中选择 恒定 选项，然后在 最大距离 文本框中输入值 0.5。

步骤 02 设置切削层。单击"深度轮廓加工"对话框中的"切削层"按钮 ，系统弹出图 11.3.79 所示的"切削层"对话框，这里采用系统默认参数，单击 确定 按钮，系统返回到"深度轮廓加工"对话框。

图 11.3.79 所示的"切削层"对话框中各选项的说明如下。

◆ 范围类型 下拉列表中提供了如下三种选项。

● 自动：使用此类型，系统将通过与零件有关联的平面自动生成多个切削深度区间。

● 用户定义：使用此类型，用户可以通过定义每一个区间的底面生成切削层。

● 单个：使用此类型，用户可以通过零件几何和毛坯几何定义切削深度。

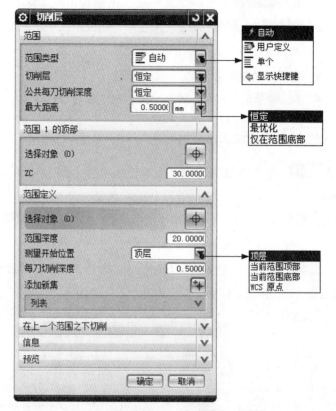

图 11.3.78　指定切削区域

图 11.3.79　"切削层"对话框

◆ 公共每刀切削深度：用于设置每个切削层的最大深度。通过对 公共每刀切削深度 进行设置后，
系统将自动计算分几层进行切削。

◆ 切削层 下拉列表中提供了如下三种选项。

● 恒定：将切削深度恒定保持在 公共每刀切削深度 的设置值。

● 最优化：优化切削深度，以便在部件间距和残余高度方面更加一致。最优化在
斜度从陡峭或几乎竖直变为表面或平面时创建其他切削，最大切削深度不超
过全局每刀深度值，仅用于深度加工操作。

● 仅在范围底部：仅在范围底部切削，不细分切削范围，选择此选项将使全局每
刀深度选项处于非活动状态。

◆ 测量开始位置 下拉列表中提供了如下四种选项。

● 顶层：选择该选项后，测量切削范围深度从第一个切削顶部开始。

● 当前范围顶部：选择该选项后，测量切削范围深度从当前切削顶部开始。

● 当前范围底部：选择该选项后，测量切削范围深度从当前切削底部开始。

- ● WCS 原点：选择该选项后，测量切削范围深度从当前工作坐标系原点开始。
- ◆ 范围深度 文本框：在该文本框中，通过输入一个正值或负值距离，定义的范围在指定的测量位置的上部或下部，也可以利用范围深度滑块来改变范围深度，当移动滑块时，范围深度值跟着变化。
- ◆ 每刀切削深度 文本框：用来定义当前范围的切削层深度。

任务 **04** 设置切削参数

步骤 **01** 单击"深度轮廓加工"对话框中的"切削参数"按钮 ，系统弹出"切削参数"对话框。

步骤 **02** 单击"切削参数"对话框中的 策略 选项卡，在 切削顺序 下拉列表中选择 始终深度优先 选项。

步骤 **03** 单击"切削参数"对话框中的 连接 选项卡，参数设置值如图 11.3.80 所示，单击 确定 按钮，系统返回到"深度轮廓加工"对话框。

图 11.3.80　"连接"选项卡

图 11.3.80 所示的"切削参数"对话框中 连接 选项卡部分选项的说明如下。

- ◆ 层之间 区域：这是专门用于深度铣的切削参数。
- ◆ 使用转移方法：使用进刀/退刀的设定信息，每个刀路会抬刀到安全平面。
- ◆ 直接对部件进刀：将以跟随部件的方式来定位移动刀具。
- ◆ 沿部件斜进刀：将以跟随部件的方式，从一个切削层到下一个切削层，需要指定 斜坡角 ，此时刀路较完整。
- ◆ 沿部件交叉斜进刀：与 沿部件斜进刀 相似，不同的是在斜削进下一层之前完成每个刀路。
- ◆ ☑层间切削：可在深度铣中的切削层间存在间隙时创建额外的切削，消除在标准层到层加工操作中留在浅区域中的非常大的残余高度。

任务 **05** 设置非切削移动参数

步骤01 在"深度轮廓加工"对话框中单击"非切削移动"按钮 ▨ ，系统弹出"非切削移动"对话框。

步骤02 单击"非切削移动"对话框中的 起点/钻点 选项卡，在 重叠距离 文本框中输入值 1.0，其余参数采用默认设置。

步骤03 单击"非切削移动"对话框中的 转移/快速 选项卡，其参数设置值如图 11.3.81 所示，单击 确定 按钮，完成非切削移动参数的设置。

任务06 设置进给率和速度

步骤01 在"深度轮廓加工"对话框中单击"进给率和速度"按钮 ，系统弹出"进给率和速度"对话框。

步骤02 在"进给率和速度"对话框中选中 ☑ 主轴速度 (rpm) 复选框，然后在其文本框中输入值 2500.0，在 切削 文本框中输入值 400.0，按下键盘上的 Enter 键，然后单击 ▣ 按钮。

步骤03 单击 确定 按钮，完成进给率和速度的设置，系统返回到"深度轮廓加工"对话框。

图 11.3.81 "转移/快速"选项卡

4. 生成刀路轨迹并仿真

生成的刀路轨迹如图 11.3.82 所示，2D 动态仿真加工后的模型如图 11.3.83 所示。

图 11.3.82 刀路轨迹

图 11.3.83 2D 仿真结果

11.3.7 固定轮廓铣

固定轮廓铣是一种用于精加工由轮廓曲面所形成区域的加工方式，它通过精确控制刀具轴和投影矢量，使刀具沿着非常复杂曲面的复杂轮廓运动。固定轮廓铣是通过定义不同的驱动几何体来产生驱动点阵列，并沿着指定的投影矢量方向投影到部件几何体上，然后将刀具定位到部件几何体以生成刀轨。固定轮廓铣常用的驱动方法有边界驱动、区域驱动和流线驱动等。下面以图 11.3.84 所示的模型为例，讲解通过区域驱动创建固定轮廓铣的一般步骤。

a）部件几何体　　　　　　b）毛坯几何体　　　　　　　　　　c）加工结果

图 11.3.84　固定轮廓铣

1. 打开模型文件并进入加工模块

打开模型文件 D:\ug111\work\ch11.03\fixed_contour.prt。

2. 创建刀具

步骤 01　选择下拉菜单 插入(S) ➡️ 刀具(T)... 命令，系统弹出"创建刀具"对话框。

步骤 02　确定刀具类型。在"创建刀具"对话框 类型 下拉列表中选择 mill_contour 选项，在 刀具子类型 区域中单击"BALL_MILL"按钮，在 名称 文本框中输入 B6，单击 确定 按钮，系统弹出"铣刀-球头铣"对话框。

步骤 03　在"铣刀-球头铣"对话框 尺寸 区域的(D) 球直径 文本框中输入值 6.0，单击 确定 按钮，完成刀具的创建。

3. 创建固定轮廓铣操作

任务 01　创建切削区域几何体

步骤 01　选择下拉菜单 插入(S) ➡️ 几何体(G)... 命令，系统弹出"创建几何体"对话框。

步骤 02　在"创建几何体"对话框 几何体子类型 区域中单击"MILL_AREA"按钮，在 位置 区域 几何体 下拉列表中选择 WORKPIECE 选项，在 名称 文本框中输入 MILL_AREA，然后单击 确定 按钮，系统弹出图 11.3.85 所示的"铣削区域"对话框。

步骤 03　在"铣削区域"对话框中单击 指定切削区域 右侧的 按钮，系统弹出图 11.3.86 所示的"切削区域"对话框。

图 11.3.85 所示的"铣削区域"对话框中各按钮说明如下。

◆　（选择或编辑检查几何体）：检查几何体是否为在切削加工过程中要避让的几何体，如夹具或重要加工平面。

◆　（选择或编辑切削区域几何体）：使用该选项可以指定具体要加工的区域，可以是零件的部分区域；如果不指定，系统将认为是整个零件的所有区域。

◆　（选择或编辑壁几何体）：通过设置侧壁几何体来替换工件余量，表示除了加工面以外的全局工件余量。

◆ （选择或编辑修剪边界）：使用该选项可以进一步控制需要加工的区域，一般是通过设定剪切侧来实现的。

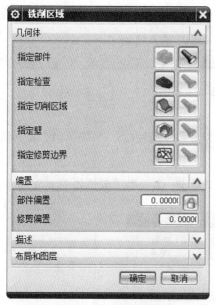

图 11.3.85 "铣削区域"对话框

图 11.3.86 "切削区域"对话框

（步骤 **04**）选取图 11.3.87 所示的模型表面（共 2 个面）为切削区域，然后单击"切削区域"对话框中的 确定 按钮，系统返回到"铣削区域"对话框。

（步骤 **05**）单击"铣削区域"对话框中的 确定 按钮，完成切削区域几何体的创建。

（任务 **02**） 创建工序

（步骤 **01**）选择下拉菜单 插入(S) ➡ 工序(E)... 命令，系统弹出"创建工序"对话框。

（步骤 **02**）确定加工方法。在"创建工序"对话框 类型 下拉列表中选择 mill_contour 选项，在 工序子类型 区域中单击"固定轮廓铣"按钮 ，在 刀具 下拉列表中选择 B6 （铣刀-球头铣）选项，在 几何体 下拉列表中选择 MILL_AREA 选项，在 方法 下拉列表中选择 MILL_FINISH 选项，单击 确定 按钮，系统弹出"固定轮廓铣"对话框。

选取此区域面

图 11.3.87 选取切削区域

任务 **03** 设置驱动方法

步骤 **01** 设置驱动方式。在"固定轮廓铣"对话框 驱动方法 区域的 方法 下拉列表中选择 区域铣削 选项，系统弹出"区域铣削驱动方法"对话框。

步骤 **02** 在 步距 的下拉列表中选择 恒定 选项，在 最大距离 文本框中输入值 0.2，在 切削角 的下拉列表中选择 指定 选项，然后在 与 XC 的夹角 的文本框中输入值 45.0。

步骤 **03** 在"区域铣削驱动方法"对话框中单击 确定 按钮，系统返回至"固定轮廓铣"对话框。

任务 **04** 设置切削参数

步骤 **01** 单击"固定轮廓铣"对话框中的"切削参数"按钮 ，系统弹出"切削参数"对话框。

步骤 **02** 在"切削参数"对话框中单击 策略 选项卡，其参数设置值如图 11.3.88 所示。

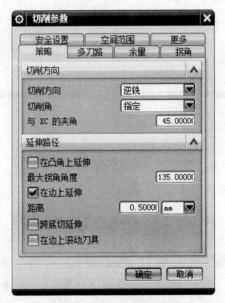

图 11.3.88 "策略"选项卡

步骤 **03** 在"切削参数"对话框中单击 余量 选项卡，其参数设置值如图 11.3.89 所示，单击 确定 按钮。

任务 **05** 设置非切削移动参数

采用系统默认的参数设置。

任务 **06** 设置进给率和速度

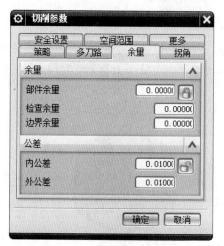

图 11.3.89 "余量"选项卡

步骤01 在"固定轮廓铣"对话框中单击"进给率和速度"按钮 ，系统弹出"进给率和速度"对话框。

步骤02 在"进给率和速度"对话框中选中 ☑ 主轴速度 (rpm) 复选框，然后在其文本框中输入值 3000.0，按下键盘上的 Enter 键，单击 按钮；在 切削 文本框中输入值 200.0，按下键盘上的 Enter 键，然后单击 按钮。

步骤03 单击 确定 按钮，系统返回到"固定轮廓铣"对话框。

4. 生成刀路轨迹并仿真

生成的刀路轨迹如图 11.3.90 所示，2D 动态仿真加工后的模型如图 11.3.91 所示。

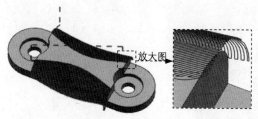

放大图

图 11.3.90 刀路轨迹

图 11.3.91 2D 仿真结果

11.3.8 标准钻孔

标准钻孔是钻刀送入至指定深度并快速退刀地点到点钻孔，常用来基础钻孔。下面以图 11.3.92 所示的模型为例，说明创建标准钻孔加工操作的一般步骤。

1. 打开模型文件并进入加工模块

步骤 01 打开模型文件 D:\ug111\work\ch11.03\drilling.prt。

步骤 02 进入加工环境。在 应用模块 功能选项卡 制造 区域单击 按钮，在系统弹出的"加工环境"对话框 要创建的 CAM 组装 列表框中选择 hole_making 选项，单击 确定 按钮，进入加工环境。

a）目标加工零件　　　　b）毛坯零件　　　　c）加工结果

图 11.3.92　标准钻孔

2. 创建几何体

任务 01 创建机床坐标系

步骤 01 在工序导航器中将视图调整到几何体视图，然后双击节点 MCS，系统弹出"MCS"对话框。

步骤 02 创建机床坐标系。在"MCS"对话框 机床坐标系 区域中单击"CSYS 对话框"按钮，在系统弹出的"CSYS"对话框 类型 下拉列表中选择 动态。

步骤 03 在图形区捕捉图 11.3.93 所示的圆弧圆心，单击 确定 按钮，完成机床坐标系的创建。

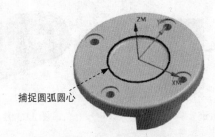

捕捉圆弧圆心

图 11.3.93　创建机床坐标系

步骤 04 创建安全平面。在"MCS"对话框 安全设置 区域 安全设置选项 下拉列表中选择 自动平面 选项，然后在 安全距离 文本框中输入值 10.0，单击"MCS"对话框中的 确定 按钮，完成安全平面的创建。

任务 02 创建部件几何体

步骤 01 在工序导航器中单击 MCS 节点前的"+"按钮,双击节点 WORKPIECE,系统弹出"工件"对话框。

步骤 02 选取部件几何体。在"工件"对话框中单击 按钮,系统弹出"部件几何体"对话框。

步骤 03 选取全部零件为部件几何体,然后在"部件几何体"对话框中单击 确定 按钮,完成部件几何体的创建,同时系统返回到"工件"对话框。

步骤 04 在"工件"对话框中单击 按钮,系统弹出"毛坯几何体"对话框。在"毛坯几何体"对话框的 类型 下拉列表中选择 包容圆柱体 选项,结果如图 11.3.94 所示。

步骤 05 分别单击"毛坯几何体"和"工件"对话框中的 确定 按钮,完成毛坯几何体的创建。

> 说明 通常钻孔类加工操作不需要设置毛坯几何体,这里设置的主要目的是确保后面 2D 动态确认能够进行。

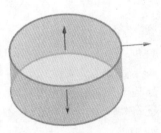

图 11.3.94 毛坯几何体

3. 创建刀具

步骤 01 选择下拉菜单 插入(S) ➡ 刀具(T) 命令,系统弹出"创建刀具"对话框。

步骤 02 在"创建刀具"对话框 类型 下拉列表中选择 hole_making 选项,在 刀具子类型 区域中选择"STD_DRILL"按钮 ,在 名称 文本框中输入 Z8,单击 确定 按钮,系统弹出"钻刀"对话框。

步骤 03 设置刀具参数。在"钻刀"对话框 (D) 直径 文本框中输入值 8.0,在 刀具号 和 补偿寄存器 文本框中输入值 1,其他参数采用系统默认设置值,单击 确定 按钮,完成刀具的创建。

4. 创建工序

任务 01 插入工序

步骤 **01** 选择下拉菜单 插入(S) ➡ ⛏ 工序(E)... 命令，系统弹出"创建工序"对话框。

步骤 **02** 在"创建工序"对话框 类型 下拉列表中选择 hole_making 选项，在 工序子类型 区域中选择"钻孔"按钮 🖑，在 程序 下拉列表中选择 PROGRAM 选项，在 刀具 下拉列表中选择前面设置的刀具 Z8 (钻刀) 选项，在 几何体 下拉列表中选择 WORKPIECE 选项，在 方法 下拉列表中选择 DRILL_METHOD 选项，使用系统默认的名称。

步骤 **03** 单击"创建工序"对话框中的 确定 按钮，系统弹出如图 11.3.95 所示的"钻孔"对话框。

图 11.3.95 "钻孔"对话框

任务 **02** 指定几何体

步骤 **01** 单击"钻孔"对话框 指定特征几何体 右侧的 👆 按钮，系统弹出"特征几何体"对话框。

步骤 **02** 在图形区选取如图 11.3.96 所示的圆弧边线，在"特征几何体"对话框 特征 区域 深度 右侧单击 🔒 按钮将其解锁，然后在其文本框中输入 12，将四个孔的深度均设置为 12；结果如图 11.3.97 所示。单击"特征几何体"中的 确定 按钮，返回"钻孔"对话框。

图 11.3.96 指定加工孔位   图 11.3.97 "特征几何体"对话框

任务 03 设置循环控制参数

步骤 01 在"钻孔"对话框 刀轨设置 区域的 循环 下拉列表中选择 钻 选项,单击"编辑循环"按钮 ,系统弹出图 11.3.98 所示的"循环参数"对话框。

图 11.3.98 "循环参数"对话框

说明:

◆ 在孔加工中，不同类型的孔的加工需要采用不同的加工方式。这些加工方式有的属于连续加工，有的属于断续加工，它们的刀具运动参数也各不相同，为了满足这些要求，用户可以选择不同的循环类型（如啄钻循环、标准钻循环、标准镗循环等）来控制刀具切削运动过程。对于同类型但深度不同，或者是同类型同深度但加工精度要求不同的孔，它们的循环类型虽然相同，但加工深度或进给速度不同，此时也需要设置不同的参数组来实现不同的切削运动。

步骤 02 在"循环参数"对话框中采用系统默认的参数，单击 确定 按钮返回"钻孔"对话框。

任务 04 设置切削参数

步骤 01 单击"钻孔"对话框中的"切削参数"按钮 ▱，系统弹出如图 11.3.99 所示的"切削参数"对话框。

步骤 02 采用系统默认的参数设置，单击 确定 按钮返回"钻孔"对话框。

图 11.3.99 "切削参数"对话框

任务 05 设置进给率和速度

步骤 01 单击"钻孔"对话框中的"进给率和速度"按钮 ☩，系统弹出"进给率和速度"对话框。

步骤 02 在"进给率和速度"对话框中选中 ☑ 主轴速度 (rpm) 复选框，然后在其文本框中输入值 1000.0，按 Enter 键，然后单击 ▤ 按钮，在 切削 文本框中输入值 200.0，按 Enter 键，然后单击 ▤ 按钮，其他选项采用系统默认设置值，单击 确定 按钮。

5. 生成刀路轨迹并仿真

生成的刀路轨迹如图 11.3.100 所示，3D 动态仿真加工后结果如图 11.3.101 所示。

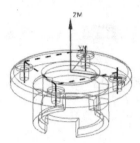

图 11.3.100 刀路轨迹

图 11.3.101 3D 动态仿真加工后结果

11.3.9 攻丝加工

螺纹孔加工即用丝锥加工孔的内螺纹，适用于切削较小直径的螺纹孔。下面以图 11.3.112 所示的模型为例，说明创建螺纹孔加工操作的一般步骤。

1. 打开模型文件并进入加工模块

打开文件 D:\ug111\work\ch11.03\tapping.prt，系统自动进入加工环境。

2. 创建刀具

步骤01 选择下拉菜单 插入(S) ➡ 🔧刀具(T) 命令，系统弹出"创建刀具"对话框。

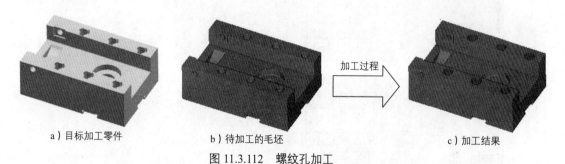

a）目标加工零件　　　　　　　b）待加工的毛坯　　　　　　　c）加工结果

图 11.3.112 螺纹孔加工

步骤02 在"创建刀具"对话框 类型 下拉列表中选择 hole_making 选项，在 刀具子类型 区域中单击"TAP"按钮 🔧，在 名称 文本框中输入 TAP8-1.2，单击 确定 按钮，系统弹出"丝锥"对话框。

步骤03 在"钻刀"对话框 (D) 直径 文本框中输入值 8.0，在 (P) 螺距 文本框中输入值 1.2，在 刀具号 文本框中输入值 1，其他参数采用系统默认设置值，单击 确定 按钮，完成刀具的设置。

3. 创建螺纹孔加工工序

任务 01 创建工序

步骤 01 选择下拉菜单 插入(S) ➡️ 🔧 工序(E)... 命令，系统弹出"创建工序"对话框。

步骤 02 确定加工方法。在 工序子类型 区域中单击"攻丝"按钮 🔧，在 刀具 下拉列表中选择前面设置的刀具 TAP8-1.2 (丝锥) 选项，在 几何体 下拉列表中选择 WORKPIECE 选项，在 方法 下拉列表中选择 DRILL_METHOD 选项，其他参数采用系统默认设置值。

步骤 03 单击"创建工序"对话框中的 确定 按钮，系统弹出"攻丝"对话框。

任务 02 指定几何体

步骤 01 单击"攻丝"对话框 指定特征几何体 右侧的 🖱️ 按钮，系统弹出图 11.3.113 所示的"特征几何体"对话框。

步骤 02 采用默认的参数设置，在图形中选取图 11.3.114 所示的六个孔的圆柱面，系统自动识别各个孔的螺纹参数，完成后单击 确定 按钮，返回"攻丝"对话框。

图 11.3.113 "特征几何体"对话框

图 11.3.114 选择六个孔的圆柱面

任务 03 设置循环控制参数

步骤 01 在"攻丝"对话框 刀轨设置 区域的 循环 下拉列表中选择 钻，攻丝 选项，单击"编辑循环"按钮 🔧，系统弹出"循环参数"对话框。

步骤 02 采用系统默认的参数设置值，单击 确定 按钮，返回"攻丝"对话框。

任务 04 设置切削参数

步骤 01 单击"攻丝"对话框中的"切削参数"按钮 🖾，系统弹出如图 11.3.115 所示的"切削参数"对话框。

步骤 02 采用系统默认的参数设置，单击 确定 按钮返回"攻丝"对话框。

任务 05 设置过切检查

在"攻丝"对话框 刀轨设置 区域中取消选中 □过切检查 选项。

任务 06 设置进给率和速度

步骤 01 单击"攻丝"对话框中的"进给率和速度"按钮 🏮，系统弹出"进给率和速度"对话框。

步骤 02 在"进给率和速度"对话框中选中 ☑ 主轴速度（rpm）复选框，然后在其文本框中输入值 300.0，并按 Enter 键，然后单击 🖩 按钮，在 切削 文本框中输入值 1.2，并在其后的下拉列表中选择 mmpm 选项，然后单击 🖩 按钮，其他参数采用系统默认设置值，单击 确定 按钮。

4. 生成刀路轨迹

生成的刀路轨迹如图 11.3.116 所示。

图 11.3.115 "切削参数"对话框

图 11.3.116 刀路轨迹

5. 保存文件

选择下拉菜单 文件(F) ➡ 🖫保存(S) 命令，保存文件。

第四篇

UG NX 11.0实际综合应用案例

第 12 章　UG 零件设计实际综合应用

12.1　零件设计案例 1——支 架

案例概述

本案例介绍了支架的设计过程。通过练习本例，读者可以掌握实体的拉伸、抽壳、旋转、镜像和倒圆角等特征的应用。零件模型（一）如图 12.1.1 所示。

　　本案例的详细操作过程请参见随书光盘中 video\ch12.01\文件夹下的语音视频讲解文件。模型文件为 D:\ug111\work\ch12.01\toy_cover-r01.prt。

12.2　零件设计案例 2——机 座

案例概述

本案例介绍了一个简单机座的设计过程。主要是讲述实体拉伸特征命令的应用，其中还用到了孔特征、边倒圆及镜像等命令。零件模型（二）如图 12.2.1 所示。

图 12.1.1　零件模型(一)　　　　　　　　图 12.2.1　零件模型(二)

本案例的详细操作过程请参见随书光盘中 video\ch12.02\文件夹下的语音视频讲解文件。模型文件为 D:\ug111\work\ch12.02\declivity_part.prt。

12.3 零件设计案例 3——传呼机固定套

案例概述

本案例介绍了传呼机固定套的设计过程。主要运用了实体的拉伸特征，通过对本例的学习，使读者对实体的拉伸、扫掠和倒圆角等特征有进一步的了解。零件模型（三）如图 12.3.1 所示。

 本案例的详细操作过程请参见随书光盘中 video\ch12.03\文件夹下的语音视频讲解文件。模型文件为 D:\ug111\work\ch12.03\ plastic_sheath.prt。

12.4 零件设计案例 4——手柄

案例概述

本案例介绍了手柄的设计过程。读者在学习本例后，可以熟练掌握拉伸特征、旋转特征、圆角特征、倒斜角特征和镜像特征的创建。零件模型（四）如图 12.4.1 所示。

 本案例的详细操作过程请参见随书光盘中 video\ch12.04\文件夹下的语音视频讲解文件。模型文件为 D:\ug111\work\ch12.04\handle_body.prt。

图 12.3.1 零件模型(三)

图 12.4.1 零件模型(四)

第 **13** 章　UG 工程图设计实际综合应用

13.1　案例概述

本案例以一个机械基础——基座为载体讲述 UG NX 11.0 工程图创建的一般过程。希望通过此例的学习，读者能对 UG NX 11.0 工程图的制作有比较清楚的认识。完成后的基座工程图如图 13.1.1 所示。

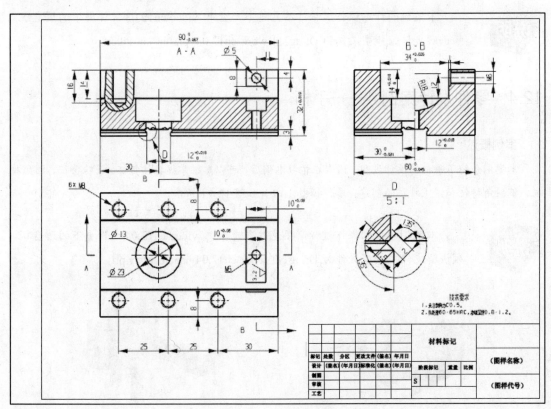

图 13.1.1　基座工程图

13.2　创建视图前的准备

步骤 **01**　打开文件 D:\ug111\work\ch13\base_body.prt。

步骤 **02**　插入图纸页。单击 应用模块 功能选项卡 设计 区域中的 制图 按钮，选择下拉菜单 插入(S) → 图纸页(H) 命令，系统弹出"图纸页"对话框；在该对话框的 大小 区域选中

⊙ 标准尺寸 单选项，在 大小 下拉列表中选择 A3 - 297 x 420 选项，在 比例 下拉列表中选择 定制比例 选项，然后在其下方的文本框中分别输入值 1.5 和 1；在 投影 区域中选中"第一角投影" ⊓ ⊚ 按钮；其他采用系统默认设置。单击 确定 按钮，系统弹出"视图创建向导"对话框，单击 取消 按钮，系统进入工程图环境。

步骤 **03** 调用图样。

（1）选择命令。选择下拉菜单 文件(F) ➡ 导入(M) ➡ 部件(P)... 命令，弹出"导入部件"对话框，单击 确定 按钮。

（2）选择图样。在弹出的"导入部件"对话框中选择 D:\ug111\work\ch13\A3.prt 文件，单击 确定 按钮，系统弹出"点"对话框。

（3）放置图样。接受默认的坐标原点为目标原点，单击 确定 按钮，结束目标原点的选取。

（4）在"点"对话框中单击 取消 按钮，完成图样的调用。

13.3 创建视图

步骤 **01** 添加基本视图。添加俯视图。选择下拉菜单 插入(S) ➡ 视图(W) ➡ 基本(B)... 命令，系统弹出"基本视图"对话框；在"基本视图"对话框的 俯视图 下拉列表中选择 001 选项，采用系统默认的缩放比例；在图形区的合适位置单击以放置俯视图，结果如图 13.3.1 所示。单击 关闭 按钮，关闭"基本视图"对话框。

步骤 **02** 添加全剖主视图。选择下拉菜单 插入(S) ➡ 视图(W) ➡ 剖视图(S)... 命令，系统弹出"剖视图"对话框；在 截面线 区域的 定义 下拉列表中选择 动态 选项，在 方法 下拉列表中选择 简单剖/阶梯剖 选项；确认"捕捉方式"工具条中的 ⊙ 按钮被按下，选取图 13.3.2 所示的圆弧 1。在图 13.3.3 所示的位置单击放置全剖视图，在"剖视图"话框中单击 关闭 按钮，完成全剖视图的创建。

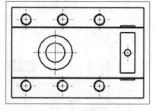

图 13.3.1 添加俯视图

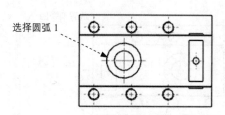

选择圆弧 1

图 13.3.2 选择剖切位置

步骤 **03** 添加阶梯剖左视图。选择下拉菜单 插入(S) ➡ 视图(W) ➡ 剖切线(L)... 命令，选取俯视图为参照，系统弹出"剖切线"选项卡并进入草图环境，绘制图 13.3.4 所示的剖切线，然后退出草绘环境；在"截面线"对话框的 方法 下拉列表中选择 简单剖/阶梯剖 选项，然后单击 ✕

按 钮 ， 单 击 确定 按 钮 完 成 剖 切 线 的 创 建 ； 选 择 下 拉 菜 单 插入(S) ➡ 视图(W) ➡ 剖视图(S)... 命令，在 截面线 区域的 定义 下拉列表中选择 选择现有的 选项，然后选择图 13.3.4 所示绘制的剖切线。在图 13.3.5 所示的位置单击放置阶梯 剖视图，单击"剖视图"对话框中的 关闭 按钮。

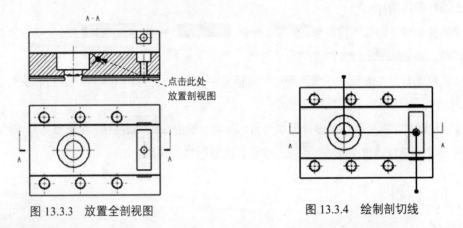

图 13.3.3　放置全剖视图　　　　　　　　　　　图 13.3.4　绘制剖切线

步骤 04 旋转阶梯剖左视图。

（1）右击阶梯剖左视图，在系统弹出的快捷菜单中选择 视图对齐(L)... 命令，在系统弹出 的"视图对齐"对话框 列表 区域中将原有的对齐方式删除。

（2）右击阶梯剖左视图，在系统弹出的快捷菜单中选择 设置(S)... 命令，然后在"设置" 对话框 角度 选项 角度 文本框中输入值 90，单击 确定 按钮，然后将其移至右上角合适的位置， 旋转阶梯剖视图如图 13.3.6 所示。

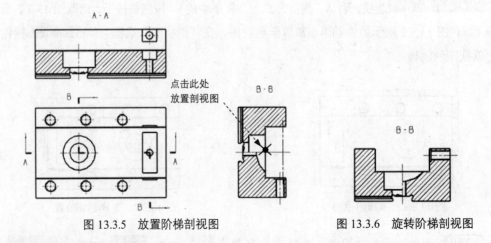

图 13.3.5　放置阶梯剖视图　　　　　　　　　　　图 13.3.6　旋转阶梯剖视图

步骤 05 添加局部剖视图。

（1）在全剖视图的边界上右击，在系统弹出的快捷菜单中选择 活动草图视图 命令，此时将

激活全剖视图为草图视图。单击 布局 功能选项卡，然后在 草图 区域单击"艺术样条"按钮 ，

选择 通过点 类型，在 参数化 区域中选中 ☑封闭 复选框，绘制图 13.3.7 所示的样条曲线，单击

< 确定 > 按钮。单击 完成草图 按钮，完成草图绘制。

（2）选择下拉菜单 插入(S) ➡ 视图(W) ➡ 局部剖(O)... 命令，在绘图区选取全剖视

图，选取图 13.3.8 所示的圆弧圆心，接受系统的默认方向，单击"局部剖"对话框中的"选择

曲线"按钮 ，选择样条曲线为剖切线；单击 应用 按钮，再单击 取消 按钮，完成局部

剖视图的创建，结果如图 13.3.9 所示。

绘制样条曲线时，先将全剖视图的视图样式改为隐藏线可见的形式，操作完

成后再将其隐藏。具体操作参见视频。

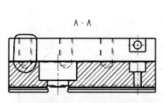
图 13.3.7 绘制样条曲线

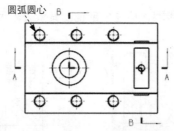
图 13.3.8 选取圆弧圆心

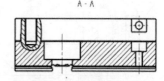
图 13.3.9 局部剖视图

步骤 **06** 添加图 13.3.10 所示的局部放大图。选择下拉菜单 插入(S) ➡ 视图(W) ➡

局部放大图(D)... 命令，在"局部放大图"对话框的 类型 下拉列表中选择 圆形 选项，绘制放

大区域的边界（图 13.3.11），在 比例 区域的 比例 下拉列表中选择 5:1 选项，在对话框 父项上的标签 区

域的 标签 下拉列表中选择 标签 选项。选择合适的位置并单击以放置放大图，然后单击 关闭

按钮。编辑视图标签，将字母改为 D。

图 13.3.10 局部放大图

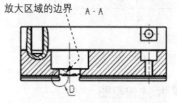
图 13.3.11 绘制放大区域的边界

13.4 标注尺寸

任务 **01** 标注全剖视图

步骤 **01** 选择下拉菜单 插入(S) ➡ 尺寸(M)▶ ➡ 快速(P)... 命令，系统弹出"快速尺

寸"对话框，在图样中添加图 13.4.1 所示的 7 个尺寸标注。

步骤 02 标注直径尺寸。选择下拉菜单 插入(S) ➡ 尺寸(M)▶ ➡ 径向(R)...命令，在 测量 区域 方法 下拉列表中选择 直径 选项，在视图中选取图 13.4.2 所示的圆弧，此时图样上会显示尺寸预览；右击，在弹出的快捷菜单中选择 文本方位 ▶ ➡ 水平文本 选项，使得尺寸文本为水平方位，在合适位置单击以放置该尺寸，结果如图 13.4.3 所示，按下 Esc 键关闭径向尺寸对话框。

步骤 03 标注公差尺寸。选择下拉菜单 插入(S) ➡ 尺寸(M)▶ ➡ 快速(P)...命令，选取图 13.4.3 所示的边线，右击，在弹出的快捷菜单中选择 公差 ▶ ➡ 双向公差 命令，鼠标暂停 1~2s 后，在弹出的工具条中单击 按钮，然后单击靠近尺寸文本的 按钮，在系统弹出的"尺寸编辑"界面公差文本框中分别输入值 0、-0.087，再次单击 按钮，在合适的位置单击放置尺寸。结果如图 13.4.3 所示。

步骤 04 参照上一步的操作步骤，标注全剖视图其余公差尺寸。结果如图 13.4.4 所示。

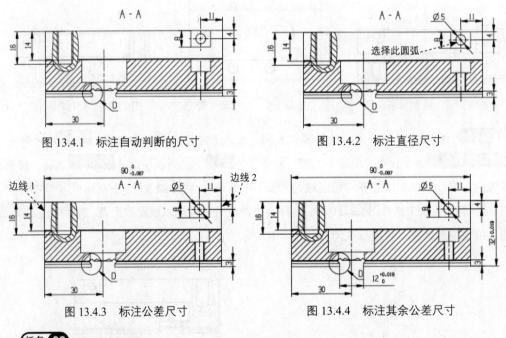

图 13.4.1　标注自动判断的尺寸　　　　图 13.4.2　标注直径尺寸

图 13.4.3　标注公差尺寸　　　　图 13.4.4　标注其余公差尺寸

任务 02 标注俯视图

步骤 01 选择下拉菜单 插入(S) ➡ 尺寸(M)▶ ➡ 快速(P)...命令，系统弹出"快速尺寸"对话框，在图样中添加图 13.4.5 所示的 2 个尺寸标注。

步骤 02 标注直径尺寸。选择下拉菜单 插入(S) ➡ 尺寸(M)▶ ➡ 径向(R)...命令，在 测量 区域 方法 下拉列表中选择 直径 选项，在视图中选取图 13.4.6 所示的圆弧，此时图样上会显示尺寸预览；右击，在弹出的快捷菜单中选择 文本方位 ▶ ➡ 水平文本 选项，使得尺寸文本为水平方位，在合适位置单击以放置该尺寸，结果如图 13.4.6 所示，按下 Esc 键关闭径向尺寸对话框。

步骤 03 参照上一步的操作步骤，标注俯视图其余直径尺寸。结果如图 13.4.6 所示。

步骤 04 标注水平链尺寸。选择下拉菜单 插入(S) ➡ 尺寸(M)▸ ➡ ⊢–┤ 快速(P)... 命令，系统弹出"快速尺寸"对话框，在图样中分别选取图 13.4.7 所示的点 1 和点 2、点 2 和点 3、点 3 和点 4，在合适位置分别单击，添加图 13.4.7 所示的尺寸标注。

步骤 05 标注螺纹尺寸。

（1）选择下拉菜单 插入(S) ➡ 尺寸(M)▸ ➡ ⊢–┤ 快速(P)... 命令，在视图中选取图 13.4.8 所示的圆弧，右击，在弹出的快捷菜单中选择 ⁴⁴ 设置 选项，系统弹出"设置"对话框；单击 前缀/后缀 选项卡，在 直径符号 下拉列表中选择 🔧 用户定义 选项，并在 要使用的符号 文本框中输入 M，在 文本间隙 文本框中输入值 0.0，单击 关闭 按钮。

（2）再次右击，在弹出的快捷菜单中选择 文本方位 ▸ ➡ ▭ 水平文本 选项，使得尺寸文本为水平方位，在合适位置单击以放置该尺寸，结果如图 13.4.8 所示，按下 Esc 键关闭径向尺寸对话框。

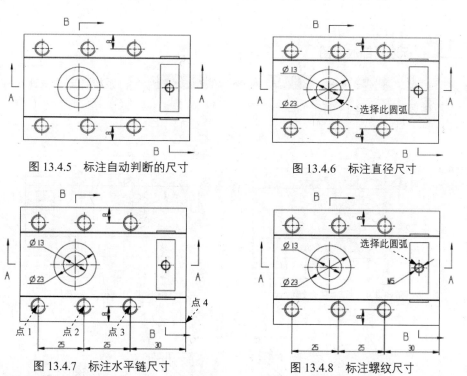

图 13.4.5　标注自动判断的尺寸　　　　图 13.4.6　标注直径尺寸

图 13.4.7　标注水平链尺寸　　　　　图 13.4.8　标注螺纹尺寸

步骤 06 标注俯视图其余螺纹尺寸。

（1）选择下拉菜单 插入(S) ➡ 尺寸(M)▸ ➡ ⊢–┤ 快速(P)... 命令，在视图中选取图 13.4.9

所示的圆弧,右击,在弹出的快捷菜单中选择 A 设置 选项,系统弹出"设置"对话框;单击 前缀/后缀
选项卡,在 直径符号 下拉列表中选择 用户定义 选项,并在 要使用的符号 文本框中输入 M,在 文本间隙
文本框中输入值 0.0,单击 关闭 按钮。

(2)再次右击,在弹出的快捷菜单中选择 文本方位 ▶ ━━━ 水平文本 选项,使得尺寸文本
为水平方位;右击,在弹出的快捷菜单中选择 A 编辑附加文本 命令,然后在弹出的"附加文本"
对话框 文本位置 下拉列表中选择 之前 选项,在 格式化 区域中输入文本"6X",单击 关闭 按钮。
在合适位置单击以放置该尺寸,结果如图 13.4.9 所示,按下 Esc 键关闭径向尺寸对话框。

步骤 07 标注公差尺寸。参照 任务 01 标注公差尺寸的操作步骤,标注俯视图中的公差尺寸,
结果如图 13.4.10 所示。

任务 03 标注左视图

步骤 01 选择下拉菜单 插入(S) ━━━ 尺寸(M)▶ ━━━ 快速(P)... 命令,系统弹出"快速尺
寸"对话框,在图样中添加图 13.4.11 所示的 3 个尺寸标注。

步骤 02 参照 任务 02 标注螺纹和标注公差的操作步骤,标注左视图其余尺寸。结果如图
13.4.12 所示。

任务 04 标注局部放大图

选择下拉菜单 插入(S) ━━━ 尺寸(M)▶ ━━━ 快速(P)... 命令,系统弹出"快速尺寸"对话
框,在图样中添加图 13.4.13 所示的 4 个尺寸标注。

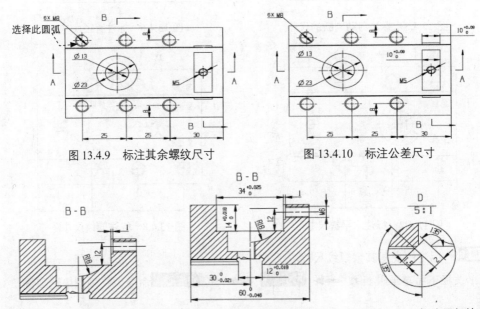

图 13.4.9　标注其余螺纹尺寸　　　　　图 13.4.10　标注公差尺寸

图 13.4.11　标注自动判断的尺寸　　图 13.4.12　标注左视图其余尺寸　　图 13.4.13　标注局部放大图尺寸

13.5　添加注释

步骤 01　选择命令。选择下拉菜单 插入(S) ➡ 注释(A) ➡ A 注释(N)... 命令，弹出"注释"对话框。

步骤 02　输入文本内容。在"注释"对话框的文字输入区中清除已有文字，然后输入文字"技术要求"并按下 Enter 键；输入第二行文字"1.未注倒角为 C0.5。"并按下 Enter 键；输入第三行文字"2.热处理 60-65HRC，渗碳深度 0.8-1.2。"，并按下 Enter 键。

步骤 03　设置格式。在文字输入区中选中文字"技术要求"，在 格式化 区域的"比例"下拉列表中选择 1.4 选项，根据需要在文字"技术要求"前面插入若干空格。

步骤 04　在图样合适位置单击以放置注释，结果如图 13.5.1 所示，按 Esc 键结束注释命令。

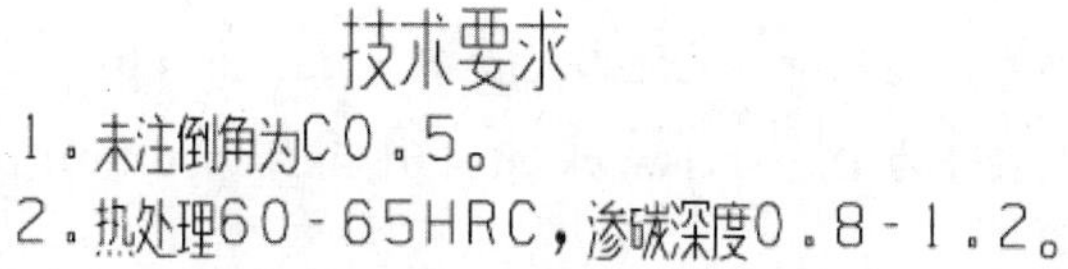

技术要求
1.未注倒角为C0.5。
2.热处理60-65HRC，渗碳深度0.8-1.2。

图 13.5.1　添加注释文本

步骤 05　此时工程图创建结果如图 13.1.1 所示，选择下拉菜单 文件(F) ➡ 🖫 保存(S) 命令，即可保存文件。

第 **14** 章　UG 曲面设计实际综合应用

14.1　曲面设计案例 1——支撑架的设计

案例概述

本案例主要运用了"拉伸""投影曲线""组合曲线投影""通过曲线组""通过曲线网格""有界平面""修剪和延伸"和"缝合"等命令，在设计此零件的过程中应注意草图尺寸的准确性。零件模型（一）如图 14.1.1 所示。

 本案例的详细操作过程请参见随书光盘中 video\ch14.01\文件夹下的语音视频讲解文件。模型文件为 D:\ug111\work\ch14.01\fix_support-r01.prt。

14.2　曲面设计案例 2——把手的设计

案例概述

本案例主要讲述把手的实体建模，包括拉伸、修剪、基准平面、通过曲线网格、直纹、延伸、镜像、缝合、修剪、草绘和抽壳特征的创建。其中曲线网格的操作技巧性较强。零件模型（二）如图 14.2.1 所示。

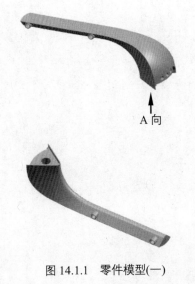

图 14.1.1　零件模型(一)

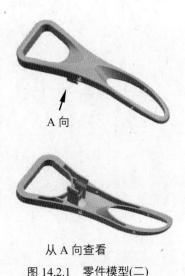

从 A 向查看

图 14.2.1　零件模型(二)

本案例的详细操作过程请参见随书光盘中 video\ch14.02 文件夹下的语音视频讲解文件。模型文件为 D:\ug111\work\ch14.02\handle.prt。

14.3　曲面设计案例3——电话机面板

案例概述

　　本案例介绍了电话机面板的设计过程。主要讲述了偏置曲线、投影曲线、直纹面、通过曲线组、曲面修剪和缝合的操作。值得注意的是偏置曲面的应用以及曲面修剪的技巧性。零件模型（三）如图 14.3.1 所示。

　　本案例的详细操作过程请参见随书光盘中 video\ch14.03 文件夹下的语音视频讲解文件。模型文件为 D:\ug111\work\ch14.03\FACEPLATE.prt。

14.4　曲面设计案例4——玩具飞机

案例概述

　　本案例介绍了玩具飞机的整体造型过程。在创建过程中结合了曲面中大部分常用的命令，模型的结构比较复杂，难点在于机翼的创建，在创建过程中要保证曲面间的相切过渡。零件模型（四）如图 14.4.1 所示。

　　本案例的详细操作过程请参见随书光盘中 video\ch14.04 文件夹下的语音视频讲解文件。模型文件为 D:\ug111\work\ch14.04\toy_airplane.prt。

图 14.3.1　零件模型(三)

图 14.4.1　零件模型(四)

第15章 UG 钣金设计实际综合应用

15.1 钣金零件设计案例 1——钣金支架

案例概述

本案例介绍了钣金支架的设计过程：首先创建第一钣金壁特征，然后通过"弯边"命令和"高级弯边"命令创建了钣金壁特征，在设计此零件的过程中还创建了钣金壁切除特征。钣金件模型（一）如图 15.1.1 所示。

 本案例的详细操作过程请参见随书光盘中 video\ch15.01\文件夹下的语音视频讲解文件。模型文件为 D:\ug111\work\ch15.01\printer_support_01.prt。

15.2 钣金零件设计案例 2——钣金板

案例概述

本案例介绍了钣金板的设计过程：首先创建第一钣金壁特征，然后通过"弯边""法向除料"和"冲压"等命令创建了钣金壁特征。钣金件模型（二）如图 15.2.1 所示。

 本案例的详细操作过程请参见随书光盘中 video\ch15.02\文件夹下的语音视频讲解文件。模型文件为 D:\ug111\work\ch15.02\printer_support_02.prt。

图 15.1.1 钣金件模型（一）

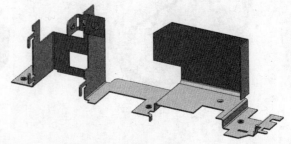

图 15.2.1 钣金件模型(二)

15.3　钣金零件设计案例 3——SIM 卡固定架

案例概述

本案例详细讲解了一款手机 SIM 卡固定架的设计过程。设计过程较为复杂，特征较多，需要读者特别注意细小特征的创建，尤其是选取边倒圆特征的参照边。钣金件模型（三）如图 15.3.1 所示。

本案例的详细操作过程请参见随书光盘中 video\ch15.03\文件夹下的语音视频讲解文件。模型文件为 D:\ug111\work\ch15.03\sim_card_rivet.prt。

15.4　钣金零件设计案例 4——打火机防风盖

案例概述

本案例详细讲解了打火机防风盖的创建过程。主要应用了"抽壳""法向除料"及"实体冲压"等命令，需要读者注意的是使用"实体冲压"命令的操作过程及使用方法。钣金件模型（四）如图 15.4.1 所示。

本案例的详细操作过程请参见随书光盘中 video\ch15.04\文件夹下的语音视频讲解文件。模型文件为 D:\ug111\work\ch15.04\sim_card_rivet.prt。

图 15.3.1　钣金件模型（三）

图 15.4.1　钣金件模型(四)

第 **16** 章　UG 运动仿真与分析实际综合应用

案例概述

本案例讲述了图 16.1.1 所示的拖把运动仿真过程，在定义运动仿真过程中首先要注意连杆的定义，要根据机构的实际运动情况来进行正确的定义。机构模型及仿真结构树如图 16.1.1 所示。

图 16.1.1　机构模型及仿真结构树

步骤 **01**　打开文件 D:\ug111\work\ch16\swabber.prt。

步骤 **02**　在 应用模块 功能选项卡 仿真 区域单击 运动 按钮，进入运动仿真模块。

步骤 **03**　新建仿真文件。在"运动导航器"中右击 swabber，在弹出的快捷菜单中选择 新建仿真 命令；在"环境"对话框中选中 动力学 单选项，输入仿真名称为 MOTION_1，单击 确定 按钮，在弹出的"机构运动副向导"对话框中单击 取消 按钮。

步骤 **04**　定义连杆。

（1）定义连杆 1。选择下拉菜单 插入(S) ➡ 链接(L)... 命令，系统弹出"连杆"对话框，选中 ☑ 固定连杆 复选框，选取图 16.1.2（此图只显示连杆 1）所示的组件（共 6 个零部件，具体操作请参看随书光盘）为连杆 1，其余参数接受系统默认，在"连杆"对话框中单击 应用 按钮。

（2）定义连杆 2。在"连杆"对话框中取消选中 ☐ 固定连杆 复选框，选取图 16.1.3 所示的组件（共 1 个零部件）为连杆 2，在"连杆"对话框中单击 应用 按钮。

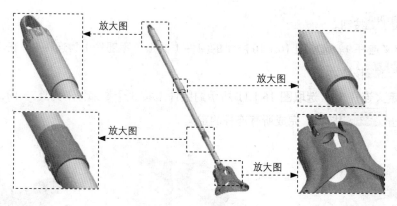

图 16.1.2　连杆 1

（3）定义连杆 3。选取图 16.1.4 所示的组件（共 2 个零部件）为连杆 3，在"连杆"对话框中单击 应用 按钮。

（4）定义连杆 4。选取图 16.1.5 所示的组件（共 1 个零部件）为连杆 4，在"连杆"对话框中单击 应用 按钮。

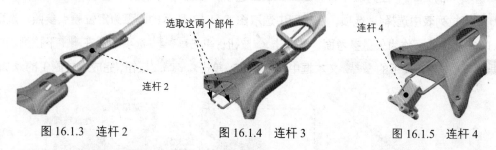

图 16.1.3　连杆 2　　　　　图 16.1.4　连杆 3　　　　　图 16.1.5　连杆 4

（5）定义连杆 5。选取图 16.1.6 所示的组件（共 1 个零部件）为连杆 5，在"连杆"对话框中单击 应用 按钮。

（6）定义连杆 6。选取图 16.1.7 所示的组件（共 1 个零部件）为连杆 6，在"连杆"对话框中单击 应用 按钮。

（7）定义连杆 7。选取图 16.1.8 所示的组件（共 3 个零部件）为连杆 7，在"连杆"对话框中单击 应用 按钮。

图 16.1.6　连杆 5　　　　　图 16.1.7　连杆 6　　　　　图 16.1.8　连杆 7

（8）定义连杆 8。选取图 16.1.9 所示的组件（共 1 个零部件）为连杆 8，在"连杆"对话

框中单击 应用 按钮。

（9）定义连杆9。选取图16.1.10所示的组件（共1个零部件）为连杆9，在"连杆"对话框中单击 应用 按钮。

（10）定义连杆10。选取图16.1.11所示的组件（共3个零部件）为连杆10，在"连杆"对话框中单击 确定 按钮，完成所有连杆的定义。

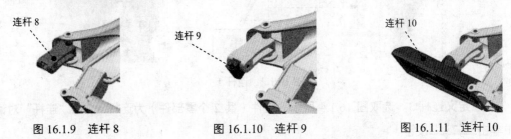

图16.1.9　连杆8　　　　　　图16.1.10　连杆9　　　　　　图16.1.11　连杆10

步骤05 定义旋转副1。选择下拉菜单 插入(S) ➞ 运动副(J)... 命令；在"运动副"对话框 定义 选项卡的 类型 下拉列表中选择 旋转副 选项，在运动导航器中选取 L002 连杆；在 指定原点 下拉列表中选择 ⊙ 选项，在模型中选取图16.1.12所示的圆弧为定位原点参照；选取图16.1.12所示的面作为矢量参考面，并单击 按钮；单击 驱动 选项卡，在 旋转 下拉列表中选择 恒定 选项，并在其下的 初速度 文本框中输入值25，单击 应用 按钮，完成旋转副1的添加。

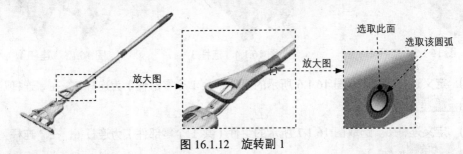

图16.1.12　旋转副1

步骤06 定义旋转副2。在运动导航器中选取 L002 连杆；选取图16.1.13所示的圆弧为定位原点参照；选取图16.1.13所示的面作为矢量参考面；在"运动副"对话框 基本 区域中选中 啮合连杆 复选框，在运动导航器中选取 L003 连杆，选取图16.1.13所示的圆弧为定位原点参照；选取图16.1.13所示的面作为矢量参考面；单击 应用 按钮，完成旋转副2的添加。

步骤07 定义旋转副3。在运动导航器中选取 L003 连杆；选取如图16.1.14所示的圆弧为定位原点参照；选取图16.1.14所示的面作为矢量参考面；在"运动副"对话框 基本 区域中选中 啮合连杆 复选框，在运动导航器中选取 L004 连杆，选取图16.1.14所示的圆弧为定位原点参照；选取图16.1.14所示的面作为矢量参考面；单击 应用 按钮，完成旋转副3的添加。

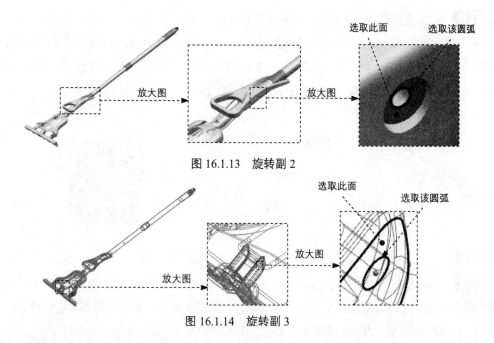

图 16.1.13　旋转副 2

图 16.1.14　旋转副 3

步骤 08　定义旋转副 4。在运动导航器中选取 L005 连杆；选取图 16.1.15 所示的圆弧为定位原点参照；选取图 16.1.15 所示的面作为矢量参考面；单击 应用 按钮，完成旋转副 4 的添加。

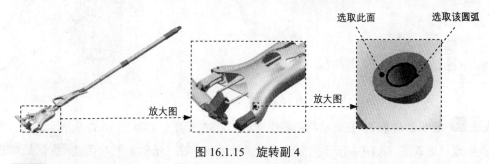

图 16.1.15　旋转副 4

步骤 09　定义旋转副 5。在运动导航器中选取 L008 连杆；选取图 16.1.16 所示的圆弧为定位原点参照；选取图 16.1.16 所示的面作为矢量参考面；单击 应用 按钮，完成旋转副 5 的添加。

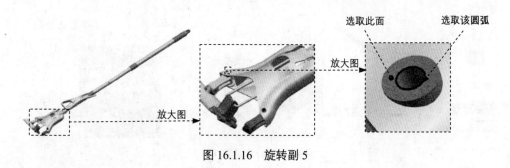

图 16.1.16　旋转副 5

步骤 10. 定义旋转副 6。在运动导航器中选取 L005 为连杆，选取图 16.1.17 所示的圆弧为定位原点参照；选取图 16.1.17 所示的面作为矢量参考面；在"运动副"对话框 **基本** 区域中选中 ☑ **啮合连杆** 复选框，在运动导航器中选取 L006 连杆，选取图 16.1.17 所示的圆弧为定位原点参照；选取图 16.1.17 所示的面作为矢量参考面；单击 **应用** 按钮，完成旋转副 6 的添加。

图 16.1.17 旋转副 6

步骤 11 定义旋转副 7。在运动导航器中选取 L006 为连杆，选取图 16.1.18 所示的圆弧为定位原点参照；选取图 16.1.18 所示的面作为矢量参考面；在"运动副"对话框 **基本** 区域中选中 ☑ **啮合连杆** 复选框，在运动导航器中选取 L007 连杆，选取图 16.1.18 所示的圆弧为定位原点参照；选取图 16.1.18 所示的面作为矢量参考面；单击 **应用** 按钮，完成旋转副 7 的添加。

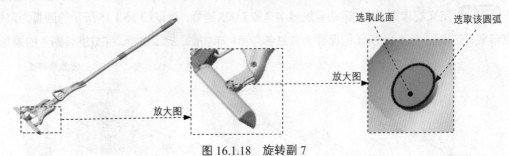

图 16.1.18 旋转副 7

步骤 12 定义旋转副 8。在运动导航器中选取 L008 为连杆，选取图 16.1.19 所示的圆弧为定位原点参照；选取图 16.1.19 所示的面作为矢量参考面；在"运动副"对话框 **基本** 区域中选中 ☑ **啮合连杆** 复选框，在运动导航器中选取 L009 连杆，选取图 16.1.19 所示的圆弧为定位原点参照；选取图 16.1.19 所示的面作为矢量参考面；单击 **应用** 按钮，完成旋转副 8 的添加。

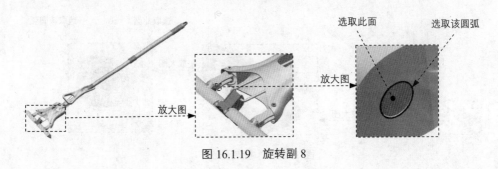

图 16.1.19 旋转副 8

步骤 13 定义旋转副 9。在运动导航器中选取 L009 为连杆，选取图 16.1.20 所示的圆弧为定位原点参照；选取图 16.1.20 所示的面作为矢量参考面；在"运动副"对话框 基本 区域中选中 ☑ 啮合连杆 复选框，在运动导航器中选取 L010 连杆，选取图 16.1.20 所示的圆弧为定位原点参照；选取图 16.1.20 所示的面作为矢量参考面；单击 应用 按钮，完成旋转副 9 的添加。

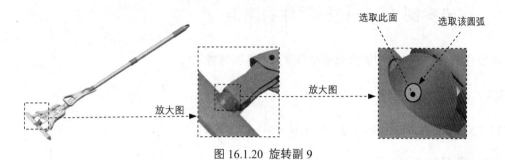

图 16.1.20　旋转副 9

步骤 14 定义旋转副 10。在运动导航器中选取 L004 为连杆，选取图 16.1.21 所示的圆弧为定位原点参照；选取图 16.1.21 所示的面作为矢量参考面；在"运动副"对话框 基本 区域中选中 ☑ 啮合连杆 复选框，在运动导航器中选取 L007 连杆，选取图 16.1.21 所示的圆弧为定位原点参照；选取图 16.1.21 所示的面作为矢量参考面；单击 应用 按钮，完成旋转副 10 的添加。

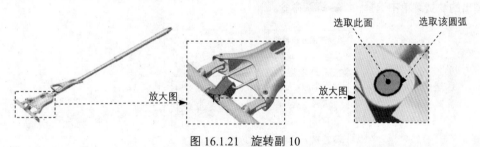

图 16.1.21　旋转副 10

步骤 15 定义旋转副 11。在运动导航器中选取 L004 为连杆，选取图 16.1.22 所示的圆弧为定位原点参照；选取图 16.1.22 所示的面作为矢量参考面；在"运动副"对话框 基本 区域中选中 ☑ 啮合连杆 复选框，在运动导航器中选取 L010 连杆，选取图 16.1.22 所示的圆弧为定位原点参照；选取图 16.1.22 所示的面作为矢量参考面；单击 确定 按钮，完成所有运动副的添加。

步骤 16 后面的详细操作过程请参见随书光盘中 video\ch16\reference\文件夹下的语音视频讲解文件 swabber-r01.exe。

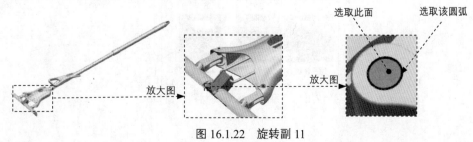

图 16.1.22　旋转副 11

第17章 UG高级渲染实际综合应用

17.1 渲染案例1——机械零件的渲染

本节介绍一个零件模型渲染成钢材质效果的详细操作过程。

17.1.1 打开模型文件

打开文件 D:\ug111\work\ch17.01\pump_cover.prt。

17.1.2 设置材料/纹理

步骤 01 添加材料到部件材料。选择下拉菜单 视图(V) ➤ 可视化(V) ➤ 材料/纹理(M)... 命令，单击左侧工具栏中的"系统艺术外观材料"按钮 ，系统弹出图 17.1.1 所示的"系统艺术外观材料"窗口。单击 金属 文件夹，然后在弹出的子文件中右击"可锻铸铁"，在系统弹出的快捷菜单中选择 复制 命令。

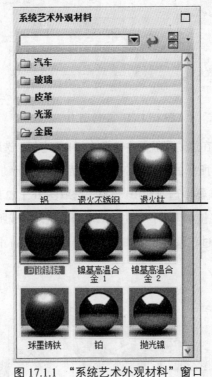

图 17.1.1 "系统艺术外观材料"窗口

说明 在执行"系统艺术外观材料"命令 之前，须进入艺术外观环境，否则找不到此命令。

步骤 02 将材料添加到模型当中。单击左侧工具栏中的"部件中的艺术外观材料"按钮，系统弹出图 17.1.2 所示的"部件中的艺术外观材料"窗口。用鼠标在空白处右击，在系统弹出的快捷菜单中选择 粘贴 命令，此时窗口中已经出现"可锻铸铁"材料，用鼠标拖动上一步所选的材料"可锻铸铁"至模型当中，模型材料自动更改成所选材料。

说明 如果去除模型材料可将图 17.1.2 所示的"None"图标拖动到模型当中。

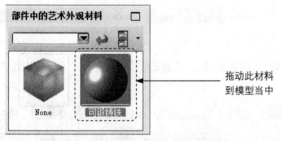
拖动此材料到模型当中

图 17.1.2 "部件中的艺术外观材料"窗口

图 17.1.3 添加材料后的模型

17.1.3 灯光设置

步骤 01 选择命令。选择下拉菜单 视图(V) ➡ 可视化(V) ➡ 高级光(A) 命令，系统弹出"高级光"对话框。

步骤 02 定义环境光源。光源的设置方案如下。

（1）添加"标准 Z 聚光"。选中"高级光"对话框 灯光列表 下 关 区域中的"标准 Z 聚光"按钮，然后单击 按钮，此时"标准 Z 聚光"被添加到环境光源 开 区域中。

（2）添加"标准 Z 点光源"。添加方法同上。

（3）创建新的点光源，并添加到 开 区域中。单击"高级光"对话框 操作 区域的"新建"按钮。在 基本设置 区域的 名称 文本框中输入名称为"L1"，在 类型 下拉列表中选择 点光源 选项，单击 应用 按钮，点光源创建完成，然后将其添加到 开 区域中。

（4）调节光源强度与位置。在 开 区域中选中"L1"点光源，在 强度 选项中定义其强度为 0.55；在图形中选中"L1"点光源，单击 定向灯光 区域的 按钮，系统弹出"点"对话框，在图

17.1.4 所示的区域中输入坐标位置。使用相同的方法定义"标准 Z 点光源"点光源强度为 0.50，调节到图 17.1.5 所示的位置。其余灯光接受系统默认的强度与位置。

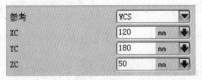

图 17.1.4　"L1"点光源位置坐标　　　图 17.1.5　"标准 Z 点光源"位置坐标

在图形区域拖动光源，可以调整光源位置。

步骤 03 单击对话框中的 确定 按钮，完成高级灯光的设置。

17.1.4 展示室环境的设置

步骤 01 选择命令。选择下拉菜单 视图(V) ➡ 可视化(V) ➡ 展示室环境(W)...
命令，系统弹出"展示室环境"对话框。

步骤 02 定义编辑器。单击"展示室环境"对话框中的"编辑器"按钮，系统弹出"编辑环境立方体图像"对话框。

步骤 03 修改"Bottom"图像。选择 仰视图 下方的"Bottom"，单击 TIFF 图像 按钮，在系统弹出的"图像列表文件"对话框中选择 D:\ug111\work\ch17.01\diban.TIF 文件并将其打开，在 图样重复 文本框中输入值 4，然后单击 应用 按钮。

步骤 04 参照 **步骤 03** 的操作步骤修改"Top"图像。图像文件选择 D:\ug111\work\ch17.01\tianhuaban.TIF；图样重复为 4。

步骤 05 参照 **步骤 03** 的操作步骤修改其余方位图像。图像文件选择 D:\ug111\work\ch17.01\qiang.TIF；图样重复为 1。

17.1.5 设置高质量图像

步骤 01 选择命令。选择下拉菜单 视图(V) ➡ 可视化(V) ➡ 高质量图像(H)...
命令，系统弹出"高质量图像"对话框。

步骤 02 定义渲染方法。在 方法 下拉列表中选择 照片般逼真的 选项。

步骤 03 定义渲染操作。单击 开始着色 按钮，系统开始自动着色。此时能看到模型的变化（此操作后对话框中的按钮均为激活状态）。

步骤 04 保存渲染后模型图像。单击 保存 按钮，系统弹出图 17.1.6 所示的"保存图像"对话框。单击"保存图像"对话框中的 列出文件 按钮，系统弹出保存路径对话框，在该对话框中单击 OK 按钮，然后单击"保存图像"对话框中的 确定 按钮。

步骤 **05** 单击 确定 按钮，完成高质量图像的设置，如图 17.1.7 所示。

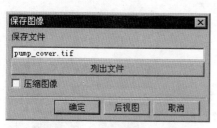

图 17.1.6 "保存图像"对话框

图 17.1.7 高质量图像

17.1.6 保存零件模型

 在随书光盘中可以找到本例完成后的效果图（D:\ug111\work\ch17.01\pump_cover_ok）。

17.2 渲染案例 2——图像渲染

本节介绍在零件模型上贴图渲染效果的详细操作过程。

步骤 **01** 打开文件 D:\ug111\work\ch17.02\paster.prt。

步骤 **02** 添加材料到部件材料。选择下拉菜单 视图(V) ➡ 可视化(V) ➡ 材料/纹理(M)... 命令，单击工具栏中的"系统艺术外观材料"按钮 ，系统弹出图 17.2.1 所示的"系统艺术外观材料"窗口。在材料区域选中青铜金属材料，右击，在弹出的快捷菜单中选择 复制 命令。

步骤 **03** 将材料添加到"部件中的艺术外观材料"当中。单击工具栏中的"部件中的艺术外观材料" 按钮，系统弹出"部件中的艺术外观材料"窗口。用鼠标在空白处右击，在弹出的快捷菜单中选择 粘贴 命令，此时"部件中的艺术外观材料"窗口中已经出现青铜金属材料，如图 17.2.2 所示。

步骤 **04** 给零件添加金属材料。用鼠标拖动上一步所选的材料"青铜"至模型当中，模型材料自动更改成所选材料。添加材料后的模型效果图如图 17.2.3 所示。

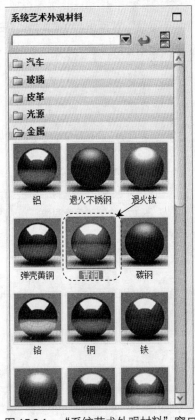

图 17.2.1　"系统艺术外观材料"窗口

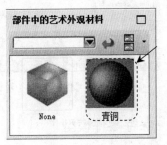

图 17.2.2　"部件中的艺术外观材料"窗口

图 17.2.3　添加材料后的模型效果图

步骤 05　在"部件中的材料"当中创建贴图文件材料。

（1）创建新的材料文件。再次在空白区域中右击，在弹出的快捷菜单中选择 新建条目 ▶ ➡ 可视化贴花 命令，此时系统弹出图 17.2.4 所示的"贴花"对话框。

（2）选择图像文件。单击"贴花"对话框 图像 区域的 按钮，打开文件 D:\ug111\work\ch17.02\picture.tif。单击 OK 按钮。

（3）在 图像 区域 图像大小 下拉列表中选择 其实大小 选项。选择图 17.2.5 所示的面为参照对象，在 放置 区域 锚点类型 下拉列表中选择 中心 选项，采用系统的原点。在 缩放 区域 缩放方法 的下拉列表中选择 面大小 选项；在 透明度 区域 透明颜色 选择默认的白色，在 RGB 公差 的文本框中输入值 0。其他采用系统默认的选项。单击 确定 按钮，完成模型表面贴图的创建，结果如图 17.2.6 所示。

　　　　如果图形区没有贴图的预览效果，可在图形空白区按住鼠标右键不放，选择"艺术外观"选项。

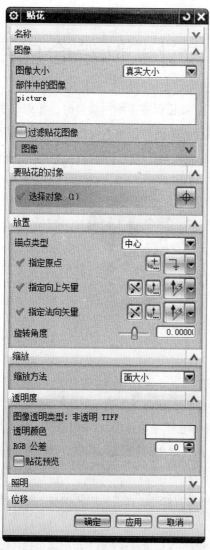

图 17.2.4　"贴花"对话框

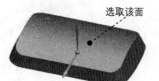

图 17.2.5　选择参照对象

图 17.2.6　贴图效果

　　在随书光盘中可以找到本例完成后的效果图（D:\ug111\work\ch17.02\paster_ok）。

第18章　UG模具设计实际综合应用

本案例将介绍一个手柄的模具设计（图18.1.1）。在设计该手柄的模具时，如果仍然将模具的开模方向定义为竖直方向，那么手柄中盲孔的轴线方向就与开模方向垂直，这就需要设计型芯模具元件才能构建该孔，因而该手柄的设计过程将会复杂一些。下面介绍该模具的设计过程。

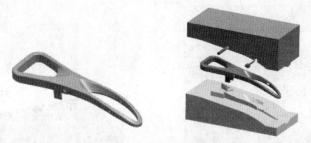

图18.1.1　手柄的模具设计

18.1　初始化项目

步骤01 加载模型。在工具条按钮区右击，单击 ✔ **应用模块** 选项，单击 按钮，系统弹出"注塑模向导"工具条，在"注塑模向导"工具条中单击"初始化项目"按钮 ，系统弹出"打开"对话框。选择文件 D:\ug111\work\ch18\handle.prt，单击 **OK** 按钮，调入模型，系统弹出"初始化项目"对话框。

步骤02 设置项目路径和名称。接受系统默认的项目路径，在"初始化项目"对话框的 **Name** 文本框中输入 handle_mold。

步骤03 定义投影单位。在"初始化项目"对话框 **设置** 区域的 **项目单位** 下拉列表中选择 **毫米** 选项。

步骤04 在该对话框中单击 **确定** 按钮，完成项目路径和名称的设置。

18.2　模具坐标系

步骤01 旋转模具坐标系。

（1）选择命令。在 **格式(R)** 下拉菜单中选择 **格式(R)** ➡ **WCS** ➡ **旋转(R)...** 命令，系统弹出图18.2.1a所示的"旋转 WCS 绕..."对话框。

（2）在弹出的对话框中选中 **⊙ +YC 轴** 单选项，单击 **确定** 按钮，定义后的模具坐标系如图18.2.1b所示。

步骤02 锁定模具坐标系。

（1）在"注塑模向导"功能选项卡 主要 区域中单击 按钮，系统弹出"模具 CSYS"对话框。

（2）在"模具 CSYS"对话框中选中 ⊙ 产品实体中心 单选项，单击 确定 按钮，完成坐标系的定义。

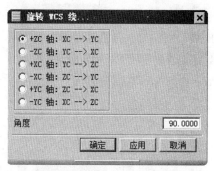

a）"旋转 WCS 绕…"对话框   b）定义后的模具坐标系

图 18.2.1 定义模具坐标系

18.3 设置收缩率

步骤01 定义收缩率类型。

（1）在"注塑模向导"功能选项卡 主要 区域中单击"收缩率"按钮 ，产品模型会高亮显示，同时系统弹出"缩放体"对话框。

（2）在"缩放体"对话框 类型 下拉列表中选择 均匀 选项。

步骤02 定义缩放体和缩放点。接受系统默认的设置。

步骤03 在"缩放体"对话框 比例因子 区域的 均匀 文本框中输入数值 1.006。

步骤04 单击 确定 按钮，完成收缩率的位置。

18.4 创建模具工件

步骤01 在"注塑模向导"功能选项卡 主要 区域中单击"工件"按钮 ，系统弹出"工件"对话框。

步骤02 在"工件"对话框的 类型 下拉菜单中选择 产品工件 选项，在 工件方法 下拉列表中选择 用户定义的块 选项。

步骤03 修改尺寸。在 限制 区域的开始和结束文本框中分别输入数值-50 和 70。其余参数保持系统默认设置值不变，单击 < 确定 > 按钮，完成创建的模具工件如图 18.4.1 所示。

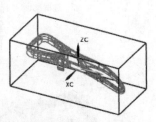

图 18.4.1 完成创建的模具工件

18.5 模具分型

任务 01 设计区域

步骤 01 切换窗口。选择下拉菜单 窗口(O) ➡ handle_mold_parting_022.prt 命令。

步骤 02 选择命令。选择下拉菜单 启动 ➡ 建模(D) 命令，进入到建模环境中。

步骤 03 创建桥接曲线。选择下拉菜单 插入(S) ➡ 派生的曲线(U) ▶ ➡ 桥接(B) 命令，系统弹出图 18.5.1 所示的"桥接曲线"对话框。分别选择图 18.5.2 所示边线的点 1 和点 2，其他参数采用系统默认设置，单击 < 确定 > 按钮，完成桥接曲线的创建。

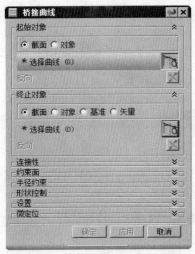

图 18.5.1 "桥接曲线"对话框

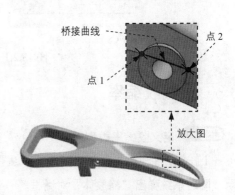

图 18.5.2 创建桥接曲面

步骤 04 创建投影曲线 1。选择下拉菜单 插入(S) ➡ 派生的曲线(U) ▶ ➡ 投影(P) 命令，选取 **步骤 03** 创建的桥接曲线为要投影的曲线，选取图 18.5.3 所示的面为投影对象；在 投影方向 区域 方向 的下拉列表中选择 沿矢量 选项，矢量方向为-ZC，单击 < 确定 > 按钮，结果如图 18.5.4 所示。

步骤 05 参照 **步骤 03** 和 **步骤 04** 的详细操作步骤创建另一侧的桥接曲线和投影曲线 2，结果如图 18.5.5 所示。

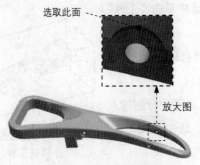

图 18.5.3 定义投影面

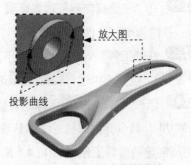

图 18.5.4 创建投影曲线 1

步骤 06 在"注塑模向导"工具栏中单击"注塑模工具"按钮 ，在弹出的工具栏中单击"拆分面"按钮 。

图 18.5.5　创建另一侧的桥接曲线和投影曲线 2

步骤 07 在系统弹出的"拆分面"对话框 **类型** 下拉列表中选择 曲线/边 选项。

步骤 08 选取要分割的面。选取图 18.5.3 所示的面。

步骤 09 选取分割对象。单击"选择对象"按钮 ，选择 **步骤 04** 中创建的投影曲线 1 为分割对象。单击 〈 确定 〉 按钮，完成拆分面 1 的创建，结果如图 18.5.6 所示。

步骤 10 参照 **步骤 06** ~ **步骤 09** 的详细操作步骤，选择另一侧的圆弧面为分割面，选择投影曲线 2 为分割对象，创建拆分面 2，结果如图 18.5.7 所示。

图 18.5.6　拆分面 1

图 18.5.7　拆分面 2

步骤 11 在"注塑模向导"功能选项卡 **分型刀具** 区域中单击"检查区域"按钮 ，系统弹出"检查区域"对话框，同时模型被加亮，并显示开模方向，如图 18.5.8 所示。单击"计算"按钮 ，系统开始对产品模型进行分析计算。

步骤 13 在"检查区域"对话框中单击 **区域** 选项卡，在该对话框 **设置** 区域中取消选中 □ **内环** 、□ **分型边** 和 □ **不完整的环** 三个复选框。

步骤 14 设置区域颜色。在"检查区域"对话框中单击"设置所有面的颜色"按钮 ，设

图 18.5.8　开模方向

置区域颜色。

步骤 15 设定区域。

（1）定义型芯区域。在"检查区域"对话框中选中 ☑ 交叉区域面 复选框，在 指派到区域 区域中选中 ⦿ 型芯区域 单选项，单击 应用 按钮；单击"选择区域面"按钮 ⬚，选取图 18.5.9 所示的表面。单击 应用 按钮，创建结果如图 18.5.10 所示。

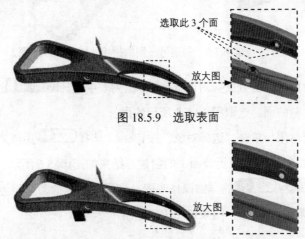

图 18.5.9　选取表面

图 18.5.10　创建结果

（2）定义型腔区域。在"检查区域"对话框中选中 ☑ 未知的面 复选框，在 指派到区域 区域中选中 ⦿ 型腔区域 单选项，单击 应用 按钮；单击"选择面"按钮 ⬚，选取图 18.5.11 所示的表面（共 18 个）。单击 确定 按钮，创建结果如图 18.5.12 所示。

图 18.5.11　选取表面　　　　　　　　　　图 18.5.12　创建结果

任务 02 模型修补

步骤 01 在"注塑模向导"功能选项卡 注塑模工具 区域中单击"曲面补片"按钮 ◈，系统弹出"边补片"对话框。

步骤 02 定义修补边界。在"边补片"对话框的 类型 下拉列表中选择 ⬡ 体 选项，然后在图形区中选取产品实体，此时系统将需要修补的破孔处加亮显示出来，如图 18.5.13 所示。

步骤 03 在"边补片"对话框 列表 区域选中 环2 至 环6，然后单击 确定 按钮，系统自动创建曲面补片，修补结果如图 18.5.14 所示。

图 18.5.13　高亮显示孔边界　　　　　　图 18.5.14　修补结果

（步骤 **04**）创建图 18.5.15 所示的网格曲面。选择下拉菜单 插入(S) ➡ 网格曲面(M) ▸

➡ 🔩 通过曲线组(T)... 命令，选取图 18.5.16 所示的边线 1 和边线 2 为截面线，并分别单击

中键。单击 ＜ 确定 ＞ 按钮，完成曲面的创建。

图 18.5.15　创建网格曲面

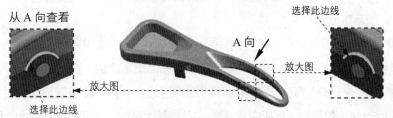

从 A 向查看

选择此边线

放大图

A 向

选择此边线

放大图

图 18.5.16　定义视图样式

（步骤 **05**）创建图 18.5.17 所示的 N 边曲面 1。选择下拉菜单 插入(S) ➡ 网格曲面(M) ▸

➡ 🔩 N 边曲面... 命令，在 类型 下拉列表中选择 🔩 已修剪 选项，选取图 18.5.18 所示的边线，

在 设置 区域选中 ☑ 修剪到边界 复选框，单击 ＜ 确定 ＞ 按钮，完成曲面的创建。

（步骤 **06**）参照（步骤 **05**）的操作步骤，选择图 18.5.19 所示的边线，创建 N 边曲面 2，结果如图

18.5.20 所示。

（步骤 **07**）编辑曲面补片。在"注塑模向导"功能选项卡 分型刀具 区域中单击"编辑分型面和

曲面补片"按钮 🔲，在图形区域选择（步骤 **04**）~（步骤 **06**）创建的网格曲面、N 边曲面 1 和 N 边曲面

2，然后单击 确定 按钮，完成操作。

图 18.5.17　创建 N 边曲面 1　　　图 18.5.18　定义参照边（一）　　　图 18.5.19　定义参照边（二）

任务 03 抽取分型线

步骤 01 在"注塑模向导"功能选项卡 分型刀具 区域中单击"定义区域"按钮 ⚒，系统弹出"定义区域"对话框。

步骤 02 在"定义区域"对话框中选中 设置 区域的 ☑ 创建区域 和 ☑ 创建分型线 复选框，单击 确定 按钮，完成型腔/型芯区域分型线的创建；创建分型线如图 18.5.21 所示。

图 18.5.20 创建 N 边曲面 2

图 18.5.21 创建分型线

任务 04 编辑分型段

步骤 01 在"注塑模向导"功能选项卡 分型刀具 区域中单击"设计分型面"按钮 📐，系统弹出"设计分型面"对话框。

步骤 02 在"设计分型面"对话框的 编辑分型段 区域中单击 ✓ 选择过渡曲线 (0) 按钮 ⛰，选取图 18.5.22 所示的圆弧 1、圆弧 2 为编辑对象，然后单击 确定 按钮。

步骤 03 在"设计分型面"对话框的 编辑分型段 区域中单击"编辑引导线"按钮 ⬊，选择图 18.5.23 所示的边线为引导线，然后在系统弹出的 引导线长度 文本框中输入值 100，单击 确定 按钮，系统返回到"设计分型面"对话框。

任务 05 创建分型面

步骤 01 在"设计分型面"对话框 分型线 区域选择 ❗ 分段 1 选项，在图 18.5.24a 中单击"延伸距离"文本，然后在活动的文本框中输入数值 150 并按 Enter 键，结果如图 18.5.24b 所示。

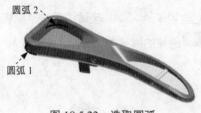

图 18.5.22 选取圆弧

图 18.5.23 选择引导线

步骤 02 创建拉伸 1。在"设计分型面"对话框 创建分型面 区域的 方法 中选择 ⬜ 选项，方向如图 18.5.25 所示。在"设计分型面"对话框中单击 应用 按钮，系统返回至"设计分型面"对话框；结果如图 18.5.26 所示。

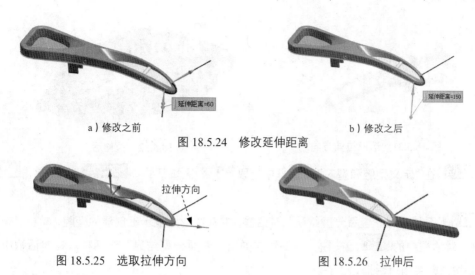

a）修改之前

b）修改之后

图 18.5.24　修改延伸距离

图 18.5.25　选取拉伸方向

图 18.5.26　拉伸后

步骤 03 创建拉伸 2。 方向如图 18.5.27 所示，然后单击 应用 按钮，结果如图 18.5.28 所示。

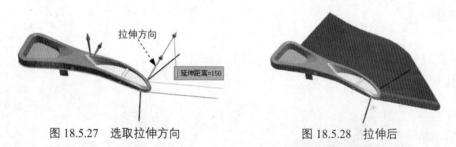

拉伸方向

延伸距离=150

图 18.5.27　选取拉伸方向

图 18.5.28　拉伸后

步骤 04 创建拉伸 3。方向如图 18.5.29 所示，然后单击 应用 按钮，结果如图 18.5.30 所示。

步骤 05 创建拉伸 4。方向如图 18.5.31 所示，然后单击 确定 按钮，结果如图 18.5.32 所示。

任务 06 创建型腔和型芯

步骤 01 在"注塑模向导"功能选项卡 分型刀具 区域中单击"定义型腔和型芯"按钮 ，系统弹出"定义型腔和型芯"对话框。

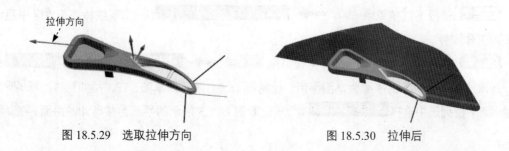

拉伸方向

图 18.5.29　选取拉伸方向

图 18.5.30　拉伸后

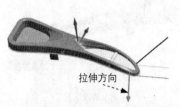

图 18.5.31 选取拉伸方向

图 18.5.32 拉伸后

步骤 02 在"定义型腔和型芯"对话框中选取 选择片体 区域下的 所有区域 选项，单击 确定 按钮。

步骤 03 系统弹出"查看分型结果"对话框，并在图形区显示出创建的型腔，单击"查看分型结果"对话框中的 确定 按钮，系统再次弹出"查看分型结果"对话框。在对话框中单击 确定 按钮，关闭对话框。

步骤 04 选择下拉菜单 窗口(0) ➡ handle_mold_core_006.prt 命令，显示型芯零件如图 18.5.33 所示；选择下拉菜单 窗口(0) ➡ handle_mold_cavity_002.prt 命令，显示型腔零件如图 18.5.34 所示。

 说明　为了显示清晰、明了，可将基准面隐藏起来。

图 18.5.33 型芯

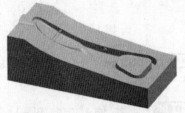

图 18.5.34 型腔

18.6 创建滑块

任务 01 创建滑块 1

步骤 01 选择下拉菜单 窗口(0) ➡ handle_mold_cavity_002.prt 命令，系统将在工作区中显示出型腔工作零件。

步骤 02 创建拉伸特征 1。选择下拉菜单 插入(S) ➡ 设计特征(E) ➡ 拉伸(E)... 命令，选取图 18.6.1 所示的平面为草图平面，绘制图 18.6.2 所示的草图，在"拉伸"对话框 限制 区域的 开始 下拉列表中选择 直至延伸部分 类型；选取图 18.6.3 所示的平面为被延伸的曲面，在 结束

下拉列表中选择 值 选项，并在其下的 距离 文本框中输入数值 0；在 布尔 区域下拉列表中选择
无 选项。单击 < 确定 > 按钮，拉伸结果如图 18.6.4 所示。

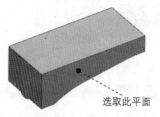

图 18.6.1 选取草图平面

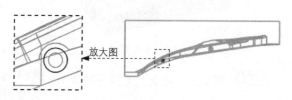

图 18.6.2 截面草图

步骤 **03** 创建拉伸特征 2。选择下拉菜单 插入(S) ➡ 设计特征(E) ➡ 拉伸(E)... 命
令，选取图 18.6.5 所示的平面为草图平面，绘制图 18.6.6 所示的草图，在"拉伸"对话框 限制 区
域的 开始 下拉列表中选择 值 类型，并在其下的 距离 文本框中输入数值 0；在 结束 下拉列表中选
择 值 选项，并在其下的 距离 文本框中输入数值 15；单击"反向"按钮 ，在 布尔 区域下拉列
表中选择 求和 选项，选取拉伸特征 1 为求和对象。单击 < 确定 > 按钮，拉伸结果如图 18.6.5
所示。

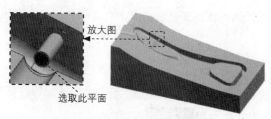

图 18.6.3 选取被延伸的曲面

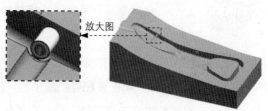

图 18.6.4 拉伸特征 1

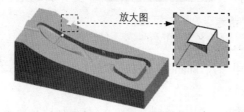

图 18.6.5 选取草图平面

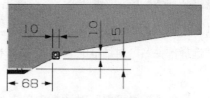

图 18.6.6 截面草图

步骤 **04** 创建求交特征。选择下拉菜单 插入(S) ➡ 组合(B) ▸ ➡ 求交(I)... 命令，
系统弹出"求交"对话框。选取图 18.6.7 所示的特征为目标体，选取图 18.6.7 所示的特征为刀
具体，并在 设置 区域选中 ☑ 保存目标 复选框。单击 < 确定 > 按钮，完成求交特征的创建，如图 18.6.8
所示。

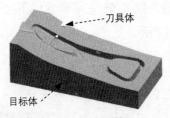

图 18.6.7 选取特征

图 18.6.8 求交特征

步骤 05 创建求差特征。选择下拉菜单 插入(S) ➡ 组合(B) ▶ ➡ 求差(S)... 命令，此时系统弹出"求差"对话框。选取图 18.6.9 所示的特征为目标体，选取图 18.6.9 所示的特征为刀具体，并选中 ☑ 保存工具 复选框。单击 < 确定 > 按钮，完成求差特征的创建。

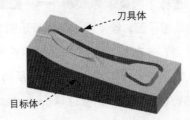

图 18.6.9 选取特征

观察显示结果时，可将创建的拉伸特征隐藏起来。

步骤 06 将滑块转为工作部件。

（1）选择命令。单击装配导航器中的 按钮，系统弹出图 18.6.10 所示的"装配导航器"对话框，在对话框中右击空白处，然后在弹出的菜单中选择 WAVE 模式 选项。

（2）在"装配导航器"对话框中右击 ☑ handle_mold_cavity_002 ，在弹出的菜单中选择 WAVE ▶ ➡ 新建级别 命令，系统弹出"新建级别"对话框。

（3）在"新建级别"对话框中单击 指定部件名 按钮，在弹出的"选择部件名"对话框的 文件名(N): 文本框中输入"handle_mold_slide_01"，单击 OK 按钮。

（4）在"新建级别"对话框中单击 类选择 按钮，选择图 18.6.11 所示的滑块特征，单击 确定 按钮。

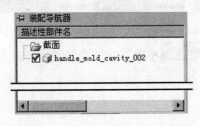

图 18.6.10 "装配导航器"对话框

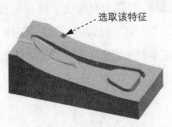

图 18.6.11 选择滑块特征

下拉列表中选择 值 选项，并在其下的 距离 文本框中输入数值 0；在 布尔 区域下拉列表中选择 无 选项。单击 < 确定 > 按钮，拉伸结果如图 18.6.4 所示。

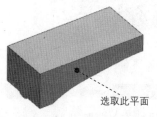

图 18.6.1 选取草图平面

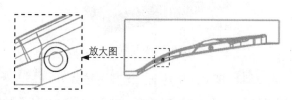

图 18.6.2 截面草图

步骤**03** 创建拉伸特征 2。选择下拉菜单 插入(S) ➡ 设计特征(E) ➡ 拉伸(E)... 命令，选取图 18.6.5 所示的平面为草图平面，绘制图 18.6.6 所示的草图，在"拉伸"对话框 限制 区域的 开始 下拉列表中选择 值 类型，并在其下的 距离 文本框中输入数值 0；在 结束 下拉列表中选择 值 选项，并在其下的 距离 文本框中输入数值 15；单击"反向"按钮，在 布尔 区域下拉列表中选择 求和 选项，选取拉伸特征 1 为求和对象。单击 < 确定 > 按钮，拉伸结果如图 18.6.5 所示。

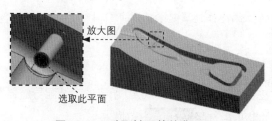

图 18.6.3 选取被延伸的曲面

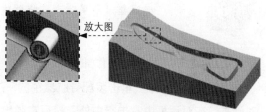

图 18.6.4 拉伸特征 1

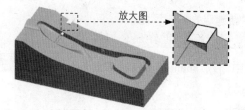

图 18.6.5 选取草图平面

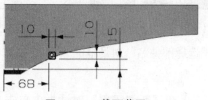

图 18.6.6 截面草图

步骤**04** 创建求交特征。选择下拉菜单 插入(S) ➡ 组合(B) ▸ ➡ 求交(I)... 命令，系统弹出"求交"对话框。选取图 18.6.7 所示的特征为目标体，选取图 18.6.7 所示的特征为刀具体，并在 设置 区域选中 ☑ 保存目标 复选框。单击 < 确定 > 按钮，完成求交特征的创建，如图 18.6.8 所示。

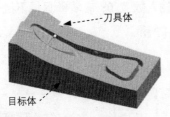

图 18.6.7　选取特征

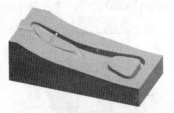

图 18.6.8　求交特征

步骤 05 创建求差特征。选择下拉菜单 插入(S) ➡ 组合(B) ▶ ➡ 求差(S)... 命令，此时系统弹出"求差"对话框。选取图 18.6.9 所示的特征为目标体，选取图 18.6.9 所示的特征为刀具体，并选中 ☑ 保存工具 复选框。单击 〈 确定 〉 按钮，完成求差特征的创建。

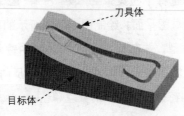

图 18.6.9　选取特征

说明　　观察显示结果时，可将创建的拉伸特征隐藏起来。

步骤 06 将滑块转为工作部件。

（1）选择命令。单击装配导航器中的 按钮，系统弹出图 18.6.10 所示的"装配导航器"对话框，在对话框中右击空白处，然后在弹出的菜单中选择 WAVE 模式 选项。

（2）在"装配导航器"对话框中右击 ☑ handle_mold_cavity_002 ，在弹出的菜单中选择 WAVE ▶ ➡ 新建级别 命令，系统弹出"新建级别"对话框。

（3）在"新建级别"对话框中单击 指定部件名 按钮，在弹出的"选择部件名"对话框的 文件名(N): 文本框中输入"handle_mold_slide_01"，单击 OK 按钮。

（4）在"新建级别"对话框中单击 类选择 按钮，选择图 18.6.11 所示的滑块特征，单击 确定 按钮。

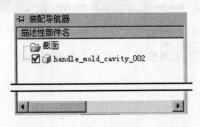

图 18.6.10　"装配导航器"对话框

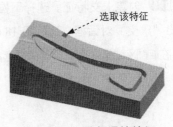

图 18.6.11　选择滑块特征

（5）单击"新建级别"对话框中的 确定 按钮，此时在"装配导航器"对话框中显示出上一步创建的滑块的名字。

步骤 **07** 移动至图层。

（1）单击"装配导航器"中的 选项卡，在该选项卡中取消选中 ☑ handle_mold_slide_01 部件。

（2）移动至图层。选取图 18.6.11 所示的滑块实体；选择下拉菜单 格式(R) ➡ 移动至图层(M)... 命令，系统弹出"图层移动"对话框。

（3）在 目标图层或类别 文本框中输入数值 10，单击 确定 按钮，退出"图层移动"对话框。

（4）单击装配导航器中的 选项卡，在该选项卡中选中 ☑ handle_mold_slide_01 节点，显示该部件。

任务 **02** 创建滑块 2

参照 任务 **01** 中 步骤 **02** ~ 步骤 **07** 的详细操作步骤，在零件的另一侧创建滑块 2，并将其命名为 handle_mold_slide_02，结果如图 18.6.12 所示。

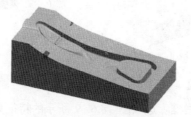

图 18.6.12 创建滑块 2

任务 **03** 创建滑块 3

步骤 **01** 创建拉伸特征 1。选择下拉菜单 插入(S) ➡ 设计特征(E) ➡ 拉伸(E)... 命令，选取图 18.6.13 所示的平面为草图平面，绘制图 18.6.14 所示的截面草图，在"拉伸"对话框 限制 区域的 开始 下拉列表中选择 直至延伸部分 类型；选取图 18.6.15 所示的平面为被延伸的曲面，在 结束 下拉列表中选择 值 选项，并在其下的 距离 文本框中输入数值 0；在 布尔 区域下拉列表中选择 无 选项。单击 〈 确定 〉 按钮，拉伸结果如图 18.6.16 所示。

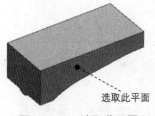

图 18.6.13 选取草图平面

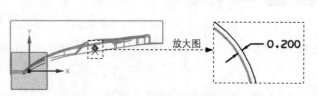

图 18.6.14 截面草图

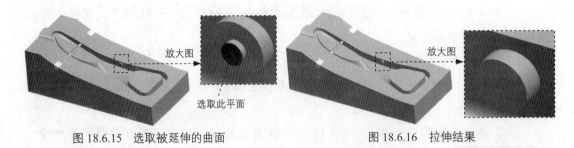

图 18.6.15　选取被延伸的曲面　　　　　　　　　图 18.6.16　拉伸结果

步骤 02 创建求交特征。选择下拉菜单 插入(S) ➡ 组合(B) ▶ ➡ 求交(I)... 命令，系统弹出"求交"对话框。选取图 18.6.17 所示的特征为目标体，选取图 18.6.17 所示的特征为刀具体，并在 设置 区域选中 ☑ 保存目标 复选框。单击 < 确定 > 按钮，完成求交特征的创建，如图 18.6.18 所示。

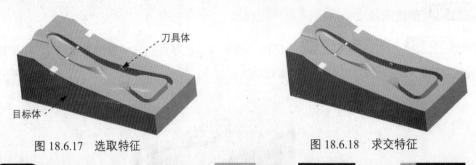

图 18.6.17　选取特征　　　　　　　　　　　　图 18.6.18　求交特征

步骤 03 创建求差特征。选择下拉菜单 插入(S) ➡ 组合(B) ▶ ➡ 求差(S)... 命令，此时系统弹出"求差"对话框。选取图 18.6.19 所示的特征为目标体，选取图 18.6.19 所示的特征为刀具体，并选中 ☑ 保存工具 复选框。单击 < 确定 > 按钮，完成求差特征的创建。

　　　观察显示结果时，可将创建的拉伸特征隐藏起来。

步骤 04 将滑块转为工作部件。

（1）选择命令。单击装配导航器中的 ┗┛ 按钮，系统弹出"装配导航器"对话框，在对话框中右击空白处，然后在弹出的菜单中选择 WAVE 模式 选项。

（2）在"装配导航器"对话框中右击 ☑ ◎ handle_mold_cavity_002，在弹出的菜单中选择 WAVE ▶ ➡ 新建级别 命令，系统弹出"新建级别"对话框。

（3）在"新建级别"对话框中单击 指定部件名 按钮，在弹出的"选择部件名"对话框的 文件名(N): 文本框中输入"handle_mold_slide_03"，单击 OK 按钮。

（4）在"新建级别"对话框中单击 类选择 按钮，选择图 18.6.20 所示的滑块特征，单击

确定 按钮。

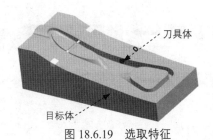

图 18.6.19 选取特征

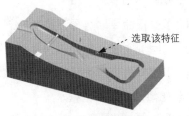

图 18.6.20 选取滑块特征

（5）单击"新建级别"对话框中的 确定 按钮，此时在"装配导航器"对话框中显示出上一步创建的滑块的名字。

步骤 **05** 移动至图层。

（1）单击"装配导航器"中的 选项卡，在该选项卡中取消选中 ☑ handle_mold_slide_03 部件。

（2）移动至图层。选取图 18.6.20 所示的滑块实体；选择下拉菜单 格式(R) ➡ 移动至图层(M)... 命令，系统弹出"图层移动"对话框。

（3）在 目标图层或类别 文本框中输入数值 10，单击 确定 按钮，退出"图层移动"对话框。

（4）单击装配导航器中的 选项卡，在该选项卡中选中 ☑ handle_mold_slide_03 节点，显示该部件。

任务 **04** 创建滑块 4

参照 任务 **03** 的详细操作步骤，在零件的另一侧创建滑块 4，并将其命名为 handle_mold_slide_04，结果如图 18.6.21 所示。

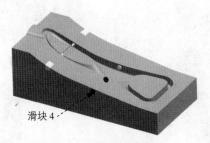

图 18.6.21 选取滑块实体

18.7 创建模具分解视图

步骤 **01** 切换窗口。选择下拉菜单 窗口(O) ➡ handle_mold_top_000.prt 命令，切换到总装配文件窗口，双击 ☑️⛀ handle_mold_top_000 选项并将其转换为工作部件。

步骤 02 移动滑块 1 和 3。

（1）选择命令。选择下拉菜单 装配(A) ➡️ 爆炸图(X) ➡️ 新建爆炸图(N)... 命令，系统弹出"创建爆炸图"对话框，接受系统默认的名字，单击 确定 按钮。

（2）选择命令。选择下拉菜单 装配(A) ➡️ 爆炸图(X) ➡️ 编辑爆炸图(E)... 命令，系统弹出"编辑爆炸图"对话框。

（3）选择对象。选取图 18.7.1 所示的特征为移动对象。

（4）在该对话框中选中 ⦿移动对象 单选项，沿-X 方向移动 60mm，结果如图 18.7.2 所示。

步骤 03 移动滑块 2 和 4。

（1）选择命令。选择下拉菜单 装配(A) ➡️ 爆炸图(X) ➡️ 编辑爆炸图(E)... 命令，系统弹出"编辑爆炸图"对话框。

（2）选择对象。选取图 18.7.3 所示的特征为移动对象。

（3）在该对话框中选中 ⦿移动对象 单选项，沿 X 方向移动 60mm，结果如图 18.7.4 所示。

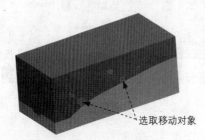

图 18.7.1　选取移动对象

图 18.7.2　滑块 1、3 移动后的结果

步骤 04 移动型腔。

（1）选择命令。选择下拉菜单 装配(A) ➡️ 爆炸图(X) ➡️ 编辑爆炸图(E)... 命令，系统弹出"编辑爆炸图"对话框。

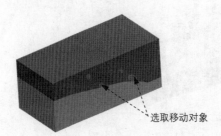

图 18.7.3　选取移动对象

图 18.7.4　滑块 2、4 移动后的结果

（2）选取移动对象。选取图 18.7.5 所示的型腔为移动对象。

（3）在该对话框中选中 ⦿移动对象 单选项，单击动态坐标系的 Z 方向箭头，在 距离 文本框中输入数值 100mm，沿 Z 方向向上移动，单击 确定 按钮，结果如图 18.7.6 所示。

步骤 **05** 移动型芯。

（1）选择命令。选择下拉菜单 装配(A) ➡ 爆炸图(X) ➡ 编辑爆炸图(E)... 命令，系统弹出"编辑爆炸图"对话框。

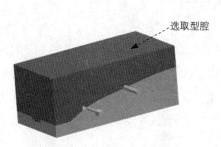

图 18.7.5　选取移动对象

图 18.7.6　型腔移动后的结果

（2）选取对象。选取图 18.7.7 所示的型芯为移动对象。

（3）在该对话框中选中 ⊙ 移动对象 单选项，沿 Z 方向向下移动 70mm，结果如图 18.7.8 所示。

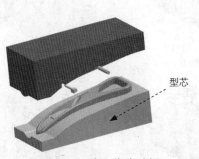

图 18.7.7　选取移动对象

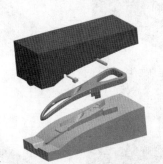

图 18.7.8　型芯移动后的结果

步骤 **06** 保存文件。选择下拉菜单 文件(F) ➡ 全部保存(V) 命令，保存所有文件。

第 19 章　UG 数控加工与编程实际综合应用

在机械零件的加工中，从毛坯零件到目标零件的加工一般都要经过多道工序，一般是先进行粗加工，然后再进行精加工。对于模具的加工来说，除了要安排合理的工序外，同时应该设置好每次切削的余量，另外要注意刀轨参数设置值是否正确，以免影响零件的精度。本实例讲解了简单凹模的加工过程，工艺路线如图 19.1 所示。

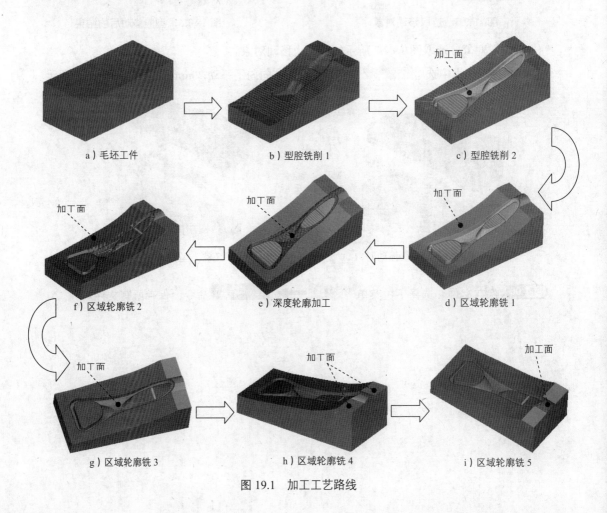

a）毛坯工件　　　　b）型腔铣削 1　　　　c）型腔铣削 2

f）区域轮廓铣 2　　　　e）深度轮廓加工　　　　d）区域轮廓铣 1

g）区域轮廓铣 3　　　　h）区域轮廓铣 4　　　　i）区域轮廓铣 5

图 19.1　加工工艺路线

19.1　打开模型文件并进入加工模块

步骤 01 打开文件 D:\ug111\work\ch19\handle.prt。

步骤 02 在 应用模块 功能选项卡 制造 区域单击 ┣ 按钮，在系统弹出的"加工环境"对话框的 要创建的 CAM 组装 列表框中选择 mill_contour 选项，单击 确定 按钮，系统进入加工环境。

19.2　创建几何体

步骤 01 将工序导航器调整到几何视图，双击⊞ ᵇ𝑀CS_MILL 节点，系统弹出"MCS 铣削"对话框。

步骤 02 创建机床坐标系。在"MCS 铣削"对话框中单击"CSYS 对话框"按钮 ，系统弹出"CSYS"对话框，将机床坐标系绕 *ZM* 轴旋转-90°；单击"CSYS"对话框 操控器 区域中的"操控器"按钮 ，系统弹出"点"对话框，在"点"对话框的 Z 文本框中输入值 45.0，单击 确定 按钮，此时系统返回至"CSYS"对话框；单击 确定 按钮，完成图 19.2 所示的机床坐标系的设置，系统返回至"MCS 铣削"对话框；在 参考坐标系 区域中选中 ☑ 链接 RCS 与 MCS 复选框。

步骤 03 创建安全平面。在"MCS 铣削"对话框 安全设置 区域的 安全设置选项 下拉列表中选择 平面 选项，在图形区选取图 19.3 所示的模型平面，在 距离 文本框中输入值 30.0，并按 Enter 键完成图 19.3 所示的安全平面的创建。单击"MCS 铣削"对话框中的 确定 按钮。

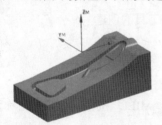

图 19.2　设置机床坐标系

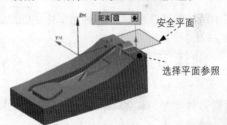

图 19.3　创建安全平面

步骤 04 创建部件几何体。在工序导航器中的几何视图下双击⊞ ᵇ𝑀CS_MILL 节点下的 WORKPIECE；在"工件"对话框中单击 按钮，系统弹出"部件几何体"对话框。在绘图区选取整个零件为部件几何体，在"部件几何体"对话框中单击 确定 按钮，完成部件几何体的创建。

步骤 05 创建毛坯几何体。在"工件"对话框中单击 按钮，系统弹出"毛坯几何体"对话框；在"毛坯几何体"对话框中设置图 19.4 所示的参数，此时图形区显示图 19.5 所示的毛坯几何体，单击 确定 按钮，系统返回至"工件"对话框。

步骤 06 单击"工件"对话框中的 确定 按钮，完成几何体的创建。

图 19.4　"毛坯几何体"对话框

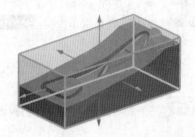

图 19.5　毛坯几何体

19.3　创建刀具（一）

步骤 01　选择下拉菜单 插入(S) ➡ 刀具(T) 命令，系统弹出"创建刀具"对话框。

步骤 02　在"创建刀具"对话框的 类型 下拉列表中选择 mill_contour 选项，在"创建刀具"对话框的 刀具子类型 区域中单击"MILL"按钮 ，在 位置 区域的 刀具 下拉列表中选择 GENERIC_MACHINE 选项，在 名称 文本框中输入刀具名称 D24，然后单击 确定 按钮，系统弹出"铣刀-5 参数"对话框。

步骤 03　设置刀具参数。在"铣刀-5 参数"对话框的 (D) 直径 文本框中输入数值 24.0，其他参数采用系统的默认值，单击对话框中的 确定 按钮，完成刀具的创建。

19.4　创建刀具（二）

设置刀具类型为 mill contour 选项，刀具子类型 选择"BALL_MILL"按钮 ，刀具名称为 B5，刀具 (D) 球直径 为 5.0；具体操作方法参照 19.3 节。

19.5　创建刀具（三）

设置刀具类型为 mill contour 选项，刀具子类型 选择"BALL_MILL"按钮 ，刀具名称为 B4，刀具 (D) 球直径 为 4.0；具体操作方法参照 19.3 节。

19.6　创建刀具（四）

设置刀具类型为 mill contour 选项，刀具子类型 选择"MILL"按钮 ，刀具名称为 D5R0.2，

刀具 ^(D) 直径 为 5.0，刀具 ^(R1) 下半径 为 0.2；具体操作方法参照 19.3 节。

19.7 创建型腔铣操作 1（粗加工）

步骤 01 插入工序。选择下拉菜单 插入 (S) ━━➤ 工序 (E) ... 命令，系统弹出"创建工序"对话框。

步骤 02 在"创建工序"对话框的 类型 下拉列表中选择 mill contour 选项，在 工序子类型 区域中单击"型腔铣"按钮 ，在 程序 下拉列表中选择 PROGRAM 选项，在 刀具 下拉列表中选择 D24（铣刀-5 参数） 选项，在 几何体 下拉列表中选择 WORKPIECE 选项，在 方法 下拉列表中选择 MILL_ROUGH 选项，采用系统默认的名称。

步骤 03 在"创建工序"对话框中单击 确定 按钮，此时，系统弹出"型腔铣"对话框。

步骤 04 设置刀具路径参数。在"型腔铣"对话框 刀轨设置 区域的 切削模式 下拉列表中选择 跟随周边 选项，在 步距 下拉列表中选择 % 刀具平直 选项，在 平面直径百分比 文本框中输入数值 50.0，在 公共每刀切削深度 下拉列表中选择 恒定 选项，在 最大距离 文本框中输入数值 1。

步骤 05 设置切削参数。在"型腔铣"对话框的 刀轨设置 区域中单击"切削参数"按钮 ，系统弹出"切削参数"对话框；在"切削参数"对话框中单击 策略 选项卡，设置图 19.6 所示的参数，单击 确定 按钮，系统返回到"型腔铣"对话框。

图 19.6 "策略"选项卡

步骤 06 设置非切削移动参数。非切削移动参数接受系统默认设置值。

步骤 07 设置进给率和速度。在"型腔铣"对话框中单击"进给率和速度"按钮 🔩，系统弹出"进给率和速度"对话框；在"进给率和速度"对话框的 主轴速度(rpm) 文本框中输入值 800，在 切削 文本框中输入数值 200，其他采用系统默认设置值；单击"进给率和速度"对话框中的 确定 按钮，完成切削参数的设置，系统返回到"型腔铣"对话框。

步骤 08 生成刀具轨迹并仿真。生成的刀具轨迹如图 19.7 所示，3D 仿真加工后的模型如图 19.8 所示。

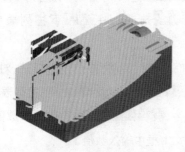

图 19.7　刀具轨迹

图 19.8　3D 仿真加工后的模型

19.8　创建型腔铣操作 2（粗加工）

步骤 01 插入工序。选择下拉菜单 插入(S) ➡ 🔩 工序(E)... 命令，系统弹出"创建工序"对话框。

步骤 02 在"创建工序"对话框 类型 下拉列表中选择 mill_contour 选项，在 工序子类型 区域中单击"型腔铣"按钮 🔩，在 程序 下拉列表中选择 PROGRAM 选项，在 刀具 下拉列表中选择刀具 B5 (铣刀-球头铣) 选项，在 几何体 下拉列表中选择 WORKPIECE 选项，在 方法 下拉列表中选择 MILL_SEMI_FINISH 选项，使用系统默认的名称"CAVITY_MILL_1"。

步骤 03 在"创建工序"对话框中单击 确定 按钮，此时系统弹出"型腔铣"对话框。

步骤 04 指定修剪边界。单击"型腔铣"对话框 几何体 区域中 指定修剪边界 右侧的 🖾 按钮，系统弹出"修剪边界"对话框；在"修剪边界"对话框 选择方法 下拉列表中选择 曲线 选项，然后在 平面 下拉列表中选择 指定 选项，单击 🖵 按钮，在"平面"对话框 类型 下拉列表中选择 自动判断 选项，然后在图形区选取图 19.9 所示的面为参考平面，并在 距离 文本框中输入值 0.0，单击 确定 按钮，系统返回到"修剪边界"对话框；在"修剪边界"对话框 修剪侧 下拉列表中选择 外侧 选项，然后在图形区中依次选取图 19.10 所示的模型边线；单击"修剪边界"对话框中的 确定 按钮，完成图 19.11 所示的修剪边界的创建，系统返回到"型腔铣"对话框。

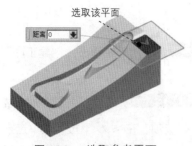
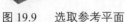
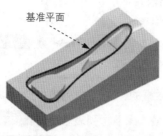
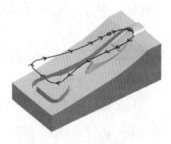

图 19.9　选取参考平面　　　图 19.10　选取模型边线　　　图 19.11　创建修剪边界

步骤 05　设置刀具路径参数。在"型腔铣"对话框 刀轨设置 区域的 切削模式 下拉列表中选择 跟随周边 选项，在 步距 下拉列表中选择 % 刀具平直 选项，在 平面直径百分比 文本框中输入数值 20.0，在 公共每刀切削深度 下拉列表中选择 恒定 选项，在 最大距离 文本框中输入数值 1。

步骤 06　设置切削参数。在"型腔铣"对话框的 刀轨设置 区域中单击"切削参数"按钮 ，系统弹出"切削参数"对话框；在"切削参数"对话框中单击 策略 选项卡，在 刀路方向 下拉列表中选择 向外 选项，在 壁 区域选中 ☑ 岛清根 复选框，其他采用系统默认设置值；在"切削参数"对话框中单击 空间范围 选项卡，在 处理中的工件 下拉列表中选择 使用基于层的 选项，其他采用系统默认设置值。单击 确定 按钮，系统返回到"型腔铣"对话框。

步骤 07　设置非切削移动参数。非切削移动参数按系统默认设置值。

步骤 08　设置进给率和速度。在"型腔铣"对话框中单击"进给率和速度"按钮 ，系统弹出"进给率和速度"对话框；在"进给率和速度"对话框的 主轴速度（rpm）文本框中输入值 3000，在 切削 文本框中输入数值 200，其他采用系统默认设置值；单击"进给率和速度"对话框中的 确定 按钮，完成切削参数的设置，系统返回到"型腔铣"对话框。

步骤 09　生成刀具轨迹并仿真。生成的刀具轨迹如图 19.12 所示，3D 仿真加工后的模型如图 19.13 所示。

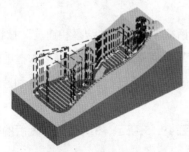

图 19.12　刀具轨迹　　　　　　　　　图 19.13　3D 仿真结果

19.9 创建区域轮廓铣操作 1（半精加工）

步骤 01 插入工序。选择下拉菜单 插入(S) ➡ 工序(E)... 命令，系统弹出"创建工序"对话框。

步骤 02 在"创建工序"对话框的 类型 下拉列表中选择 mill contour 选项，在 工序子类型 区域中单击"区域轮廓铣"按钮，在 程序 下拉列表中选择 PROGRAM 选项，在 刀具 下拉列表中选择 B5 (铣刀-球头铣) 选项，在 几何体 下拉列表中选择 WORKPIECE 选项，在 方法 下拉列表中选择 MILL_SEMI_FINISH 选项，采用系统默认的名称。

步骤 03 在"创建工序"对话框中单击 确定 按钮，此时系统弹出"区域轮廓铣"对话框。

步骤 04 指定切削区域。单击"区域轮廓铣"对话框 几何体 区域中的 按钮，系统弹出"切削区域"对话框，选取图 19.14 所示的面为切削区域；单击"切削区域"对话框中的 确定 按钮，系统返回到"区域轮廓铣"对话框。

步骤 05 设置驱动方式。选择"区域轮廓铣"对话框 驱动方式 区域的 方法 下拉列表中的 区域铣削 选项，单击 按钮，系统弹出"区域铣削驱动方式"对话框；在 陡峭空间范围 区域的 方法 下拉列表中选择 无 选项，在 驱动设置 区域的 非陡峭切削模式 下拉列表中选择 往复 选项，在 切削方向 下拉列表中选择 顺铣 选项，在 步距 下拉列表中选择 恒定 选项，在 最大距离 文本框中输入数值 1.0，在 步距已应用 下拉列表中选择 在平面上 选项，在 切削角 下拉列表中选择 指定 选项，在 与 XC 的夹角 文本框中输入值 45；单击"区域铣削驱动方式"对话框中的 确定 按钮，系统返回到"区域轮廓铣"对话框。

步骤 06 设置切削参数。所有切削参数均采用系统默认设置。

步骤 07 设置进刀/退刀参数。在"区域轮廓铣"对话框的 刀轨设置 区域中单击"非切削移动"按钮，系统弹出"非切削移动"对话框；单击"非切削移动"对话框中的 进刀 选项卡，在 开放区域 区域的 进刀类型 下拉列表中选择 圆弧 - 相切逼近 选项，在 根据部件/检查 区域的 进刀类型 下拉列表中选择 线性 选项，在 初始 区域的 进刀类型 下拉列表中选择 与开放区域相同 选项，其他参数采用系统默认设置值，单击 确定 按钮完成进刀/退刀的设置。

步骤 08 设置进给率和速度。在"区域轮廓铣"对话框中单击"进给率和速度"按钮，系统弹出"进给率和速度"对话框；在"进给率和速度"对话框的 主轴速度(rpm) 文本框中输入数值 3000，在 切削 文本框中输入数值 200，其他采用系统默认设置值；单击"进给率和速度"对话框中的 确定 按钮，完成切削参数的设置。

步骤 09 生成刀具轨迹并仿真。生成的刀具轨迹如图 19.15 所示，3D 仿真加工后的模型如图 19.16 所示。

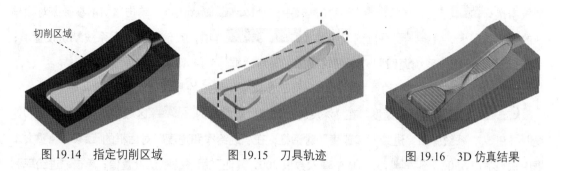

图 19.14　指定切削区域　　　图 19.15　刀具轨迹　　　图 19.16　3D 仿真结果

19.10　创建深度轮廓加工铣削操作（半精加工）

步骤 **01**　插入工序。选择下拉菜单 插入(S) ➞ 工序(E)... 命令，系统弹出"创建工序"
对话框。

步骤 **02**　在"创建工序"对话框的 类型 下拉列表中选择 mill contour 选项，在 工序子类型 区域
中单击"深度轮廓加工"按钮 ，在 程序 下拉列表中选择 PROGRAM 选项，在 刀具 下拉列表中选
择 B5（铣刀-球头铣）选项，在 几何体 下拉列表中选择 WORKPIECE 选项，在 方法 下拉列表中选择
MILL_SEMI_FINISH 选项，采用系统默认的名称。

步骤 **03**　在"创建工序"对话框中单击 确定 按钮，系统弹出"深度轮廓加工"对话框。

步骤 **04**　指定切削区域。在"深度轮廓加工"对话框 几何体 区域中单击 指定切削区域 右侧的
按钮，系统弹出"切削区域"对话框；在图形区中选取图 19.17 所示的面为切削区域，然后单击
"切削区域"对话框中的 确定 按钮，系统返回到"深度轮廓加工"对话框。

步骤 **05**　设置刀具路径参数。在"深度轮廓加工"对话框的 合并距离 文本框中输入值 3.0。
在 最小切削长度 文本框中输入值 1.0，在 公共每刀切削深度 的下拉列表中选择 恒定 选项，然后在 最大距离
文本框中输入值 0.2。

图 19.17　指定切削区域

步骤 **06**　设置切削参数。在"深度轮廓加工"对话框 刀轨设置 区域中单击"切削参数"按钮
，系统弹出"切削参数"对话框；单击"切削参数"对话框中的 策略 选项卡，在 切削方向 下拉

列表中选择 混合 选项，在 切削顺序 下拉列表中选择 始终深度优先 选项；单击"切削参数"对话框
中的 连接 选项卡，在 层到层 下拉列表中选择 直接对部件进刀 选项，其他参数采用系统默认设置值；
单击 确定 按钮，系统返回到"深度轮廓加工"对话框。

（步骤 07）设置非切削移动参数。非切削移动参数采用系统的默认设置值。

（步骤 08）设置进给率和速度。在"深度轮廓加工"对话框的 刀轨设置 区域中单击"进给率和速
度"按钮 ，系统弹出"进给率和速度"对话框；在"进给率和速度"对话框的 主轴速度（rpm）文本
框中输入数值 3500，在 切削 文本框中输入数值 200，其他采用系统默认设置值；单击"进给率和
速度"对话框中的 确定 按钮，完成切削参数的设置，系统返回到"深度轮廓加工"对话框。

（步骤 09）生成刀具轨迹并仿真。生成的刀具轨迹如图 19.18 所示，3D 仿真加工后的模型如
图 19.19 所示。

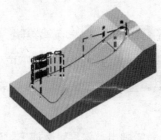

图 19.18　刀具轨迹

图 19.19　3D 仿真结果

（步骤 10）后面的详细操作过程请参见随书光盘中 video\ch19\reference\文件夹下的语音视频
讲解文件 handle-r01.exe。

读者意见反馈卡

尊敬的读者:

感谢您购买电子工业出版社出版的图书!

我们一直致力于 CAD、CAPP、PDM、CAM 和 CAE 等相关技术的跟踪,希望能将更多优秀作者的宝贵经验与技巧介绍给您。当然,我们的工作离不开您的支持。如果您在看完本书之后,有好的意见和建议,或是有一些感兴趣的技术话题,都可以直接与我联系。

策划编辑: 管晓伟

读者购书回馈活动:

活动一: 本书"随书光盘"中含有该"读者意见反馈卡"的电子文档,请认真填写本反馈卡,并 E-mail 给我们。E-mail: 兆迪科技 zhanygjames@163.com,管晓伟 guanphei@163.com。

活动二: 扫一扫右侧二维码,关注兆迪科技官方公众微信(或搜索公众号 zhaodikeji),参与互动,也可进行答疑。

凡参加以上活动,即可获得兆迪科技免费奉送的价值48元的在线课程一门,同时有机会获得价值 780 元的精品在线课程。

书名:《UG NX 11.0 快速入门、进阶与精通》(配全程视频教程)

1. 读者个人资料:

姓名: _____ 性别: ___ 年龄: ____ 职业: _____ 职务: _____ 学历: _____

专业: _____ 单位名称: _____ 电话: _____ 手机: _____

邮寄地址: _____ 邮编: _____ E-mail: _____

2. 影响您购买本书的因素(可以选择多项):

□内容   □作者   □价格

□朋友推荐   □出版社品牌   □书评广告

□工作单位(就读学校)指定   □内容提要、前言或目录   □封面封底

□购买了本书所属丛书中的其他图书   □其他

3. 您对本书的总体感觉:

□很好   □一般   □不好

4. 您认为本书的语言文字水平:

□很好   □一般   □不好

5. 您认为本书的版式编排:

□很好   □一般   □不好

6. 您认为 UG 其他哪些方面的内容是您所迫切需要的?

_____

7. 其他哪些 CAD/CAM/CAE 方面的图书是您所需要的?

_____

8. 认为我们的图书在叙述方式、内容选择等方面还有哪些需要改进的?

_____